圖一　執政官的宮殿，莫羅（編按：指碼頭）和聖馬可灣，海平線上是庇護威尼斯的利多（編按：指沙洲）。

圖二　一二〇四年占領君士坦丁堡，這是威尼斯歷史上標誌性的一刻，該圖為近四百年後由丁托列托繪製。

圖三　啟程：乘客準備搭上高側舷的柯克船，這是威尼斯貿易的主要運載工具。出自卡爾帕喬一四九八年所繪《埃特里烏斯與烏蘇拉的會面及朝聖者的啟程》（*The Meeting of Etherius and Ursula and the Departure of the Pilgrims*）。

圖四　歸來：一艘快捷、細長而非常低矮的威尼斯軍用槳帆船駛入港口。槳手們在捲起船帆。出自卡爾帕喬約一四九〇至一四九五年所繪《大使返回英格蘭宮廷》（*The Ambassadors Return to the English Court*）。

圖五　耶穌升天節儀式，執政官登上金船。聖馬可灣熙熙攘攘，一派繁榮景象。由萊安德羅·巴薩諾（Leandro Bassano）所繪。

圖六　威尼斯，黃金之城。君士坦丁堡的青銅駿馬被驕傲地展示在世人面前。商人們運來貨物，進行交易。圖的底部，馬可·孛羅和他的父親及叔叔正啟程前往遠方忽必烈的宮廷。

圖七　兵工廠，「戰爭工廠」的大門。

圖八　兵工廠的木匠製作龍骨和桅杆，鋪設船上的木板。完工的船體被乾燥儲存在後面的工棚裡。

圖九　威尼斯海洋帝國的領地。圖中的羅維紐（今日克羅埃西亞的羅維尼），是威尼斯城的微型複製品，威尼斯據守於此達五百年。

圖十　莫東要塞（今希臘南部的邁索尼），是共和國的「眼睛」，無價之寶。

圖十一　位於克里特島甘地亞（今伊拉克利翁）的海上要塞，守護著港口。

圖十二　威尼斯帝國的標誌，聖馬可雄獅，在賽普勒斯島法馬古斯塔的海牆上。

圖十三　充滿異國情調的東方，大馬士革的馬穆魯克總督接見威尼斯大使。出自真蒂萊·貝里尼畫派的畫作。

圖十四　一四九九年的宗奇奧海戰，洛雷丹和德·阿默的戰船與巨大的鄂圖曼戰船（中）搏鬥，烈火將它們全部吞沒。

地中海史詩三部曲

財富之城

City of Fortune

How Venice Ruled the Seas

海洋霸權威尼斯共和國

羅傑·克勞利
ROGER CROWLEY

陸大鵬、張騁——譯

獻給烏娜（Una）

威尼斯人在陸地上沒有立足之地，也無法從事農耕。他們不得不從海上進口所有生活必需品。透過貿易，他們積累了如此驚人的財富。

——拉奧尼科斯・哈爾科孔蒂利斯（Laonikos Chalkokondyles），十五世紀拜占庭史學家①

① 拉奧尼科斯・哈爾科孔蒂利斯（約一四三〇至約一四七〇年），拜占庭史學家。他的著作是研究拜占庭末期和鄂圖曼帝國崛起時期歷史的重要資料來源。（編按：本書所有隨頁註均為譯者註）

中文版序

《財富之城》、《一四五三》和《海洋帝國》這三本書互相關聯，組成了一個鬆散的三部曲，敘述地中海及其周邊地區的歷史。讀者可以挑選其中任意一本書開始讀起。這三本書涵蓋的時間達四個世紀之久，從西元一二〇〇至一六〇〇年，這是不同文明間激烈衝突的年代，涉及一連串的帝國，包括拜占庭帝國（他們自詡為羅馬帝國的繼承者）、鄂圖曼帝國（他們復興了伊斯蘭聖戰的精神），以及位處西班牙，信仰天主教的哈布斯堡王朝。同樣在這個時期，威尼斯從一個泥濘的潟湖崛起為西方世界最富庶的城市，宛如令人嘆為觀止的海市蜃樓，從水中呼嘯而起。威尼斯的經濟和商貿精神比它所處的時代領先了數百年。台灣讀者可能對這三部曲涉及的歷史不熟悉，但這卻是歐洲歷史以及歐洲與周邊文明和宗教關係史上的戲劇性篇章。

在這個時期，居住在地中海周圍的各族群認為自己是在為爭奪世界中心而戰。但地中海相對來講其實是很小的。互相殺伐的各民族之間的地理距離只有投石之遙。大海成了一個高度緊張的競技場，凶殘的廝殺就在這裡上演。大海是上演史詩般的攻城戰、血腥海戰、海盜橫行、人口劫掠、十字軍東征和伊斯蘭聖戰的舞台，也是利潤豐厚的貿易和思想交流的場域。在九一一事件之後的世界，我們可以在地中海追溯基督教和伊斯蘭教之間漫長而殘酷的鬥爭，這類鬥爭將大海分割為兩個迥然不同的區域，雙方沿著海上疆界進行了激烈較量。但戰爭也與帝國霸業、財富和宗教信仰有關。直到將近十六世紀末，葡萄牙人繞過非洲，一直抵達中國海域和日本，以及哥倫布抵達美洲之後，歐洲各國爭奪貿易與霸權的競爭才從地中海轉移出去，擴散到更廣闊的世界。

我書寫歷史著作的目標是為了捕捉往昔人們的聲音。在這幾本書裡，我盡可能地引用當時人們口中的話，讓他們為自己發言。在這方面，我們很幸運，有大量關於這一時期地中海世界的第一手資料留存至今，尤其大約從一五〇〇年開始，傳入歐洲的印刷術促進文字資料的爆炸性增長（就像今天網路的作用一樣），所以我們得以感同身受地重溫這段歷史。透過目擊者的敘述，我們常常能夠近距離觀察當時的事件，審視那時的人們如何生活、死亡、戰鬥、從事貿易，以及禮拜上蒼。這幾本書大量採用了這些史料。它們告訴我們的，未必總是完整的真相，有時我們沒有辦法做到百分之百確定，但他們的話語清晰地表達了故事、情感、立場以及地中海人們對其世界與生活的信念。在某個方面，這給歷史學家製造了困擾。雖然印刷術的傳入給了我們大量歐洲人視角的史料，但歐洲的主要競爭對手，鄂圖曼土耳其人的伊斯蘭帝國，卻沒有留下這麼多史料。直到十八世紀，印刷術才被引入土耳其，在此之前，很大一部分的傳統記事都是用口傳的。為了努力構建兩個文明的客觀公正敘述，有時必須設法從伊斯蘭世界的敵人的言辭裡去理解伊斯蘭世界的觀點。

這三本書的另一個主題是「場域」。在地中海地區，當我們遊覽威尼斯或伊斯坦堡，或者克里特、西西里和賽普勒斯等大島嶼的時候，仍然能觸及到往昔。許多紀念建築、城堡、宮殿和遺址依然完好。它們位於這明亮的大海之濱，依舊具有無窮的魅力。借用偉大的地中海史學家費爾南・布勞岱爾（Fernand Braudel）的話：「這片大海耐心地為我們重演過去的景象，將其放置在藍天之下、后土之上，我們能親眼目睹這天與地，就如同其過往一般。我們只消集中注意力思考片刻或做個稍縱即逝的白日夢，這個過去就栩栩如生地回來了。」我努力遵照布勞岱爾的話，透過運用真實的史料，令這個過去煥發生機。

我希望這三本書能夠幫助台灣讀者，對仍在影響我們世界的地中海歷史與事件的魅力與重要性有一層更深的理解。當我在寫這篇序文時，我們見證了一次超乎尋常的新移民大潮，由於戰亂和氣候變化，大量人口離開中東和非洲，冒著生命危險乘坐小舟跨越地中海。這片地中海在度假明信片上或許很嫵媚誘人，但它的脾氣也可能凶暴而反覆無常。地中海繼續在人類歷史上扮演超凡的角色。

羅傑・克勞利，二〇一六年十一月

目次

第二部 崛起：海洋的君主

第三部 月蝕：升起的月亮

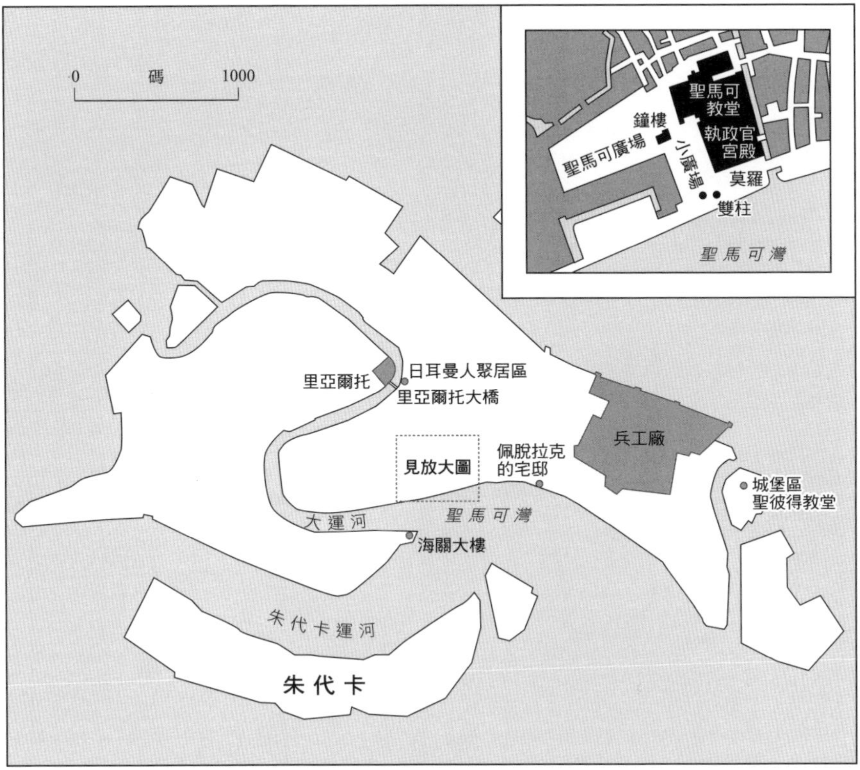
0 碼 1000
聖馬可教堂
鐘樓
執政官宮殿
聖馬可廣場
小廣場
莫羅
雙柱
聖馬可灣
日耳曼人聚居區
里亞爾托
里亞爾托大橋
兵工廠
見放大圖
佩脫拉克的宅邸
城堡區聖彼得教堂
大運河
聖馬可灣
海關大樓
朱代卡運河
朱代卡

威尼斯

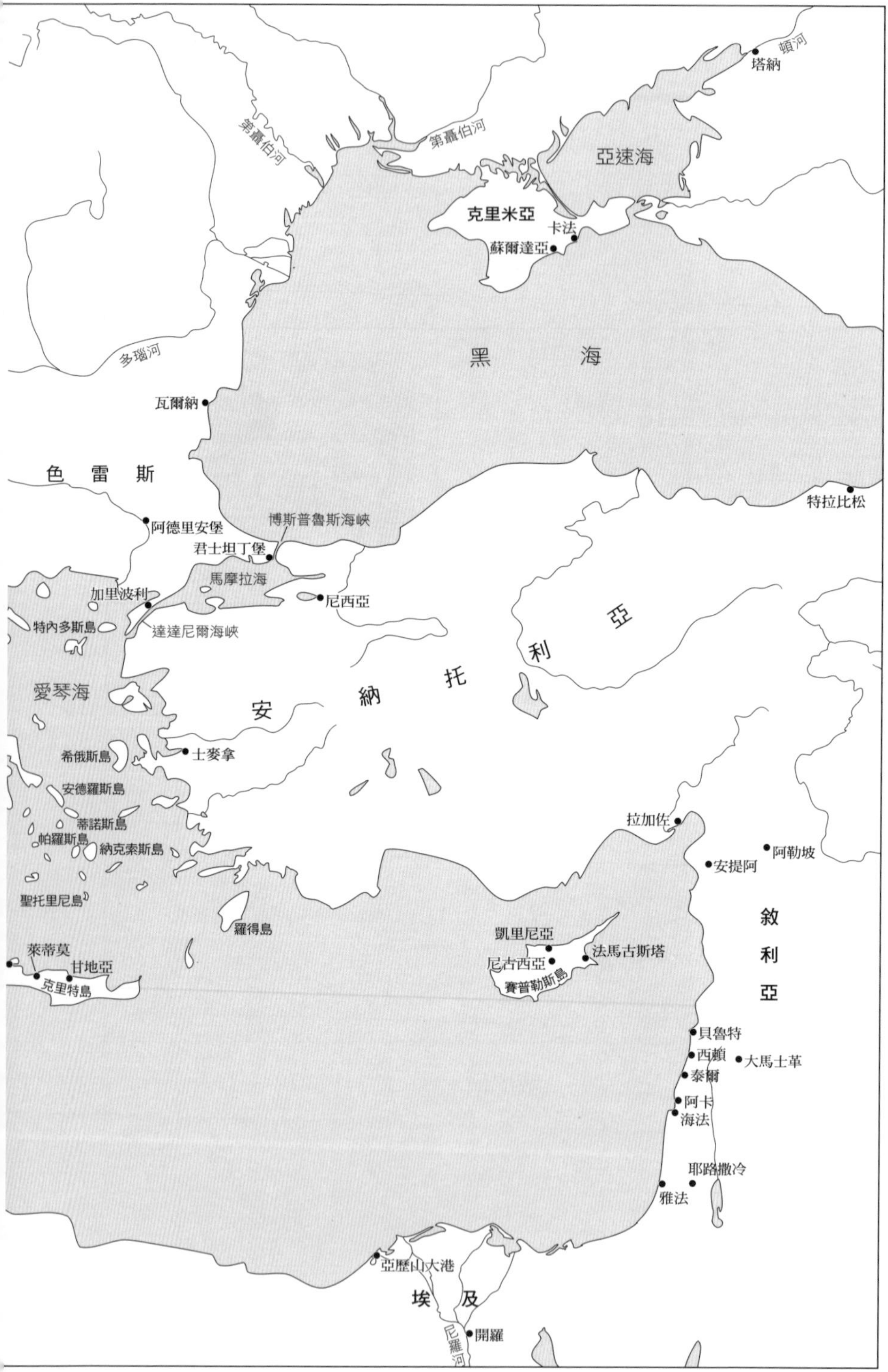

頓河
塔納
第聶伯河
第聶伯河
亞速海
克里米亞
卡法
蘇爾達亞
黑　　海
多瑙河
瓦爾納
色　雷　斯
特拉比松
阿德里安堡
博斯普魯斯海峽
君士坦丁堡
馬摩拉海
加里波利
尼西亞
特內多斯島
達達尼爾海峽
亞
利
托
納
安
愛琴海
希俄斯島
士麥拿
安德羅斯島
蒂諾斯島
帕羅斯島
納克索斯島
聖托里尼島
羅得島
拉加佐
阿勒坡
安提阿
敘
利
亞
凱里尼亞
法馬古斯塔
尼古西亞
賽普勒斯島
萊蒂莫
甘地亞
克里特島
貝魯特
西頓
大馬士革
泰爾
阿卡
海法
耶路撒冷
雅法
亞歷山大港
埃　及
開羅
尼羅河

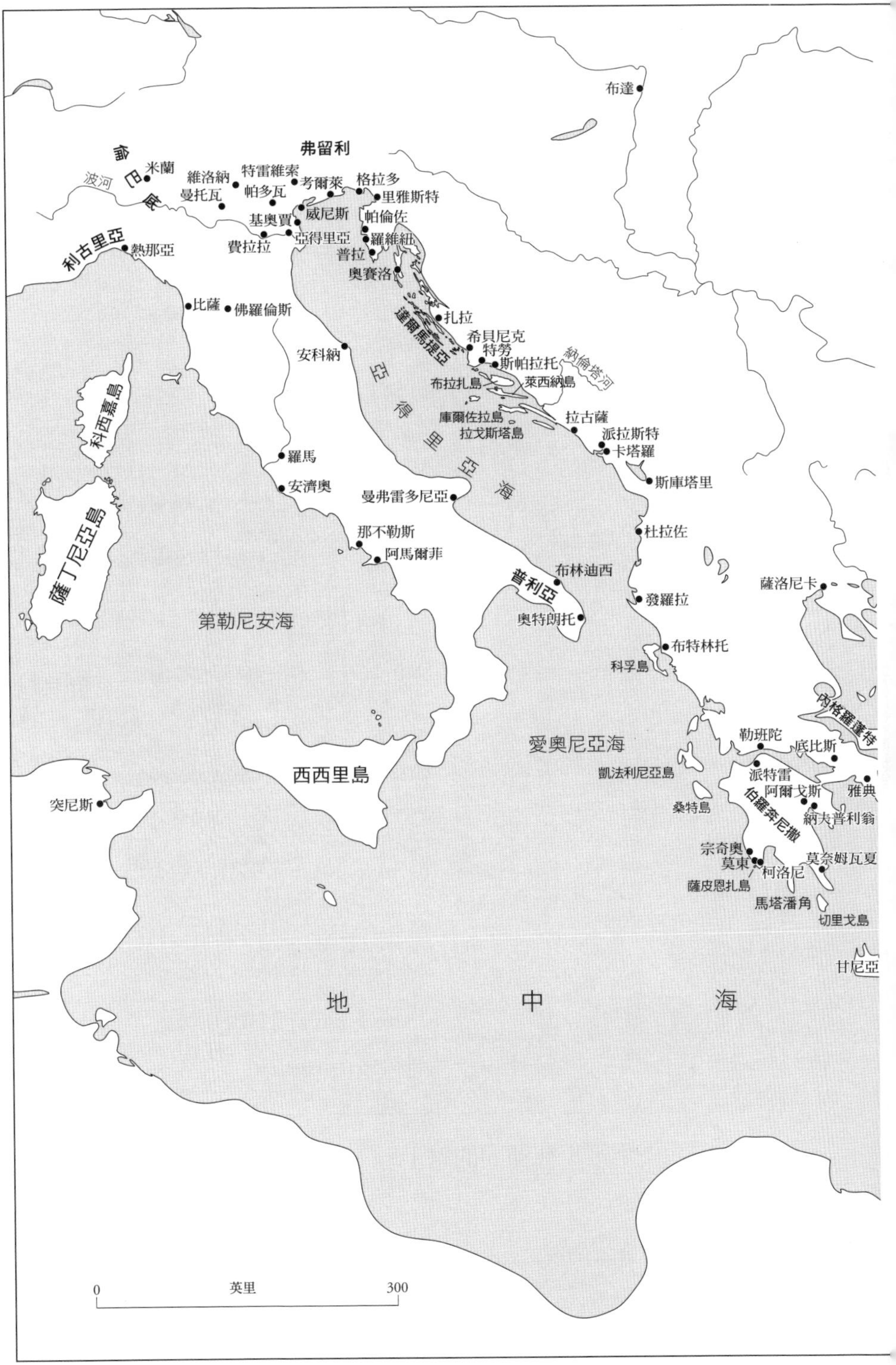

義大利與地中海東部，一〇〇〇至一五〇〇年

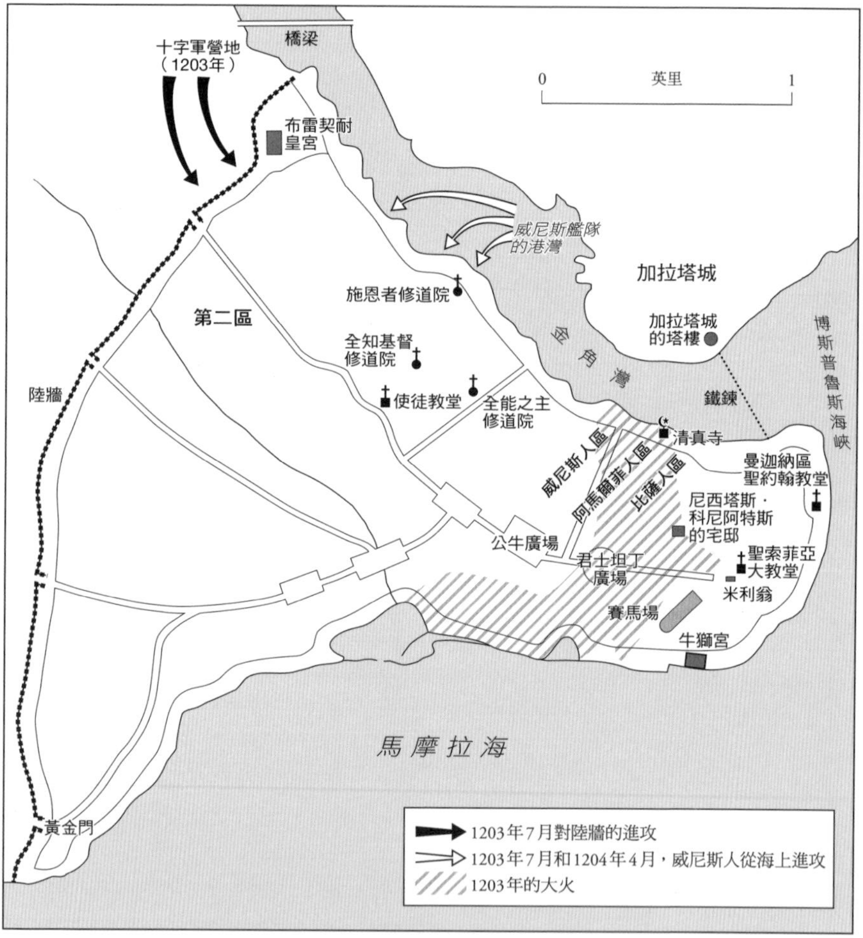

第四次十字軍東征期間的君士坦丁堡，一二〇三至一二〇四年

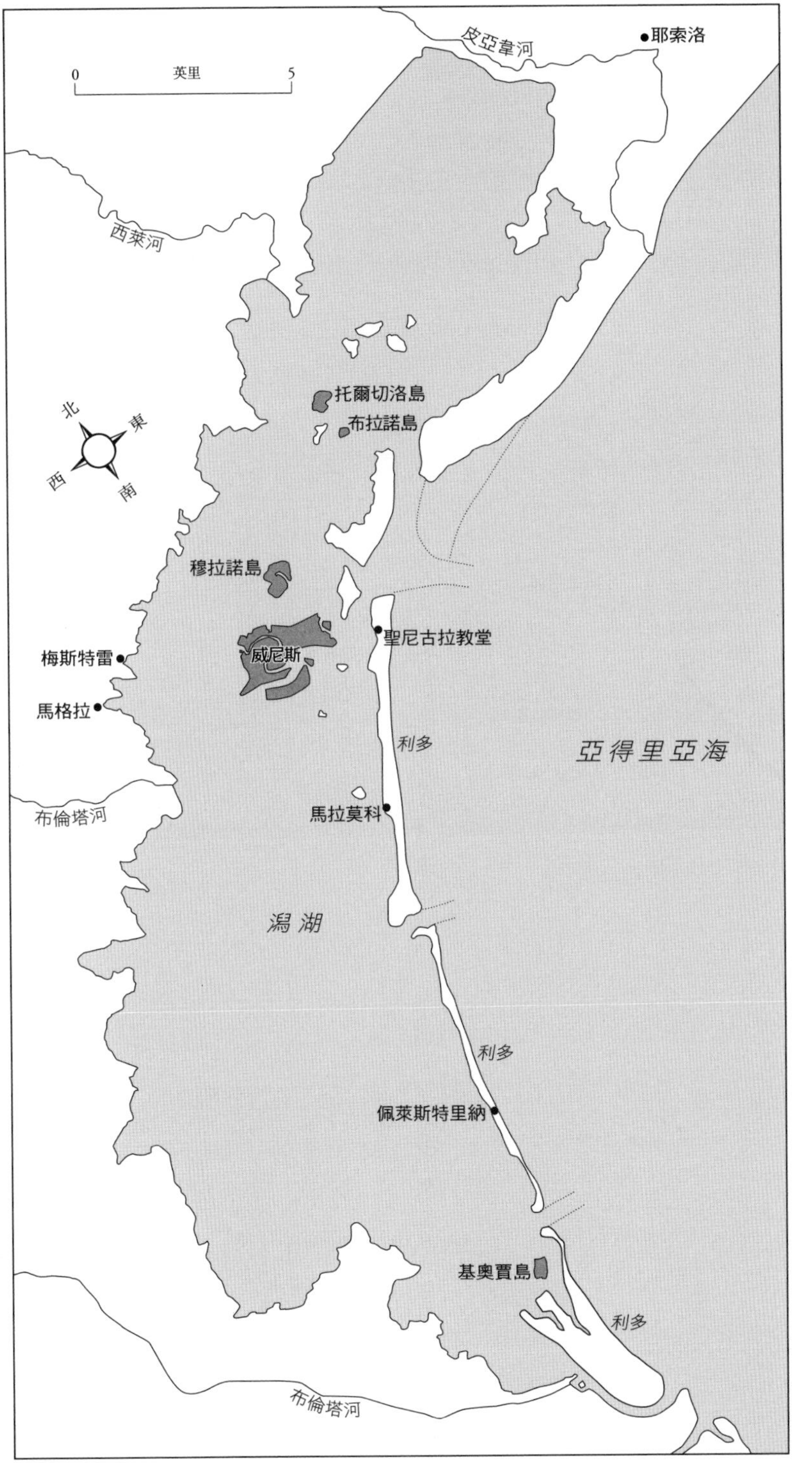
英里
0
5
皮亞韋河
耶索洛
西萊河
北
東
西
南
托爾切洛島
布拉諾島
穆拉諾島
聖尼古拉教堂
威尼斯
梅斯特雷
馬格拉
利多
亞得里亞海
布倫塔河
馬拉莫科
潟湖
利多
佩萊斯特里納
基奧賈島
利多
布倫塔河

威尼斯潟湖

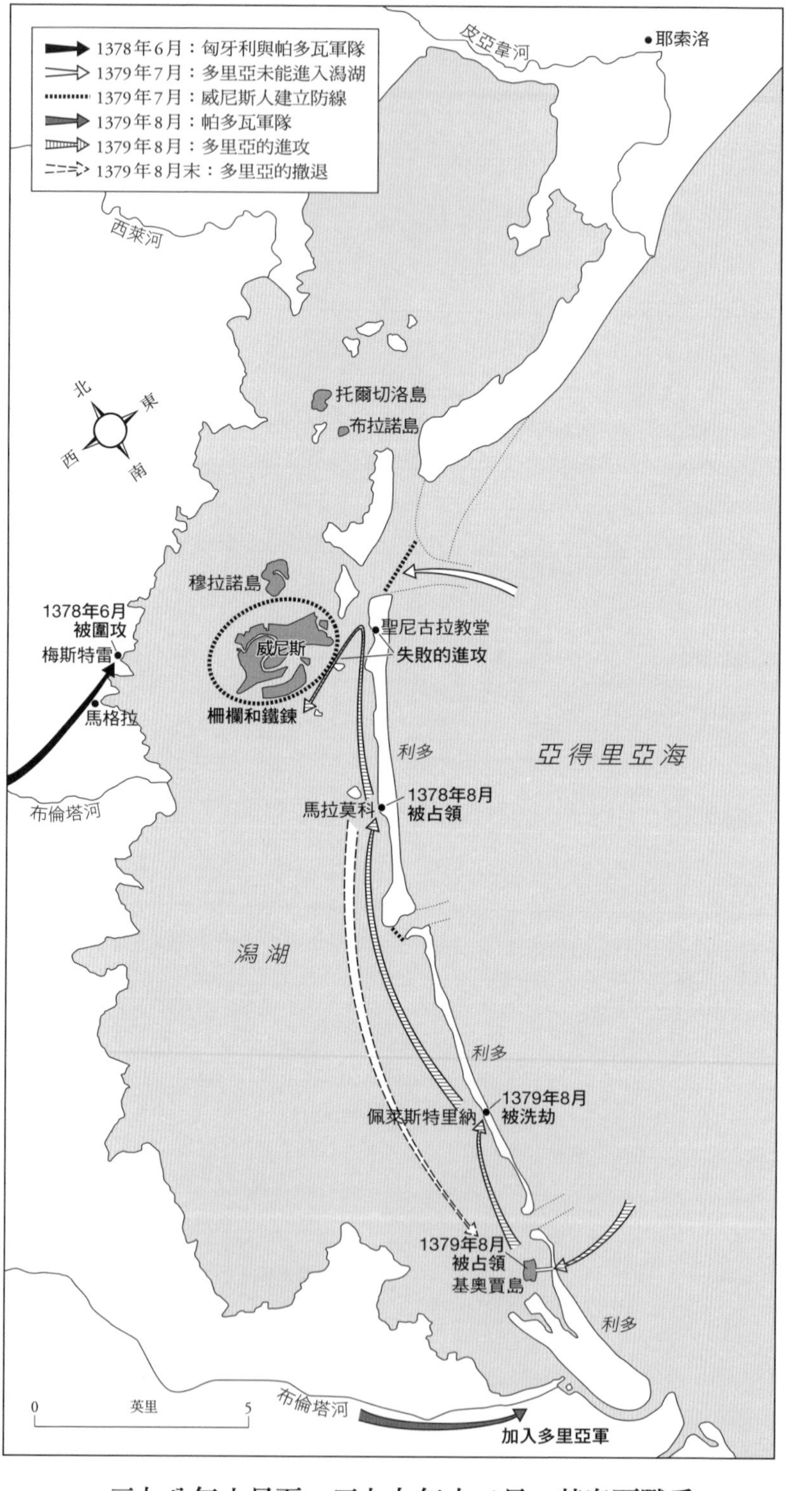
1378年6月：匈牙利與帕多瓦軍隊
1379年7月：多里亞未能進入潟湖
1379年7月：威尼斯人建立防線
1379年8月：帕多瓦軍隊
1379年8月：多里亞的進攻
1379年8月末：多里亞的撤退
皮亞韋河
耶索洛
西萊河
北
東
西
南
托爾切洛島
布拉諾島
穆拉諾島
1378年6月
被圍攻
梅斯特雷
馬格拉
威尼斯
聖尼古拉教堂
失敗的進攻
柵欄和鐵鍊
利多
亞得里亞海
布倫塔河
馬拉莫科
1378年8月
被占領
潟湖
利多
1379年8月
被洗劫
佩萊斯特里納
1379年8月
被占領
基奧賈島
利多
0
英里
5
布倫塔河
加入多里亞軍

一三七八年六月至一三七九年十二月，基奧賈戰爭

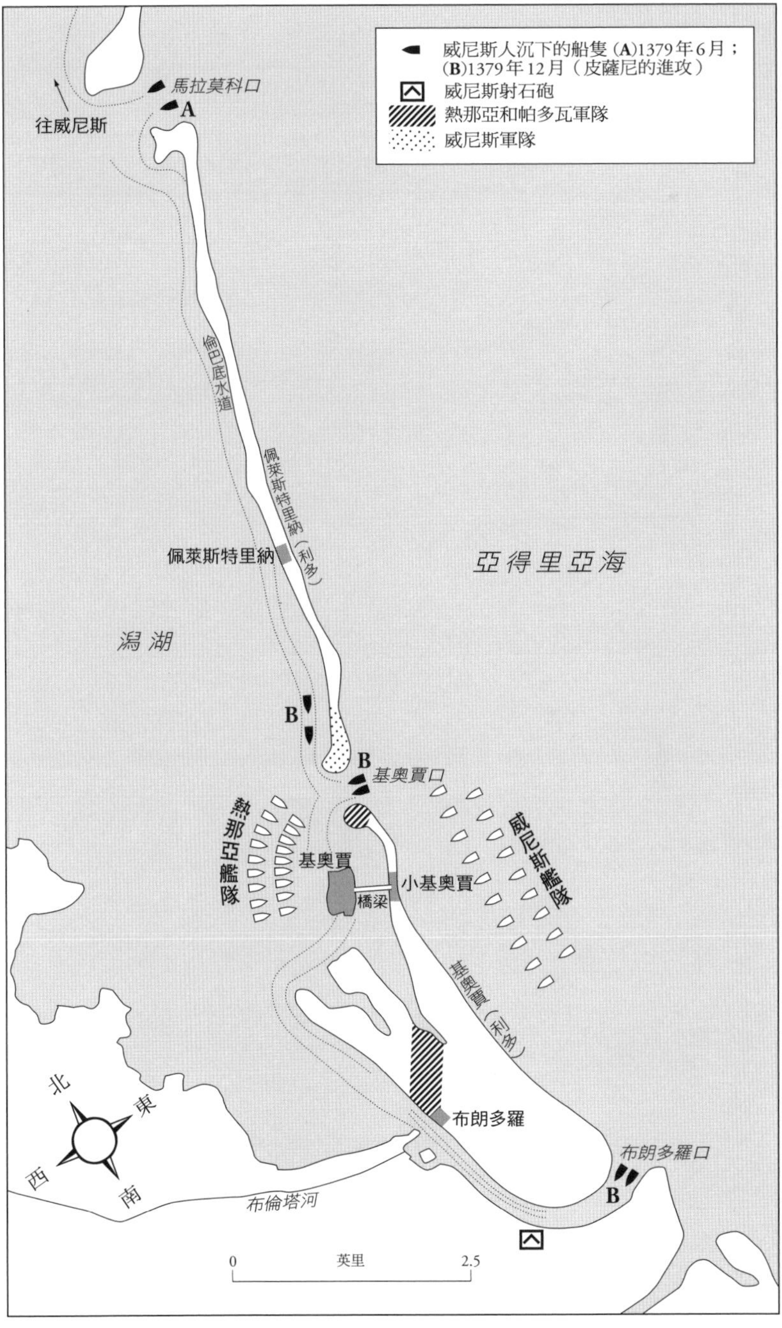

一三七九年十二月至一三八〇年六月，基奧賈攻防戰

序幕　啟航

一三六三年四月九日深夜，詩人及學者法蘭切斯科．佩脫拉克（Francesco Petrarch）正伏案給一位朋友寫信。這位文學大師的宅邸是威尼斯共和國饋贈的，氣勢恢宏，位於海濱，俯瞰聖馬可（Sanit Mark）灣。因此，他不用出門便可洞悉整座港口城市的喧囂。佩脫拉克寫著信，竟打起盹兒來。突然，他被驚醒了。

外面一片漆黑。風雨交加。我有點累了……忽然聽見水手的呼喊聲。我之前有過這樣的體驗，因此知曉這喊聲的涵義，於是迅速起身，爬到房頂，這裡可以縱覽港口。天哪！太不可思議了！這景象既感人、奇妙、令人恐懼又振奮人心。港口的大理石碼頭處停泊著一些過冬的帆船，這些船和威尼斯城慷慨為我提供的房子差不多大，桅杆和廣場的角樓一樣高。恰在此刻，天空雲層密布，星光模糊，疾風勁吹，牆面晃動，大海在怒吼、咆哮，最大的帆船啟航了……。

假如你親眼所見，你肯定不會認為那是一艘船，而是遊移在海面上的一座巨山。由於載貨極重，船身很大一部分已浸入海水。這艘船朝頓（Don）河方向航行，因為我們的船在黑海最遠也只能駛到頓河。但是對船上很大一部分人來說，頓河不是終點。他們會下船，繼續前進，一直穿越恆河和高加索①，抵達印度，然後繼續前往最遙遠的中國和東方的大洋。到底是什麼，讓這些人萌生對財富的無盡欲望？我承認，我很同情這些不幸的人。我理解，為什麼詩人總是用「悲慘」來形容水手的生活。

佩脫拉克不喜乘船，卻對如此宏大的事業頗感敬畏。身為人文主義詩人，他亦對如此壯舉背後的物質主義動機感到不安。對威尼斯人來說，這樣的啟航簡直是家常便飯。在這樣一個人人都會划船蕩槳的城市裡，登船啟航——從陸地跨越到海洋——完全是一種無意識的行為，如同抬腳跨過自家門檻那般輕鬆。擺渡橫跨大運河；貢朵拉（Gondola）小舟划向穆拉諾（Murano）島和托爾切洛（Torcello）島；在詭異的潟湖②中乘夜色漂流；全副武裝的艦隊在喧天號角聲中開赴戰場；按照季節定期駛向亞歷山大港（Alexandria）或貝魯特（Beirut）的大型槳帆船商隊——以上這些都是屬於整個威尼斯民族深刻且周而復始的體驗。「啟航」能夠很好地詮釋這座城市的生活，被藝術家們不厭其煩地呈現：在聖馬可教堂的鑲嵌畫上，一艘船載著聖徒骸骨，揚帆前往威尼斯；卡爾帕喬（Carpaccio）③畫筆下的聖烏蘇拉（Saint Ursula）踩著踏板走上小划船，岸邊等待啟航的是一艘高側舷的商船；迦納萊托（Canaletto）④捕捉到在威尼斯歡快啟航的畫面。

船隻在出海前會舉行盛大的儀式。所有船員將自己的靈魂託付給聖母和聖馬可。水手們還會去利多（Lidi）的聖尼古拉（Saint Nicholas）教堂做最後的禱告，因為聖尼古拉也是他們鍾愛和信賴的主保聖人。重大的航海活動之前都有宗教儀式，並按慣例為航船賜福。人群聚集在岸邊，然後繩索被解開。十五世紀前往聖地的朝聖者菲利克斯・法布里（Felix Fabri）的啟航發生在「晚餐之前；所有朝聖者登船待發，三張船帆順風揚起，鑼鼓喧天，號角爭鳴，我們啟航駛向外海」。一旦離開利多，即遮蔽潟湖內各島嶼的沙洲，船隻就會進入外海，駛進另一個世界。

✯

啟航、冒險、利益、榮譽──這些是威尼斯人生活的指南。航海是他們周而復始的生活。近

---

① 原文如此，依地理位置應為「一直穿越高加索和恆河」。

② 潟湖是一種因為海灣被沙洲所封閉而演變成的湖泊，所以一般都在海邊。這些湖本來都是海灣，後來在海灣的出海口處由於泥沙沉積，使出海口形成了沙洲，繼而將海灣與海洋分隔，因而成為湖泊。

③ 維托雷・卡爾帕喬（Vittore Carpaccio，約一四六五至一五二五／一五二六年）是威尼斯畫派的藝術家，曾師從真蒂萊・貝里尼（Gentile Bellini）。卡爾帕喬最有名的作品是關於聖烏蘇拉傳奇的九幅畫作。他畫風保守，受當時文藝復興義大利的人文主義影響很少。

④ 即喬萬尼・安東尼奧・卡納爾（Giovanni Antonio Canal，一六九七至一七六八年），義大利畫家，在英語世界通稱迦納萊托。他的畫作以描繪十八世紀的威尼斯風光主題而聞名。他記錄了大運河邊的人家與作坊、賽舟會、聖馬可廣場的耶穌升天節慶典、一次雷擊後聖馬可廣場鐘樓維修的情形等城市景象。在一組奇想圖中，他重組熟悉的威尼斯場景，創作出一座他想像的城市。他傳神地捕捉了石頭、水面的日光翳影，為後人留下當時威尼斯日常生活的快照。

一千年來，他們沒有別的生活方式。大海保護他們，為他們提供機遇，決定他們的命運；隱蔽的水道和艱險的泥濘淺灘是天然的屏障，因此在淺淺的潟湖中是很安全地，沒有入侵者能夠進入這個地方。大海像裹在威尼斯人身上的長袍一樣，縱使不能讓他們與世隔絕，也能保護他們免遭亞得里亞海洶湧波濤的衝擊。威尼斯方言將大海的性別由陽性（mare）改成了陰性（mar），威尼斯人在耶穌升天節這天和大海「成婚」。這是一種占有——「新娘」以及她所有的嫁妝成為「丈夫」的財產——但這也是一種安撫。海洋充滿了危險與未知。它可能而且也的確摧毀過船隻，引來敵人，也時不時漫過堤壩，威脅地勢較低的城市。航海活動也可能因為箭矢、漲潮或者疾病而終止；裹屍布中的死者將被綁上石頭，投入淺海之中。人類與大海的關係是漫長、緊張而充滿矛盾的；直到十五世紀，威尼斯人才開始嚴肅認真地考慮，他們是否應該與陸地，而非大海交好。威尼斯人原先不過是義大利北部流速緩慢的內陸河上捕捉鰻魚的漁夫、採鹽工人和駁船船夫，後來卻崛起成為商業巨子和金幣鑄造者。這座脆弱的城市生存於纖弱的橡木樁之上，如同海市蜃樓，而大海給了它難以計量的財富，將之塑造成無以倫比的海洋帝國。在這個過程中，威尼斯影響了整個世界。

✯

本書講述的便是這個帝國的崛起，也就是威尼斯方言所謂的「海洋帝國」（Stato da Mar），也記敘了它所創造的商業財富。十字軍東征為其在世界舞台嶄露頭角提供機會。威尼斯人雙手緊握這次機會，獲得巨大的利益。經過五百多年的發展，他們成為地中海東部的主宰者，並將自己的城市暱稱為「宗主國」；當大海轉而敵對他們時，他們打了一場令他們筋疲力竭的後衛戰（編按：指無望取勝的戰爭），拚搏到最後一息。當佩脫拉克望向窗外時，威尼斯人建立起的帝國已經十分強大。這是一個奇特的帝國，是由許多島嶼、港口以及戰略要塞拼湊而成的，而且它們的組合僅僅是為了給航船提供港口、向威尼斯母邦輸送貨物。這個帝國的建立，是一個包含了勇氣、欺騙、運氣、堅持、機會主義以及週期性災難的故事。

此外最重要的是，這是一部關於貿易的傳奇。威尼斯是世界上唯一一個為了進行買賣活動而組織起來的國家。威尼斯人是道道地地的商人，他們以科學的精確性評估風險、計算收益和利潤。繡著金紅色獅子的聖馬可旗幟在船的桅杆上飄揚，就像公司的標誌一樣富有象徵性。商業是他們的創世神話，也是他們存在的理由，他們因此遭到很多更眷戀著陸地的鄰國詬病。一三四三年，威尼斯請求教宗允許它與穆斯林國家進行商業往來，這是對威尼斯城的存在理由和焦慮感的最佳描摹：

> 蒙上帝洪恩，在世界各地，商人透過辛勤勞動在陸地和海上開闢了航道，創造了財富，我們的城市因此得以成長茁壯。這就是我們和我們子孫的生活，因為沒有了商業，我們不知道將如何生存。因此，我們在思想上必須十分警醒，並且像我們的祖先一樣努力，以保證如此之多的財富和珍寶不會消失。

這晦暗的結尾反映了威尼斯人靈魂深處的狂躁憂鬱。這座城市的財富不依賴任何觸手可及的實物。它沒有大片土地、沒有自然資源、沒有農產品、也沒有很多人口。威尼斯腳下實際上沒有堅實的土地。威尼斯的生存依賴於脆弱的生態平衡。威尼斯可能是史上第一個虛擬經濟體，這令外人大惑不解。它從不收穫糧食，而只獲取黃金。威尼斯人始終生活在恐懼中，因為一旦他們的貿易路線被切斷，整座宏偉的經濟大廈將會瞬間崩塌。

✯

啟航的船隻總會淡出視野、微縮成一個點，在碼頭送行的人也終會回歸日常生活。水手重拾手頭的勞動；碼頭裝卸工人舉起大捆貨物，或者滾動木桶；貢朵拉船夫繼續划槳；教士們匆忙趕去下一場禮拜；穿黑袍的元老們繼續處置國家大事；小偷帶著贓物匆忙離開。船隻乘風破浪，駛入亞得里亞海。

佩脫拉克注視著，一直看到什麼都看不見。「當我再也看不到消失在黑暗中的船隻時，便重新拿起筆，頗有感觸，極受震動。」

✯

但是，開創海洋帝國宏圖霸業的，並非啟航遠去，而是一次抵達。一百六十年前，也就是一二〇一年大齋節時，六名法蘭西騎士乘坐划槳船穿過潟湖，來到威尼斯。他們是為了十字軍東征而來的。

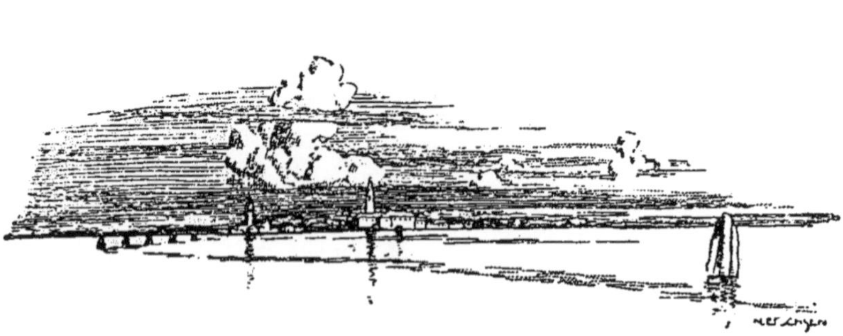

第一部

機遇：商人十字軍

Opportunity: Merchant Crusaders 1000-1204

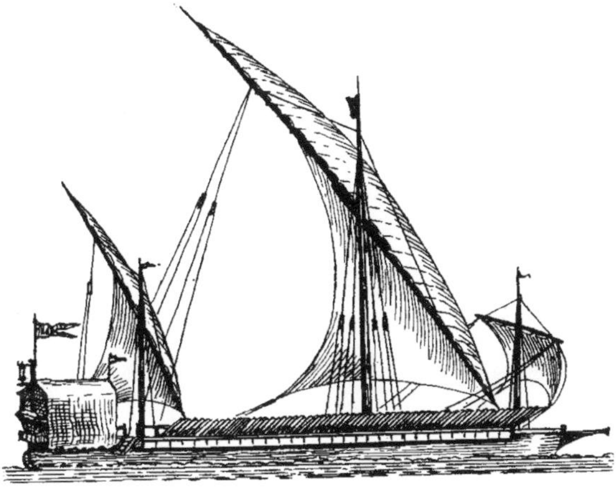

第一章　達爾馬提亞領主

一〇〇〇至一一九八年

亞得里亞海形似義大利版圖，是一條逐漸變窄的水道，長約四百八十英里，寬約一百英里。其最南端，也就是亞得里亞海經科孚（Corfu）島流入愛奧尼亞海的地方，寬度最小。在亞得里亞海的最北端，巨大而彎曲的海灣被命名為威尼斯灣，那裡的海水呈現出非比尋常的藍綠色。波（Po）河從遙遠的阿爾卑斯山裹挾而來的沉積物在此堆積，形成了一大片壯觀的潟湖和沼澤。這些冰川沉積物的數量十分龐大，以至於波河三角洲每年都會向海洋推進十五英尺。古老的亞得里亞港（亞得里亞海便得名於它）現在已經處於內陸，離海岸足有十四英里之遙。

由於地質構造的緣故，亞得里亞海的兩條海岸線截然不同。它西側的義大利海岸是彎曲和低窪的沙灘，這樣的地理條件不能形成優良的港口，卻為潛在的侵略者提供了理想的登陸點。向東航行，航船將會碰到石灰岩。達爾馬提亞（Dalmatia）和阿爾巴尼亞（Albania）海岸線的直線距離只有四百英里，卻犬牙交錯地分布著許多避風港灣、鋸齒狀缺口、近海島嶼、礁石和淺灘，構成了全長兩千英里、錯綜複雜的海岸。這裡是天然的錨地，可以庇護一整支艦隊或提供絕佳的伏擊地點。在海岸的東側，有的地段是沿海平原，再往東就是白色的石灰岩山脈；在有的地段，海岸東側直接就是綿延群山，這些山脈將大海與巴爾幹內陸隔開。亞得里亞海是兩個世界的邊界。

幾千年來，從青銅時代早期到葡萄牙人繞過非洲，亞得里亞海這條斷層線一直是連接中歐和地中海東部的海上高速公路，也是世界貿易的門戶。載有來自阿拉伯、日耳曼、義大利、黑海、印度，以及遠東的貨物的航船時常經過遮風擋雨的達爾馬提亞海岸。許多世紀裡，它們將波羅的海的琥珀運送到圖坦卡門（Tutankhamun）①的墓室；將藍色的釉陶珠從邁錫尼（Mycenae）運送到巨石陣（Stonehenge）；將康沃爾（Cornish）的錫送到黎凡特（Levant）②的熔爐；把麻六甲（Malacca）的香料送到法蘭西宮廷；把科茨沃爾德（Cotswold）③的羊毛運送到開羅商人手裡。木材、奴隸、棉花、銅、武器、種子都經過這些海岸往來運送，各式各樣的故事、發明以及思想也在往返航行中得到傳播。「真是令人驚訝！」十三世紀的一位阿拉伯旅行者在談及萊因（Rhine）河上的城市時說道，「這個地方在遙遠的西方，卻能找到一些本應只能在遠東發現的香料——胡椒、薑、丁香、甘松、閉鞘薑（costus）和高良薑（galanga），這些商品在這裡都有大量存貨。」這些香料是途經亞得里亞海來到萊因河畔的。亞得里亞海是數百條主幹航線彙聚的地方。商人們用成群的騾子運貨，從不列顛和北海南下到萊因河，沿著常有人涉足的道路穿過條頓森林（Teutonic Forests），越過阿爾卑斯山口，抵達威尼斯灣北端，同時這裡也是東方貨物登陸的地方。在這裡，商品被轉運，港口也因此繁榮起來。最先興起的是希臘人的城市亞得里亞（Adria），然後是羅馬的阿奎萊亞（Aquileia），最後輪到威尼斯。在亞得里亞海，地理位置意味著一切：亞得里亞城被淤積的泥沙埋沒；位於海岸平原上的阿奎萊亞在西元四五二年被匈人君王阿提拉（Attila）夷為平地；而威尼斯之所以能夠在這之後繁榮起來，是因為它處於敵人難以抵達的位置。威尼斯那些低窪的泥濘小島分布在瘴氣瀰漫的潟湖裡，這些島與大陸之間，被幾英里的淺水分隔開來。未來，這個看似不起眼的小地方將會成為世界貿易的轉運站和世界文明的詮釋者，亞得里亞海則是它的通行證。

✯

從一開始，威尼斯人就與眾不同。關於他們的最早史料是西元五三二年拜占庭使臣卡希歐多爾魯斯（Cassiodorus）的描述。他的描繪頗具田園風光，暗示著威尼斯人獨特、獨立而民主的生

---

① 圖坦卡門是古埃及新王國時期第十八王朝的一位法老，在位期間大概是西元前一三三四至西元前一三二三年左右。圖坦卡門為現代人廣為熟知是因為他位於帝王谷（Valley of the Kings）的墳墓在三千年的時間內從未被盜，直到一九二二年才被英國人霍華德．卡特（Howard Carter）發現，挖掘出近五千件珍貴陪葬品，震驚了西方世界。由於有幾個最早進入墳墓的人早死，被媒體大肆渲染成「法老的詛咒」，圖坦卡門的名字在西方更為家喻戶曉。

② 黎凡特是歷史上的地理名稱，其指代並不精確。它一般指的是中東、地中海東岸、阿拉伯沙漠以北的一大片地區。黎凡特一詞原指「義大利以東的地中海土地」，在中古法語中，黎凡特即「東方」的意思。歷史上，黎凡特在西歐與鄂圖曼帝國之間的貿易中擔當重要的經濟角色。黎凡特是中世紀東、西方貿易的傳統路線。阿拉伯商人透過陸路將印度洋的香料等貨物運到地中海黎凡特地區，威尼斯和熱那亞（Genoa）的商人從黎凡特將貨物運往歐洲各地。

③ 科茨沃爾德是英格蘭中南部一地區，跨越牛津（Oxford）郡、格洛斯特（Gloucester）郡等地，歷史悠久，在中古時期已經因羊毛相關的商業活動而發展。此地出過不少名人，如作家珍．奧斯丁（Jane Austen）、藝術家威廉．莫里斯（William Morris）等。該地區風景優美，古色古香，是旅遊勝地。

活方式：

你們擁有許多船……生活得像海鳥，四海為家。你們的房舍所在的土地完全依賴柳條和柵欄來維繫。你們卻毫不猶豫地用這脆弱的壁壘來對抗狂野的大海。你們的人民擁有一筆巨大的財富——能滿足所有人需求的漁業資源；你們之間沒有貧富差距；你們的食物是一樣的，你們的房子也很相似。世界其他地方充斥著嫉妒，而你們卻不會這樣。你們將所有精力都花在鹽田上，你們的繁榮源自那裡，讓你們有能力去購買你們缺少的商品。儘管可能有人對黃金的需求很小，但沒人會不需要食鹽。

威尼斯人已經成為其他人需求的供應商和運輸商。他們的城市從水中拔地而起，像用魔法從沼澤中變出來的一樣，建立在深陷爛泥的橡木樁構成的地基之上，似乎岌岌可危。這座城市在大海的變幻無常面前顯得十分脆弱。除了潟湖的鯔魚和鰻魚以及鹽場之外，這座城市什麼都不生產，沒有小麥和木材，肉類也很稀少。若是發生饑荒，這座城市將極其脆弱；它僅有的技能便是航海和運輸貨物，所以船隻的品質極為重要。

威尼斯在成為世界奇觀之前，就已經是一個非比尋常的地方：它的社會結構很是神祕，它施展的策略也備受猜忌。沒有土地，就沒有封建制度，也就沒有騎士與農奴間的嚴格區分。沒有農業，金錢變成了交換手段。他們的貴族是巨賈富商，指揮艦隊，計算利潤精確到格羅梭（grosso）④。生活的艱難使人們因為愛國之情而精誠團結，這種團結要求自律以及一定程度的公平，就像一艘船的全體船員不分貴賤，都要面對大海的危險一樣。

地理位置、人民生計、政治組織以及宗教隸屬使得威尼斯獨一無二。威尼斯生活在兩個世界之間——陸地和海洋、東方與西方，但卻不屬於其中任何一個。它在成長的初期臣服於君士坦丁堡的說希臘語的皇帝，並且它的藝術、禮儀和貿易都源自拜占庭世界。然而，威尼斯人同時也是拉丁人和天主教徒，名義上臣服於被拜占庭視為「敵基督」（Antichrist）的羅馬教宗。威尼斯努力在兩種對立勢力之間維持自身的自由。威尼斯人也不斷公然藐視教宗的權威。做為回應，教宗對整個威尼斯施以「破門」。威尼斯人反對暴政，建立了一個由執政官領導的共和國。執政官的權力受到很多制約：他不能從外國人那裡收受價值超過一壺草藥的禮物。威尼斯人不能容忍野心勃勃的貴族和落敗的海軍將領，這些人要嘛被放逐，要嘛被處死。威尼斯人還發明了一種投票機制來遏制腐敗，這種投票機制和潟湖中的航道一樣錯綜複雜。

他們與外界關係的基調很早就已經建立起來。威尼斯人希望能在任何可以獲取利潤的地方公平地交易。這是他們的信條和教義，他們視其為特殊情況，為之辯護。這讓人們普遍覺得威尼斯人不值得信任。「他們說了很多，為自己辯護……但我不記得他們說了什麼，」在十四世紀，一位教士目睹威尼斯共和國想方設法地擺脫又一項條約之後如此說道（儘管他肯定很清楚地記得每個細節），「我只記得，他們自稱是一個特例，既不屬於教會，也不屬於皇帝；既不屬於海洋，

④ 格羅梭是威尼斯於一一九三年，恩里科·丹多洛（Enrico Dandolo）擔任執政官時期，開始鑄造發行的一種銀幣，起初一個格羅梭重二點一八公克，含百分之九十八點五的純銀，後來幣值有所浮動。

也不屬於陸地。」早在九世紀，威尼斯人就因為販賣武器給信仰伊斯蘭教的埃及，而與拜占庭皇帝和教宗發生了矛盾。約西元八二八年，教宗宣布禁止基督徒與伊斯蘭世界開展貿易。威尼斯人自稱遵守此項禁令，但卻成功地在穆斯林海關官員眼皮底下，把聖馬可的遺骸藏在一桶豬肉裡，從亞歷山大港裡偷運了出來。他們標準的藉口是商業需求：「因為沒有了商業，我們不知道將如何生存。」威尼斯是世界上唯一一個為了經濟目的而組成的國家。

到十世紀，他們已經在波河畔帕維亞（Pavia）城的重要集市出售來自東方的珍稀貨物：俄羅斯的貂皮、敘利亞的紫布、君士坦丁堡的絲綢。一位僧侶編年史家曾看到，查理曼大帝（Charlemagne）的侍從們身著從威尼斯商人手中購得的東方服飾，在他們映襯下，查理曼大帝的衣飾看起來非常灰暗單調（尤其受到這位教士評頭論足的是一件帶有飛鳥圖案的彩色衣服，在僧侶眼中，它顯然是可憎的外國奢侈品）。威尼斯人還向穆斯林出售木材和奴隸。在斯拉夫人皈依基督教之前，這些奴隸都是斯拉夫人。威尼斯此時占據了亞得里亞海北端的有利位置，並且成了貿易中心。在千年之交的西元一〇〇〇年耶穌升天節，威尼斯執政官彼得羅二世・奧西奧羅（Pietro II Orseolo），「幾乎超越威尼斯古代史上所有執政官」的偉人，啟航遠征。他將引領共和國走向財富、權力和海上榮耀。

在新時代的開端，這座城市處於危險和機遇之間，處境十分微妙。在那時，威尼斯還不像後來那樣密密麻麻地坐落著金碧輝煌的石質建築，但已經擁有大量人口。在大運河的S形河灣處，富麗堂皇的宮殿還未興建。充滿奇跡、浮華和罪孽，以狂歡節面具和公共景觀聞名的威尼斯城，在接下來的幾個世紀才會出現。此時的威尼斯岸邊還只有低矮的木屋、碼頭和倉庫。威尼斯與其說是一個整體，不如說是由一系列相互分離的島嶼組成。各教區的定居點之間有若干未經排水處理的沼澤和空地，人們在那裡種植蔬菜，養豬和牛，種植葡萄。後世氣勢恢弘的聖馬可大教堂的前身——一座樸素的教堂——在前不久的政治動亂（這場風波導致一位執政官死在教堂門廊上）中被嚴重燒毀，後來得到修葺。教堂前的廣場在當年還只是碾壓過的泥土地面，有一條運河從中穿過，部分地域還是果園。曾去過敘利亞和埃及的遠洋船隻擁擠地停泊在這座城市的商業中心——里亞爾托（Rialto）。到處都能見到船桅從屋頂上高高地伸出的景象。

天才的奧西奧羅心裡很明白，威尼斯的發展，甚至它的生存，都要依靠潟湖以外更廣闊的水域。他已經和君士坦丁堡簽訂了十分有利的貿易協定。而且，令熱中於宗教聖戰的基督教世界憎惡的是，他又派遣大使去地中海的各個角落，與伊斯蘭世界簽訂類似的協定。威尼斯的未來發展寄託在亞歷山大港、敘利亞、君士坦丁堡以及北非的巴巴里（Barbary）⑤海岸，在那裡有更文明、更發達的社會，能夠提供香料、絲綢、棉花和玻璃。威尼斯的優越地理位置，使得它能夠將這些奢侈品轉賣到義大利北部以及中歐。威尼斯水手們遇到的難題是，從亞得里亞海南下的航路很不安全。威尼斯的本土水域——威尼斯灣在其控制之中，但亞得里亞海中部海域是危險的無人地帶，時常有克羅埃西亞海盜出沒。自八世紀以來，這些斯拉夫定居者便從巴爾幹北部來到這裡，在亞得里亞海東側的達爾馬提亞海岸盤踞下來。這是海盜肆虐的理想海域。吃水較淺的克羅

⑤ 歐洲人稱之為巴巴里，而阿拉伯人稱之為馬格里布（Maghreb）的地區，也就是今天的摩洛哥、阿爾及利亞和突尼西亞一帶。

埃西亞船隻可以從島嶼巢穴和小海灣中猛地殺出，劫掠通過海峽的商船。

威尼斯與這些海盜的鬥爭已經持續了一百五十年之久。威尼斯在這樣的鬥爭中得到的只有戰敗和羞辱。一位執政官在指揮一次懲罰性遠征時喪命；隨後威尼斯人選擇怯懦地支付貢金，以求能安全抵達外海。現在，克羅埃西亞人開始向亞得里亞海更北方海岸的古老羅馬城鎮積極拓展自己的勢力。為解決這一問題，奧西奧羅提出了一項清晰明瞭的戰略，這將是威尼斯共和國數百年歷史中一貫的政策基石。威尼斯人必須要能夠自由通行亞得里亞海，否則他們將永遠被封鎖在本土海域。這位執政官拒絕再向海盜進貢，並準備組建一支龐大的艦隊，以迫使海盜屈服。

奧西奧羅出征時舉行了盛大的儀式，這種儀式後來成為威尼斯歷史的一大鮮明標誌。一大群人聚集在城堡區聖彼得教堂（鄰近今天的兵工廠），舉行彌撒儀式。主教向執政官獻上一面象徵勝利的旗幟。那面旗幟上也許第一次描繪了聖馬可的雄獅：在紅色的背景上，金色雄獅做躍立狀並揚起前爪，頭戴王冠，背生雙翼，兩爪之間是一部打開的福音書，向世人宣示自己的和平善意，但同時也時刻準備著戰鬥。執政官和他的軍隊啟程，乘著強勁的西風駛出了潟湖，進入驚濤駭浪的亞得里亞海。他們僅僅在格拉多（Grado）稍事停留，以便接受當地主教的祝福，隨後駛向亞得里亞海東端的伊斯特里亞（Istria）半島。

奧西奧羅的遠征幾乎可以算是後來威尼斯政策的範本：精明的外交手段，再加上恰到好處的武力。艦隊南下，經過一系列濱海城市。從帕倫佐（Parenzo）到普拉（Pola），從奧賽洛（Ossero）到扎拉（Zara），城民和主教們紛紛趕來向執政官表達忠心，並用聖物為他祝福。也有人在搖擺不定，斟酌著威尼斯和斯拉夫人哪一方更不能得罪。奧西奧羅炫耀武力，讓這些騎牆派拿定主意。克羅埃西亞人看到即將發生的戰爭不利於自己，於是想收買奧西奧羅。奧西奧羅心意已決，但海岸地形不利於他，他的任務變得愈發困難。海盜的大本營固若金湯，隱藏在沼澤叢生的納倫塔（Narenta）河三角洲上，不在威尼斯艦隊的有效攻擊範圍之內。三座島嶼——萊西納（Lesina）、庫爾佐拉（Curzola）和拉戈斯塔（Lagosta）構成了海盜大本營的天然屏障，島上堅若磐石的城堡是擺在威尼斯遠征軍面前的一道難關。

借助從當地人那裡得到的情報，威尼斯人成功伏擊了一艘載有納倫塔貴族（他們之前在義大利海岸做生意，剛剛返回）的船隻，並扣押他們為人質，迫使三角洲口的克羅埃西亞人投降。克羅埃西亞人發誓不再向威

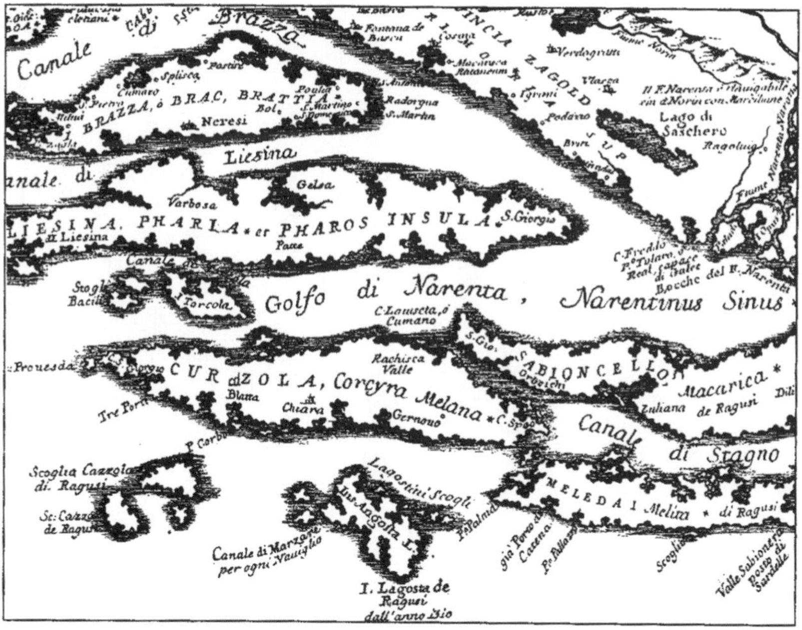

圖1　納倫塔河及其屏障島嶼

尼斯索要每年的貢金，並保證不再騷擾共和國的船隻。只有近海的三個島嶼還在負嵎頑抗。威尼斯人將其逐一孤立起來，並在它們的港口拋錨停泊。庫爾佐拉遭到了猛烈攻擊。而「常依靠武力將威尼斯商船洗劫一空」的拉戈斯塔的抵抗更頑強，當地人相信自己的岩石要塞是堅不可摧的。威尼斯人以毀天滅地的氣勢從城下發動攻擊。在遭遇挫折之後，威尼斯人派出一支隊伍從城堡背面的陡峭小徑發起進攻，占領了掌握著要塞水源的塔樓。守軍全面潰敗。抵抗者被銬上鎖鏈帶走，海盜巢穴被搗毀了。

憑藉這強大武力的震懾，奧西奧羅明確無誤地展示出威尼斯人的意圖。為了防止任何臣屬城市忘記他們最近發出的誓言，他又原路返回，向那些港口膽戰心驚的人民炫耀自己的武力，將俘虜和繳獲的戰旗遊街展示。「隨後，他又再次經過上述城鎮，最終光榮凱旋，回到威尼斯。」從此以後，執政官及其繼任者們有了一個新的頭銜——達爾馬提亞領主。

如果說有一個時刻標誌著威尼斯海洋帝國的崛起，那一定是此刻——執政官凱旋回到潟湖。打敗納倫塔海盜是一個具有深遠意義的事件，它標誌著威尼斯人對亞得里亞海實際控制的開端，這種格局成為威尼斯共和國存在的數個世紀內不言自明的公理。亞得里亞海必須是威尼斯人的海；威尼斯方言將亞得里亞海稱為「我們的房子」，而它的大門鑰匙便是達爾馬提亞海岸。主宰達爾馬提亞並不容易。連續幾個世紀，幾乎一直到共和國壽終正寢，威尼斯花費了大量的資源，用於抵抗來自各大帝國的侵略、清剿海盜和鎮壓惹是生非的臣屬。達爾馬提亞的城市，特別是扎拉，反覆爭取獨立，但只有拉古薩（今稱杜布羅夫尼克〔Dubrovnik〕）獲得了成功。自此以後，在亞得里亞海的中心區域，再也沒有任何海上力量能和威尼斯抗衡。亞得里亞海將受到這座胃口愈來愈大的城市在政治和經濟上的影響。威尼斯城的人口在不到一個世紀之後就達到了八萬。歲月流逝，亞得里亞海的石灰岩海岸成了威尼斯的穀倉和葡萄園；大運河畔文藝復興式宮殿的正面將用伊斯特里亞的大理石建成；達爾馬提亞的松木被用來建造槳帆船，而達爾馬提亞的水手們將駕駛這些船，離開位於東海岸的威尼斯海軍基地。鋸齒狀的石灰岩海岸幾乎可以被視為潟湖的延伸。

威尼斯共和國像拜占庭一樣，具有將重大勝利轉化為愛國主義慶典的才能。從此以後，共和國會舉行一年一度的慶祝活動，來紀念奧西奧羅的勝利。每年的耶穌升天節，威尼斯人會參加前往潟湖湖口的儀式性航行。起初，這種儀式相對比較簡樸：教士

圖2　金船與耶穌升天節儀式

穿著斗篷式長袍和禮服，登上一艘用金色布料裝飾的平底船，駛向利多，即保護威尼斯免受亞得里亞海侵襲的長沙洲。他們帶著一瓶聖水、鹽和橄欖枝，來到潟湖的出海口——聖尼古拉（水手的主保聖人）島。他們在湖水與海水交匯處等待執政官乘坐慶典專用槳帆船——威尼斯人稱之為「金船」駕臨。站在顛簸搖曳的船上，教士們宣讀一段簡短但真摯的禱文：「哦，主啊！請賜福於我們，以及所有在海上航行的人，讓大海始終平靜安寧。」然後，他們走向金船，用橄欖枝灑聖水到執政官及其跟隨者身上，並把餘下的聖水倒入海中。

後來，耶穌升天節的這種儀式變得非常複雜和隆重。但在千禧年伊始，它只是一種簡單的祈福，用於懇求免遭風暴或海盜的傷害。它的基礎是季節性航海儀式，像海神尼普頓（Neptune）和波塞頓（Poseidon）⑥一樣古老。這種微縮版的航行展現了威尼斯的全部意義。潟湖內是安全、保障和寧靜；在它如迷宮般危險的淺水航道裡，所有的潛在敵人都會寸步難行、葬身水底。潟湖之外充滿了機遇，但同時也危機四伏。利多是兩個世界——已知世界和未知世界，安全世界和危險世界——的邊界；在威尼斯人的創建神話裡，聖馬可突遇狂風，在潟湖裡找到了避難所。但對威尼斯人來說，遠航卻是繞不開的。大海既是他們的生命之泉，也是他們的死亡之谷，耶穌升天節儀式便是對這種協定的認可。

耶穌升天節標誌著航海季節的開始，水手們可以期待平靜的航行。但亞得里亞海在一年中的任何時候都變幻無常，因此臭名昭著。海面可以像絲綢一樣平滑，但也會被布拉風（bora）⑦攪動得狂暴不止。羅馬人不是很擅長航海，所以他們害怕這捉摸不定的海；尤利烏斯・凱撒（Julius Caesar）險些溺死在亞得里亞海；詩人賀拉斯（Horace）認為：「沒有什麼東西能像撞擊阿爾巴尼亞南部沿海峭壁的海浪那樣恐怖。槳帆船很快會被如山的巨浪吞沒；而迎風行駛的帆船在狹窄的海峽裡幾乎沒有迴旋的餘地。」一〇八一年初夏，一支前往阿爾巴尼亞的諾曼（Norman）艦隊的命運生動地記載了大海的凶險：

暴雪呼嘯肆虐，從山上颳來的狂風猛烈鞭打著海面。伴隨著震天的號叫，海浪湧起；槳手們將船槳插入水中時，洶湧的海水將它們硬生生地折斷了；船帆被暴風撕成碎片；桁端被擊打得粉碎，墜落到甲板上；現在整條船都被吞沒了，包括全體船員和所有的東西……一些船沉沒了，船員葬身汪洋，而其他一些船撞上海岬，四分五裂……大量屍體被滾滾波濤拋上了海面。

大海狂暴動盪，險象環生，且有海盜出沒。威尼斯人必須不懈地奮戰，方能確保他們通往外界的航道暢通無阻。

但即使利多也無法保障城市萬無一失。亞得里亞海是一個死胡同，因此會受到月相的特別影

⑥ 尼普頓是羅馬神話中的海神，波塞頓是希臘神話中的海神，大致相當。

⑦ 布拉風是亞得里亞海、希臘、土耳其等地的一種北風或東北風。「布拉」這個名字與希臘神話中的北風神玻瑞阿斯（Boreas）有關係。

響。在一些特定的時期，來自非洲的西洛可風（sirocco）⑧將水流推向威尼斯灣，風向相反的布拉風則穿越匈牙利大草原，阻擋著水流，於是潟湖本身也受到了威脅。在人們的記憶中，一一〇六年一月末的事件讓他們見識到了大海的威力。人們記得，當時從南方吹來的西洛可風有著非比尋常的力量，天氣酷熱到讓人抓狂的地步，日復一日地消耗著人們和動物的體力。有明白無誤的跡象表明，大風暴一觸即發。房屋的牆壁開始滲水；大海開始呻吟，空氣中瀰漫著中性電荷的怪味；鳥兒驚慌失措地亂飛、發出尖叫；鰻魚跳出水面，似乎想逃跑。當風暴最終降臨時，轟鳴的雷聲似乎要震碎房屋，暴雨傾盆而下，敲打著潟湖。海水翻騰升湧，吞沒了利多，從潟湖的入海口湧入，淹沒了整座城市。大風暴摧毀了房屋、商品和存糧，

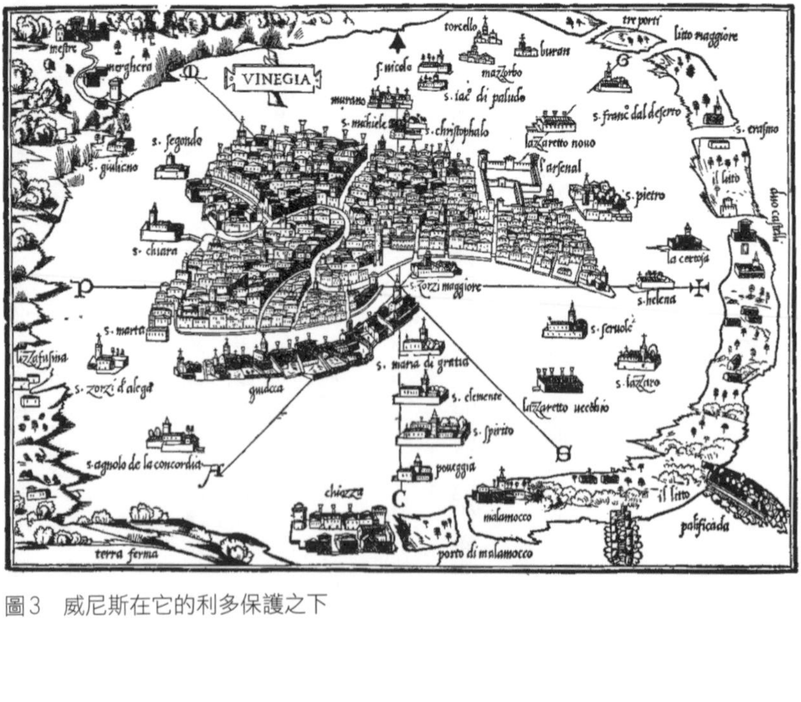

圖3　威尼斯在它的利多保護之下

淹死了動物，在小小的農田播撒令作物無法生長的海鹽。整整一座島嶼——古鎮馬拉莫科（Malamocco）消失了，只有退潮時才能在混濁的水中依稀看到它鬼魅般的地基。隨之而來的是毀滅性的火災，木質的房屋化為灰燼。大火越過運河，燒毀了二十四座教堂，摧毀這座城市的主要部分。「威尼斯的核心被撼動了」，編年史家安德烈亞．丹多洛（Andrea Dandolo）⑨記載道。威尼斯的物質基礎十分脆弱；它對大自然的瞬息萬變已經習以為常。正是在與自然力量對抗的過程中，人們感到了自己的脆弱，於是奉上祭品，尋求庇護。

✯

執政官接受「達爾馬提亞領主」的新頭銜，標誌著地中海東部的海權勢力發生了巨大而深刻的變化。四百年裡，亞得里亞海一直被羅馬統治；之後又有六百年時間，這片大海和威尼斯都被羅馬帝國的說希臘語的繼承者——君士坦丁堡的拜占庭皇帝——所統治。到西元一〇〇〇年，拜占庭的力量逐漸衰弱，威尼斯人神不知鬼不覺地開始取而代之。在扎拉、斯帕拉托（Spalato）、伊斯特里亞和特勞（Trau）的小型石製主教座堂的禱詞中，威尼斯執政官的名字緊隨著君士坦丁

⑧ 西洛可風是地中海地區的一種風，源自撒哈拉，在北非、南歐地區加強為颶風。西洛可風會導致乾燥炎熱的天氣，許多人因此患病。

⑨ 安德烈亞．丹多洛（一三〇六至一三五四年）年輕時攻讀歷史學和法律，曾是法學教授，後當選為執政官。他是丹多洛家族出過的四位執政官中的最後一位。他撰寫了兩部史書，題材分別是威尼斯歷史和克羅埃西亞歷史。

堡皇帝的名字，但這純粹只是一種儀式性的做法。天高皇帝遠，他的權威延伸不到科孚島以北大部分地區、亞得里亞海的入口，以及義大利海岸。達爾馬提亞的主人實際上是威尼斯人。拜占庭勢力不斷削弱所造成的權力真空，使得威尼斯的地位逐漸上升。威尼斯由屬臣發展為平等合作的夥伴，並最終在悲劇的情形下篡奪了拜占庭海域的控制權。達爾馬提亞海岸領主們蓄勢待發，冉冉升起。

拜占庭和威尼斯之間的關係由來已久，且極度複雜，由於雙方世界觀的互相牴觸和情緒的喜怒無常，兩者摩擦不斷。然而，威尼斯始終仰賴著拜占庭，因為它是世間的偉大都市，是通往東方的門戶。透過金角灣（Golden Horn）的倉庫，流通著更廣闊世界的財富：俄羅斯的皮草、蠟、奴隸和魚子醬，印度和中國產的香料、象牙、瓷器、絲綢、寶石，以及黃金。拜占庭的工匠用這些材料打造出精美器物，既有宗教聖器，也有凡俗物事，有聖物箱、鑲嵌畫、鏤刻綠寶石的聖餐杯和光彩奪目的絲綢服飾——這一切也塑造了威尼斯的品味。於一〇九四年重建的氣勢恢宏的聖馬可大教堂，是由希臘建築師設計的，以佇立在君士坦丁堡的使徒（Holy Apostles）教堂為範本；工匠模仿聖索菲亞大教堂（Hagia Sophia）鑲嵌畫的風格，以岩石為材料，重述了聖馬可的傳說；金匠和琺瑯工匠製作了「金布聖壇」，即由黃金打造的祭壇裝飾品，這是拜占庭的虔誠和藝術的完美表現。威尼斯碼頭上的香料氣味，來自千里之外金角灣的貨棧。君士坦丁堡是威尼斯的露天市場，威尼斯商賈雲集於此，或是賺錢，或是賠錢。做為皇帝的忠誠子民，威尼斯商人手中最珍貴的財富就是在皇帝的土地上經商的權利。皇帝也用貿易權做為討價還價的籌碼，來遏制這些傲慢自大的臣民。西元九九一年，奧西奧羅為威尼斯爭取到了寶貴的貿易權，條件是在亞得里亞海支持拜占庭皇帝。二十五年後，雙方發生爭吵，皇帝憤怒地收回了貿易權。

威尼斯與拜占庭對商業的態度不同，這是兩者間一條明顯的分界線。從一開始，威尼斯人就不考慮道德的商人心態——他們自認為能用任何東西，與任何人做買賣——這讓虔誠的拜占庭人頗為震驚。西元八二〇年前後，皇帝憤怒地指責威尼斯運送戰爭物資（木材、金屬和奴隸）給他的敵人——開羅的蘇丹。但在十一世紀的最後二十五年裡，拜占庭帝國——這個在地中海歷久不衰的強權——開始衰落，權力天平開始向有利於威尼斯的方向傾斜。一〇八〇年代，威尼斯人在亞得里亞海保衛拜占庭帝國的安全，抵抗企圖占領君士坦丁堡的強大的諾曼軍隊。威尼斯人為此得到了豐厚的回報。在拜占庭皇家的一場恢弘儀式中，皇帝在一份檔案上加蓋了他的金印，這將永遠改變地中海的歷史。皇帝授權威尼斯商人在他所轄的領土範圍內自由貿易，並免繳賦稅。該條約具體指出了威尼斯人可自由貿易的許多城市和港口：雅典、薩洛尼卡（Salonica）、底比斯（Thebes）、安提阿（Antioch）、以弗所（Ephesus）、希俄斯（Chios）島、尤比亞（Euboea）島；希臘南部海岸線上的主要海港，如莫東（Modon）和柯洛尼（Coron）——對威尼斯槳帆船來說，這都是珍貴的海上補給站——以及最為關鍵的君士坦丁堡本身。

在君士坦丁堡，威尼斯被允許在緊挨著金角灣的位置占據一個極佳地點。這裡有三個碼頭、一座教堂、一家麵包房、一些商店，和用於儲存貨物的倉庫。雖然名義上依舊臣屬於皇帝，但威尼斯人實際上在這個世間最富有的城市的心臟地帶，在極端優惠的條件下，有效地建立了自己的殖民地和所有必要的基礎設施。只有在君士坦丁堡的糧倉——黑海，貪婪的威尼斯商人才被禁止入內。拜占庭的法令莊嚴而晦澀，其字裡行間悄然迴盪著威尼斯人日思夜想的那個美妙的希臘詞彙：壟斷。威尼斯海上貿易的競爭對手——熱那亞、比薩（Pisa）和阿馬爾菲（Amalfi），如今已經完全處於下風，它們在這座城市的存在幾乎無足輕重。

一〇八二年的「金璽詔書」（Golden Bull）是為威尼斯打開東方貿易這個寶庫的黃金鑰匙。威尼斯商人蜂擁前往君士坦丁堡。還有一些人則開始滲透到東方海岸的大小港口。到十二世紀下半葉，威尼斯商人在地中海東部隨處可見。他們在君士坦丁堡的殖民地的人口增長到一萬兩千人。年復一年，拜占庭的貿易神不知鬼不覺地落入他們手中。他們不僅給歐洲大陸的狂熱市場輸送商品，還充當仲介，不停地在黎凡特諸港口穿梭買賣。他們的商船在東方海域開展三角貿易，將希臘的橄欖油運到君士坦丁堡，在亞歷山大港買入亞麻製品，經由阿卡（Acre）出售給十字軍國家；途經克里特島和賽普勒斯、士麥拿（Smyrna）和薩洛尼卡。在尼羅河口的古城亞歷山大港，他們買入香料，出售奴隸，並在同一時期左右逢源，巧妙地游走於拜占庭和十字軍與他們的敵人——埃及法蒂瑪（Fatimid）王朝之間。隨著時間流逝，威尼斯一點一滴將其觸角伸入東方的商埠；它的財富見證了一個新的富商階層的崛起。威尼斯歷史上的許多名門望族都在這個經濟繁榮的世紀崛起。這預示著威尼斯開始主宰商貿。

財富讓威尼斯人傲慢，也招致其他人的怨恨。一位拜占庭編年史家記載道：「他們成群結隊地來到這裡，把君士坦丁堡當做他們自己的城市，又從這裡出發，遍布整個帝國。」這些話的語氣中帶著一種常見的仇外心理和在經濟上對移民的恐懼。在城市的街道上，頭戴帽子、鬍鬚剃得一乾二淨的義大利暴發戶，無論行為舉止還是衣著打扮都格外刺眼。他們遭受很多指責：他們的舉動像是外國公民，而不是帝國的忠誠子民；他們從朝廷分配給他們的住地出發，擴張地盤，在城裡到處購置地產；他們和希臘女人同居或結婚，並教唆她們放棄東正教信仰；他們偷竊聖徒的遺物；他們富有、傲慢、不羈、粗野、無法無天。另一位拜占庭作家氣急敗壞地說：「威尼斯人荒淫無德，庸俗不堪……無法讓人信賴，有著航海民族的全部粗鄙特質。」薩洛尼卡的一名主教稱他們為「沼澤的青蛙」。威尼斯人在拜占庭帝國愈來愈不得人心，但他們又似乎無處不在。

在十二世紀更大範圍的地緣政治問題上，拜占庭人和他們離經叛道的臣民之間的關係愈來愈搖擺不定，愛恨交織：拜占庭難以忍受威尼斯人，卻又離不開他們。拜占庭仍然沾沾自喜，認為自己是世界的中心。對他們來說，土地所有權比庸俗的商業更讓人感到自豪。於是貿易漸漸落到了潟湖居民的手中，拜占庭海軍的實力也每況愈下；拜占庭在海上防禦方面愈來愈依賴威尼斯。

帝國針對這些放肆妄為的外國人的政策飄忽不定。皇帝的殺手鐧便是控制貿易權。一個多世紀以來，拜占庭人反覆嘗試離間威尼斯與其商業上的競爭對手——比薩和熱那亞的關係，以期在經濟上擺脫威尼斯的控制。西元一一一一年，比薩人也得到了在君士坦丁堡的貿易權；四十五年後，熱那亞取得了同樣的權利。這三個對手在君士坦丁堡都獲得了減稅優惠、商業區和碼頭。這三個義大利共和國在君士坦丁堡進行了激烈競爭，假以時日，這種競爭就會引發全面的貿易戰爭。一一七六年，當西班牙猶太人圖德拉的本雅明（Benjamin Tudela）來到這座城市時，他看到的是「一座動盪不安的城市；世界各地的人透過海路和陸路到這裡做生意」。城市因為競爭而成為一座讓人恐懼的封閉競技場。互相競爭的族群擁擠地居住在金角灣沿岸互相毗鄰的飛地，常爆發歹毒的爭執。威尼斯人認為自己的壟斷地位是理所當然的，因為這是他們在上一個世紀打敗了諾曼人而贏得的，因此不肯讓其他人染指；而歷代皇帝逐漸撤銷威尼斯人的貿易壟斷權，或優待其對手的做法，讓威尼斯人深感不滿。在希臘統治者眼中，義大利人已經成為一個無法控制的麻煩。拜占庭人以貴族的傲慢如此描述義大利人：「這個種族的特點是缺乏教養，這和我們高貴的秩序觀格格不入。」一一七一年，皇帝曼努埃爾一世（Manuel I）扣留並羈押了帝國境內所有威尼斯人，多年後才將他們釋放。二十年後，這場危機才得以化解，但苦澀的記憶讓彼此失去了信任。一一九〇年，威尼斯商人再次獲准進入君士坦丁堡，但兩個民族間曾經的特殊關係早已煙消雲散。

正是在這樣的背景下，教宗於一一九八年夏天號召再次舉兵東征。

第二章　失明的執政官

一一九八至一二〇一年

第四次十字軍東征在慷慨激昂的鼓動中拉開帷幕：

在耶路撒冷領土遭到無情的摧毀之後，在基督徒遭到慘無人道的屠殺之後，在基督曾經站立的土地——上帝，我們的天父，於紀元之前在人間中土展開救贖的地方——遭到令人扼腕的入侵之後……使徒宗座（教宗）為如此巨大的災難所導致的不幸而感到焦慮不安……他大聲呼喊，猶如喇叭一般提高聲響，渴望喚起信徒們為基督的事業而戰，為受難救主遭受的侮辱而復仇……為此，我的孩子們，拿出剛毅之精神，舉起信仰之盾，戴上救贖之盔，不迷信數量與蠻力，而相信上帝的力量。

一一九八年八月，教宗英諾森三世（Innocent III）向基督教世界的軍事力量發出振聾發聵的呼籲。此時距十字軍成功攻克耶路撒冷，已經過去了一個世紀。而且這是一個凶險的世紀，在這一百年間，整個十字軍東征大業在逐漸走向崩潰。決定性的事件發生在一一八七年，薩拉丁（Saladin）在哈丁（Hattin）①擊敗了一支十字軍，並奪回了聖城。無論是神聖羅馬皇帝腓特烈・巴巴羅薩（Frederick Barbarossa，他在敘利亞的一條河中溺死）還是英格蘭的獅心王理查（Richard the Lionheart），都沒能收復耶路撒冷。之後，十字軍的勢力範圍僅限於海岸上的幾個定居點，如泰爾（Tyre）港和阿卡港。只有教宗才可能讓十字軍東征的大業起死回生。

英諾森三世時年三十七歲，年輕有為、才華洋溢、意志堅定而又腳踏實地，是一位宗教修辭學大師，還是一位高明的法學家。他所號召的，既是一次軍事冒險，又是在逐漸世俗化的世界裡一次道德重構的運動，也是重樹教會權威的新事業。從一開始，他就明確表示，他的意圖並不僅僅限於發動十字軍東征，還要以教宗使節為代理人，親自指揮東征。一名教宗使節被派去煽動法蘭西北部的武士領主，另一名使節——紅衣主教索弗雷多（Soffredo）則去威尼斯，尋求船隻的支援。一個世紀的十字軍東征經驗讓軍事策劃者們明白：通往敘利亞的陸路充滿艱難險阻，而拜占庭人對大批武裝士兵通過他們的領土充滿戒心。其他的航海共和國——比薩和熱那亞正在打仗，因此只有威尼斯擁有將整支軍隊運送到東方的技術和資源。

威尼斯人的即刻回應令人吃驚。他們派出自己的使節回訪羅馬，做為開端，威尼斯人請求教宗解除業已頒布的與伊斯蘭世界的貿易禁令，尤其是埃及。共和國的請求從一開始就彰顯了信仰與世俗需求之間的衝突，而這個衝突將困擾第四次十字軍東征的全程。共和國的請求也體現了威尼斯人身分的特性。威尼斯使節據理力爭，認為他們城市的情況與眾不同。它沒有農業；它的生存完全依賴於貿易，而貿易禁運（威尼斯人嚴格遵守教宗的禁令）令其元氣大傷。使節們可能也曾低聲抱怨，比薩和熱那亞無視教宗的命令，仍然繼續與穆斯林進行貿易。但英諾森三世對威尼斯的辯解不以為然。這座城市長久以來一直和虔誠的基督教事業對著幹。最終，他措辭嚴謹地許可威尼斯人與穆斯林進行貿易，但明令禁止任何軍事物資的交易，並將其一一列舉出來：「（我們）以逐出教門做為懲罰，禁止你們以出售、贈與或用以物易物的方式向撒拉森人（Saracens）提供鐵、麻、尖銳器具、易燃物、武器、槳帆船、帆船或木材，」並以律師的敏銳，補上這樣一句，以防止狡猾的威尼斯人鑽法律漏洞，「無論是成品或者半成品。」

……但願我們的妥協能讓你們得到強烈的感化，從而向耶路撒冷地區提供援助，並確保你們不會以欺騙手段違反教廷的命令。汝等萬不可有一絲一毫的僥倖心理，因為任何膽敢嘗試悖逆自己的良心去逃避此法令的人，毋庸置疑會遭受上帝的嚴厲懲罰。

✯

這不是一個好的開端。破門的威脅太過嚴厲，英諾森三世完全不信任威尼斯，但實際上，除了做出一點讓步，他別無選擇：因為只有威尼斯共和國可以提供船隻。

①位於巴勒斯坦的城市。一一八七年七月四日（十字軍東征時期），阿拉伯人的著名統帥薩拉丁在此大破基督教軍隊，耶路撒冷國王、聖殿騎士團（Templars）團長、醫院騎士團（Hospitallers）團長等基督教領袖陣亡。基督教軍隊作戰時向來攜帶的聖物真十字架也落入穆斯林手中。

因此，當六名法蘭西騎士於一二〇一年大齋節的第一週抵達威尼斯時，執政官對他們此行的目的大概已經了然於心。他們來自香檳（Champagne）、布雷（Brie）、法蘭德斯（Flanders）、埃諾（Hainaut）和布盧瓦（Blois），是法蘭西和低地國家強大的十字軍伯爵們的使節。他們隨身攜帶著已經加蓋印章的特許令，擁有談判的全權，目標是與威尼斯簽訂海上運輸的協定。其中有一個叫做若弗魯瓦・德・維爾阿杜安（Geoffroi de Villehardouin）②的人，來自香檳，是經歷過第三次十字軍東征的老將，有著極其豐富的徵召十字軍的經驗。維爾阿杜安的記述將成為隨後發生的事件的主要資料來源，儘管他的說法非常缺乏客觀公正性。

在任命執政官時，威尼斯長年以來的傳統是挑選高齡而經驗豐富的人，但此時十字軍代表們前來拜見的這個人，不管怎麼說都非常特別。恩里科・丹多洛是豪門貴冑，他的家族出過好幾個律師、商人和教士。他們和過去一個世紀裡幾乎所有的重大事件都有交集，為共和國做出了卓越的貢獻。他們曾參與十二世紀中期對城市教會和國家機構進行的改革，也參與了威尼斯的十字軍冒險。從各方面的資料來看，丹多洛家族的男性成員智慧過人，精力旺盛而且長壽。一二〇一年，恩里科已年過九旬，而且他已完全失明了。

沒有人知道恩里科長什麼樣子；但因為有許多創作於不同時期的恩里科畫像，所以現在我們很容易想像出這樣一個男人：高高瘦瘦，留著白鬍子，有一雙威嚴卻看不見的眼睛，帶著為威尼斯效力的堅定決心，在威尼斯一個世紀的繁榮上升時期裡，長期處於威尼斯生活的中心，因而經驗豐富，極其睿智。但這種形象並沒有實際的證據。關於他的性格，當代人的印象和後人的評判存在嚴重的分歧，就像人們對威尼斯本身的看法也有天壤之別一樣。在他的朋友看來，丹多洛是一個縮影，映照著共和國的機敏和良好的政府。在法蘭西騎士克萊里的羅貝爾（Robert of Clari）看來，他是「最可敬和最睿智的人」；佩里（Pairis）修道院長馬丁（Martin）認為，丹多洛「以活躍的智慧彌補了失明的缺陷」；法蘭西貴族聖波勒的於格（Hugh of Saint-Pol）稱他「性格審慎，在做艱難決定時謹慎又明智」。維爾阿杜安後來對他十分了解，稱他「非常睿智、勇敢，且充滿活力」。希臘編年史家尼西塔斯·科尼阿特斯（Nicetas Chroniates）③並不熟識丹多洛，對他的評價非常負面，在歷史上產生了一定影響：「他對拜占庭人極其奸詐，充滿敵意，既狡猾又傲慢；他自稱智者中的智者，對榮耀的欲望超過了所有人。」圍繞著丹多洛，逐漸出現很多神話。這些神話描繪了這個人，但更重要的是，界定了威尼斯對自己的看法，以及敵人對威尼斯的看法。

丹多洛註定要躋身高位，但在一一七〇年代中期，他的視力開始漸漸衰退。一一七四年，他在文件上的簽名看上去清晰有力，非常整齊。而一一七六年的一份文件上的簽名就顯露出了他的視力問題。一句這樣的拉丁文字——「我，恩里科·丹多洛，法官，親筆在此簽名」——向右下方傾斜，表明他難以把握紙上的空間關係，他每寫一個字母都要猜測前一個字母的具體位置，而他的猜測愈來愈不準確。看來丹多洛的視力正在慢慢退化，後來完全失明。最終，根據威尼斯的

---

② 即維爾阿杜安的若弗魯瓦（Geoffrey of Villehardouin，一一六〇至約一二一二年），法蘭西騎士與史學家。他參加了第四次十字軍東征，目睹了一二〇四年十字軍占領君士坦丁堡。他的著作《征服君士坦丁堡》（*De la Conquête de Constantinople*）是流傳至今最早的法文散文作品。他被認為是當時最重要的史學家之一。

③ 尼西塔斯·科尼阿特斯（約一一五五至一二一五／一二一六年），拜占庭史學家，著有記載一一一八年至一二〇七年拜占庭歷史的著作，其中最有史料價值的是對一二〇四年十字軍占領君士坦丁堡的記述。

一道法令，丹多洛不能再簽署檔案，只能在受認可的證人在旁的時候留下自己的記號。

丹多洛失明的性質、嚴重程度和原因一直是各式各樣猜測的對象，也被認為是第四次十字軍東征的很多事件的關鍵原因。有傳言說，在一一七二年的拜占庭人質危機中，丹多洛也在君士坦丁堡，皇帝曼努埃爾一世「下令用玻璃亮瞎他的眼睛；他的眼睛沒有受到外傷，但卻什麼也看不見了」。有人認為，這就是執政官對拜占庭人抱有深仇大恨的緣由。另一個版本的傳言是，丹多洛在君士坦丁堡街頭的一次鬥毆中失去了視力。這個故事五花八門的諸多版本，讓中世紀世界在考量丹多洛的生涯時頗感困惑。有人認為，他的失明是假裝的，或者沒有完全失明，因為他的眼睛被證實仍然明亮清晰，否則丹多洛怎麼能夠帶領威尼斯人民度過戰爭與和平時期呢？相反地，也有傳言認為，他很善於掩飾自己目盲的缺點，這正好證明了此人的奸詐。然而，可以肯定的是，丹多洛在一一七二年並沒有失明，他在兩年之後的簽名仍然很正常，他也不曾說自己失明是由於一一七二年的事件。他後來給出的唯一的解釋是，他因為頭部受重擊而失去了視力。

不管他失明的原因如何，這絲毫未影響他清晰的判斷力和充沛的精力。一一九二年，丹多洛當選執政官，發出了執政官的就職宣誓：「全心全意為威尼斯人民的榮譽和利益效勞，絕不欺瞞。」儘管威尼斯在政府機制上一向保守，從來不會仰慕青春的活力，但讓這個盲人坐上執政官的寶座，仍然是一個非比尋常的選擇；他可能被看做一個過渡人選。鑑於他年事已高，選民可能覺得他的任期將會很短暫。沒有任何人能夠猜到，他執政竟長達十三年，在這十三年裡，他會改變威尼斯的未來；人們也沒想到，十字軍騎士的到來竟會成為導火線。

丹多洛熱忱地歡迎騎士們，仔細檢查了他們的憑證文書，認可他們的授權之後，便開始談判。議題是在一系列會議中漸漸展開的。據維爾阿杜安說，他們先「在執政官的宮殿——它非常精緻而華麗——向執政官和他的議事會表明了來意」。騎士們對宮殿的恢弘和盲眼執政官的高貴肅然起敬。「他是一個非常有智慧和值得尊敬的人。」他們說，他們之所以來威尼斯，是因為他們「有信心在威尼斯找到比任何其他港口都要多的船隻」，然後他們概述了自己的運輸需求——人員和馬匹的數量、給養和他們需要船隻與給養的時長。丹多洛顯然對使者們概述的行動規模大吃一驚，儘管我們不清楚使者們的規畫詳盡到什麼程度。威尼斯人花了一星期的時間評估這項任務。然後他們提出了自己的條件。他們以經驗豐富，如同工匠報價時的仔細和精準，列舉了收受酬金後將提供的服務：

我們將建造運送馬匹的船隻，來承載四千五百匹馬和九千名侍從；四千五百名騎士和兩萬名步兵將乘船行進；我們還將為人員和馬匹提供九個月的給養。這是我們能提供的最低限度的服務，運費是每匹馬四馬克（mark）④，每個人兩馬克。我們提出的所有條件的有效期限是，從十字軍自威尼斯港口出發為上帝和基督教世界效力——不管前往何方——的那一刻開始，為期一年。上述費用總計九萬四千馬克。我們將另外免費提供五十艘武裝槳帆船，前提是只要我們的聯盟還在，以及我們將得到所有戰利品（無論是領土還是金錢，陸地還是海

④ 馬克起初是流行於西歐的重量單位，專用於測量金銀，一馬克最初相當於八盎司（兩百四十九公克），但在中世紀不斷有所浮動。

洋）的一半。現在請你們商議，決定是否願意，以及能否繼續交易。

這樣的人均費用不算過分。一一九〇年，熱那亞向法蘭西提出的報價與之類似，但九萬四千馬克的總金額太過龐大，相當於法蘭西一年的財政收入。從威尼斯的角度來看，這是一個巨大的商業機遇，但也有相當大的風險隱患。它要求整個威尼斯經濟全神貫注，集中力量於此事業，達兩年之久：第一年做準備工作——造船、後勤安排、招募人手、食品採購；而在第二年，威尼斯男性人口的非常大一部分將被投入此事業，全部船隻都將投入其中。威尼斯將承接的是中世紀歷史上規模最大的商業合約；這意味著，在合約期內，所有其他交易活動都將停止；威尼斯將投入自己的全副家當，因此任何階段的失敗對這座城市來說都將是災難性的。難怪丹多洛要仔細研究對方的授權委託書，認真撰寫合約，並索取戰爭收益的一半。他們從時間和金錢兩個維度進行仔細的權衡。威尼斯人是經驗豐富的商人；他們擅長簽訂合約，而且他們相信契約是神聖不可侵犯的。契約是威尼斯生活的金本位：它的關鍵參數是數量、價格和交付日期。在里亞爾托的交易年度裡，這樣的討價還價每天都在進行，但從來沒有達到這種規模。十字軍代表只經過一夜的考慮，就非常爽快地同意了方案，執政官可能會感到驚訝。使者們對威尼斯免費提供五十艘槳帆船尤其滿意。此舉大有深意。而合約中貌似無關緊要的一句「不管前往何方」同樣也意味深長。

執政官一直在努力促成這門交易，但威尼斯自詡為一個公社（commune），在理論上所有人都有權對國家的重大決策發表意見。而此事關係到整個國家的未來，因此必須得到廣泛的認可。維爾阿杜安記錄了威尼斯民主的運作過程。執政官必須說服愈來愈多的人群：首先是四十人的大議事會，然後是兩百人的公社代表。最後，丹多洛將廣大普通城民召集到聖馬可教堂。據維爾阿杜安記載，一萬人聚集在教堂前，等待著重大消息。維爾阿杜安稱聖馬可教堂為「世間可能存在的最美麗的教堂」，他顯然和其他人一樣受到了這裡氣氛的感染。煙霧繚繞而黯淡的教堂在暗光和鑲嵌畫聖人像的金光下，熠熠生輝，如同海蝕洞一般。丹多洛用「他的智慧和理性的力量——兩者都非常健全和銳利」上演了一齣氣氛逐漸高漲的戲劇。首先，他要求「舉行彌撒，向聖靈禱告，祈求上帝指引大家對使節們提出的請求做出正確回應」。然後，六名使節進入教堂大門，沿著側廊走進來。這幾個法蘭西人無疑身披飾有鮮紅色十字的罩袍，引起眾人極大的興趣。人們伸長脖子，互相推搡著，爭先一睹這些外國人的風采。清了清嗓子，維爾阿杜安向他的聽眾做了一次極具說服力的演講：

> 諸位大人，全法蘭西最強大、最有勢力的諸侯委派我們至此。他們懇求你們憐憫耶路撒冷，聖城現已被土耳其人奴役。為了上帝的愛，請你們幫助他們為耶穌受辱而復仇的遠征。為此，法蘭西諸侯選擇了你們，因為沒有其他的國家的海軍和你們一樣強大，我們受命前來伏拜，懇請你們出征，憐憫海外的聖地，否則我們就長拜不起。

這位軍務官⑤極力奉承威尼斯人對自身海上力量的自豪感和他們的宗教熱忱，好像是上帝親

⑤ 即維爾阿杜安，他享有「香檳省軍務官」的封號。

自請求他們來完成這次偉大的行動。六名使節都涕泗橫流地拜倒在地。這是一次直達中世紀靈魂的情感核心的訴求。一聲雷鳴般的吶喊掃過整座教堂，沿著中殿，攀著廊台直達令人頭暈目眩的高高穹頂。眾人「異口同聲、高舉雙手地呼喊道：『我們同意！我們同意！』」丹多洛隨後被扶到講道台上，用他失明的眼睛感受到了這一刻，並敲定了協議：「諸位大人，看上帝授與你們何等榮耀！因為世界上最強大的國家對所有其他國家都表示不屑，單單只請求你們的幫助，請求你們執行如此重大的使命——拯救我主！」這誘惑不可抗拒。

次日，在隆重的典禮上，後人所謂的「威尼斯條約」（Treaty of Venice）被正式簽訂並加蓋大印。執政官「將自己的條約文本給了他們……熱淚盈眶，以聖人遺物起誓，將忠誠地遵守條約中的所有條款」。使節們

圖4　聖馬可教堂內部

也做了相應的承諾，派人向教宗英諾森三世報告，隨後離開威尼斯，為十字軍東征做準備。條約規定，十字軍將在次年（即一二〇二年）六月二十四日，也就是聖約翰節那一天集結完畢，艦隊在那時也會整裝待發。

儘管群眾熱烈地贊同，但威尼斯人生性謹慎，其商業精神培養出了精明的判斷力，不會沉溺於心血來潮，而且丹多洛是一個審慎的領導者。但只要做一番仔細的風險評估，就會發現，「威尼斯條約」是一個拿整個國家的經濟冒險的高風險項目。無論是需要的人員和船隻的數量，還是條約規定的金錢，數字都是非常驚人的。丹多洛可能已年過九十，也許時日無多。他本人不遺餘力地推動這個項目。他承擔的風險太大。那麼，他為什麼一定要在暮年如此豪賭呢？

答案在於威尼斯人的性格，這性格裡有著世俗和宗教因素的奇特融合，以及條約本身。威尼斯不斷從過往歷史的先例中獲取智慧，以此領導國家。在過去的一個世紀裡，威尼斯的興盛與十字軍東征有著緊密聯繫。威尼斯參加了第一次十字軍東征，在一一二三年再次參加。從兩次戰爭中，他們都獲得了豐厚的物質利益；一一二二年，他們得到了泰爾城的三分之一，在免稅貿易的基礎上從威尼斯潟湖直接統治那裡，這標誌著威尼斯海外帝國的起點，也是在一系列其他港口的立足點。

在斷斷續續的聖戰期間，這些巴勒斯坦港口給義大利各個共和國提供了能夠買到遠東商品的新機會。他們發現，自己與延伸到萬里之外，中國的古代貿易路線網聯繫在了一起。威尼斯在黎凡特境內就能接觸到財富與奢華的世界。在黎凡特，高超的製造技藝和農業技術已經繁榮了數百年。的黎波里（Tripoli）⑥以絲織業聞名；泰爾出名的商品有很多，如鮮亮透明的玻璃、猶太工匠在大桶裡染製出的紫色和紅色的織物、甘蔗、檸檬、柳丁、無花果、扁桃、橄欖和芝麻。在阿卡港，人們可以買到產自伏爾加（Volga）河的藥用大黃、西藏的麝香、肉桂、胡椒、肉豆蔻、丁香、蘆薈、樟腦、印度和非洲的象牙，以及阿拉伯海棗；在貝魯特能買到靛藍染料、薰香、珍珠和木材。

明亮的黎凡特之光使歐洲人體驗到了世界的五彩繽紛和香氣襲人。對貨物、服飾、食物和口味的全新品味在十字軍諸王國流行，商船把這些新潮的東西帶到了日漸富裕的歐洲。相反地，威尼斯和它的競爭對手也為十字軍東征提供了補給；他們為耶路撒冷（還有其在埃及的敵人）帶來了戰爭必需品——武器、金屬、木材和馬匹，還有其他在外國海岸維持殖民生活的必需品；他們還滿載著急於目睹聖地的朝聖者。對威尼斯商人來說，十字軍東征是非常有利可圖的。在這個過程中，他們加深了對跨文化貿易的認識。假以時日，這些知識會使他們成為世界的詮釋者。

前幾次十字軍遠征都成了威尼斯漫長榮耀史上的勝利篇章，銘刻在國民的記憶中。這些都加強了威尼斯的自豪感，提高了它的期望值。威尼斯素來注視著東方升起的太陽：為了貿易和戰利品，為了能裝點城市的物品，為了偷竊基督教聖徒的遺骸，為了獲得財富和軍事榮譽的可能性，尤其也是為了贖罪。威尼斯與東方的聯繫是美學性、宗教性和商業性的。歸來的商船隊帶著人們的期待：在聖馬可灣卸載的貨物必然能使這座城市變得更加富有、高貴和神聖。一百年前，一位執政官規定，做為愛國者的義務，所有從東方歸來的商人必須帶回古物、大理石或雕刻，來裝飾新建的聖馬可大教堂。一一二三年成功的遠征讓共和國對從十字軍東征中獲取商業利益有了很高的期望。在新的「威尼斯條約」中，僅僅是海運合約一項就能讓威尼斯人受益頗多，而分享一半戰利品則可能帶來令人意想不到的財富。

少年時的丹多洛或許曾親眼目睹十字軍艦隊出征時的宗教狂熱與民族熱情，聽到他幼時的執政官慷慨激昂的宣言，歌頌著十字軍在精神和物質上的榮耀：

威尼斯人，此次遠征之後，你們的名字將獲得怎樣的不朽榮耀和璀璨光輝！上帝將給你們怎樣的獎賞！你們將贏得歐洲和亞洲的讚譽。聖馬可的大纛將在遙遠的土地上飄揚。新的利潤和新的偉大機遇將降臨到這座最高貴的城市……在宗教的神聖熱情鼓舞下，為成為全歐洲的榜樣而振奮，請你們趕緊拿起武器，想一想無上的榮譽和獎勵，想一想你們的勝利——上天佑助你們！

✯

丹多洛之所以執意參加此次東征，也有其他的個人原因。他的家庭有著十字軍傳統；也許仿效祖先的願望已經在他內心深處引起了共鳴。而且他年事已高，對自己未來靈魂歸宿的關注或許也是重要因素。十字軍東征最有利的鼓舞條件——參與者的罪孽將得到救贖。民族的、個人的、精神的和家族的動機都促使他簽署這份條約。

⑥ 此處指的是黎巴嫩城市的黎波里，而非利比亞城市的黎波里。

這位失明但洞察力敏銳的執政官顯然已經窺見命運的關鍵時刻，似乎威尼斯歷史此前的一切都是為了等待這次非比尋常的機遇。但其實條約的核心部分隱藏著一些眉眉角角，令威尼斯人更加興趣盎然。條約用含糊的言辭鼓舞廣大群眾「憐憫海外的聖地」，但除了法蘭西和倫巴底（Lombardy）等少數條約簽署方和十字軍領主之外，沒有人知道，此次東征的最初目的地並非聖地。目標其實是埃及。維爾阿杜安在他的編年史中承認：「我們召開了祕密的閉門會議，決定去埃及，因為在開羅，我們能比在其他地方更容易摧毀土耳其人的力量，但我們對外僅僅宣稱要前往海外。」

這樣做是出於充分的戰略考量。精明的軍事策略家很早就認識到，埃及的財富為巴勒斯坦和敘利亞的穆斯林軍隊提供了源源不絕的資源。薩拉丁的勝利正是建立在開羅和亞歷山大港豐富資源的基礎上。正如獅心王理查所認識到的，「通往耶路撒冷的鑰匙在開羅」。問題是，這種迂迴曲折地收復聖城的方式不大可能激起民眾的擁護。虔誠的信徒期待的是，在耶穌曾經立足的地方英勇戰鬥並獲得救贖，而不是在尼羅河三角洲的集市切斷伊斯蘭世界的補給線。

但對威尼斯人來說，這提供了進一步發展商業的機會。埃及是黎凡特最富庶的國家，也是油水很足的香料商路的又一個天然入口。這裡的收益比泰爾港和阿卡港能提供的更加豐厚。「無論此地缺乏的是珍珠、香料、東方珍寶，還是外國貨，都可以從兩個『印度』獲得：示巴（Saba）⑦和阿拉伯半島，兩個衣索比亞，以及波斯和其他臨近的國度。」泰爾的威廉（William of Tyre）⑧在二十年前寫道：「東、西方的人蜂擁前往埃及，亞歷山大港是兩個世界的公共集市。」事實上，儘管最近得到了教宗英諾森三世的許可，威尼斯在埃及市場上所占的份額還是很小。熱那亞和比薩在與埃及的貿易中占據主導地位。丹多洛曾去過亞歷山大港；他對這個地方的財富和防禦的薄弱有著親身體會，這座城市在情感上對威尼斯來說也具有很大的吸引力。聖馬可正是在這裡死去；也是從這裡，威尼斯商人偷走了他的骸骨。從本質上講，在埃及取得一場勝利並得到全部收益的一半，威尼斯收穫的財富將會遠遠超過之前所有的商業成功。威尼斯可以一下子掌握地中海東部商貿的很大一部分，並可以一勞永逸地挫敗它的海上對手。免稅的壟斷貿易是不可抗拒的誘惑，其潛在的高報酬顯然值得為此去冒險，這也是為什麼威尼斯人願意自己出錢投入五十艘槳帆戰船。威尼斯的槳帆船不是用來在巴勒斯坦海岸打海戰的，而是要順著水淺而蘆葦叢生的尼羅河三角洲，對開羅發動攻擊。

⑦ 示巴是《舊約聖經》和《古蘭經》中提到的一個南方王國，具體位置可能在現今的厄利垂亞沿岸或葉門南部，也可能是一個跨亞、非大陸的王國。示巴在古代亞述人、希臘人及羅馬人的作品中都有提及，約在西元前一二〇〇年建國，於西元三世紀因氣候變化和內戰等因素而滅亡。

⑧ 泰爾的威廉（約一一三〇至一一八六年）是耶路撒冷王國的高級教士和編年史家。他出身於耶路撒冷王國上層階級，花費了二十年時間在歐洲的大學接受教育，一一六五年回到耶路撒冷以後，受國王阿馬爾里克一世（Amalric I）之命出使拜占庭帝國。威廉在成為國王的兒子——未來的國王鮑德溫四世（Baldwin IV）——的家庭教師後，發現後者患有痲瘋病。阿馬爾里克一世死後，威廉擔任王國中兩個最高級職務——書記長及泰爾大主教。威廉以耶路撒冷王國史書作者的身分聞名於今，用優美的拉丁文撰寫編年史，稱為《大海彼岸的歷史往事》（*Historia rerum in partibus transmarinis gestarum*）或《耶路撒冷史》（*Historia Ierosolimitana*）。這部作品在他死後很快就被翻譯成法文，隨後又被譯為多種不同的語言。這是現存唯一一部十二世紀耶路撒冷人所寫的當代歷史，他被視為十字軍中最偉大的編年史作家，以及中世紀最好的作家之一。

這個祕密議程只不過是「威尼斯條約」諸多令人擔憂的因素之一，此條約註定要對東征產生負面影響。時間的問題也讓人不安。威尼斯人簽署的是為期九個月——從一二〇二年六月二十四日聖約翰節開始——的有期限的海運合約。最關鍵的問題是金錢。很可能最終議定的價格降到了八萬五千馬克，但這仍然是天文數字。即使人均運費是合理的，但維爾阿杜安預計的三萬三千名十字軍也實在太多了。維爾阿杜安對估算十字軍的兵力頗有經驗，但他僅僅用了一夜時間就接受了執政官的條件，後來這被證明是一個巨大的錯誤。他嚴重誤判了能徵集的十字軍數量；他也沒能認識到，他做為十字軍代表簽署了條約，但被他代表的那些人並不受到條約的約束，他們沒有義務從威尼斯出發。從一開始，此次東征就面臨著嚴重的財政壓力，英諾森三世試圖透過徵稅來籌集資金，但失敗了。六個代表連頭期款兩千馬克都沒有，還是在里亞爾托借的錢。雖然當時沒有人知道這個情況，但「威尼斯條約」已經內含了災禍的種子，最終致使第四次十字軍東征成為中世紀基督教世界最具爭議的事件。

維爾阿杜安穿過阿爾卑斯山的隘道回國了。法蘭西、法蘭德斯和義大利北部的十字軍——拜占庭人稱之為法蘭克人——發出誓言，擬定遺囑，披上罩袍，開始辛苦地為出征做起了漫長的準備；在潟湖，威尼斯人著手準備組建其歷史上最龐大的艦隊。

第三章 三萬四千馬克

一二〇一至一二〇二年

此次行動的規模令威尼斯過往任何一次海上遠征都黯然失色。丹多洛不得不暫停其他一切商業活動，並召回在海外的商船。所有威尼斯人都投入到準備工作之中。他們有十三個月的時間來完成任務。

光是造船及船體整修就是一項浩大工程，需要大量木材、瀝青、大麻、繩索、帆布，以及製造鐵釘、鐵錨和其他設備所需的鐵。為了獲取這些資源，人們遍尋整個義大利。大量冷杉和落葉松木在匯入潟湖的河流上漂向威尼斯；橡木和松木則來自威尼托（Veneto）①和達爾馬提亞海岸。建於一一〇四年的兵工廠是這項工程的工業中心，但很大一部分工作都是在分散於潟湖群島各處的私人船塢內進行的。空氣中充斥著錘擊聲、鋸木聲、斧頭的撞擊聲、錛子的磋磨聲；大鍋裡煮的瀝青冒著泡，翻滾著；鎔鐵爐映著紅光；製繩工人放出數百碼長的扭曲麻繩；各種材料經

① 威尼托是義大利東北部一地區，威尼斯是其主要城市之一。

過加工、劈砍、縫製、鍛造，被製成槳、滑輪、桅杆、帆和錨。在龍骨的基礎上，船體逐漸成形；也有的船隻是從舊船重新裝配或改造成的。在兵工廠中，人們在製造戰爭器械。投石機和攻城塔都可拆解，以便運輸。

十字軍東征需要不同類型的船隻。四千五百名騎士和兩萬名步兵將乘坐圓船，即高側舷的帆船。這種圓船配有艄樓和艉樓，尺寸不一：有一些極其龐大的供貴族乘坐的豪華船隻；有十字軍標準的運輸船，甲板下可擠進六百人；也有較小的船隻。四千五百匹馬將被裝運在一百五十艘特別改裝過的槳帆船裡，船側或船首裝有鉸鏈式的門，以便馬匹能夠被趕進船艙；可以用吊索拴住馬匹，以抵禦海浪的顛簸。在航行過程中，這些門都位於吃水線以下，所以人們必須保證船身的縫隙堵塞

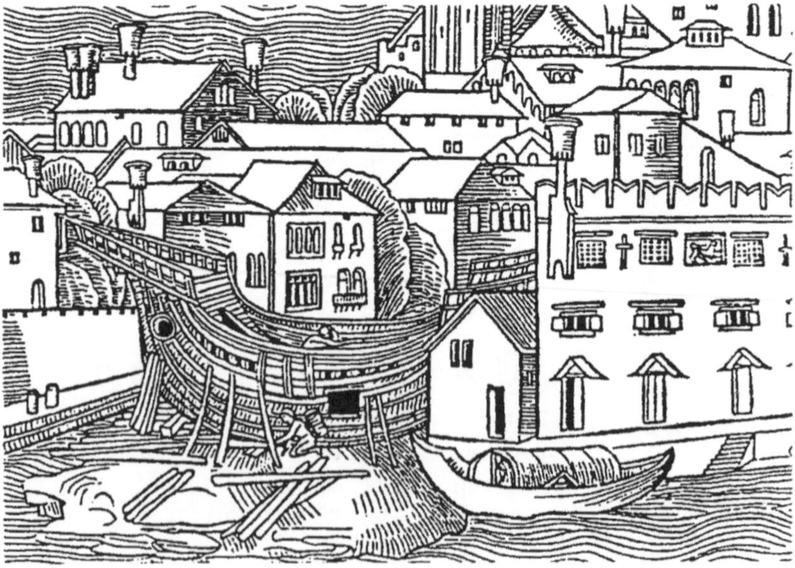

圖5　威尼斯的造船業

嚴實，以防漏水；但船靠岸後，門可以迅速打開，讓全副武裝的騎士自如地衝殺出來，對毫無準備的敵人發出致命一擊。威尼斯人可能總共需要四百五十艘船來運送軍隊及輜重。此外還有威尼斯人自行投入的五十艘槳帆船，何況還需要招募操縱艦船的水手和槳手。要想運送三萬三千人橫渡地中海東部，需要三萬名技術嫻熟的水手，這大概占了威尼斯成年人口的一半，或者也可以從達爾馬提亞海濱城市招收海員。雖然很多人自願加入十字軍，但這遠遠不夠。城市的每個教區都進行強制性的抽籤，如果抽到的蠟球裡裝著紙條，那就要去為共和國服役。

為這樣一支龐大艦隊提供補給同樣需要極其艱巨的努力。威尼斯人精細地計算了每個人一年的口糧：三百七十七公斤的麵包與麵粉，兩千公斤的穀物和豆類，三百公升的葡萄酒。為十字軍提供的給養累計起來數額龐大。威尼斯人在自己的農業腹地搜羅糧食；並從各地區中心——波隆納（Bologna）、克雷莫納（Cremona）、伊莫拉（Imola）、法恩扎（Faenza）蒐集小麥，在威尼斯的烤爐裡經過兩次烘焙，製成耐久的航海餅乾，這是航行時水手的主食。威尼斯並不是食物的唯一來源地。威尼斯的籌劃者無疑也打算沿著達爾馬提亞海岸南下時獲得新的補給，但完成合約規定的任務仍然是一項艱巨的挑戰。

這一切工作都有開支。許多木匠師傅、填塞船縫的工人、製繩工、製帆工、鐵匠、廚師、駁船船夫為了艦隊的準備工作付出了長達一年的不懈努力。為了支付他們的薪酬，威尼斯造幣廠不得不生產額外的格羅梭（一種小銀幣）。實際上，共和國所有工作都是在賒帳的基礎上完成的，所有人都急切地等待著合約履行，得到報酬。

到一二〇二年初夏，威尼斯人已經組建了一支龐大的艦隊，足以將三萬三千人運送一千四百英里，橫跨地中海東部，並配備了足夠的供給，能夠維持這支艦隊一年時間。「威尼斯人出色地履行了他們的合約義務，甚至做得更多。」維爾阿杜安承認，「他們建造的艦隊是如此地宏偉巨大，任何一個基督徒都不曾見過更好的。」無論從什麼角度來說，這都是威尼斯人集體組織的一項偉大成就，是威尼斯國家工作高效率的見證，這種高效率將為威尼斯共和國海上力量的發展做出巨大貢獻。

艦隊已經整裝待發，完全可以按照預定出發日期（一二〇二年六月二十四日，聖約翰節）啟航，但十字軍本身的協調卻很糟糕，一再拖延。十字軍原定於復活節（一二〇二年四月六日）離家出發，但很多人直至聖靈降臨節（六月二日）還沒有動身。士兵們在各自領主的率領下，打著自己的旗號，零零散散地抵達威尼斯。而整個十字軍東征的領袖——蒙費拉的博尼法斯（Boniface of Montferrat）——卻直到八月十五日才抵達威尼斯潟湖。但在六月初，形勢就很明顯，在威尼斯集結的十字軍人數遠遠少於合約規定的三萬三千人，威尼斯人為他們準備的龐大艦隊一下子顯得不必要了。一些人為了方便或是省錢，選擇了其他路線，從馬賽或阿普利亞（Apulia）②出發，前往聖地。又或許是他們聽到了小道消息：威尼斯艦隊的真正意圖是攻打埃及，而非解放耶路撒冷。維爾阿杜安強烈譴責了那些沒有按約定出現在威尼斯的人：「這些人，還有其他許多人，對集結在威尼斯的大軍的危險遠征心存畏懼。」但真相並非如此，維爾阿杜安和他的上級十字軍領主們在人數統計上犯了重大錯誤；而且即便是那些集結起來的十字軍，也並不受到他簽訂的條約的約束，並沒有義務選擇前往威尼斯的較遠陸路。維爾阿杜安寫道：「抵達威尼斯的軍人遠遠不夠，後來的事實證明，這是一個巨大的不幸。」

此外，威尼斯城自身並沒有足夠的地方來安置這些十字軍，而當局對這些武裝士兵停留在擁擠的城區也深感憂慮。他們讓十字軍駐紮在荒涼的沙洲——聖尼古拉島上，這是幾個利多中最長的一個，如今被簡單地稱為「利多」。克萊里的羅貝爾回憶道：「於是，朝聖者們去了那裡，搭建帳篷，盡可能安頓下來。」羅貝爾是一名來自法蘭西的落魄騎士，他寫下了記述此次東征的生動的第一手材料，不像維爾阿杜安一樣從貴族的視角，而是從普通士兵的角度來寫。

十字軍繼續零零散散地到來，合約規定的出發日期到了又過了，丹多洛的不滿日益加深。十字軍的士氣因一些高層級人物的到來而間或高漲起來：法蘭德斯的鮑德溫（Baldwin of Flanders）於六月底率軍抵達，布盧瓦伯爵路易（Louis）隨後也率軍趕到；七月二十二日，教宗使節——卡普阿的彼得（Peter Capuano）抵達威尼斯，為東征事業提供宗教上的支持。但目前軍隊的規模與合約規定仍然相差甚遠。直至七月，仍然只有一萬兩千名軍人。就連維爾阿杜安也承認：「事實上，威尼斯人提供了大量船隻、槳帆船與戰馬運輸船，足以容納現有人數的三倍。」

如果說這對十字軍領主們來說是一個尷尬的局面，那麼對威尼斯來說則可能是毀滅性的打擊。共和國已將自己的整個經濟押注在這次交易中，而對丹多洛而言，這將是一場災難，因為他曾做為中間人為十字軍鼓吹，用花言巧語說服威尼斯人民接受這次的合作。像其他所有威尼斯商

② 今稱普利亞（Puglia），是義大利南部的一個大區，東鄰亞得里亞海，東南臨愛奧尼亞海，南面則鄰近奧特朗托（Otranto）海峽及塔蘭托（Taranto）灣。該區南部知名的薩倫托（Salento）半島，組成了義大利「皮靴」腳後跟的一部分。

人一樣，丹多洛堅信契約的神聖性。而這一次的契約尤其必須得到尊重。據克萊里的羅貝爾記載，丹多洛對十字軍領主們很是惱火：

「諸位大人，你們對我們竟如此不公！我和我的人民與貴方大使剛剛簽訂協約，我就命令所有商人立即停止貿易，投入到艦隊的準備工作中。一年半多以來，我們全心全意投入此項工作，沒有任何收益。他們為此損失了很多，為此我和我的人民希望你們能償還欠債。否則你們將無法離開這座小島，我們也將停止供給你們食物與飲水，直到你們清償欠款。」伯爵們和十字軍戰士聽到執政官這番話，感到十分焦慮和慌張。

我們不知道，丹多洛拒絕提供十字軍飲食的威脅是否當真。克萊里的羅貝爾又說：「執政官是個偉大而可敬的人，他並未切斷他們的飲食供給。」但被長期困在利多上的許多普通士兵的生活愈來愈不舒服。他們在島上實際上等同於囚犯，忍受著陽光炙熱的烘烤，踢起長長海灘上的沙子聊以自慰，望著這一邊亞得里亞海的碧水清波，而另一邊，威尼斯在潟湖裡燈紅酒綠，在遠處誘惑著他們，折磨著他們。一位顯然對威尼斯沒有好感的編年史家記載道：

在這裡，他們搭好帳篷，從六月一日等到了十月一日。一羅馬升（sistarius）③的糧食能賣到五十蘇勒德斯（solidi）④。威尼斯人頻繁下令，不允許任何朝聖者離開這座島嶼。結果，這些人實際上已經淪為威尼斯人的俘虜，方方面面都受到控制。而且，一種極度恐慌的氣氛在普通士兵中逐漸蔓延開來。

他們虔誠地聚集於此，原本是為了獲得靈魂的救贖，現在卻發覺自己被基督徒夥伴背叛了。這實在說不過去。日益惡化的憤恨之情後來會以更觸手可及的方式重現。疾病橫行，後果是「沒有足夠的活人來埋葬死者」。並且，或許沒有一個人知道，他們如此滿腔熱血地希冀的航行的目的地根本就不是聖地。對窮人而言，此次東征不過是當權者和富人締結的一次又一次毫無誠信的交易。威尼斯已經被認為是罪魁禍首。

當教宗使節——卡普阿的彼得抵達威尼斯後，他解除了十字軍中窮人、病人和婦女的聖戰誓言，允許他們回家。還有很多人乾脆已經當了逃兵。卡普阿的彼得做為教宗代表來到威尼斯，以教宗的權威發言，代表教宗的良心，以「妙不可言」的布道鼓舞信眾，但他始終無力解決最根本的問題。十字軍無法支付欠款；威尼斯人又不可能免除其債務。這兩方面不可調和的矛盾碰撞在一起，將會給此次東征帶來持續不斷、疲於奔命地處置危機的氣氛，其後果在當時還沒有人能夠預測到。

雙方緊張地僵持著。威尼斯人怒火中燒。領導十字軍東征的諸侯因自己未能遵守合約而感到羞愧。他們努力敦促每個人支付自己的旅費：騎士每人四馬克，步兵每人一馬克。每一次十字軍

---

③ 羅馬升為古羅馬和中世紀的體積與容積計量單位，關於其具體數值有多種說法，一般認為約零點五九公升。

④ 蘇勒德斯是羅馬帝國晚期的一種金幣，一蘇勒德斯等於四點五公克，後常被用做黃金的重量單位。

東征都受到缺乏現金的困擾，這一次也不例外。很多人已經支付過，便拒絕再交錢；有些人則根本付不起。欠款的數額依舊十分巨大。利多的夏日驕陽似火，十字軍內部也為下一步如何打算展開了激烈爭論。有些人想要離開，然後另尋他途前往聖地。也有人為了獲得靈魂的救贖，準備傾其所有。十字軍面臨著分裂的尷尬局面。貴族領導者們努力以身作則，交出他們的貴重財物，並在里亞爾托借錢。維爾阿杜安自我辯護道：「你應該看看那些被送到執政官宮殿以償付債務的精美金銀器皿。」即使這樣，還存在三萬四千馬克——也就是九噸白銀的缺口。他們告訴執政官，他們再也籌不到更多錢了。

對威尼斯和丹多洛而言，當前的形勢非常嚴峻。是執政官親自商定了這次交易；他必須出面解決危機。丹多洛不得不先後向大議事會和公民大會報告了目前的形勢。大家的情緒很惡劣；整座城市都投身於這筆交易中，每個人的利益都受到了威脅。面對破產的危機，人民很是憤怒。日子一天天過去：很快地，時間來到不適宜出航的季節，這次遠征可能也不得不宣告失敗。更要命的是：威尼斯目前還供養著一萬兩千名日漸焦躁不安的武裝人員。丹多洛憑藉他九十歲高齡的智慧以及威尼斯史上的前車之鑑，想出了兩個辦法：第一，威尼斯人可以收下已獲得的五萬一千馬克，放棄東征計畫。但這會讓他們在整個基督教世界留下罵名：「從此，我們將永遠被視為流氓和騙子。」第二，他們可以暫時擱置索要債款的事，他本人主張這麼做：「不如這樣，我們告訴他們，如果他們能用最早一批征服的收益來償還欠我們的三萬六千馬克（原文如此），我們就帶他們出海。」威尼斯人都同意第二個辦法，到九月初，他們向十字軍發出了這樣的提議：

……他們（十字軍）都非常高興，拜倒在他（丹多洛）腳下，忠順地承諾一切聽從執政官的建議。那天晚上，所有人都陷入了狂歡之中，最窮的人也張燈結綵，他們把點燃的火把綁在長矛上，伸向空中以示慶祝，還在帳篷內點亮燈火，整個營地都被火光環繞。

✯

從威尼斯看去，利多燈火通明。

大約在九月八日（星期天）的聖母日，大批威尼斯人、十字軍和朝聖者聚集在聖馬可教堂，舉行彌撒。在禮拜儀式之前，丹多洛登上講道台，發表了一段動人的演講：

諸位大人，你們的盟友是世界上最強大的國家，你們要去完成的是前所未有的神聖使命。我只是個年老體衰的人，身體殘缺，需要休息，但我看到，沒有比我——你們的領主——更合適的人來領導你們。如果你們允許我加入十字軍，並將領導你們的重任交給我，並願意讓我的兒子來接替我的位置、保衛這座城市，我願意與你們一同前往，和朝聖者們共存亡！

人群歡呼雀躍，表示贊同。每個人都大喊道：「我們請求你們，看在上帝的份上，答應吧！」這個年逾九十、雙目失明的老執政官，無疑時日無多，竟志願加入十字軍，令群眾熱淚盈眶：「人們都被這位高貴的老人感動了，其實他只要願意，本可在家安度晚年。況且他雖然眼球無損，但已經看不見了。」維爾阿杜安回憶道。丹多洛從講道台走下，在旁人引領下，潸然淚下地登上高高的祭壇，在那裡跪下，並讓人在他的執政官尖角帽——一種象徵執政官地位的大棉帽——繡上了十字，「因為他希望人們都能看到」。這對威尼斯人具有很大的激勵作用。「他們紛紛加入十字軍隊伍……朝聖者們看到執政官親自加入十字軍，喜不自勝、萬分感動，」維爾阿杜安寫道，「因為他非常睿智，享有盛譽。」年邁的執政官一下子就占據了十字軍東征的中心位置。最後的準備工作緊鑼密鼓地進行，艦隊預計於航海季節的末尾出發。

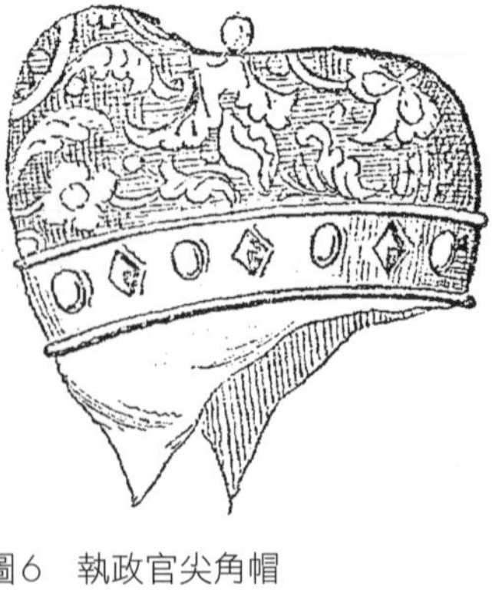
圖6　執政官尖角帽

但這一次，真相遠不是虔誠的朝聖者們看到的那麼簡單。威尼斯人表面上溫和地同意暫緩收繳欠款，一直等到「上帝允許我們一同得勝」，但實際上卻與十字軍領導人締結了新的祕密協定。根據這些密約，此次東征將會逐漸地顯露出真面目。為了彌補暫緩收繳債務所帶來的損失，並確保威尼斯一定能夠得到具體的收益，丹多洛做了一番非線性思考，向十字軍領導層提出了一個令人震驚的要求。這個要求與威尼斯對亞得里亞海地緣政治——尤其是達爾馬提亞海沿岸城市扎拉——的迷戀有關。威尼斯對這片海域的主宰，以及它對貿易和關稅的控制，一直令達爾馬提亞人心懷不滿。扎拉這座「坐落於海濱……非常富裕的城市」一直對威尼斯的控制耿耿於懷，自西元一〇〇〇年彼得羅二世．奧西奧羅執政官發動遠征以來，扎拉一直在謀求獨立。一一八一年，他們又一次擺脫了威尼斯的束縛，與匈牙利國王簽署了保護條約。這種局面屢次重演。威尼斯人認為扎拉人背棄了封建效忠誓言；更可惡的是，他們竟然還與威尼斯共和國的海上對手——比薩人眉來眼去。丹多洛很可能原本就打算在率領艦隊沿著亞得里亞海南下途中，教訓不服管教的扎拉人，但在閉門會議中，他只是告訴十字軍領主們，此時要航向東方，已經太晚了；如果十字軍能幫忙攻打扎拉，那麼威尼斯人民就更容易接受將還款日期往後延。為了避免此次東征徹底失敗，他們同意了。

從神學角度來看，這個決定非常不妥。十字軍東征的第一站竟然是另一座基督教（而且是天主教）城市。更糟糕的是，扎拉的新宗主——匈牙利國王埃默里克（Emico）自己也是十字軍。也就是說，兩支十字軍要互相殘殺。的確，埃默里克沒有任何要真正動身出征的意思；威尼斯人認為，埃默里克加入十字軍東征的目的主要是向羅馬教宗尋求保護，免遭類似的報復。即便如此，攻打扎拉仍然算得上是彌天大罪。此外，教宗英諾森三世在埃默里克的提醒下已經向丹多洛發出了嚴正的警告：「無論如何，不得侵犯這位國王的領土！」沒有關係。丹多洛不准教宗使節卡普阿的彼得做為教宗的代言人隨同艦隊出征，堵住了他的嘴，同時繼續準備艦隊。頗有些可憐的彼得祝福了十字軍，同時保留了自己對其目標的意見，匆匆返回羅馬。英諾森三世準備了一封警告信。事實證明，他之前對奸詐的威尼斯人的擔憂，是完全有道理的。於正在集結的十字軍內部，也走漏了風聲：第一個攻打目標將是一座基督教城市。十字軍名義上的領導者——蒙費拉的博尼法斯禮貌地謝絕參加第一階段任務：他顯然不想捲入威尼斯的帝國主義計畫；但整個十字軍東征陷入了尷尬的境地——要嘛進攻扎拉，要嘛就會土崩瓦解。

準備工作現正加速進行中。十月初，攻城器械、武器、食品、成桶的葡萄酒和水被艱辛地用人力或絞車搬運，或者被滾到船上；騎士們的戰馬打著響鼻，被牽上運馬船的裝載斜坡，然後被哄騙著拴上吊索，這種吊索能夠讓戰馬隨著海浪的顛簸而搖擺，保持一定程度的平衡；然後艙門「就像封木桶般被密封起來，因為在外海航行時，整扇艙門都將會浸泡在海平面以下」。數千名步兵，許多還是從未出過海的，都擠在運兵船黑暗幽閉的船艙中；威尼斯槳手們在槳帆船上各就各位；盲眼的丹多洛被領上執政官的豪華戰船；水手們收起鐵錨，揚起風帆，解開繩索。威尼斯的歷史與其歷次偉大的海上冒險密不可分，但很少有能超過第四次十字軍東征的宏偉規模。在威尼斯共和國崛起成為大帝國的過程中，此次遠征的貢獻最大。它標誌著威尼斯擁有了整個地中海水域無可匹敵的海上力量。

對於沒有航海經驗的騎士們來說，眼前這壯觀的場面讓他們深感震撼，不吝溢美之詞。維爾阿杜安斷言：「世上任何港口都不曾有如此雄壯的艦隊啟航。我們可以說，森林般的檣櫓覆蓋了海面，閃閃發光，彷彿熊熊烈火。」據克萊里的羅貝爾回憶：「這是自創世以來最壯麗的景致。」數百艘艦船在瀉湖揚帆；它們的大小旌旗在微風中輕揚。在群集的大艦隊中鶴立雞群的是一些形似城堡的巨型帆船，配有高高的艉樓和艏樓，如同高塔一般聳立在海上。每艘巨型帆船上都懸掛著熠熠生輝的盾牌和飄揚的旗幟，標示了它承載的那位十字軍領主的身分，象徵著他們的輝煌和封建權力。其中一些艦船的名字流傳至今：「天堂」號和「朝聖者」號分別載著蘇瓦松（Soissons）主教和特魯瓦（Troyes）主教，還有「紫羅蘭」號和「雄鷹」號。這些船隻的高度將在接下來的事件中發揮至關重要的作用。十字軍戰士們擠在一層層甲板上，他們罩袍上的十字架標示著他們的國籍，法蘭德斯人的十字架是綠色的，法蘭西人的十字架則是紅色的。威尼斯人的槳帆船艦隊由執政官旗艦領航，這艘旗艦被塗成醒目的朱紅色，丹多洛端坐在同樣是朱紅色的華蓋下，「他面前有四隻銀喇叭和鐃鈸奏著洪亮的聲響」。各種齊奏的聲響充滿了整個海域。「一百對銀、銅製成的喇叭齊鳴，宣示艦隊啟航」，響徹整個海面，大鼓、小鼓和其他樂器轟鳴著，鼓樂喧天；鮮豔的旌旗在鹹鹹的海風中飄揚；槳帆船的木槳敲碎波浪；身穿黑色長袍的教士站在艄樓上，帶領整支艦隊高唱十字軍的讚美詩「求造物主聖神降臨」。「每一個人，無論身分高低貴賤，無一例外，都感情洋溢、歡欣鼓舞地揮淚。」在這勝利的喧囂和壓抑已久、終得釋放的宗教情感中，十字軍艦隊駛出潟湖湖口，經過聖尼古拉教堂和利多（許多個月以來，利多一直是十字軍的牢獄）的其他周邊海角，進入亞得里亞海。

然而，輝煌的喧囂中也夾雜著不和諧的樂音。「紫羅蘭」號在出航時沉沒了；有些人出於宗教原因對攻擊基督教城市扎拉深感質疑；而遠在羅馬的教宗英諾森三世時刻準備將那些膽敢攻擊扎拉的十字軍施以破門。同時，三萬四千馬克的債務依舊懸而未決，就像懸掛在高高桅杆上的信天翁⑤一樣，在艦隊繞過希臘海岸的全程中，始終困擾著此次遠征。

---

⑤ 典出英國著名詩人塞繆爾・泰勒・柯勒律治（Samuel Taylor Coleridge）的名詩〈古舟子詠〉（The Rime of the Ancient Mariner）。一名水手殺死信天翁，導致他所在的航船遭到風浪襲擊。為了贖罪，他將死去的信天翁掛在自己脖子上，備受折磨。此處掛在桅杆上的信天翁比喻莫大的負擔和阻礙。

第四章　「狗轉過來吃牠所吐的」①

一二〇二年十月至一二〇三年六月

威尼斯人打算利用這支恢弘的艦隊在沿途重新確立自己在亞得里亞海北部的帝國權威，教訓不服管教的城市，震懾海盜，並徵募水手。威尼斯人將此次遠征視為維護自己封建權益的合法措施，但對於在利多苦等多時而倍感挫折、囊中羞澀的十字軍戰士而言，這已和他們立下的聖戰誓言背道而馳。「他們強迫里雅斯特（Trieste）和穆格拉（Mugla）俯首稱臣，」在艦隊沿著亞得里亞海岸南下途中，一位無名的編年史家直言不諱地寫道，「他們強迫伊斯特里亞、達爾馬提亞和斯拉沃尼亞（Slavonia）②向他們進貢。他們駛入扎拉，當初的『聖戰誓約』已然變成泡影。聖馬丁節這一天，他們進入了扎拉的港口。」但不是每座城市都會好聲好氣的吞下威尼斯人的殘酷無情。

艦隊突破了封鎖港口的鐵鍊，長驅直入，將數千人送上岸。運輸船的艙門被撬開；眩暈而喪

① 典出《舊約聖經》，有些類同中國俗語「狗改不了吃屎」。
② 斯拉沃尼亞是歷史上的一個地區，位於今天克羅埃西亞的東部。

失方向感的馬匹被蒙著眼睛，牽到陸地上；人們將投石機和攻城塔卸下船，並重新組裝；十字軍在城門外搭建了許多帳篷，旗幟迎風飄揚。扎拉人從城堞上看到這不祥的景象，感覺大事不妙，於是決定投降。艦隊抵達兩天後，扎拉人派出代表團去執政官的深紅色營帳，向他提出和談條件。整個扎拉事件完全是威尼斯的事。但是丹多洛要嘛是為了謹慎起見，要嘛是為了讓扎拉人如坐針氈，而宣稱必須要先與法蘭西諸侯會商，否則不能接受扎拉的投降。他這一招讓扎拉代表團急得跳腳。

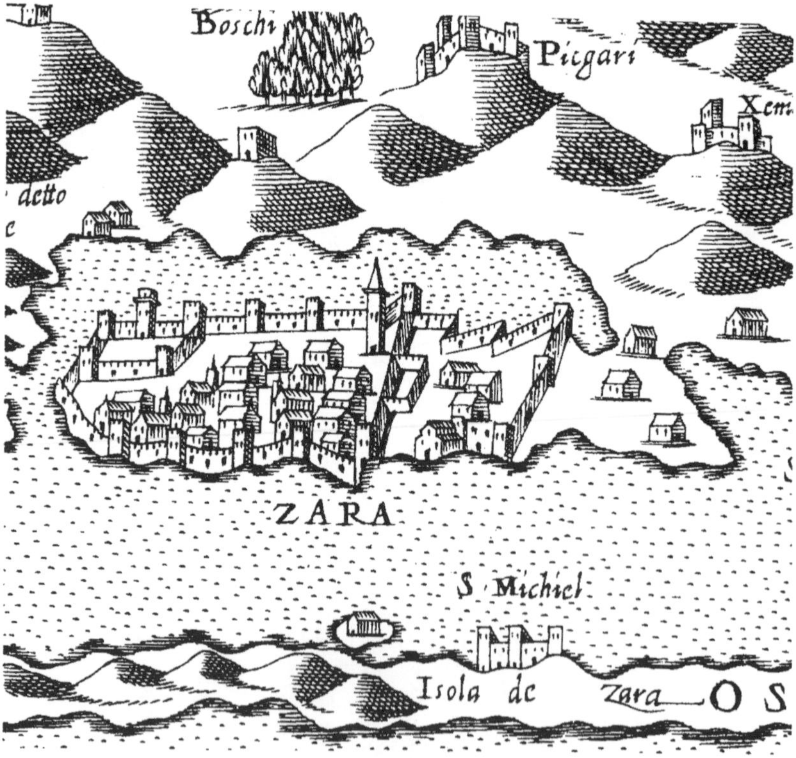

圖7　扎拉及其港口

對丹多洛來說是不幸的，而對扎拉而言更倒楣的是，差不多在同一時間，一艘從義大利抵達扎拉的船帶來了教宗英諾森三世的禁令。信的原件佚失了，但其內容後來被明確地重述如下：

……在此封信中，我們嚴令禁止你們和威尼斯人侵犯基督徒的土地……膽敢違背此禁令者將被逐出教會，同時也無法得到（教宗）給十字軍的寬恕。

這非常嚴重。十字軍戰士們參加東征就是為了拯救自己的靈魂，但如今卻面臨破門的威脅。這封信就像一枚未爆彈，被投入遠征軍原本就不穩固的聯盟中，激發了所有潛在的緊張情緒。以強大的西蒙·德·孟福爾（Simon de Montfort）③為首的一群持異議的法蘭西騎士始終認為，攻擊扎拉是對十字軍誓言的背叛。當丹多洛正在與一些十字軍領主商量扎拉的投降事宜時，德·孟福爾等人去拜訪了在執政官營帳等候的扎拉代表團。他們告訴扎拉人，法蘭西人不會參與攻打這座城市，「只要你們能抵擋住威尼斯人的攻擊，你們就安全了」。為了確保扎拉人知曉這一情況，另一名騎士對著城牆大喊這一消息。扎拉代表團聽到這個承諾，大受鼓舞，回到扎拉，準備抵抗。

與此同時，丹多洛與其他大多數領導人達成了一致的意見，決定接受扎拉的投降，他們都回

③ 這位西蒙·德·孟福爾是法蘭西的孟福爾—拉莫里（Montfort-l'Amaury）領主，同時是英格蘭的第五代萊斯特（Leicester）伯爵。他的幼子非常有名，也叫西蒙·德·孟福爾，後成為第六代萊斯特伯爵，是英格蘭國王亨利三世（Henry III）的妹夫、著名權臣和反對派領袖，開啟了英國議會的先河。

到了丹多洛的營帳。但扎拉人此刻已經無影無蹤，等待丹多洛等人的是沃城（Vaux）修道院長。他可能手持著英諾森三世的信件，戲劇性地走上前來，代表著教宗的權威，高聲宣布：「諸位大人，我以羅馬教宗之名，禁止你們攻擊這座城市；因為這是一座基督教城市，而你們都是朝聖者。」一場激烈的爭吵立即爆發了。丹多洛怒火中燒，向十字軍領導人發難：「諸位大人，我按照協議安排了這座城市的投降事宜，但你們卻把它從我手中搶走了，儘管你們曾保證要幫助我們征服這座城市。現在我請求你們征服它！」此外，據克萊里的羅貝爾記載，他並不打算對教宗讓步：「諸位大人，你們應當知道，我會不惜一切代價向扎拉人復仇，就算是教宗也不能阻止我！」

更為拘謹的十字軍領袖們發現，他們身處遭受破門和背棄世俗契約的兩難境地。他們羞愧難當，同時也為德．孟福爾的行為感到震驚，但他們最終也別無選擇，只能兌現對威尼斯的承諾——此次行動與尚未償清的債務有關。要不然，東征就會走向崩潰。十字軍領袖們帶著沉重的心情，同意了這件令人不快的事情：「大人，不管別人怎麼反對，我們會幫您拿下這座城市。」不幸的扎拉人本想和平地投降，如今卻遭受排山倒海的攻擊。他們把十字架掛在城牆上，以喚起十字軍的良心，但這徒勞無功。十字軍將巨大的投石機推到前線，轟擊城牆；坑道工兵開始在城牆下挖掘地道。五天內扎拉就淪陷了。扎拉人以喪權辱國的條件來求和。除了處決一些重要人物之外，威尼斯人並沒有傷害扎拉人民的性命；平民被逐出城市，勝利者「毫不留情地將這座城市洗劫一空」。

此時已是十一月中旬，丹多洛告訴十字軍，此刻已不宜出航；可以在達爾馬提亞海岸舒適地過冬。最好等到來年春天。這個提議很合理，甚至是不可避免的，但卻使得十字軍東征陷入了新的危機。普通士兵們覺得自己又一次遭到了無恥的剝削，他們責怪威尼斯。他們曾在利多過著像被監禁一樣的日子，被領入歧途，去攻打基督教城市，他們一貧如洗，備受蒙蔽。時間一天天過去，十字軍與威尼斯的合約只有一年，而他們離聖地卻仍然那麼遙遠，更不用說埃及了。洗劫扎拉的戰利品大多被領主們瓜分一空。「貴族們把城市的財物據為己有，而窮苦士兵什麼也沒得到。」一位親眼見證的無名人士如此寫道，他顯然十分同情普通士兵的遭遇，「窮人在飢餓赤貧中過得無比艱辛。」十字軍還欠著三萬四千馬克的債務。

洗劫扎拉不久之後，由於人們的積怨太深，爆發了動亂。

> 三天後，臨近晚禱時，軍中爆發了一場可怕的大災禍。威尼斯人與法蘭西人之間爆發一場大範圍的激烈衝突。人們從四面八方紛紛趕來，拿起武器，暴力衝突非常激烈，幾乎每條街道上都有人用劍、矛、弩、槍廝殺，死傷枕藉。

指揮官們花了很大力氣才掌控局面。整個十字軍東征事業危在旦夕。

此外普通十字軍戰士們不知道的是，由於攻打扎拉的緣故，他們已經遭到破門。如果他們知道了這個消息，一定會嚇得魂飛魄散。為了應對危機，十字軍的主教們想出新點子，決定赦免全軍，撤銷破門令，但其實他們根本沒有這個權力。一二〇二至一二〇三年冬天，全軍將士就在達爾馬提亞消磨時間，相處還算融洽，等待新的航海季節；但卻全然不知，他們的不朽靈魂仍然處在嚴峻的危機之中。法蘭克諸侯決定派一組代表團火速趕往羅馬致歉，努力解決問題。但威尼斯人堅決拒絕參加這組代表團。威尼斯人認為，扎拉是他們自己的事情；暫緩收繳三萬四千馬克債款的協議就是建立在占領扎拉的基礎之上，只要這筆債務還沒有還清，整個威尼斯共和國的立場就至關重要。

在這個代表團啟程去羅馬之前，關於扎拉的消息已經傳到英諾森三世那裡，他起草了怒氣衝天的回覆，信件開頭非常簡練：「諸位伯爵、男爵及所有十字軍戰士，我不向你們做任何問候」，然後措辭愈發激烈。他一系列嚴厲的詞章如同攻城器械有規律的沉重撞擊聲，狠狠地譴責了十字軍「極其惡劣的行徑」：

你們架起帳篷來攻城。你們挖壕溝，從四面八方包圍這座城市。你們破壞城牆，導致許多人流血傷亡。當扎拉城民們想要屈服於你們及威尼斯人的統治時……他們在城牆上高掛起十字架。但你們卻……嚴重地傷害受難的耶穌基督，攻打了這座城市，屠戮其人民，並用凶殘的武力強迫他們投降。

十字軍的代表團抵達羅馬後，英諾森三世提醒了這些心裡有鬼、垂頭喪氣的代表，隨軍主教們給出的赦免根本是不合法的。他要求十字軍悔改，並歸還戰利品。但他最嚴厲的譴責是針對威尼斯人的，「他們當著你們的面搗毀了這座城市的圍牆，擄掠教堂、摧毀房屋，而你們卻與他們分贓」。英諾森三世引用《聖經》中遭強盜打劫的人的典故④，將威尼斯人定性為誘導十字軍走上歧途的強盜。英諾森三世還強調，不許再傷害扎拉。但威尼斯人對此命令置若罔聞。與此同時，英諾森三世知道十字軍所遭受的苦難，而且他個人也不願意看到十字軍士崩瓦解，於是又設立了一些規定來赦免眾人的罪——但堅決不為威尼斯人免罪。代表團帶回去的教宗回信明確表示，十字軍仍然處於被破門的狀態，而且其中的一些規定，例如歸還戰利品，根本就不可能實現，於是十字軍高層又一次隱瞞了教宗回信的內容，而是告訴將士們，他們已經獲得完全的赦免。由此可見教宗對十字軍的控制顯然非常有限。

這個罪孽的世界滿是陷阱，英諾森三世對其抱有深深的擔憂。但如果他認為自己最擔心的事情已經發生，那麼就大錯特錯了。情況只會愈來愈糟糕。推動整個東征事業的那些力量——對靈魂解放的渴求、欠威尼斯的債務、資金的匱乏、祕密協定、普通士兵一再遭受蒙蔽、十字軍始終面臨瓦解的威脅、海運合約的有效期一天天過去——將會促使整起事件發生另一個超乎尋常的轉變。戰事即將產生巨變。一二〇三年一月一日，日耳曼國王——施瓦本的腓力（Philip of Swabia）

④ 即著名的「好撒馬利亞人」（Parable of the Good Samaritan）的故事，典出《路加福音》（*Gospel of Luke*）耶穌講的寓言：一個猶太人被強盜打劫，受了重傷，躺在路邊。有祭司和利未人（Levite）路過，但不聞不問。唯有一個撒馬利亞人路過，不顧隔閡，動了慈心照應他。歷史上統一的以色列王國分裂為北部的撒馬利亞王國與南部的猶大王國。對以猶太人為主體的聽眾來說，「撒馬利亞人」一般說來含有貶義，因為撒馬利亞受到猶太教的約束比較少，崇拜偶像，與異族通婚。南北兩國雖是兄弟，但因為數百年的分裂、競爭，甚至戰爭，早已變成了仇敵。在民間，撒馬利亞人與猶太人相互不交往長達數百年。

的使臣抵達扎拉。他們向十字軍提出了一個雄心勃勃的建議，供其斟酌。這個建議涉及了拜占庭此前的整個複雜故事，以及它與西方基督教世界的緊張關係。就像其他許多困擾著、推動著此次十字軍東征的祕密交易一樣，一些主要的騎士已經知道了它的內容。

直截了當地說，大使們的來意如下：他們代表腓力的妻弟——阿歷克塞・安格洛斯（Alexios Angelos）而來；安格洛斯是一位年輕的拜占庭貴族，他請求十字軍幫他奪回被他伯父篡奪的合法皇位。安格洛斯的父親伊薩克二世（（Isaac II）被自己的兄長（即阿歷克塞三世，Alexios III）廢黜並戳瞎了雙目。事實上，按照嚴格的繼承法，年輕的安格洛斯並沒有皇位繼承權，但法蘭西騎士們未必懂得拜占庭帝國繼承法的微妙之處。大使們到來的時機極佳，說明他們非常熟悉十字軍當前的窘境。他們提出的是一個非常狡猾的提議，既把行動提升到基督教道德的高度，又以現金做為誘惑：

> 既然你們為了上帝、合法權益和正義而戰，理應盡其所能去幫助那些合法繼承權遭到侵犯的人。安格洛斯給你們的報酬將會極其豐厚，其他任何人都給不出這樣的條件，他還會大力支持你們去征服海外的土地。
>
> 首先，如果上帝允許你們幫助安格洛斯奪回皇位，他將令整個拜占庭帝國臣服於羅馬（兩者原本是一家，後來產生了隔閡）。其次，他知道，你們為了東征事業已經傾盡所有、囊中羞澀，他將會給貴族及普通士兵一共二十萬銀馬克。並且他將親自帶領一萬人追隨你們前往埃及……他會在埃及征戰一年，此後在他有生之年，他將出資在聖地供養五百名騎士。

這些條件極其慷慨，似乎能滿足所有人的需求：羅馬教廷可以達成最令其魂牽夢縈的目標之一——讓君士坦丁堡的東正教會臣服於羅馬；十字軍不僅可以輕鬆地償還債務，還可以得到征服和守衛聖地所需的軍事資源。據說教宗會支持這回的行動。而且成功簡直是手到擒來，在君士坦丁堡不乏安格洛斯的支持者，他們會打開城門，歡迎十字軍將他們從暴君阿歷克塞三世的統治下解放出來。使臣們說話的腔調就像巧舌如簧的業務員，推銷一個千載難逢的機會一樣：「諸位大人，如果你們有興趣，我們擁有談判的全權。你們應當明白，古往今來從來沒有過這麼優厚的價碼。誰若是拒絕這樣的條件，一定是沒有征服的胃口。」

他們說的有些東西是畫大餅，有些乾脆就是扯謊。事實上，安格洛斯在前一年秋天就曾帶著此計畫的大綱去拜見教宗英諾森三世，但遭到了回絕。英諾森三世也已經警告過十字軍不准參與這樣的計畫——這將是另一次對基督教國家的攻擊——「免得他們（十字軍）屠戮基督徒，汙了他們的手，犯下違逆上帝意志的罪行」，並且他也將此信內容告知了拜占庭皇帝。阿歷克塞・安格洛斯年輕無知、野心勃勃，且十分愚蠢。他許下的都是不明智的空頭承諾，專門挑十字軍領主們想聽的講。但核心圈子裡的一些法蘭克諸侯已經知曉此計畫，並且躍躍欲試。整個東征運動的領導者——蒙費拉的博尼法斯對拜占庭皇帝早有私人怨恨。後來英諾森三世將隨後發生的事情的罪責全部推到威尼斯人身上，但這其實不是威尼斯人的主意。我們不能確定，丹多洛是否在此前就知曉十字軍要進攻拜占庭的計畫；他很有可能對其做了冷靜的評估。對於君士坦丁堡的內部事務，他一定比法蘭西貴族們知道得多，他對年輕的安格洛斯也沒有什麼信心。而對安格洛斯來說，以他的名義提出的協議最終讓他付出了生命的代價。

次日，在扎拉，一個由世俗與宗教領袖組成的小範圍議事會，正商討在出征聖地途中是否進攻第二座基督教城市的問題。激烈的爭吵再次爆發，十字軍又一次面臨瓦解。各方分歧極大，難以彌合。沃城修道院長再次強烈譴責，「因為他們根本沒有同意對基督徒開戰」；而另一方面，也有人非常務實地表示贊同：軍隊缺乏資金，而且還背負著巨額債務，向拜占庭開戰將為東征提供足夠的財力和人力。「你們應當知道，只有透過埃及或希臘（拜占庭）才能收復海外的聖地，如果浪費此次機會，我們定會後悔莫及。」丹多洛一定做了仔細的權衡：攻打君士坦丁堡能夠輕鬆地收回欠款，在君士坦丁堡有一位親威尼斯的皇帝也非常有價值，但相對的，威尼斯人承擔的風險也很大。威尼斯共和國目前在君士坦丁堡生意興隆，如果進攻君士坦丁堡的行動失敗，那麼居住在那裡的威尼斯商人將淪為人質。但說到底，最終促使十字軍下決定的還是他們的貧困。沒有金錢和糧草，十字軍東征將會失敗；丹多洛推斷，如果能夠輕鬆地扶植安格洛斯登基，「我們就有比較合理的藉口去那裡，獲取給養和其他物資……然後我們就有能力去海外（耶路撒冷或埃及）」。深思熟慮之後，他決定支持進攻君士坦丁堡。根據敵視威尼斯的史料，他如此決定的「一個原因是為了得到安格洛斯許諾的錢財（威尼斯這個民族特別貪財），另一個原因是，他們（威尼斯人）的城市在強大海軍的支持下，正在霸占那整個海域」。以上是根據後來實際發生的事件做出的回顧性評判。

最終，法蘭西諸侯的強大勢力集團在蒙費拉的博尼法斯領導下，力排眾議，投票決定接受安格洛斯的提議。雙方很快便在執政官的住處簽署條約，並加蓋印璽。阿歷克塞將在復活節前兩週抵達。條約是拼湊起來的，可能在十字軍啟航很久之前就已經得到大致的認可。貴族領主們走到哪裡，他們麾下的普通十字軍就跟到哪裡。於是，威尼斯人出航了。維爾阿杜安不得不承認：「本書只能作證，法蘭西人的派系中只有十二人宣誓，其他人不肯。」他承認此次出征備受爭議：「軍中分歧嚴重……人心紛亂，一些人想要解散軍隊，另一些又盡力團結。」不少人脫離了十字軍。許多普通士兵「齊聚在一起，結成盟約，發誓絕不去攻打拜占庭」。一些高級騎士同樣反感，也脫離了軍隊。一些人失望地返回家中；一些人又另闢途徑直接前往聖地。五百人死於船隻失事。另一支隊伍抵達後遭達爾馬提亞農民的襲擊和屠戮。「就這樣，軍隊的規模日益縮小」。

英諾森三世此時還不知道十字軍犯下了新一輪的罪行——而且比先前的更加醜惡——還在像之前那樣威脅要將冥頑不靈的威尼斯人逐出教會，但他對十字軍的控制力也在日漸衰弱。十字軍領袖們又一次隱瞞了教宗的信件。就在艦隊準備出海南航時，他們向教宗發送了一份缺乏誠意的道歉信。他們知道，等教宗回信的時候，他們早已經身在遠方，眼不見為淨。他們居然還虛偽地解釋道：英諾森三世本人一定寧願讓他們隱瞞信件，也不願意看到十字軍瓦解。「我們堅信，」他們寫道，「您也會樂於見到……艦隊仍然團結，而不是因為看到您的信而分崩離析。」兩年後，丹多洛終於道歉時，也用了同樣的藉口。

四月二十日，艦隊主力運載著所有裝備、馬匹和人員，啟航前往科孚島。到此時，不知悔改的威尼斯人已經將扎拉夷為平地，「摧毀了扎拉的城牆、塔樓、宮殿和其他所有建築。」只有教堂得以倖免。威尼斯人決心要確保這座不服管教的城市將來再也沒有興風作浪的能耐。丹多洛和蒙費拉的博尼法斯仍然留在扎拉，等待年輕的皇位覬覦者阿歷克塞。他在五天後——聖馬可節這一天抵達了（這個日子也是精心挑選的），「得到了仍在此地的威尼斯人熱情洋溢的歡迎」。隨後，他們一起登上槳帆船，追隨已出發的艦隊前往科孚島。

十字軍遭逢了一次又一次的危機——它急缺金錢，卻只能透過令人不齒的手段賺錢——年輕的皇位覬覦者的到來令虔誠的信眾倍感憎惡。在科孚島，主要的法蘭克貴族起初以尊崇皇室的禮儀伺候阿歷克塞，「歡迎他，莊重而奢華地對待他。這個年輕人看到這些出身高貴的人如此尊崇他，又有這樣一支軍隊擁護他，不禁喜不自勝。然後侯爵走上前來，將他領到營帳內」。據聖波勒伯爵記載，在營帳內，安格洛斯採取了一連串情感勒索的舉措：「他涕泗橫流、雙膝下跪，像乞討者那般懇求我們陪他去攻打君士坦丁堡。」但這一策略卻失敗了。據聖波勒伯爵說：「這引起了巨大的騷動和人們強烈的反感。大家認為應該儘快去阿卡，只有不超過十個人主張去君士坦丁堡。」克萊里的羅貝爾更是直言不諱地表達了普通士兵的想法：「呸！我們去君士坦丁堡幹什麼？我們要去朝聖……我們的艦隊只會跟隨我們一年時間，現在半年都過去了。」

雙方爭論不休之下，一大群持反對意見的法蘭克領主離開了軍營，在一段距離之外的山谷裡駐紮下來。十字軍高層驚慌失措。根據維爾阿杜安的記載，「他們萬分沮喪，說道：『諸位大人，我們的處境十分悲慘，如果這些人離開我們……我們的軍隊就要成鳥獸散了。』」十字軍眼看就要徹底完蛋了，為了挽救危局，他們孤注一擲，快馬加鞭，前去乞求那些反對者再重新考慮。雙方會面時，氣氛非常緊張。雙方都下了馬，小心翼翼地走向對方，內心充滿了不確定。這時：

> 貴族們都跪在他們腳邊，哭著請求他們答應不要離開，否則就長跪不起。而這些反對者看到這個場景都十分感動，看到他們的領主、親人和朋友都跪下了，他們也流下了淚水。

這個非比尋常的操作奏效了。反對者們被這滿溢的情感呼籲所征服，同意繼續前進，但也提出了嚴格的條件。現在已經是五月中旬，與威尼斯人船隻的租約時日無多了。反對者們只肯在君士坦丁堡待到九月二十九日。這些領導者們不得不發誓，會在那個日子的兩週前準備船隻，送這些反對派去聖地。他們於五月二十四日啟航離開科孚島。素來喜歡把萬事都描繪得光鮮燦爛的維爾阿杜安寫道，這一天：

> 天氣晴朗，微風和煦，他們揚帆遠航……從未見過如此良辰美景。這支艦隊似乎註定要開疆拓土，因為眼力所及範圍內的檣櫓如同森林，盡是船帆和大小艦船，大家內心澎湃。

十字軍總算逃過一劫。

但明眼人都能看出，在科孚島的停留是非常發人省思的。阿歷克塞曾保證，拜占庭人會承認他（阿歷克塞）的合法地位，君士坦丁堡會敞開大門迎接他，而東正教會也將臣服於羅馬的權威。但是，在科孚島沒有任何跡象能夠預示這樣的結果。拜占庭臣民們對現任皇帝很忠心，緊閉城門，並轟擊停泊在港內的威尼斯艦隊，迫使其撤退。至於宗教分裂，科孚島的東正教大主教在宴請天主教兄弟時表示，他不認為羅馬的權威在東正教之上，更何況殺害基督的就是羅馬士兵。

✯

而在羅馬，英諾森三世最擔心的事還是發生了。他現在才知道，在洗劫扎拉後，十字軍正在前往君士坦丁堡。六月二十日，他寫下又一封言辭激烈的譴責信：「我已經明令禁止你們侵略或進犯基督徒的土地，否則將對你等施以破門……我也曾警告你們，不要輕率地違反禁令。」為了表達他對十字軍可能變本加厲地犯罪的極端厭惡，他用了一個極其嚴重的比喻：「懺悔者故態復萌，再次作奸犯科，就如同狗轉過來吃牠所吐的。」這封信明確表明，英諾森三世認為威尼斯人應該為此事負責。他將丹多洛比做《出埃及記》（*Book of Exodus*）裡的法老，「假裝情非得已，戴著虔誠的面紗」，對待十字軍就像法老奴役以色列的子民一樣。丹多洛是「我們偉大收穫的敵人」，就像「一粒老鼠屎壞了一鍋粥」。英諾森三世命令十字軍領袖們將破門信送給威尼斯人看，「這樣他們就找不到理由來為自己的罪責開脫」。同時，他也在糾結這個棘手的神學問題：十字軍戰士在船上應當如何與已經被破門的威尼斯人共處？他提出的解決方案是如此晦澀且令人震驚：十字軍可以同威尼斯人一起前往聖地，但到了那裡之後，「若情勢有利，你們可以抓住機會，鎮壓他們的罪惡」。這話的實際意思是，十字軍可以合法地殺光威尼斯人。

但艦隊中的所有人，不管是自願還是為了其他什麼原因，都已經聚在一起，而且現在要改變計畫也太晚了。就在英諾森三世落筆寫信的時候，艦隊在有利的海風吹拂下，穩步駛向達達尼爾海峽。四天後，即一二〇三年六月二十四日，十字軍抵達了博斯普魯斯海峽。他們仰望固若金湯的君士坦丁堡城牆，不禁目瞪口呆。英諾森三世已經完全無力控制事態。在隨後的日子裡，他悲哀地承認：「世界就像潮水，時有漲落；人們無可避免地隨波逐流，做不到停止不前。」他筆下關於大海的比喻很有說服力。

第五章　兵臨城下

一二〇三年六月至八月

一二〇三年六月二十三日某時，君士坦丁堡的人們從海牆遠眺，看到了驚人的一幕：一支龐大的威尼斯艦隊，滿載一萬名基督教十字軍，從西方沿博斯普魯斯海峽逼近，意在廢黜他們的皇帝。許多人既困惑又震驚，幾乎所有人都措手不及。觀看這一海上奇景的人群中，有一位拜占庭宮廷的貴族編年史家——尼西塔斯．科尼阿特斯。他準備開始回憶此事時，情緒顯得激動不已。「到目前為止，本書的記述過程都是平穩而輕鬆的，」他在書中寫道，「但現在，說實話，我真不知該如何描述接下來發生的一切。」

科尼阿特斯對現任皇帝阿歷克塞三世的批評非常嚴厲，這位皇帝廢黜了自己的弟弟伊薩克二世，戳瞎了他的雙目，如今阿歷克塞三世的侄子要回來爭奪皇位了。「一個連羊群都無法領導的人」可能是科尼阿特斯對阿歷克塞三世最溫和的評價了。這位皇帝很懶散，終日尋歡作樂，志得意滿且不喜戰爭，不過他也可能輕信了英諾森三世的來信。英諾森三世曾保證，西方人被禁止侵犯拜占庭，這種侵略惡行是絕不可能發生的。不管怎麼說，拜占庭人幾乎毫無防禦準備。謀臣們強烈敦促皇帝採取防範措施以應對即將興起的風暴，卻根本就是對牛彈琴。拜占庭海軍名存實亡──海軍司令已經把鐵錨、船帆和索具都賣掉了。皇帝不情願地「開始修整已經蟲蛀朽爛的小船，總共不到二十艘」。他寄希望於堅實的城牆和他的陸軍。君士坦丁堡占據著中世紀最有利的防禦位置；城市呈三角形，周長十三英里，兩面環海，另一面由強大的三層城牆保護著，八百年來從未被攻破過。至於兵力，他指揮著約三萬軍隊──這是十字軍兵力的三倍，而且還有城中相當數量平民的支持。

艦隊中許多威尼斯人對屹立在船首左側的君士坦丁堡的輪廓很是熟悉；而不諳水性的十字軍第一次看到君士坦丁堡的城牆，心中卻受到了極大的震撼。所有人都屏住了呼吸。君士坦丁堡的規模是他們聞所未聞的。它是基督教世界最大的城市；以它為中心的帝國儘管已經削弱不少，但仍然控制著地中海東部的絕大部分地區，從科孚島到羅得（Rhodes）島，從克里特島到黑海沿岸，小亞細亞大部分和希臘大陸。城市人口約四十萬到五十萬；而威尼斯和巴黎都只有約六萬人口。從海上，十字軍可以看到，在海牆之內是一座繁華的都市，宏偉的房屋鱗次櫛比，最恢弘的要數聖索菲亞大教堂，它那莊嚴的穹頂就像一位希臘作家所描述那般，彷彿懸浮在空中。

歐洲編年史家們努力尋找合適的比喻來描述君士坦丁堡的龐大規模。英格蘭的一位教區編年史家科吉舍爾的拉爾夫（Ralph of Coggeshall）向他的讀者保證：「它的人口比從約克（York）城到泰晤士（Thames）河的人口還要多。」每個親眼見到君士坦丁堡的人都感到震撼、敬畏，以及愈來愈強烈的恐懼。維爾阿杜安宣稱：

他們久久地凝視著君士坦丁堡，難以相信世上竟然有如此巨大的城市。他們看到了環繞城市的高牆巨塔、富麗堂皇的宮殿、高聳的教堂。城內教堂數量極多，若非親眼所見，人們根本不會相信。這座城市的規模堪稱至高無上。再勇敢的人看到這樣宏偉的景觀，都不禁戰戰兢兢。

他們現在還不能完全了解，君士坦丁堡城內有些什麼：大理石、寬闊的街道、鑲嵌畫、聖像、神聖的金器、寶庫、從古典世界擄掠來的古代雕像、神聖的遺跡以及不可替代的圖書館。他們也難以徹底了解這座城市的陰暗面：通往金角灣的山丘上有用木頭搭建，擠成一團的貧民窟房舍，備受踐踏的城市底層階級在這裡艱難度日，遭受貧窮和混亂的摧殘。中世紀的君士坦丁堡就像古羅馬一樣，人民和黨派爭鬥不休，大熔爐般的城市被迷信、長期衝突和動盪的王朝更迭所困擾。最重要的是，這裡的人民對東正教信仰忠心耿耿，極端敵視與其競爭的羅馬教會。君士坦丁堡城民喜歡給自己的狗取名為「羅馬教宗」，以示鄙夷，怎麼可能像安格洛斯許諾的那樣，輕易臣服於他們厭惡至極的羅馬教會呢？

威尼斯人更加孰悉形勢；城內或許有多達一萬名威尼斯人在做生意，他們不會輕敵。丹多洛是一位睿智的顧問，他與十字軍領主分享了自己的認識：「諸位大人，我比你們更了解這片土地的情況，因為我曾來過這裡。你們肩負的是史上最艱巨、最危險的使命。所以你們務必小心行事。」六月二十四日，也就是他們首次目睹君士坦丁堡的第二天，整支艦隊航行到了城牆下。這天剛好是施洗者約翰的宗教節日，艦隊以盛大的排場列隊前進，旌旗招展，船舷懸掛盾牌，好不威風。甲板上，士兵們緊張地磨礪他們的武器。他們距離這座城市是如此之近，以至於可以看見城牆上的人群。他們一邊前進，一邊向希臘船隻放箭。

他們在與君士坦丁堡隔海相望的亞洲海岸安營紮寨，搜尋糧草，滿懷信心地等待安格洛斯的支持者出來迎接解放者。但沒有一人前來。反倒是皇帝派來的使節宣稱，他「非常疑惑，你們為何來到他的帝

圖8　從海上看君士坦丁堡

國……因為他是基督徒，你們也是基督徒，而且他很清楚，你們是去解放海外聖地的」。這位使節是個義大利人，他向十字軍提供糧食和金錢，敦促他們儘快離開，同樣也帶來了皇帝的威脅：「如果他打算傷害你們，你們就會遭到毀滅。」

十字軍高層不知道下一步該如何是好，愈來愈焦躁。根本沒人歡迎他們，這令他們緊張不安。又是丹多洛前來獻計。到此時，透過在城內做生意的威尼斯人，他應當很好地把握了真實情況。為了打破僵局，他建議駛近城牆，向城民展示安格洛斯，並解釋安格洛斯此行是為了將人民從暴君手中解放出來。十艘槳帆船打著休戰的旗號出發了。年輕的皇子和丹多洛、博尼法斯一起，乘坐第一艘船。他們在離城牆非常近的地方划來划去，好讓從上方城堞處仔細觀察的人都看得見他。傳令官用希臘語隔著海面喊道：「看看你們真正的君王！我們到此不是要傷害你們，而是保衛你們！」起先，人群很安靜，然後有人大喊道：「我們不認他是我們的君王；我們根本就不認識他。」在得知他是前任皇帝伊薩克二世的兒子後，又有人反駁道，他們對他一無所知。為了強調這個回答，拜占庭人放了一輪鋒利的箭鏃。沒有一個人站出來支持十字軍的傀儡。「我們都驚呆了，」聖波勒的於格記述道。當初，十字軍全都信以為真安格洛斯所描繪，可以輕鬆得手的大餅，但如果他們在科孚島時稍微多注意一下安格洛斯得到的回應，今時今日就不會那麼意外了。安格洛斯是西方人的傀儡，竟許諾屈服於羅馬，希臘人不願與他扯上任何關係。安格洛斯顯然處於威尼斯人的羽翼庇護下，而拜占庭人憎惡威尼斯人，這更讓拜占庭人對他沒有好感。「於是他們返回營地，回到各自的駐地。」這真是令人沮喪的一刻。十字軍如今知道，如果他們想要獲得錢財和戰士以收復聖墓，就必須憑藉武力殺進城去。耶路撒冷突然變得那麼遙遠。他們開始備戰。十字軍們也第一次開始冷眼睥睨那個給大家許下很多空頭支票的小子。科尼阿特斯極其厭惡地評價安格洛斯「雖已成年，但腦袋還是個娃娃」。

此次失敗嘗試的次日，即七月四日，星期天，十字軍諸侯舉行了莊嚴的彌撒，聚集起來，制定計畫。丹多洛對這座城市的情況瞭若指掌，他在這一次選擇策略的過程中可能又起到了很大作用。這座城市的港口位於有遮蔽的金角灣內，金角灣其實是城市東翼的一條狹長小海灣。威尼斯人的定居點就在這一線海岸上；那一段城牆防禦最薄弱。為了保護這個港口，拜占庭人用鐵鍊封鎖了金角灣的出入口，鐵鍊的一端在城牆上，另一端在加拉塔（Galata）的塔樓上。加拉塔位於金角灣對岸的海岬上，周圍是猶太人定居點。大家決定，第一步就是登陸到加拉塔鄰近的區域，攻占塔樓，破壞鐵鍊，之後艦隊才能駛進金角灣。十字軍感受很大的時間壓力，因為他們的補給已經不多了。當夜，士兵們做了告解，寫下遺囑，「因為他們不知道，上帝的意願何時會降臨到他們身上」。十字軍的計畫是對有防禦的海岸實行兩棲攻擊，但不少人對此抱有疑慮和擔憂；據克萊里的羅貝爾回憶，「人們對能否在君士坦丁堡登陸抱有懷疑」。他們將「登上自己的船隻，用武力奪取那土地，存亡就在此一搏」。

緊張的準備工作正緊鑼密鼓地進行著。戰馬披掛完畢，裝上馬鞍，被牽著走上斜坡，回到運馬船內，騎士們與戰馬在一起。戰士們繫牢頭盔，備好弓弩。那是一個晴朗的夏日早晨，日出後不久。在丹多洛指揮下，威尼斯槳帆船出動了，拖曳著運輸船，渡過水流湍急的博斯普魯斯水域，以開闢安全通道。他們前方是滿載弓箭手和弩手的三桅帆船，任務是掃蕩海岸。攻勢展開的同時，一百支「白銀或青銅」喇叭齊鳴，戰鼓也隆隆轟鳴。克萊里的羅貝爾說：「好像整個海面都擠滿了船隻。」皇帝的軍隊在海邊嚴陣以待，準備將他們趕回海裡。艦隊靠近岸邊，一時間萬箭齊發，將守軍逼退。戴著面甲的騎士水花四濺地衝過淺灘；弓箭手緊隨其後，時而奔跑，時而放箭；在他們背後，運馬船的坡道被放下，騎士們雷鳴般縱馬從船艙中衝出，長槍蓄勢待發，絲綢旗幟迎風飄揚。也許就是大群騎士猛然從船艙中殺出的景象打破了希臘人的鬥志。騎士們將長槍放低，準備發動一次集體的衝鋒。正如一位拜占庭作家令人難忘的描述，其勢頭足以「攻破巴比倫的城牆」。「上帝保佑，」皇帝的士兵們「撤退了，我們即便射箭也打不到敵人」。希臘人原本以逸待勞，處於有利位置，灘頭的爭奪戰本應像諾曼第戰役（Invasion of Normandy）那樣激烈，但是他們卻溫順地放棄了自己的陣地。這對皇帝來說可不是個好兆頭。

阿歷克塞三世依然占據著加拉塔的塔樓——這是控制鐵鍊和金角灣的關鍵——但事態很快就惡化了。次日早上，「九點十分」，希臘人發動了一次反攻。他們衝出塔樓，襲擊岸邊的十字軍；與此同時，第二支拜占庭部隊乘船渡過金角灣前來參戰。起初十字軍有些措手不及，但很快便重整旗鼓，擊退了敵人。希臘人企圖逃回塔中，但沒有來得及緊閉塔樓大門。十字軍迅速占領了塔樓。現在入侵者掌握了操縱鐵鍊的絞盤車。威尼斯的大型帆船之一「雄鷹號」把握住這個機會，借著博斯普魯斯海峽的勁風，衝破鐵鍊，攻進了金角灣。聚集在鐵鍊處的羸弱不堪的拜占庭船艦被衝殺進來的威尼斯槳帆船驅散或擊沉。現在威尼斯艦隊駛入了拜占庭的內港，與皇帝已經只有咫尺之遙，令他如坐針氈。四天後，十字軍繼續逼近。軍隊在金角灣東岸北上，並試圖通過城牆東北角對面的小橋。希臘人又有一個機會來擊退敵人了；他們破壞了小橋，但是卻不能阻止十字軍將其修復並順利通行。「沒有一個人從城裡出來阻止他們，這令人大感意外，因為城內人數是我軍兵力的兩百倍。」十字軍在布雷契耐（Blachernae）宮對面的一座山上安營紮寨。布雷契耐宮是皇帝最喜愛的宮殿，位於宏偉的城牆下。皇帝和他的敵人能清楚地看到彼此。聖波勒的於格說：「我們之間距離很近，我們的箭都能射到皇宮的屋頂、射進下方的窗戶，希臘人的箭也能射到我們的帳篷。」

阿歷克塞三世終於從他的懶散或自滿中清醒過來，開始更堅決地襲擾入侵者。他不分晝夜地發動試探性的小規模襲擊，以檢驗十字軍的決心；維爾阿杜安回憶道：「他們（十字軍）一刻都不得歇息。」他們「被包圍得水泄不通；一天內，全軍要進入備戰狀態六到七次。他們睡覺、休息或吃飯時都要全副武裝」。一種新的絕望在十字軍營地中瀰漫開來。九個月前勇敢地出征去收復聖地的這支軍隊，如今卻陷入了難以想像的窘境——被困在一座基督教城市之外，要嘛廝殺，要嘛喪命。他們的陣地位於君士坦丁堡東北角，從那裡可以看出此次任務非常艱難。在西方，連綿不斷的三道陸牆隨著地形起伏，一直延伸到地平線。內、外城牆上，一連串塔樓犬牙交錯，它們之間的距離如此之近，以至於「一個七歲男孩能夠把一顆蘋果從一座塔樓投擲到另一座」。「前景黯淡，令人膽寒；君士坦丁堡的陸牆長達三里格（league）①，而十字軍全軍只能攻打其中一座城門……在任何一座城市，都從來未有過這麼多人被這麼少的人圍攻的情事。」

飢餓驅使十字軍前進。除了對金錢的渴望，對糧食的需求也是十字軍東征運動的長久主題。他們只剩三週的存糧了，又與希臘人相持不下，行動受限。「他們去尋找食物時不能離開營地超過弩箭射程四倍的距離，麵粉和鹹肉也極少……除非殺了戰馬，否則沒有鮮肉可以食用。」據貴族聖波勒的於格回憶道，「我已經絕望了，只能用罩袍來換麵包，但我盡全力保住了我的戰馬和武器。」時間一天天過去，不斷考驗著大家的決心。他們急需決定性地解決問題。

丹多洛希望全軍乘船越過金角灣攻城。金角灣沿岸只有一道城牆，而且是最低矮的，僅三十五英尺高。他的計畫是從最高的船隻的桅杆上放下「精巧奇特的工具」——臨時建造的飛橋，將其搭到城牆上，讓士兵借此登上牆頭、湧入城市。威尼斯人善於製造和操縱這樣的精巧工具，並且慣於在顛簸的甲板上方三十英尺的半空中發動攻擊。這些都是水手的必要技能。而習慣於陸上作戰的騎士們一想到要在波濤洶湧的大海上的半空中作戰，不禁臉色慘白，忙著要找藉口推託；他們將在布雷契耐宮附近用撞城槌和雲梯攻打陸牆。最後大家同意，在城市的東北角海、陸兩路同時展開進攻。

準備幾天之後，七月十七日，第四次十字軍做好了全面攻打一座基督教城市的準備。飛橋是用帆船的桁端製成的，連接起來，並鋪上木板，其寬度足以讓三人並肩前行。飛橋覆蓋著獸皮和帆布，以保護己方士兵免遭敵人投射武器的傷害，並架設在最大的運輸船上。如果克萊里的羅貝爾的話可信，那麼整座飛橋長一百英尺，並且利用複雜的滑輪系統升到桅杆頂端。威尼斯人還在船首裝上投石機，用柳條製成的籠狀升降機將弩手送到頂端。擠滿弓箭手的甲板上鋪著牛皮，以抵禦恐怖的「希臘火」——利用特殊裝置噴射的燃燒的石油。維爾阿杜安記載道：「他們的進攻組織有序。」在陸牆處，法蘭克人也集結了雲梯、撞城槌、挖掘坑道的裝備以及自己的重型投石

---

① 里格是歐洲和拉丁美洲一個古老的長度單位，在英語世界通常定義為三英里（約四點八二八公里，適用於陸地上），即大約等同一個人步行一小時的距離，或定義為三海里（約五點五五六公里，適用於海上）。

機，準備配合威尼斯海軍進攻。

那天早上，十字軍水陸並進。丹多洛的艦隊一字排開，齊頭並進，戰線長度「足有弩弓射程的三倍」。戰船緩緩駛過平靜的金角灣，向海牆射出暴風驟雨般的石彈和弩箭。拜占庭人也發出了類似冰雹般的投射武器，掃射著甲板，敲擊著覆蓋起來的飛橋。龐大的帆船——「雄鷹」號、「朝聖者」號、「聖莫尼加」號（Santa Monica）衝到海牆下，飛橋撞擊到城堞上，「雙方士兵用利劍和長槍血戰」。號角聲、隆隆鼓聲、鋼鐵撞擊聲、石弩投擲的石彈錘擊聲、士兵們的呼喊和慘叫聲——這些聲響不絕於耳，振聾發聵。「戰鬥的轟鳴嘈雜彷彿讓陸地和大海都震動了。」

在陸牆處，十字軍架起雲梯，嘗試強行登城。據維爾阿杜安記載，「進攻非常有力，組織有序，勢頭猛烈」，但他們遭遇了皇帝的精銳部隊——瓦良格衛隊（Varangian Guard）②的頑強抵抗。瓦良格衛隊的成員是肩披長髮、手舞利斧的丹麥人和英格蘭人。最終，十五名十字軍登上了城牆，與守軍發生激烈的肉搏戰，但卻無法再進一步；他們被從壁壘擊退了；兩人被俘，「很多士兵負傷；諸侯極其焦慮不安」，於是攻勢猛地停下了。關鍵的是，威尼斯人的進攻也開始力不從心。低矮脆弱的槳帆船眼見城牆上射來暴雨般的投射武器，拒絕跟著運輸船上前。戰鬥僵持不下。

就在此時，執政官發動了關鍵的介入，這或許是威尼斯共和國航海史上最重要的舉措。用維爾阿杜安的讚美之詞來說就是，年老眼盲的丹多洛「全副武裝，毅然站在船首，他面前飄揚的是聖馬可的大旗」。他一定可以清楚地聽到耳畔的戰鬥嘈雜——尖叫哭喊聲、箭矢和其他投射武器的呼嘯和撞擊聲；我們不確定他是否感受到威尼斯人正顯現頹勢；但最有可能的情況是，其他人向他彙報了戰況。他顯然認識到了局勢的嚴峻。執政官專斷地下令他的槳帆船立即前進，將他送上岸，「否則就要重重懲罰他們」。朱紅色的槳帆船在希臘人投射武器的傾盆大雨中衝上岸去；它著陸後，聖馬可的旗幟被送到陸地上；其他船上的人見此都羞愧難當，跟了上去。

✯

除了描繪聖馬可的骨骸被運到威尼斯的鑲嵌畫之外，這是威尼斯歷史上最具標誌性的一幕：盲眼的執政官筆直地屹立在船首，他的船停靠在咄咄逼人的城牆下，聖馬可的金、紅兩色雄獅大旗在風中招展。周圍是激烈的廝殺，但這位睿智而高齡的商人十字軍卻絲毫不為所動，催促他的艦隊繼續前進。這一瞬間將不斷得到重新講述，成為數百年來令威尼斯人胸中充溢尚武精神的愛國主義激情；在國家生死存亡之際，人們將追溯這一幕，將其頌揚為古老的英雄主義精神的最高典範，而共和國的財富正是建立在此種英雄主義之上。四百年後，丁托列托（Tintoretto）③受雇在執政官宮殿的議事廳重現這一幕，他的畫作儘管包含不符合歷史事實的細節，但非常生動細緻。後來的威尼斯人都明白此事意味著什麼，丹多洛的舉動，借助此刻尚無人能預見的一系列事

② 瓦良格衛隊是十至十四世紀拜占庭軍隊的精銳部隊，是皇帝的衛隊。其成員主要是日耳曼人，包括斯堪的納維亞人和來自英格蘭的盎格魯—撒克遜人。「瓦良格」是希臘人和東斯拉夫人對維京人的稱呼。

③ 丁托列托（一五一八至一五九四年），義大利文藝復興晚期最後一位偉大的畫家，和提香（Titian）、委羅內塞（Veronese）並稱為「威尼斯畫派三傑」。

件，推動威尼斯崛起成為地中海的霸主。那一天，法蘭西人在陸地上戰敗，如果威尼斯人在海上也失利，整場遠征就可能崩潰。

但事實並非如此。盲眼執政官的英雄舉動令威尼斯人深感羞愧，划動槳帆船猛衝到灘頭；攻擊再次展開；之後，金紅相間的聖馬可旗飄揚在一座塔樓上，可能是飛橋上的十字軍插上去的。威尼斯人準備用撞城槌攻擊城牆。守軍突然被壓倒，撤退了。城門洞開，威尼斯人長驅直入。很快地，他們就控制了二十五或三十座塔樓，相當於金角灣沿岸海牆的四分之一。他們開始向山上推進，穿過遍布木製房屋的狹窄街道，掠奪珍貴的戰馬和其他戰利品。

現在，阿歷克塞三世終於從對己方防禦能力的自滿中驚醒過來，這麼多天以來，他一直「做為一個旁觀者」，消極地從布雷契耐宮的窗戶觀望戰局。現在威尼斯人已經進城了，他必須採取行動了。他派出瓦良格衛隊去驅逐入侵者。威尼斯人沒有能力應對反擊，於是退回剛剛占領的塔樓中。威尼斯人急於獲得一個立足點，絕望之下，一邊撤退一邊開始縱火，用烈火阻擋步步緊逼的希臘軍隊。七月天氣還很炎熱，金角灣上吹來勁風，火勢開始蔓延到城市東北角的低矮山坡，橫掃擁擠的街道，「居民們被火燒得四處逃竄」。空氣中瀰漫著木頭燃燒的爆裂聲和不祥的煙柱。火牆隨著飄忽不定的風，向著不可預知的方向前進。「從布雷契耐山到施恩者（Evergetes）修道院，大火吞噬了一切，」科尼阿特斯回憶道，「熊熊大火一直席捲到第二區」。次日，火勢終於止步於通往布雷契耐宮的陡峭山坡，此時市區一百二十五英畝的地域已經化為灰燼；約兩萬人無家可歸。留下的是一大片燒得漆黑的開闊地，這是城市心臟的醜陋傷痕。對科尼阿特斯而言，「那天滿目瘡痍，哀鴻遍野；要哭訴這場恐怖的火災，真需要河流般的淚水」。他還從未目睹過兵燹對他摯愛的城市造成如此嚴重的災難。

在烈火肆虐的同時，威尼斯人借機鞏固了自己的陣地，機智的丹多洛立即開始將俘獲的戰馬運到法蘭西人的營地。攻打海牆的勝利給陸牆下沮喪的十字軍帶來了新的鬥志。在城內，皇帝寢食難安。君士坦丁堡正在熊熊燃燒。人民的不滿透過喃喃低語傳到他的耳邊：他們的家園已經被燒毀；威尼斯人控制了城牆。據科尼阿特斯說，阿歷克塞三世看到，憤怒的群眾毫無顧忌地詛咒他、辱罵他。氣氛十分緊張，皇帝的處境十分危險，他必須採取決定性的行動了。

阿歷克塞三世集結了他的軍隊，出城與平原上的十字軍對抗。當十字軍看見敵軍湧出城來排兵布陣時，被這景象驚得呆若木雞。十字軍的兵力遠少於敵人。「這麼多的人出城應戰，」維爾阿杜安記述道，「多得好像整個世界都出動了。」阿歷克塞三世雖然擁有兵力優勢，但他的目標僅僅是戰術性質的，而且非常受限：給陸地上的十字軍施加足夠壓力，迫使威尼斯人撤離目前正占據著的海牆。拜占庭人對西方的重騎兵很是忌憚，沒有必要在開闊地帶與敵人正面對壘。如果他們能將威尼斯人驅逐出去，城牆仍然足以拖垮十字軍的士氣。

陸牆處十字軍的處境十分危急。他們在城牆下被打退，糧草短缺，連日作戰，被持續出現的佯攻和警報拖得十分疲勞，現在必須奮勇作戰，否則就是死路一條。他們迅速在己方營地（圍有柵欄）前集結部隊：一排排的弓箭手和弩手，然後是已經失去戰馬的騎士，然後是擁有戰馬的騎士。每一匹戰馬的「全副披掛之上都覆蓋著光彩奪目的紋章或絲綢」。十字軍隊形齊整地列陣，紀律森嚴，被再三嚴令，不得脫離隊伍或魯莽地衝鋒。但他們眼前的景象卻令人心驚膽寒。拜占庭軍隊如此龐大，以至於「如果他們衝到鄉間與希臘人交戰，希臘人兵力如此雄壯，彷彿要將他們吞沒」。絕望之下，十字軍讓所有僕人、廚子和隨軍人員都上陣了，讓他們裹著被褥和鞍布當鎧甲，用鍋子當頭盔，揮舞著廚具、硬頭錘和杵準備作戰。這是拙劣地模仿軍隊的荒誕景象，彷彿布勒哲爾（Bruegel）④畫筆下的武裝農民的醜陋場景。這些人受命警戒城牆的方向。

兩軍嘗試性地逼近對方，都保持著良好的隊形。帝國宮廷的貴婦們從城牆和皇宮窗戶觀戰，就像賽馬場的觀眾一樣。阿歷克塞三世展示武力的做法在海牆處取得了他所預期的效果。丹多洛聲稱「要與朝聖者們共存亡」，命令威尼斯人撤離海牆，乘船前往用柵欄圍起來的十字軍營地，趕去支援。

與此同時，十字軍被引向前方，離防守營地的隊伍愈來愈遠。這時有人向十字軍首領鮑德溫報告，一旦戰鬥打響，營地將孤立無援。於是他下令撤退。但是他的命令沒有得到很好的執行。根據騎士的法則，撤退就是恥辱。一群騎士違抗他的命令，繼續推進。一時間，十字軍隊伍陷入了混亂；如果是一位經驗豐富的拜占庭將軍指揮，一定能抓住機會，趁亂對十字軍發動攻擊。但皇帝沒有把握住機會；他的軍隊就在小山谷（兩軍之間就只隔著這座山谷）的一側觀望等待。待在鮑德溫身邊的士兵看著那些繼續前進的騎士，感到很羞愧，他們懇求他撤銷命令：「大人，您若是不前進，就是給自己帶來恥辱；您一定知道，如果您不繼續前進的話，我們就不會侍奉在您身邊了。」鮑德溫只得宣布繼續進軍。兩軍距離「如此之近，以至於皇帝的弩手可以直接射擊我軍，而同時我軍的弓箭手也能攻擊皇帝的人馬」。場面僵持不下、緊張萬分。

這時，兵力遠勝於對方的拜占庭軍隊卻開始撤退了。我們不知道，這是因為十字軍的作戰決心讓怯懦的皇帝畏縮，還是因為他已經達成了自己的目標——將威尼斯人驅逐出城。無論如何，臨陣撤軍是一場巨大的災難，使他喪失了自己人民的信任。他的士兵撤退時，敵軍就在他們身後比較安全的距離外揮舞著長矛，緊緊跟著。從高聳的城牆看去，拜占庭軍隊就像是怯戰敗退的懦夫。科尼阿特斯寫道：「他丟人現眼、喪盡威風，夾著尾巴回來了，空長了他人志氣。」

而對十字軍來說，這更像是解脫，而非勝利。感謝上帝，敵人莫名其妙地放了他們一馬。面對強大的希臘軍隊，他們一直神經緊繃，幾乎到了崩潰的地步，現在總算幸運地逃過一劫。「最勇敢的人也承認，這次死裡逃生讓他鬆了一口氣。」他們回到軍營，「脫下盔甲，因為他們已經筋疲力竭。他們吃喝得很少，因為補給所剩已不多」。普遍的情緒更像是得救的輕鬆，而不是勝利後的得意洋洋。

他們不知道的是，整座城市正在從內部瓦解。拜占庭軍隊在城牆下、在眾目睽睽之下可恥地撤退；燒焦的房屋；民眾私下裡的竊竊私語；皇宮內權貴們低語著改換門庭——這一切令歸來的皇帝惴惴不安地意識到，他的皇位已然岌岌可危。他是弄瞎了自己的弟弟伊薩克二世才登上皇位的；而伊薩克二世之所以能夠登基，是由於暴民在大街上將前任皇帝安德洛尼卡（Andronikos）⑤倒掛著吊死，以此洩憤。輿論對皇帝很不利。科尼阿特斯嚴厲地評判道：「他所做的一切似乎就

---

④ 即老彼得·布勒哲爾（Pieter Bruegel the Elder，約一五二五至一五六九年），文藝復興時期的荷蘭畫家，以風景畫和以農民生活為題材的畫作聞名，被稱為「農夫勃魯蓋爾」。他的兩個兒子和多位後人均是著名畫家。

⑤ 即安德洛尼卡一世（一一一八至一一八五年），科穆寧（Komnenos）王朝的末代皇帝，他的兩個孫子建立了特拉比松（Trebizond）帝國。

是為了毀掉這座城市。」皇帝決定潛逃。當夜，阿歷克塞三世收拾了大量黃金和珍貴的皇室飾物，然後逃之夭夭。皇位突然間空缺出來，宮內的不同貴族派別陷入了混亂。驚慌失措之下，他們把盲人伊薩克二世從修道院接了回來，並擁護他重新登上皇位，並準備與十字軍談判。拜占庭人將消息送到金角灣對岸的十字軍營地：伊薩克二世希望和自己的兒子阿歷克塞·安格洛斯聯繫。

十字軍在營地聽到這消息，也是十分驚愕。維爾阿杜安覺得，這是上帝在證明十字軍事業的正義性。「聽啊，我主在喜悅時給了我們多麼偉大的奇跡！」突然間，好像一切問題都迎刃而解了。第二天，即七月十八日，十字軍派出四位使節——兩個威尼斯人和兩個法蘭西人（維爾阿杜安也在其中）前去皇宮與新皇帝談判。為防止拜占庭人有詐，他們仍將安格洛斯留在軍營內。使節們經過兩側由瓦良格衛隊守護的道路，前往布雷契耐宮。進入宮內，他們都被眼前富麗堂皇的景象驚呆了。盲眼皇帝身穿華服，坐在寶座上；周圍簇擁著許多高貴領主及貴婦，個個「衣飾華美，異彩紛呈」。使節們也許是被震懾住了，也許是對聚集於此的人群有所警惕，提出要與伊薩克二世單獨商談。然後，在皇帝及其少數親信面前，他們概述了他的兒子於前一年十二月在扎拉承諾過的條件。據維爾阿杜安的描述，「這個愚蠢的年輕人，對國家大事一無所知」，他跟這些執拗的西方人簽訂的協議，讓伊薩克二世驚得目瞪口呆。阿歷克塞·安格洛斯在金錢方面的承諾太離譜：二十萬銀馬克、為征討聖地的十字軍提供一年的供給、派遣一萬拜占庭軍隊參加聖戰，還要終身供養五百名騎士在聖地作戰。最糟糕的是，他還許諾要將東正教會置於羅馬教宗的統治下。民眾一旦知曉此事，暴動在所難免。伊薩克二世直言不諱地告訴他們：「我覺得這協議無法執行。」但使節們不肯妥協。伊薩克左右為難，最終只能讓步，發出誓言，並簽訂條約。使節們興高采烈地返回軍營；阿歷克塞・安格洛斯歡天喜地，與父親團聚。八月一日，在聖索菲亞大教堂的隆重典禮上，安格洛斯被加冕為父親的共治皇帝，史稱阿歷克塞四世（Alexios IV）。

✯

十字軍的所有問題似乎都迎刃而解。在皇帝的要求下，十字軍撤退到金角灣對岸，得到了充足的糧食補給。他們支持的人如今安坐在拜占庭寶座上。拜占庭皇帝承諾為十字軍提供足夠的資源，以繼續朝聖的征途；他們現在總算可以自信地寫信回家，希望教宗能夠寬恕他們的累累罪行。「我們是在耶穌的幫助下完成他的事業的」，聖波勒伯爵自我辯護道，「讓東正教會承認自己是羅馬教會的女兒。」但這是癡心妄想。

聖波勒伯爵極力讚揚恩里科・丹多洛扮演的角色：「威尼斯執政官性格審慎，在做艱難決定時十分明智，我們對他讚不絕口。」若是沒有丹多洛，整場遠征也許早就在宏偉的城牆下瓦解了。現在威尼斯人在海上的努力眼看就能收到回報了。他們從阿歷克塞四世那裡得到了八萬六千馬克，欠款已全部收回；其他十字軍也都得到了報償。似乎這位新皇帝會履行他曾許諾的一切。十字軍被允許自由參觀這座他們曾經費盡心力要洗劫的城市。他們對它的富庶、雕像、珍貴裝飾物和神聖遺跡（虔誠的朝聖者們崇拜的物件）豔羨不已。他們的羨慕是宗教方面的，也是世俗的。這座城市比他們在歐洲見過的任何一座城市都富庶得多。西方人大為震驚，也垂涎欲滴。

生死大戰之後，雖然一派節慶氣氛，但仍然存在緊張的情緒。君士坦丁堡依舊焦慮不安、難以撫慰、反覆無常。在遠離通衢大道和豪華建築的地方，希臘底層階級還在棚戶區艱難度日；他們的態度難以預測，而且極其怨恨十字軍給他們造成的負擔。要是他們知道新皇帝許諾讓東正教會歸順羅馬，一定會揭竿而起。科尼阿特斯將這種情緒比擬為壺裡即將沸騰的熱水。他們對西方人的仇恨長達數個世紀之久，而西方人也認為「希臘人盡是奸佞小人」。科尼阿特斯後來說道：「他們對我們過度的仇恨，以及我們與他們之間的嚴重分歧，使得雙方之間沒有絲毫人性的情意。」法蘭西人要求摧毀一段城牆，以防止進城參觀的人被拜占庭人扣押。此外他們極不信任伊薩克二世，因為他在二十年前曾試圖與薩拉丁結盟，一起反對十字軍。從他們的營地越過金角灣海面眺望三百碼，甚至可以看到一座清真寺，那時建在海牆外不遠處，供定居當地的一小群穆斯林使用。這簡直就是挑釁。

時間一天天流逝。儘管已經先交付了一筆錢，阿歷克塞四世和伊薩克二世的麻煩卻愈來愈大。十字軍與威尼斯人的合約將於九月二十九日到期。十字軍需要立即出發。阿歷克塞四世沒有自己的勢力；他需要這些不得民心的十字軍的支持；他知道，拜占庭許多皇帝的統治都非常短暫，而且非常淒慘；他也知道，十字軍一旦離開，他就完蛋了。他直截了當地告訴威尼斯人和十字軍領主們：「你們必須明白，由於你們的緣故，希臘人恨我；如果你們現在拋棄我，我一定會再度失去這個國家，他們也一定會殺了我。」同時，皇帝在財務上也陷入了困難；為了支付巨額債務，他做了一些註定會讓人民愈發憎惡他的事情。「他褻瀆了神聖之物，」科尼阿特斯怒吼道，「他搶劫了聖殿；毫無羞恥地從教堂中搶走神聖器物，將其熔化成金銀來支付給敵人。」拜占庭人長久以來對義大利各航海共和國已經有許多了解，在他們看來，西方人對金錢的貪欲就像是可怕的嗜酒狂：「他們渴望從黃金之河中飲了又飲，就好像被毒蛇咬了，乾渴得無法控制。」

面對著危急形勢和現金短缺，阿歷克塞四世就像一個賭徒，風險愈大，反而愈發加大賭注。他向十字軍提出了新的建議：如果十字軍能多待六個月——也就是到一二〇四年三月二十九日，這段時間就足夠他鞏固政權並兌現財務承諾了；何況此時已經過了航海季節，無法出航，最好在君士坦丁堡過冬；他將承擔十字軍在此期間的所有開支，承擔威尼斯艦隊的費用直至一二〇四年九月（這是整整一年時間）——並讓自己的艦隊和陸軍跟隨十字軍一起東征。這對阿歷克塞四世而言是一場危險的賭博，而十字軍領袖們也很難向備受愚弄和利用的將士們倡議這個計畫，而且士兵們此時還處在幸福的無知當中——他們還不知道自己已經被破門了。

不足為奇的是，士兵們憤怒地咆哮起來。他們喊道：「遵守承諾，給我們船去敘利亞！」領主們費了很大一番口舌，使出了不少花招，才說動將士們。他們還要在這裡待到春天，「威尼斯人保證，他們的艦隊將繼續為十字軍提供服務，從聖米迦勒節（九月底）開始為期一年。」丹多洛為此要價十萬馬克。阿歷克塞四世繼續將教堂裡的黃金器具熔化，「以滿足拉丁人的貪欲」。同時，執政官寫了一封花言巧語的信，向教宗解釋洗劫扎拉的事件，希望教宗能夠收回破門令。

壺裡的水持續升溫。阿歷克塞四世開始巡視自己在君士坦丁堡城外的領地，以鞏固政權，十字軍的部分將士陪同他前往，並為此收繳豐厚的軍餉。就在此時，壺裡的水終於沸騰了！

第六章 四位皇帝

一二〇三年八月至一二〇四年四月

在十字軍第一次進攻君士坦丁堡期間，許多義大利商人仍留在城中。丹多洛攻打海牆時，阿馬爾菲和比薩的城民都忠誠地與他們的希臘鄰居並肩作戰。威尼斯商人們則大都閉門不出。希臘人查看此次攻擊造成的損失，發現成百上千的房屋被燒毀，而一個不得民心的皇帝被推上寶座，一段城牆被拆毀，這是在變本加厲地羞辱他們驕傲的城市，於是，眾人在憤怒中爆發了。義大利商人的住地在金角灣附近，他們的碼頭和倉庫也在那裡。八月十八日，一群希臘暴民襲擊了備受怨恨的義大利人。他們針對的是威尼斯人，但這種橫衝直撞的報復很快變得不加選擇，所有義大利人都遭了殃。暴徒洗劫所有的商人住所，把奸詐的威尼斯人連同忠於拜占庭的外國人一併驅逐出去。科尼阿特斯很是沮喪地記錄道：「不僅阿馬爾菲人……還有已經把君士坦丁堡當成家園的比薩人，都對這邪惡且魯莽的暴行深感厭惡。」比薩人與威尼斯人一直互相看不順眼，但希臘人的暴徒行徑給了他們一個合作的理由。他們聚集在十字軍營地，共謀復仇。

次日，由威尼斯商人、比薩商人和法蘭德斯十字軍自發組成的隊伍強行徵用一些漁船，渡過金角灣。商人和十字軍的目標可能是不同的。十字軍受到誘惑，想去搶劫海邊向他們挑釁的清真寺。而被驅逐的商人一心要報復。當穆斯林呼救時，希臘人衝出城外擊退入侵者。一些威尼斯人和比薩人衝過敞開的城門，攻擊他們先前的希臘鄰居的資產，「然後他們分散至不同地方，縱火焚燒房屋」。這正是漫長而乾燥的夏日之巔，北風勁吹。低矮山坡上滿布的木屋被大火燒得劈啪作響。風勢助長火勢，大火開始推進上山，直逼城市中心。

火災是君士坦丁堡常見的災患，但根據科尼阿特斯說，與這次相比，「其他的火災不過是小火星而已」。一面火牆「飛也似地升騰而起，其高度令人難以置信」；大火躍過缺口，衝過街巷，隨著風向變化而轉向，在數百碼的正面上推進，無法預測地改變方向，讓某些地方得以倖免，然後又猛地轉回來。夜幕降臨後，火星被旋風裹挾著，被熾熱的上升氣流吸向天空，「彷彿來自地獄的火球扶搖直上，火焰吞噬了好一段距離之外的建築物」。火線分裂又聚合，「像烈火的河流一樣蜿蜒前行……逐步推進，越過外牆，破壞牆外的房屋」。

在黑暗中，十字軍在金角灣對岸心驚膽戰地目睹了城市山丘被烈火勾勒出的長長的、隆起的剪影。維爾阿杜安看著「宏偉教堂和富麗的宮殿熔化坍塌了，寬闊的商業大街也被火焰吞噬」。這聲響震耳欲聾。房屋如蠟燭芯一般燃燒著，最終爆炸；大理石粉碎了，鐵塊冒著泡，慢慢熔化，發出水燒開的嘶嘶聲。科尼阿特斯在這場大火中損失許多財產，他目擊大火摧毀城市的一些古老而雄偉的公共場所。

> 柱廊倒塌了，廣場上最美麗的建築傾頹了，最高的柱子像柴火一樣被燒著了。沒有什麼

東西能對抗火的狂怒……朝向米利翁（Milion）的房屋……轟然倒地……多姆尼諾斯（Domninos）的柱廊化為灰燼……君士坦丁堡廣場以及這座城市南北界限之間的一切都被摧毀了。

大火曾舔舐聖索菲亞大教堂的門廊，卻又奇跡般地轉向另一邊。整座城市被「巨大的深淵，如同火焰之河」分隔開。在烈火的逼迫下，人們盡力將自己的貴重物品轉移到安全地帶，卻發現「火勢蜿蜒拓展，曲折行進，分向各個方向燒去，最後又繞回起點，已經被轉移的物品也被燒毀……城市大多數居民的財產就此付之一炬」。飄在空中的餘燼被吸到海面上，點燃了一艘經過的船。延續三天的大火重創了君士坦丁堡的市區中心。零星的小火則持續了很多天，那些鬱積灰燼的深坑有時會出人意料地突然再次燃起。從大海的一邊到另一邊，雖然城市居民可能實際死亡的人數並不多，但他們悲痛地發現，自己的家園已被一條燒焦冒煙的毀滅地帶一分為二。科尼阿特斯以一聲哀慟表達人們此刻的心情：「嗚呼哀哉！最輝煌、最美麗的宮殿，裝滿美麗的物事和最燦爛的財富，令世人震驚——卻已不復存在！」城市的四百英畝土地化為灰燼，包括科尼阿特斯在內的十萬人痛失家園。

從營地目睹這一切，十字軍們驚得目瞪口呆。維爾阿杜安不誠實而心虛地聲稱：「沒人知道是誰放的火。」但其他人卻誠實多了；法蘭德斯的鮑德溫的宮廷詩人後來坦誠地說：「他和我們一樣，都對這場燒毀教堂和宮殿的大火負有責任。」而君士坦丁堡的人民很清楚是誰造成這場慘劇。幾乎所有仍然居住在城內的西方人都逃往十字軍營地。不管是歹徒從中作梗，還是背信棄義的惡行，還是文化差異造成的誤解，八月十九日至二十一日發生的事件造成日後雙方無法越過的鴻溝。十字軍東征的冒險就像蜿蜒的烈火一樣，摧毀它周圍的一切。對威尼斯人來說，漫漫的海上冒險似乎看不到盡頭。他們準備過冬，將船隻拉出水，停靠在金角灣海岸，靜觀接下來會發生什麼事情。

✯

十一月初，阿歷克塞四世結束了巡視色雷斯的旅行，返回都城。他的此次征途相對來講還算成功。他征服了一些忠於前任皇帝的城市，並對其處以罰金。歸途中，他受到符合皇帝身分的歡迎；當他接近城門時，民眾和十字軍領主都騎馬出城迎接他。拉丁人注意到，他的舉止發生了變化：他更加自信了，或如維爾阿杜安所說，「皇帝開始對十字軍諸侯和曾經給過他巨大幫助的人們表現出輕慢的態度」。他減緩了向十字軍付款的速度。同時，他的父親，即共治皇帝伊薩克二世，則被迫退居二線。現在公告上都先提及阿歷克塞四世的名字。惱羞成怒的老皇帝開始誹謗自己的兒子，聲稱「他（阿歷克塞四世）與墮落之徒為伍，他打他們的屁股，也被他們打屁股，以此為樂」。這個瞎眼的老人陷入盲目的迷信陷阱，被僧侶們阿諛奉承的預言所控制。伊薩克二世愈發害怕人民暴動；在他身邊預言家的建議下，他下令將城市中最偉大的圖騰雕像——一座巨型青銅像，描繪的是一頭鬃毛直豎的野豬——移出賽馬場，放置在皇宮外，以為這樣能「抑制人民瘋狂的憤怒」。

伊薩克二世的不祥預感沒有錯，儘管他神祕主義式的預防措施還遠遠不夠。君士坦丁堡正陷入一片混亂。「低俗民眾中的酗酒之徒」（這是貴族科尼阿特斯對他們的傲慢評價），同樣受迷信驅使，狂怒地衝到君士坦丁廣場，將一尊美麗的雅典娜青銅像砸成碎片，「因為這些愚蠢的暴民認為雅典娜偏袒西方軍隊」。同時，阿歷克塞四世繼續熔化教堂裡的貴重器物，並加緊向貴族徵稅，以付錢給十字軍。如同科尼阿特斯所言，「錢都像扔給了狗一樣」。

但這還遠遠不夠。冬天才剛過了一半，資金就快枯竭了。而在皇宮的陰影中，還有一個人等著加入這場權力遊戲：阿歷克塞．杜卡斯（Alexius Ducas），一般被稱做「莫爾策弗盧斯」（Murtzuphlus），意思是「陰暗的」，因為「他的兩條眉毛連在一起，似乎垂到了眼睛上」。他是一位長期參與宮廷陰謀詭計的貴族。他野心勃勃，無所畏懼，並且堅決反對迎合西方人。他曾因圖謀反對阿歷克塞三世而被關入監獄，因此在阿歷克塞四世即位後，就把他釋放了。但事實證明這是一個嚴重的錯誤。寒冬一天天過去，十字軍變得愈來愈胡攪蠻纏，莫爾策弗盧斯成了反西方派的領袖，這個派別得到愈來愈多人的支持。當蒙費拉的博尼法斯直接向阿歷克塞四世索要到期的款項時，莫爾策弗盧斯的反對態度很是強硬：「陛下，您已經給他們太多了。不要再給他們分文了！您給了他們那麼多錢，已經把所有東西都抵押了。請讓他們離開，把他們趕出您的土地。」最終，所有的付款都終止了，但阿歷克塞四世卻還在施行緩兵之計。他繼續向十字軍營地提供糧食。他正走在一條極其危險的鋼索上，且局勢已開始不受他控制。十二月一日，城牆附近又爆發一起敵對西方人的群眾暴亂，同時威尼斯船隻也遭到攻擊。希臘人現在認識到，這些船正是一切的關鍵；只要摧毀了艦隊，十字軍就會被困住，變得脆弱。

在金角灣對岸，金錢的缺乏已經顯露出明顯的跡象。丹多洛與十字軍首領們召開一次峰會；他們決定下最後通牒。六位顯要人士，其中有三位十字軍領主和三個威尼斯人，被派去皇宮，向皇帝傳達一條直言不諱的消息。「就這樣，使節們騎上馬，佩好劍，一同前往布雷契耐宮」。這不是一件美差。抵到宮門口，他們下了馬，透過由瓦良格衛兵守衛的走道，進入大廳。他們看到父子兩位皇帝正坐在華美的寶座上，周圍簇擁著「很多達官顯貴，看上去像是一位富有君主的宮廷」。

使節們毫無畏懼，說明了來意。對做為封建領主的十字軍而言，不按約定付款是有悖榮譽的事情；而對帶有資產階級色彩的威尼斯人來說，皇帝已經破壞了契約。他們開誠布公。有意思的是，他們只和阿歷克塞四世交談：「你和你父親都曾向我們發誓，會遵守你的承諾——我們手頭有契約。但你卻沒有像你該做的那樣履行契約。」他們強烈要求對方尊重合約：「如果你照辦，十字軍會很滿意；否則，從今往後，你將不再是十字軍的領主或朋友……現在你應該很清楚我們的要求了，如何行事，悉聽尊便。」

對西方人而言，他們所說的話再平實不過，但在希臘人看來，「這種挑釁的話語令他們震驚和氣憤。他們說，從來沒有人這樣厚顏無恥，竟敢在君士坦丁堡皇帝的大廳內公然反抗他」。大廳內當即發生了騷動，顯露出極端的敵意，有人伸手去摸劍柄，有人呼喊咒罵。使節們眼見苗頭不對，立即調頭，迅速逃到大門處。他們騎馬逃走，明顯感到鬆了一口氣，慶幸能夠逃過一劫。就此，雙方的關係決定性地破裂了，如果十字軍們還想得到前往聖地所需的資金，那麼就只能用武力去搶。「於是」，維爾阿杜安記載道，「戰爭開始了。」

但事情沒這麼容易結束。有著九十年豐富閱歷的丹多洛決定再向阿歷克塞四世呼籲一次，希望他善良的一面能夠占些上風。他派遣信使去皇宮，說想要在港口與皇帝見面。丹多洛乘一艘槳帆船過去，另有三船武裝士兵跟著保護他。阿歷克塞四世騎馬到了岸邊。執政官直言不諱地說道：「阿歷克塞，你到底在想些什麼？你難道忘了，是我們救你於苦難之中，讓你做了君主，加冕你為皇帝？你難道不該遵守約定，難道能無動於衷嗎？」皇帝的回答卻很讓人失望。執政官怒火中燒。「不行？你這個卑鄙的小子」，他吐了口唾沫，「我們既然能把你從糞堆裡拖出來，就能把你丟回去。我要向你挑戰。請你做好心理準備，從現在起，我會動用我擁有的一切力量去追殺你，直到你徹底毀滅！」說了這些話，執政官就返回了軍營。

起初，金角灣海濱時不時會發生小規模衝突，雙方都沒有占到什麼便宜，但希臘人知道十字軍的弱點在哪裡。他們持續監視著十字軍的船隻。大約在十二月中旬，希臘人夜襲了威尼斯艦隊。他們準備一些火船，滿載乾木材和油。勁風吹過金角灣，希臘人點燃了火船，切斷繫船的纜索，於是「風驅使著火船快速衝向艦隊」。多虧威尼斯人腦筋靈光，才避免一場災難：他們迅速登上自己的船，操縱它們遠離那些忽明忽暗的火船。一二〇四年一月一日晚上，天氣又一次有利於火攻，希臘人故技重施。大風再次吹向威尼斯艦隊；希臘人總共動用了十七艘裝滿木材、麻桶和瀝青的大船。深夜，他們將各艘船用鐵鍊繫住，點燃船隻，看著它們熊熊燃燒著衝過港口。喇叭響起第一聲後，威尼斯人緊急奔向各自的崗位，起錨開船，對付那些正在接近的火船。「火苗竄得如此之高」，維爾阿杜安記載道，「彷彿整個世界都燃燒了起來。」現在是考驗威尼斯人航海技能的時候了。

一大群希臘人衝到岸邊，謾罵他們憎恨的義大利人，「他們的喊叫聲如此響亮，彷彿整片陸地和大海都震動了」。一些人爬上划槳船，向正在開動的威尼斯船隻射箭。威尼斯人毫無懼色，小心翼翼地靠近燃燒著的火攻船隊，用抓鉤咬住了這些船，「在敵人眼皮底下，用蠻力將火船拖離港口」，然後放開，那些火船就被博斯普魯斯海峽湍急的海流捲向遠方，消失在夜色裡。維爾阿杜安承認，如果沒有威尼斯人的高超本領，「如果整支艦隊都付之一炬，十字軍就會失去一切，因為他們無論從陸地還是海洋都無法離開這裡」。

儘管希臘人發動了這些堅決的襲擊，但阿歷克塞四世卻從不親臨前線。皇帝仍然試圖平衡這兩股對抗的勢力。他擔心，如果城中的人民轉而反對他，他可能需要再次投靠十字軍。同樣地，十字軍也需要他活著，因為在前一年春天的科孚島，他們是與阿歷克塞四世簽訂條約。但阿歷克塞四世自己的臣民都能夠明顯覺察到，皇帝正騎牆觀望著。

> 城中居民至少是勇敢的，他們要求皇帝像他們一樣忠誠，用自己的力量同軍隊一起抵抗敵人——除非他只是嘴上說說忠於拜占庭，心裡其實是向著拉丁人的。但他的故作姿態卻毫無意義，因為阿歷克塞四世沒有勇氣拿起武器與拉丁人作戰。

另外，目睹這一切發生的科尼阿特斯表達了貴族對民變的恐懼：「心懷不滿的民眾像被狂風擊打的廣闊大海，企圖犯上作亂。」

在這個權力真空期，眉毛濃密的莫爾策弗盧斯開始登上舞台，以愛國熱情積極鼓舞人們保衛城市，「渴望號令天下，得到城民們的支持」。一月七日，莫爾策弗盧斯率軍對城牆外的可恨入侵者發動了一次攻擊，「表現出極大的勇氣」。希臘人被打退了，莫爾策弗盧斯的戰馬失足跌倒，幸虧一隊弓箭手救了他的性命。但這次努力表明他保衛城市的決心。此時，阿歷克塞四世似乎樂於坐在城牆後，觀望這一切，而威尼斯人正用槳帆船擄掠金角灣沿岸，並縱火攻擊城市。現在，火攻是最受憎惡的作戰手段。十字軍發動一次為期兩天的懲戒性襲擊，蹂躪周邊鄉村，大肆擄掠。群眾的憤怒終於爆發了，開水壺開始「放出怒斥兩位皇帝的蒸氣」。

一月二十五日，一群人大吵大鬧地來到聖索菲亞大教堂；在教堂配有鑲嵌畫的穹頂下，他們逼迫元老院和教士集合開會，要求任命一位新皇帝。科尼阿特斯是在場的顯要人物之一。貴族們被這突發的暴力民主給嚇傻了，猶豫不決。他們拒絕任命他們中的任何一人；沒有人願意被提名，「因為我們都很清楚，任何被提名的人第二天就會被當成一隻羊，被牽出去屠宰掉」。近期歷史上就出現一些曇花一現的皇帝，他們的統治就像朝生暮死的蜉蝣，夕陽西下就消散了。但暴動的民眾拒絕在得到一名候選人之前離開教堂。最後他們抓住一位倒楣的年輕貴族，尼古拉斯·卡納博斯（Nicholas Kannavos），把他帶到教堂加冕，宣布他是皇帝，並將他扣押在那裡。此時已是一月二十七日。整座城市陷入派系鬥爭的混亂中。卡納博斯在教堂內，盲人伊薩克二世已經在死亡邊緣徘徊，莫爾策弗盧斯又蠢蠢欲動。阿歷克塞四世做了科尼阿特斯曾預言他會做的事。他亮出最後一張牌：召十字軍進宮來保全他的皇位。這一天，法蘭德斯的鮑德溫前來與他商議。

莫爾策弗盧斯知道阿歷克塞四世正做這些叛國行徑。他知道時機到了。他祕密地一個接一個聯絡宮內的權貴。他用新的官位收買太監總管；然後他集合瓦良格衛隊，「告訴他們皇帝的打算，說服他們做出對拜占庭人有利的選擇」。最後，他去處置阿歷克塞四世。

據科尼阿特斯的記載，一月二十七日深夜，莫爾策弗盧斯闖入皇帝寢宮，告訴他，瓦良格衛隊聚集在門外，「準備把他撕得粉碎」，因為他與可惡的拉丁人交好。萬分驚恐、疑惑、處於半夢半醒狀態的阿歷克塞四世乞求他的幫助。莫爾策弗盧斯用一件長袍裹著皇帝做為偽裝，引他通過一扇很少用的門，走向「安全地點」，而皇帝此刻還喋喋不休、可憐兮兮地滿口道謝。之後，莫爾策弗盧斯用鏈子鎖住阿歷克塞四世的腿，將他扔進「最恐怖的監獄」。莫爾策弗盧斯穿戴上皇室寶器華服，被推舉為皇帝。在亂七八糟的混亂局面中，這座城市現在擁有四位皇帝：盲人伊薩克二世、獄中的阿歷克塞四世．安格洛斯、皇宮裡的阿歷克塞五世．莫爾策弗盧斯（Alexius V Murtzuphlus），以及在聖索菲亞大教堂的暴民的玩物——卡納博斯。偉大帝國光輝燦爛的威儀已經顏面喪盡。莫爾策弗盧斯迅速採取行動，收拾亂局。當瓦良格衛隊衝進聖索菲亞大教堂時，那些擁護卡納博斯的人成鳥獸散去。二月二日，這位無辜的年輕貴族（他顯然是一個正直而有才能的人）被拉去斬首。五日，阿歷克塞五世．莫爾策弗盧斯在聖索菲亞大教堂正式加冕，盡享慣常的榮光。而盲人伊薩克二世在得知這場宮廷政變後驚恐萬狀，很合時宜地死去了。或者，他很可能是被勒死的。

而對於城牆外的人來說，政變的消息最終證明拜占庭人的奸詐陰險：莫爾策弗盧斯根本就算不上合法的皇帝，而是個篡位者，而且還是個嗜血暴君。根據更為駭人聽聞的記述，他俘獲三個威尼斯人後，將這些人用鐵鉤掛著，活活烤死。「我們的人親眼目睹這慘狀。無論是祈禱，還是金錢，都不能救下這些人的性命，讓他們逃脫這恐怖的慘死。」在更平凡的層面上，他切斷了十字軍的糧食供給。政權的更迭使得十字軍們重回物資短缺的困窘狀態。「又一次」，一份史料這樣記載道，「我們的隊伍中食物奇缺，吃掉了很多馬匹。」克萊里的羅貝爾記載道：「軍營裡的物價如此之高，六分之一桶葡萄酒賣到十二蘇（sou）、十四蘇，有時甚至賣到十五蘇；一隻母雞要二十蘇，一顆雞蛋則要兩分錢。」為了獲取給養，十字軍又一次展開大範圍的擄掠。他們攻擊黑海邊上的菲利亞（Philia）城，帶著戰利品和牛群於二月五日返回。此時，莫爾策弗盧斯率軍去截擊他們。他之所以得到拜占庭民眾支援，就是因為他發誓要儘快將拉丁人趕下海。他帶去了帝國的旗幟和一幅珍貴的聖母像，這幅聖像是城市中最受人膜拜的聖物之一，據說能夠創造奇跡，保佑拜占庭軍隊常勝不敗。在一場激烈的衝突中，希臘人被迫撤退，聖像被十字軍擄走了。莫爾策弗盧斯回城卻宣布自己打了勝仗。有人問起聖像和旗幟的下落，他卻推託說，出於安全考慮，把它們收了起來。第二天，為了羞辱這位暴發戶皇帝，威尼斯人把繳獲的旗幟和聖物放上一艘槳帆船，在城牆下駛來駛去，向城內人展示戰利品，用以嘲笑皇帝。當希臘人看到這一幕後，就去質問他們的新皇帝。莫爾策弗盧斯仍然態度堅決：「不要沮喪，我一定會讓他們付出沉重的代價，切實地為自己復仇。」他已經被逼到死角，走投無路了。

一天後，即二月七日，莫爾策弗盧斯嘗試另一種策略。他派遣信使去十字軍營地，請求在金角灣某處談判。丹多洛再次親自乘船前去，而一群騎兵繞過金角灣頂端，到談判地點提供額外的保障。莫爾策弗盧斯騎馬來見執政官。十字軍如今毫無顧忌地對這個人暢所欲言，按照法蘭德斯的鮑德溫的說法，此人「將自己的主公關進監獄，篡奪皇位，此種行徑完全無視誓言、君臣天倫和契約的神聖性，而即便是異教徒也對這些東西萬分珍視」。丹多洛的要求非常直截了當：把阿歷克塞四世從監獄裡釋放出來，支付十字軍五千磅金子，並宣誓服從羅馬教宗。對這位反西方的新皇帝而言，這些條件當然是「帶有懲罰性，不可能接受的」。正當他們聚精會神地談判，「把其他的想法都拋在一邊」時，十字軍騎兵突然從高處衝下，襲擊皇帝。他們縱馬狂奔，逼近皇帝，而皇帝迅速調轉馬頭，僥倖逃脫，但他的一些隨從被俘了。十字軍的這個陰險計謀更加深科尼阿特斯和希臘人的成見，即「他們對我們恨之入骨，而雙方之間的嚴重分歧使得我們完全沒有商量的餘地」。

第二天，拜占庭人展開報復。莫爾策弗盧斯從與丹多洛的會面中得到一個結論：只要阿歷克塞四世還活著的一天，他就能為討厭的入侵者提供興風作浪的藉口，而且對他自己來說，阿歷克塞四世確實是個很大的威脅。據科尼阿特斯的記載，二月八日，莫爾策弗盧斯去視察被鐵鍊鎖在地牢中的阿歷克塞四世兩次，逼迫他服毒。阿歷克塞四世拒絕喝下毒藥。據不是很可靠的鮑德溫說，隨後莫爾策弗盧斯親手扼殺了阿歷克塞四世，「而且他殘忍至極，在阿歷克塞四世垂死之際還親手用鐵鉤撕扯出他的肋部和肋骨」。拉丁人素來熱中於誇大其詞、繪聲繪影描述君士坦丁堡的血腥歷史。科尼阿特斯的描述沒有那麼恐怖，但從神學角度可能更讓人膽寒：莫爾策弗盧斯「將阿歷克塞四世勒死，掐斷他的生命之線，這可以說是將他的靈魂從狹窄的通道擠捏出去，落入通往地獄的陷坑。阿歷克塞四世享國六個月零八天」。但考慮到那個時期的動盪，他的統治算是比較長的了。

莫爾策弗盧斯對外宣布阿歷克塞四世已死，並厚葬了他。十字軍當然不會上當。有人將宣稱莫爾策弗盧斯是殺人凶手的信件綁在箭上，從城裡將箭射到了十字軍營地內。對有些人來說，阿歷克塞四世的死不值一提：「哀悼阿歷克塞四世的人都該受詛咒。」十字軍只想獲得資源，繼續東征。但阿歷克塞四世的死卻引發了一場新的危機。莫爾策弗盧斯命令十字軍立即啟程，撤出他的領地，否則「就把他們殺光」。如今威尼斯人對回收他們航海支出已經不抱希望了，聖地也顯得愈來愈遙遠。整場東征一直危機重重；但一二〇四年春天出現了又一次驚人的轉折。他們的時間很是緊迫，到了三月，士兵們的耐心將會耗盡；他們堅持要求出發去敘利亞。若是他們返回義大利，必將蒙受至死方休的巨大恥辱，但他們又沒有足夠的資源去進攻聖地；糧食即將告罄，唯一的解決辦法就是奮勇向前，「我們的人認識到，一出海就可能死無葬身之地，但也不能在陸地上多作逗留，因為糧食和補給即將耗盡，於是最終我們做出了一個決定」。他們必須攻下君士坦丁堡。

這在神學上又是一個一百八十度的大轉彎：如果說攻打扎拉是一宗罪，那麼攻打君士坦丁堡就是罪大惡極了。其實十字軍的每位首領都知道教宗最後的禁令：即便希臘人不願服從羅馬天主教會，教宗也絕對禁止以此為理由去攻擊同為基督徒的希臘人：「你們中的任何人都不准以希臘人不服從羅馬教廷為藉口，魯莽地占領或掠奪希臘人的土地。」而現在他們正有此意。

丹多洛、十字軍諸侯和主教們又一次緊急磋商，來應對危機。他們的計畫是進一步曲解十字軍的誓言，而這需要道德上的辯護，剛好莫爾策弗盧斯給了他們一個理由。教士們恭順地表示贊同：莫爾策弗盧斯這樣的謀殺犯根本沒有權利占有土地，那些認同他罪行的人則是共犯。此外，最重要的是，希臘人不肯服從羅馬教會。教士們說道：「因此，我告訴你們，這場戰爭是正義而合理的，如果你們能夠堅定信念、攻下這片土地，並將它置於羅馬教會的統治下，那麼你們當中做過告解的人死後將得到寬恕，這寬恕與教宗親自授與的贖罪具有同等效力。」簡而言之，攻占這座城市也可視為兌現了十字軍的誓言。透過這個花招，君士坦丁堡變成了耶路撒冷。這當然是彌天大謊，但人們接受了，因為他們除了接受之外，別無他法。始終熱中於粉飾事實的維爾阿杜安說道：「你們應該知道，這對諸侯和朝聖者們來說，都是莫大的安慰。」十字軍又一次準備攻打這座城市。

第七章　「地獄的造孽」

一二〇四年四月

十個月前的君士坦丁堡攻防戰告訴雙方，儘管陸牆無懈可擊，但金角灣沿岸的海牆低矮而脆弱，更不必說威尼斯人還擁有高超的航海技能。戰局如同昔日戰事的重演，對威尼斯人而言，一切彷彿置身夢境。

雙方軍隊各自做著相應的準備。威尼斯人準備好槳帆船，重新建造飛橋和船載投石機。法蘭克人推出了自己的攻城器械和有輪子的遮蔽板，這些設備使得士兵們能夠相對安全地在城牆腳下搞破壞，而不必害怕來自頭頂上的轟擊。這一回，武器裝備有所改良。威尼斯人在自己船隻上方架設遮蓋用木製框架，配以葡萄藤製的網，「這樣投石機就不能破壞或擊沉船隻」。他們還用浸過醋的獸皮遮擋好船體，以降低帶火的弓箭和燃燒彈讓船體起火的風險。他們還在船上安裝了用來噴射希臘火的虹吸管。

但莫爾策弗盧斯也分析了低矮海牆的問題，設計出一種靈巧的防禦方式。在常規的城垛和塔樓之上，希臘人如今建造了許多詭異的木製結構，其高度極大，有時甚至有七層樓那麼高，每一層都搖搖晃晃地懸空在外，就像中世紀大街上空擁擠的奇異樓房。突出懸空的結構至關重要。這意味著，試圖從下方爬梯登城的人將面臨一個難以逾越的障礙，而更糟糕的是，這些木塔的底板設有暗門，守軍可以用暴風驟雨般的石塊、滾油和投射武器掃射下方的敵人。維爾阿杜安聲稱：「從來不曾有過防禦如此鞏固的城市。」新皇帝的準備十分周密。塔樓受浸透的獸皮保護；所有門道都被磚塊封死，莫爾策弗盧斯在全知基督（Christ Pantepoptos）修道院前方的山丘上設立了指揮部，那是一座朱紅色的營帳。從那裡，他可以全景式地洞察下方的戰場。

在差不多整個大齋節期間，人們都在狂熱地備戰；金角灣兩岸充斥著錘擊聲、敲打聲、鐵匠鐵砧上的磨劍聲、填縫船體的響聲，以及在威尼斯艦船上安裝複雜上層結構的工作聲。三月，十字軍首領們聚集起來商議，為得勝的情況設定一套基本準則：如果打贏了，他們該怎麼辦？他們必須事先決定如何分配戰利品，以及如何安排這座城市的未來；經驗豐富的指揮官們知道，中世紀的圍城戰在眼看就要取勝的時候往往會陷入派系紛爭的混亂。「三月條約」（The March Pact）規定了戰利品的分配制度：威尼斯人將得到戰利品的四分之三，直到拜占庭人償還欠他們的十五萬馬克；此後，戰利品將平均分配；將由六個威尼斯人和六個法蘭克人組成議事會，推選一位新皇帝；十字軍將在君士坦丁堡再待上一年。條約還有一個條款，對歐洲的封建騎士來說無關痛癢，但對來自潟湖的威尼斯商人卻很重要：被選定的新皇帝必須禁止其臣民與任何同威尼斯處於戰爭狀態的國家進行貿易。這就能讓威尼斯人將其海上競爭者——比薩人和熱那亞人——排擠出拜占庭境內的商貿。這是個潛在的金礦。

為了強調紀律，十字軍的每個人都被要求以聖徒遺骸的名義莊嚴地宣誓，會上繳價值超過五蘇的戰利品，「不得對婦女施暴或撕開她們的衣服，任何膽敢這麼做的人將會被處死……除非出於自衛，不得傷害任何僧侶、神職人員或教士；不得搶劫教堂或修道院」。這些話雖然虔誠，但只是空談而已。士兵們已經在城外待了十一個月。他們飢腸轆轆且怒火中燒；他們是被迫停留在這裡的；他們已經親眼目睹這座城市的巨大財富；他們明瞭，按照慣例，攻陷一座城市後他們將得到什麼樣的獎賞。

✯

到四月初，萬事俱備。四月八日（星期四，距復活節還有十天）夜間，士兵們做了告解，登上戰船；戰馬也被運上船；艦隊一字排開。槳帆船散布在運輸船之間。配有高聳艏樓和艉樓的大型帆船居高臨下地俯視著他們。臨近黎明，艦隊起錨出航，駛過金角灣，這段距離雖只有幾百碼遠，但場面卻是非比尋常：艦隊以一英里長的正面徐徐前進，桅杆上伸出奇形怪狀的飛橋，「如天平般傾斜的橫杆」。大船上各位領主的旗幟隨風飄揚，一如他們九個月前離開潟湖時那般驕傲。領主們懸出賞格，鼓勵士兵登城。從甲板上，士兵們可以看到希臘人建造的懸空的木製上層結構：

> 每個上面都有大量士兵……每兩座塔樓之間設立一台投石機……在最高一層，伸出了抵禦我們的平台，平台每一側都有壁壘，平台頂部的高度略小於從地面向空中射箭所能達到的高度。

十字軍可以看到，在城牆後方的山坡上，莫爾策弗盧斯在營帳前指揮，「他命令部下吹響銀喇叭，敲響戰鼓，很是喧鬧」。十字軍船隻接近岸邊，放慢航速，小心靠岸。士兵們開始上岸，水花四濺地跑過淺灘，在浸過醋的遮蔽物的掩護下，將雲梯和撞城槌搬運到城牆下。

此時迎接他們的是萬箭齊發，「巨大的石塊……砸到了法蘭西人的攻城器械上……石頭砸向攻城器械，把它們壓成碎片，將其全部摧毀，以至於沒人敢待在攻城器械旁」。威尼斯人企圖把飛橋架到城垛上，卻發現很難夠得著高聳的上層結構，而且強勁的逆風不斷地將他們的船隻推離海岸，船隻很難停穩，況且守軍組織有序，武器儲備也很充足。進攻行動開始變得鬆懈；船隻被風吹得步步倒退，無法援助已經登陸的士兵；最後，十字軍發出訊號，下令撤退。城牆上傳來嘲笑聲和倒采聲，鑼鼓喧天；為了炫耀勝利、嘲諷十字軍，一些守軍竟然登上最高的平台，「脫掉馬褲，屁股對著十字軍」。十字軍絕望地撤退了，他們相信上帝在庇佑著這座城市。

當晚，在一座教堂裡，十字軍領主與威尼斯人苦悶地商討下一步如何是好。問題是風向不利，士氣也不高昂。進攻金角灣外海牆的提議曾遭到丹多洛的反對，他很清楚那一帶的海流太強了。維爾阿杜安記載道：「要知道，還有些人希望借著海流或風力，乘船順著海峽南下——他們不在乎會去到哪裡，只要能離開此地、繼續前行——這也難怪，因為他們深陷險境。」對於那些不滿十字軍東征被強迫走到這一步田地的人，這位編年史家繼續斥責他們是懦夫。

為了鼓舞士氣，一貫樂於出手相助的教士們決心從神學角度攻擊誹謗城內的基督徒。四月十一日，棕枝主日（Palm Sunday）這一天，全軍將士都受命參加禮拜，領頭的布道者向每一個民族的士兵宣講了相同的資訊，「他們告訴士兵們，希臘人殺害他們的合法君主，是比猶太人還要邪惡的民族……大家不應害怕攻擊希臘人，因為希臘人是上帝的敵人」。這類訊息用上那個時代各種偏見的主題。士兵們受命懺悔。為了在短期內擺出信仰虔誠的良好姿態，所有妓女被逐出軍營。十字軍修理了船隻，並重新為其配備武器，準備於次日，即四月十二日發起新一輪的進攻。

為了第二輪攻勢，他們調整自己的裝備。很明顯，單靠一艘船來放出飛橋、進攻塔樓，是行不通的，如此守軍可以集中兵力於一個點，發揮局部兵力的優勢。所以現在十字軍決定，將高側舷的帆船（這是唯一高度夠得著塔樓的船隻）成對地連接起來，這樣飛橋就能像雙爪一樣從兩側抓住同一座塔樓。於是，十字軍將船隻鎖在一起。艦隊又一次駛過金角灣，投入震耳欲聾的戰鬥中。我們可以清楚地看到，莫爾策弗盧斯在營帳前調兵遣將。喇叭和戰鼓奏響了；人們呼喊著；投石機也準備就緒——海濱很快陷入噪音的風暴之中。據維爾阿杜安說，「聲音響得好像地面都在顫抖」。箭矢嗖嗖地從水面上掠過；威尼斯船隻上安裝的虹吸管噴射出一波波希臘火；城牆上的六十台投石機投射出巨大的石塊，「石頭大得一個人根本搬不動」。隨著攻擊的角度發生變化，莫爾策弗盧斯從山上向士兵們發號施令：「快，到這邊！到那邊！」雙方的防禦行動都運作得很好。城牆上的木製上層結構覆蓋著用醋泡過的獸皮，所以希臘火沒起什麼作用；船上的藤網也抵擋了巨石砸向船的衝力。戰況和前一天一樣難解難分。突然，風向轉為北風，使巨型帆船更加靠近岸邊。其中兩艘被鎖在一起的帆船，「天堂」號和「朝聖者」號猛衝上前，它們的飛橋從兩側合攻一座塔樓。「朝聖者」號最先成功靠上塔樓。一名威尼斯士兵嘎嘎作響地走過離地面六十英尺高的走道，跳上塔樓。這一舉動堪稱絕境中的壯舉，但他隨後被趕來的瓦良格衛隊砍成肉醬。

飛橋在海浪顛簸之下，脫離了塔樓，然後又一次靠了上去。這一次，法蘭西士兵杜爾布瓦茲的安德魯（Andrew of Durboise）冒死跳了過去。他險些沒抓住城堞，拚命匍匐著爬進了塔樓。當他還爬在地上時，一群希臘人拿著劍和斧頭衝過去攻擊他。這些人誤以為已經把他打死了。但安德魯的鎧甲比威尼斯人的好。他活了下來。令攻擊他的人震驚的是，他站起身來，抽出利劍。希臘人為這超自然的「復活」驚懼不已，立馬調頭逃到了下一層。下一層的人看到戰友們狼狽逃竄，也被恐慌傳染了。整座塔樓裡的守軍很快都跑光了。其他十字軍跟著安德魯，衝到城牆上。他們成功控制一座塔樓，並把飛橋固定在上面。但由於船隻的顛簸，飛橋仍然不斷搖晃和後退。眼看飛橋就要把整個木製上層結構拉垮。飛橋被解開了，一小群士兵得之不易的立足點被截斷。在戰線的另一頭，另一艘船也攻占了一座塔樓，但兩座塔樓上的十字軍被有效地孤立了，他們兩側的塔樓上還有密密麻麻的敵人。如今戰鬥到了關鍵時刻。

然而，飄揚在這兩座塔樓上的旗幟給正在登陸前岸的十字軍注入新的勇氣。另一位法蘭西騎士，亞眠的彼得（Peter of Amiens）決定去對付城牆。他看到一扇被磚塊封死的小門，便帶領一隊人，試圖打開它。克萊里的羅貝爾和他的兄弟——武僧阿羅姆（Aleaumes）也在其中。他們用盾牌護頭，蹲伏在牆腳。暴雨般密集的投射武器向他們襲來：弩箭、瀝青罐、石塊和希臘火猛擊著他們的盾牌，在盾牌掩護下的人們「用斧頭、利劍、木棍、鐵棒和鶴嘴鋤拚命砍門，直到他們鑿出一個大洞」。從洞中他們可以瞥見一大群敵人在裡頭嚴陣以待。他們有了片刻的遲疑。爬過這個大洞，必死無疑。沒有一個十字軍戰士敢於繼續前進。

看到大家的猶豫，武僧阿羅姆衝上前去，自願打頭陣。羅貝爾確信自己的兄弟是要犧牲自己的生命，於是攔著他。阿羅姆從兄弟身邊擠過，四肢匍匐，開始爬過大洞，羅貝爾則試圖抓住他的腳，把他拖回來。不管怎樣，阿羅姆蠕動著、踢打著，掙脫了兄弟的手，阿羅姆爬到城牆另一邊，遭到雨點般的投石攻擊。他蹣跚著站起身來，舉起劍，繼續前進。孤身一人的英勇無畏（是宗教熱情帶來的勇氣），又一次扭轉了局勢。守軍調頭逃跑。阿羅姆回頭向城牆外的十字軍喊道：「諸位大人，大膽地進來吧！我看到他們害怕地撤退了。他們開始逃跑了！」七十個人爬了進來。恐慌在守軍中蔓延。守軍開始撤退，使得城牆的很大一部分及其後方區域無人把守。莫爾策弗盧斯從山上看到守軍的崩潰，愈來愈焦慮，努力以喇叭和戰鼓來重整部隊。

新皇帝縱使有萬般過錯，但絕不是個懦夫。他縱馬長驅直下，很可能是獨自前往。亞眠的彼得命令部下堅守原地：「諸位大人，現在就是你們證明自己的時刻了。皇帝來了。任何人都不准後退！」莫爾策弗盧斯放緩步伐，停了下來。無人支援他，於是他轉了方向，先回營帳處集結他的兵力。入侵者摧毀了下一道門；人潮開始湧入；馬匹被卸下船；騎士們縱馬飛奔，闖入敞開的大門。海牆失守了。

同時，亞眠的彼得向山上推進。莫爾策弗盧斯放棄他的指揮部，沿著城市街道，逃往兩英里外的牛獅宮（Bucoleon Palace）①。科尼阿特斯對自己同胞的行為大發哀嘆：「這成千上萬的懦夫，擁有居高臨下的地利，卻被僅僅一個敵人趕出他們理應守衛的工事。」另一邊的克萊里的羅貝爾記載道：「就這樣，彼得大人繳獲被莫爾策弗盧斯丟棄的帳篷、箱籠和財寶。」屠戮開始

① 這座宮殿前面曾經有一座小港，其入口處立有公牛和雄獅雕像，因此得名。

了，「死傷枕藉，無法計數」。整個下午，十字軍洗劫了周邊區域；在更北面，難民們開始湧出陸牆，往城外逃竄。

夜幕降臨時，十字軍停手了，「他們因戰鬥和殺戮而筋疲力竭」。他們對前路還是充滿警覺，在擁擠曲折的街道上，拜占庭士兵和居民可能負嵎頑抗，死守每一條街道、每一座房屋，從屋頂上向他們發射箭矢、投擲火罐，迫使十字軍陷入一場可能持續一個月之久的遊擊戰。於是，十字軍將全部士兵運到城牆外紮營，派遣一些部隊去控制紅色營帳，並包圍了防禦鞏固的布雷契耐皇宮。沒人知道，這迷宮般的城市裡正在發生什麼，也不知道城中四十萬居民會做何反應，但如果居民堅持不投降，也不戰鬥的話，那就等到風向合適時，十字軍會用火把居民逼出來。他們現在知道，城市在大火面前是多麼不堪一擊。當晚，金角灣附近焦躁不安的士兵先發制人地縱火，又燒毀了二十五英畝的住宅區。

君士坦丁堡中心陷入一片混亂。人們要嘛在絕望中漫無目的地遊蕩，要嘛開始轉移財產或埋起來，抑或離開城市，穿過寬闊的平原向北奔逃。莫爾策弗盧斯東奔西走，想勸人們留下來堅守，但無濟於事。一連串接踵而至的災難——連日來的攻擊、毀滅性的火災、連續多位短命皇帝在血腥暴力中更迭，這一切讓民眾對現任皇帝失去了信心。根據科尼阿特斯的說法，莫爾策弗盧斯「害怕自己一旦被俘，會被填入拉丁人的血盆大口」，於是放棄了皇宮，登上一艘漁船，逃離城市。希臘鄉間又多了一位潛逃在外的皇帝，他的統治只持續了兩個月又十六天。科尼阿特斯對具體日期記載得很詳細。又一次，君士坦丁堡像「在風雨中飄搖的船隻」，失去指揮它的船長。

統治集團的殘餘部分掙扎著承受每一次新的打擊。他們匆忙地嘗試另立新君。四月十三日，帝國政府的殘部和教士們聚集在聖索菲亞大教堂，推選繼任者。候選人是兩位平分秋色的青年，「都謙遜有禮、擅長軍事」。最後只有用抽籤來決定新皇，但獲勝者君士坦丁・拉斯卡里斯（Constantine Lascaris）卻拒絕受封。如果抵抗是徒勞的，他就不準備當皇帝。教堂外，瓦良格衛隊正在米利翁附近待命。米利翁是金色的里程碑，是一座華麗的拱門，上面立有君士坦丁大帝（Constantine the Great）的雕像。米利翁是拜占庭的中心，帝國全境的距離計算均以此地為基準。按照傳統，瓦良格衛隊手持戰斧，站在那兒，等待著新皇下令。

拉斯卡里斯開始得並不順利。他對聚集在城市古老中心的人群發表了長篇大論，「勸誘大家抵抗……但沒人聽他的話」。瓦良格衛隊要求加薪，才肯繼續戰鬥。拉斯卡里斯答應了他們的要求。他們出發了，但是並未完成使命。他們很快意識到，自己的力量遠遠小於敵人，所以當「全副武裝的拉丁軍隊出現時，他們立即做鳥獸散，各自逃命」。拉斯卡里斯已經認識到，一切都是徒勞。君士坦丁堡所有短命皇帝中最短命的一位的統治時間僅有幾個小時。這位「皇帝」在莫爾策弗盧斯出逃幾個小時之後進入皇宮，然後仿效了他：他乘船橫渡博斯普魯斯海峽，逃往小亞細亞，拜占庭將在那裡存活下來，來日再戰。②

② 君士坦丁・拉斯卡里斯的弟弟狄奧多・拉斯卡里斯（Theodore Lascaris）與其一起逃往小亞細亞。君士坦丁死後，狄奧多以尼西亞（Nicaea）為中心，建立了尼西亞帝國，宣稱繼承拜占庭正統。一二六一年，尼西亞帝國的攝政米海爾・帕里奧洛格斯（Michael Palaiologos）收復君士坦丁堡，自立為皇帝（史稱米海爾八世，Michael VIII），重建拜占庭帝國，詳見下文。帕里奧洛格斯王朝是拜占庭的最後一個王朝。

在金角灣海邊，十字軍度過了困惑的一天。他們緊張地為即將開始的艱苦巷戰做準備。但他們遇到了從聖索菲亞大教堂下來、前往他們營地的宗教遊行隊伍。在一些瓦良格衛兵的陪伴下，教士們「遵照儀式和宗教遊行的慣例」，帶著聖像和聖物，還帶著一大群人。在這座內戰風波不斷的城市中，這是一個慣有的程式：迎接新皇帝、廢黜舊皇帝。他們解釋說，莫爾策弗盧斯已經逃跑了。他們是來迎接博尼法斯成為新皇帝的——迎接他到聖索菲亞大教堂加冕。

然而這是一個悲劇性的誤會時刻。對拜占庭人而言，這是習以為常的政權更迭；但對法蘭克人來說，這是可憐兮兮的投降。根據「三月條約」，皇帝的人選還需要議決。而此刻的十字軍是一支醜惡、狂暴、絕望的軍隊，不到兩天前，士兵們還接受了教士的宣講，說希臘人都是奸佞歹徒，比殺害基督的猶太人還要壞，連狗都不如。

十字軍開始進入市中心。這一切都是真的：無人抵抗；沒有號角聲，也沒有軍人吵吵嚷嚷地向他們挑釁。他們很快發現，「前方道路暢通無阻，一切都唾手可得。狹窄的街道空蕩蕩的，十字路口也沒設障礙，他們無需擔心遭到攻擊」。他們驚愕地發現「沒有人抵抗他們」。平民百姓站在街道兩旁，「拿著十字架和基督聖像，迎接他們」。這樣恭順、淒慘、輕信、絕望的儀式完全沒有收到城民預期的效果。十字軍根本不為所動，「看到這樣的情景，他們的行為舉止沒有絲毫的變化，臉上沒有一絲微笑，他們冷酷狂怒的表情也沒有被這意想不到的景象所軟化」。十字軍洗劫了旁觀者，先是搶劫對方的大車，然後開始大規模的擄掠。

到了這一刻，尼西塔斯．科尼阿特斯的編年史發出了痛心的哭喊：「啊！城市，城市，所有城市的眼睛……你從天主手中，飲了他狂怒的苦酒嗎？」在接下來三天內，科尼阿特斯目睹世界上最美麗城市遭受的蹂躪，一千年基督教歷史的毀滅，以及平民遭受的姦殺搶掠。他的記述常常轉化為一曲難以言表的哀歌，還原他對這場大悲劇的目擊，描摹一系列生動的慘景。他簡直不知從何說起：「我該先敘述這些謀殺犯的哪些行為呢？又該以哪些暴行結尾呢？」

在拜占庭人看來，君士坦丁堡是人間天堂的神聖美景，是展示給肉體凡胎的神聖景象，是一幅巨大的聖像。但對十字軍而言，君士坦丁堡是個等著被掠奪的寶庫。前一年秋天，十字軍做為遊客參觀了君士坦丁堡，看到此地非比尋常的財富。經濟欠發達的西歐武士階層成員瞥見這樣驚人的財富，不禁目瞪口呆。克萊里的羅貝爾就是大受震撼的人之一：「這座城市的女修院、僧院、修道院和宮殿中聚集了如此之多的財富，有著如此輝煌璀璨的美景，如果有人向你描述它們的僅僅百分之一，他一定會被當成騙子，你也不會相信他。」現在，一切都聽憑他們發落。

十字軍的兩位領袖博尼法斯和鮑德溫匆匆控制住最精美的戰利品——無比奢華的牛獅宮和布雷契耐宮。這兩座皇宮「如此富麗堂皇，如此光輝燦爛，無人能夠向你言說」，十字軍的代表團曾經多次在這裡為拜占庭宮廷的財富所震撼。在其他地方，十字軍任意劫掠。他們將攻城之前許下的誓言拋在腦後，盯上了教堂和富人的大宅。希臘人的記述形象生動且痛苦萬分：

然後，街道、廣場、兩層樓房、三層樓房、神聖的場所、修道院、男女僧院、神聖的教堂（甚至上帝的大教堂）、皇宮，全部擠滿了敵軍，有狂暴的劍士，殺氣騰騰，身披鐵甲，手執長矛，有拿劍的，有拿長槍的，有弓箭手，有騎兵。

他們闖進聖索菲亞大教堂，開始大肆搶劫。高高的祭壇長十四英尺，「價值連城，無法估算」，其表面「由碾碎的黃金珠寶鑲嵌而成」，「各式各樣的珍貴材料熠熠生輝，被打造成具有超凡之美的珍品，震撼了所有人」。這祭壇被劈成了碎片。由純銀細柱支撐的華蓋被拽下來，打碎了。每一盞白銀枝形吊燈都由一根「男人的手臂那麼粗」的鏈子懸掛著；柱子「嵌滿碧玉、斑岩或其他寶石」；銀質的祭壇圍欄、黃金香爐和獻祭禮器；「還有講壇，一件美妙的藝術品，大門……正面是純金的」，全被劈砍成利於運輸的小塊。十字軍用斧頭、撬棍和劍劈砍、撬動、挖掘。士兵們搜尋教堂的每一個角落，不放過任何值錢物品。十字軍毒刑拷打僧人們，威逼他們說出財物的存放地點；有的僧人為了保護聖像或聖物，被恣意殺死；女人被強暴，男人被屠殺。

在希臘人看來，這些以上帝之名到來的十字軍，胸中充溢著一種可怕的瘋狂。

> 他們像刻耳柏洛斯（Cerberus）③那樣狂吠，像卡戎（Charon）④那樣呼吸，掠奪神聖的處所，踐踏神聖的器物，在聖物上狂奔亂跑，將基督、聖母和我主上帝喜愛的聖徒們的肖像丟在地上，口出惡言、褻瀆神靈，從母親手中搶奪孩童，從孩童身邊奪走母親，在神聖的教堂肆意凌辱少女，既不怕上帝的憤怒，也不畏懼人的報復。

十字軍將騾子和驢子驅趕進聖索菲亞大教堂，去裝運戰利品，但牠們在光滑的地面（五彩斑斕的古老大理石）上站不穩，紛紛滑倒。掠奪者遭遇眼前這種困難，於是舉刀相向這些畜生，大肆砍殺。血流滿地，牲畜的腸子被刺穿，屎尿橫流，地板更加打滑難行。一個顯然沒被驅逐出營地的妓女被送到牧首的寶座上，「開始唱一首可悲的歌謠，跳來跳去，轉個不停」。

十字軍搶劫教堂時往往還打著宗教事業的旗號。佩里修道院長馬丁得知，全能之主修道院的教堂內藏有一些價值非凡的聖物。他帶著自己的神父匆忙趕去，闖入聖器收藏室——存放最神聖器物的地方——在那兒遇到一位蓄著長長白鬍子的老者。馬丁喊道：「過來，沒信仰的老東西，快把你守衛的更好的聖物給我看。否則立刻殺了你！」僧人顫抖著指給他看一只鐵箱子，裡面盡是珍寶，「對他來講，這勝過希臘的全部財富」。「修道院長貪婪地匆匆將雙手伸進箱子，因為他之前已經做好了打劫的準備，於是和他的神父一起，褻瀆神明地用搶來的聖物塞滿了僧衣的口袋。」兩人的袍子裡都塞滿了宗教珍寶，搖搖晃晃地走回自己的船隻，也同時帶上那位老僧人。「我們運氣不錯……感謝上帝。」修道院長就這樣簡潔地回答詢問他的過路人。

大量非比尋常的東正教珍寶最終被運回了義大利和法蘭西的修道院，其中包括：神聖裹屍布⑤、

---

③ 刻耳柏洛斯，字面意思為「黑暗中的惡魔」，是希臘神話中看守冥界入口的惡犬。赫西俄德（Hesiod）在《神譜》（*Theogony*）中說此犬有五十個頭，而後來的一些藝術作品則大多表現牠有三個頭，可能是為了便於雕刻所致。

④ 卡戎是希臘神話中冥王黑帝斯（Hadas）的船夫，負責帶死者渡過冥河。

⑤ 傳說中耶穌受難後曾安置他遺體的裹屍布，是一塊印有男人面容及全身正反兩面痕跡的麻布，長約四百四十公分、寬約一百一十公分，保存在義大利杜林（Turin）主教座堂。這究竟是不是耶穌的遺物，當然有極大爭議。持懷疑態度的人認為它只不過是中世紀時偽造的「藝術作品」，甚至推測是達文西照相實驗作品，並指出頭像即為達文西。梵諦岡對於這塊殮布是否真正包裹過耶穌的遺體，持非常慎重的立場。

聖母瑪利亞的頭髮、聖保羅的脛骨、荊棘冠冕⑥的碎片、聖雅各的頭骨。編年史家的記述中詳細列舉這諸多聖物。丹多洛為威尼斯搶到了真十字架⑦的一個碎片、一些基督聖血、聖喬治的臂骨，還有聖約翰頭骨的一部分。拜占庭教會的許多偉大聖像和珍貴的宗教器物在洗劫中銷聲匿跡，可能被只想要貴金屬的人打碎了。在使徒教堂（君士坦丁大帝和所有其他皇帝都安葬於此），十字軍搶劫了整整一夜，「搶走教堂內尚存的所有黃金飾物、珍珠以及各種光芒四射、珍貴和堅不可摧的寶石」；他們撬開墓穴，看到查士丁尼大帝（聖索菲亞大教堂的建造者，已經長眠近七百年）的遺骸面容。在密閉的墓穴內，他的遺體尚未腐爛。他們都把這情景看成一場奇跡，但還是扒走了屍體上值錢的財物。到處都發生可怕的虐待惡行：

他們屠殺新生兒，殺死持重的婦人，剝光年長婦女的衣服，強暴老嫗；他們毒打僧侶，拳腳相向，踢打他們的腹部；惡狠狠地鞭笞他們可敬的身體。神聖的祭壇上血流成河，就在上帝的羔羊為全人類的解放而犧牲的地方，許多人像綿羊一樣被拖去宰殺了。在神聖的墓穴上，這些卑鄙的人殺了很多無辜者。這些肩上配有上帝的十字架的人，就是這樣「尊崇」神聖的物事的。

屠殺姦淫的場面令人震驚：

無論在是寬闊的大道，還是擁擠的巷子，沒有人能夠逃脫這場劫難；教堂裡到處是哭喊聲、淚水、哀哭和乞求聲；男人痛苦的呻吟，女人們的尖叫，受害者被砍成肉泥，淫褻的行為，平民被賣為奴隸，家庭骨肉分離，貴族和德高望重的老人遭到可恥的虐待，人們哭成一團，富人被洗劫一空。

「暴行就這樣持續著」，科尼阿特斯憤怒地咆哮道，「廣場上、角落裡、寺廟裡、地窖中，到處都是慘劇。」他說，「我整個頭都痛苦不堪。」他最後譏諷地將十字軍對君士坦丁堡的洗劫與十七年前薩拉丁收復耶路撒冷時對平民的仁慈做了對比：「他們（薩拉丁軍隊）允許所有人帶著自己的財物離開，只要求每人交幾枚金幣的贖金……基督的敵人就是這樣寬宏大量地對待拉丁異教徒。」

只有幾個短暫片刻可以見到人性的憐憫。正在洗劫曼迦納（Mangana）區聖約翰教堂的十字軍看到籠罩在聖人光輝中的約翰．梅薩里特斯（John Mesarites），大受震撼，不禁停下手中的活計。梅薩里特斯是一位蓄著長鬚的苦修者，他告訴十字軍們，他一無所有，不懼任何竊賊。在他面前，十字軍們沉默了。他被帶到率軍的男爵面前，席地而坐。男爵請他上座，並跪倒在他腳下。他那超凡脫俗的聖潔令諾曼武士們肅然起敬。據他的兄弟不無諷刺的記述，「他就像古代的

---

⑥ 根據《聖經》，耶穌受難前，羅馬士兵「給他脫了衣服，穿上一件朱紅色袍子，用荊棘編做冠冕、戴在他頭上，拿一根葦子放在他右手裡，跪在他面前戲弄他說，恭喜猶太人的王啊」，以折磨和嘲諷他。

⑦ 即釘死耶穌的十字架。

聖人一樣，被偷竊成性的、吃人的喜鵲們養活」。

科尼阿特斯自己表現出巨大的勇氣，也受到非同一般的寬待。他的宅邸在前一年災難性的大火中焚毀了。十字軍洗劫全城時，他居住在比較卑微的房子裡。「我的房子，門廊很低，因其擁擠的位置難以被發現，隱匿在聖索菲亞大教堂附近。」儘管他很厭惡威尼斯入侵者，但這位優雅的貴族與一些僑居城內的外國人顯然有著不錯的私交。大多數外國人在總攻前就逃走了，但科尼阿特斯收留了一位威尼斯商人和他的妻子，並保護在家中。當十字軍終於找上門時，這位叫多梅尼科（Domenico）的商人表現得非常冷靜。穿上盔甲後，他看上去就像一個入侵的義大利人。他制止所有洗劫房子的行動，聲稱這裡的一切已經屬於他。入侵者們變得愈來愈不耐煩，尤其是那些「無論脾氣還是外貌都與他人不同的法蘭西人」。多梅尼科知道自己抵擋不了多久，又擔心家中婦人們的安全，於是將她們安置到另一名威尼斯人家中。之後危險又臨，多梅尼科再次將婦人們轉移。僕人們也各自逃命。

驕傲的拜占庭貴族發現自己已經淪為普通難民。被僕人所拋棄，「我們只能把還不會走路的孩子扛在肩頭，把一個還沒有斷奶的男嬰抱在懷裡；我們不得不這樣穿過街道」。多梅尼科機智地假裝他們是俘虜，拖拽著他們前行。科尼阿特斯意識到，現在必須得離開了。四月十七日，也就是圍城結束後第五天，一小群貴族開始他們危險的逃亡旅程，試圖步行通過主幹道，前往三英里外的黃金門。他們穿著破爛的衣服來偽裝自己；隱藏著自己大主教身分的牧首帶領他們前進。那天颳著風，天氣又潮濕。科尼阿特斯的夫人挺著大肚子，而隨行的年輕女眷不乏有姿色者，對四處閒逛搶劫的法蘭西士兵來說是很大的誘惑。男人們把這些女孩保護在隊伍中間，「就像一個羊圈那樣」，還告訴她們用泥塗臉，來偽裝自己的容貌。「我們就像一隊螞蟻那樣走過街道，」科尼阿特斯說。他們經過一座教堂之前，一切都很順利。這時突然「一個好色而無恥的野蠻人」衝進隊伍裡，抓走了一位法官的女兒。年老的法官體弱多病，試著去追趕，卻踉蹌著倒在泥地裡。他起身不得，請求科尼阿特斯去救他的女兒。

科尼阿特斯冒死開始行動。「我立刻轉身，去追那個綁架犯。」他飽含淚水，懇求過路士兵的憐憫和幫助。他甚至抓住一些士兵的手，說服他們一同前往。整支隊伍以及一群士兵跟著綁架犯來到他的住所。此人已經將女孩禁錮，鎖住了門。他向眾人挑釁。在那裡，科尼阿特斯發表沉痛的談話，直指那個圖謀強姦女孩的歹徒，以振聾發聵的聲量讓他召集而來的十字軍們汗顏。他提醒十字軍們，別忘記他們對上帝的誓言，呼籲他們想想自己的家人和基督的教誨。他的演說竟然奏效了。他突破了語言的障礙，成功激起士兵們的義憤，也贏得他們的支持。眾人威脅要將這名惡棍當場絞死。他惱怒地放走了女孩。女孩的老父親喜極而泣。

就這樣，這群貴族難民終於穿過黃金門。在那裡，他們轉身回望連綿起伏的陸牆，它歷經八百年仍然完好無缺，現在卻無力阻止這場浩劫。一時間，科尼阿特斯百感交集：「我撲倒在地，深深地詛咒這城牆，因為它完全不受戰爭的影響，它不會哭，也沒有坍塌，就這麼麻木不仁地矗立在那兒。」

✯

緊接下來，君士坦丁堡見證了一場放蕩而荒誕的狂歡。正如科尼阿特斯所說，「這些吃牛肉的拉丁人」在街上橫衝直撞，「野蠻而下流」，拙劣地模仿著拜占庭人的著裝和習俗。他們穿上希臘長袍來「嘲笑我們，將婦女的頭飾放在馬頭上，將掛在婦女背後的白色飾帶套在牲畜的口鼻上」，把樣式獨特的希臘帽子戴在馬頭上，騎著馬，把搶來的女人放在馬鞍上招搖過市。其他人，「手執書記員的蘆葦筆⑧和墨水瓶，模仿寫字的樣子，嘲諷我們是書記員」。在高雅的科尼阿特斯看來，這些人極其野蠻，終日飲酒啖肉，饕餮著佳餚和他們自己的噁心、粗糙而刺鼻的食物——「大鍋燒煮的牛脊肉；大塊豬肉摻著豆醬，放在淹泡的蒜泥和臭烘烘的大蒜裡一起煮」。

除了這樣的放蕩惡行之外，十字軍還大規模地破壞延續一千年的帝國和宗教藝術。破城之後，征服者為了獲取貴金屬和銅（用來鑄造錢幣），將大量精美的金屬雕像投進熔爐，其中很多在四世紀君士坦丁堡建城時就已經算是歷史悠久了，是君士坦丁大帝從羅馬和希臘世界的各個角落蒐集來的。用科尼阿特斯的話說，破壞是無窮無盡的，「就像一條沒有盡頭的延長線」。十字軍用錘子和斧頭砍倒了希拉（Hera）的青銅巨像，它是如此巨大，用了四頭牛才運走它的頭部。他們還從公牛廣場（Forum of the Bull）的基座上拆毀了一尊巨大的騎手像，「他伸出右手，指向駕著戰車的太陽……手掌中握著一顆銅球」。所有這些雕像都被熔化，鑄成了錢幣。

史料中很少提及威尼斯人在這場姦淫擄掠中扮演的角色，儘管有一位日耳曼編年史家或許是為了將罪責推給其他人，聲稱被驅逐出城的義大利商人，特別是威尼斯人，為了報復，屠殺平民。科尼阿特斯極其憎惡丹多洛，認為他是個奸詐的騙子，該為這場浩劫負責。但科尼阿特斯指責法蘭西十字軍是洗劫他所摯愛城市的最凶惡的劫犯。並且，他和家人的平安要歸功於一位威尼斯商人的勇氣。威尼斯人至少在搶劫藝術品時更有眼光。

所有人都曾莊嚴宣誓，要將戰利品集中起來，然後根據明確協商的規則公平地分配。法蘭德斯的鮑德溫寫道：「搶到了不計其數的馬匹、金銀、昂貴掛毯、寶石，以及一切值錢的東西。」很多財物都沒有上繳。據克萊里的羅貝爾說，窮人們又一次被戲耍了。但威尼斯得到根據協定屬於他們的十五萬馬克，還得到額外的十萬供威尼斯人自己分享。從物質角度看，丹多洛的賭博似乎得到了回報。

需要另立新皇時，九十高齡的丹多洛謝絕參選。在他看來，除了他年事已高之外，一個威尼斯人的當選也將會備受爭議。當時有兩名候選人：鮑德溫伯爵和博尼法斯侯爵。威尼斯人可能支持鮑德溫，因為博尼法斯與熱那亞人走得很近。威尼斯人的首要考慮是他們在地中海東部商貿利益的穩定，但十字軍建立的拉丁帝國（Latin Empire）從一開始就搖搖欲墜：它內困於封建領主們無休止的爭吵，外制於拜占庭人和毗鄰的保加利亞人的壓力。此次東征的大多數主要人物都沒有好下場。莫爾策弗盧斯雖逃出了城市，但卻在流亡過程中，被同樣流亡在外的阿歷克塞三世奸詐地弄瞎了雙眼⑨；其後，莫爾策弗盧斯再次被十字軍俘獲後，被處以特殊的死刑，據說這是丹

---

⑧ 蘆葦筆的歷史非常悠久。遠至美索不達米亞時代的楔形文字，就是用蘆葦筆在黏土上寫成的。後來蘇美人改良蘆葦筆，將書寫的那一端以三個大斜切面削尖，簡易的蘆葦筆就成形了。它是後世鵝毛筆和鋼筆的前身。埃及出土的文物中，也有蘆葦筆和裝筆的盒子，表示蘆葦筆不僅用來寫在黏土上，也寫在埃及的莎草紙上。中世紀有羊皮紙出現之後，蘆葦筆才漸漸被淘汰。

⑨ 莫爾策弗盧斯與阿歷克塞三世的女兒是情人關係。這對亡命鴛鴦逃到阿歷克塞三世那裡之後，後者允許他們結婚，但不久之後就戳瞎了莫爾策弗盧斯的雙眼。

多洛的主意。「對於一個身居高位的人，我會給他應得的崇高處罰！」他被帶到高聳的狄奧多西圓柱前，從基座透過內部的樓梯被連戳帶刺地趕上頂部的高台；他雖然瞎了，但也知道自己接下來的命運。在圍觀群眾的期待下，莫爾策弗盧斯被推了下去。此外，君士坦丁堡的拉丁帝國的第一任皇帝鮑德溫，在保加利亞的一座山谷裡緩緩地痛苦死去，他被從關節處砍掉了四肢。而他的對手博尼法斯也在保加利亞人的一場伏擊中被殺，他的頭骨被做為禮物送給保加利亞沙皇。

盲眼的執政官丹多洛則活了下來，他一生精明世故。一二〇五年春天，他冷靜地指揮一支險些被保加利亞人包圍的十字軍安全撤退。每個接觸過他的人都對他獨特的洞察力和審慎的態度讚嘆不已。他非凡的判斷力數次拯救十字軍於危難。據維爾阿杜安說，他終其一生都「極其睿智，值得尊敬而且充滿活力」。即便是深深厭惡他的教宗英諾森三世也給了他某種間接的致意。根據契約，威尼斯人在君士坦丁堡要待到一二〇五年三月。一些威尼斯人留下來，占據城市中他們應得的部分，但隨著期限將至，更多的人準備啟程回家。丹多洛知道自己命不久矣，便請求教宗解除他的十字軍誓言，允許他返回家鄉。英諾森三世笑到了最後，堅持讓這位老執政官留在軍中，繼續向著如今已經不可能抵達的聖地前進。「我們深知，」教宗帶著平穩的語氣，這樣寫道：

你誠實可靠的慎重、與生俱來的敏銳，還有你綿密周到的成熟，在未來將會對我們的軍隊做出極大貢獻。更何況，之前提到的皇帝⑩和十字軍們對你大加讚賞，頌揚你的熱情與關懷他人。所有人中，他們最信任的就是你。現在你已完成自己的復仇，若不為耶穌基督所受的傷害而復仇的話，我們將受到責難。因此我們暫不考慮批准你的返鄉請求。

對英諾森三世而言，擺丹多洛一道實在快意。不過，他最終還是在一二〇五年一月解除了丹多洛的破門令。丹多洛最後客死他鄉，離家鄉的潟湖有萬里之遙。就像他的父親一樣，他死在君士坦丁堡。一二〇五年五月，他咽下最後一口氣，被葬在聖索菲亞大教堂。他的遺骸在那裡保存了兩百五十年，直到又一場浩劫撼動這座帝都。⑪

十字軍讓拜占庭歸順天主教會，英諾森三世曾一度盛讚他們的功績，但直到丹多洛死後兩個月，英諾森三世才得知城市淪陷時發生的一切。他極其嚴厲地譴責十字軍，認定他們的所作所為「是苦難的典範，地獄的造孽」。對君士坦丁堡的洗劫是基督教歷史上的災難性事件，是這個時代的醜聞，威尼斯人被認定是同謀。此事讓教宗更加深這樣的想法：毫無愧意地與伊斯蘭世界做生意的威尼斯商人十字軍是基督的敵人。威尼斯人背負這樣的標籤長達數個世紀之久。但對威尼斯而言，此事卻是個出乎意料的絕好機遇。他們在一二〇三年秋季出發，旌旗招展，準備去征服埃及。大海卻將他們帶到未能預知的目的地。對於他們在此事中扮演的角色，他們保持緘默。關於這場原本打算取道開羅攻占耶路撒冷，最後卻出現在基督教的君士坦丁堡的十字軍東征，同時代的威尼斯人沒有留下隻言片語。

✯

---

⑩ 指鮑德溫。

⑪ 一四五三年，鄂圖曼帝國軍隊攻克君士坦丁堡，拜占庭帝國滅亡。鄂圖曼軍隊打開了備受拜占庭人仇恨的威尼斯執政官恩里科．丹多洛的墓穴，沒有找到財寶，就將丹多洛的骨骸扔到了大街上，任憑野狗齧咬。

圖9　戰利品

一二〇四年十月一日，拜占庭帝國正式被勝利者們瓜分了。商人十字軍們帶著豐富的戰利品、大理石和聖物從君士坦丁堡返回。不像法蘭克十字軍那樣只知道劈砍和熔鑄，威尼斯人像鑑賞家一樣，將藝術瑰寶完好無缺地帶回家，去裝點美化他們的城市。除了聖徒（包括聖露西、聖愛葛莎、聖西蒙、阿納斯塔修斯、殉道者保羅）遺骸，他們還運走了骨灰盒、聖像、鑲嵌珠寶的寶物、雕像、大理石柱和浮雕。其中很多被用來裝飾聖馬可大教堂；一對古青銅門被安裝在教堂入口；一座羅馬雕像被用來組成聖狄奧多（Saint Theodore）⑫的身軀，他的鱷魚被放置在附近兩根柱子之一的頂部；據說，丹多洛親自從賽馬場挑選了四尊鍍青銅的駿馬像，它們雖然靜止不動，卻富有戲劇張力，鼻孔張大，揚起前蹄。這些青銅駿馬與威尼斯的雄獅一起，成了共和國的標誌，象徵著驕傲、威權與自由。丹多洛確保讓威尼斯人是第四次十字軍東征的參與者中唯一沒有向新皇帝宣誓效忠的；他們避開了封建義務的整個結構。

經歷一二〇四年的劫掠之後，精美的戰利品被運送到威尼斯的碼頭。除了戰利品，威尼斯還得到其他一些東西。一夜之間，威尼斯變成一個帝國。於一二〇二年秋天出征的所有人中，威尼斯共和國獲得的收益最為豐厚。丹多洛利用這次機會，為瀉湖的居民贏得非比尋常的利益。

---

⑫ 即阿馬西亞的狄奧多（Theodore of Amasea），原為羅馬軍隊中的士兵，西元三〇六年因信奉基督教、反對異教而被處死。在聖馬可的遺骸被運到威尼斯之前，聖狄奧多是威尼斯的主保聖人。他也是十字軍的主保聖人。其雕像旁的鱷魚雕像指代的是《聖經》中的惡龍。

第二部

崛起：海洋的君主

Ascent: Princes of the Sea 1204-1500

第八章　八分之三個羅馬帝國

一二〇四至一二五〇年

一二〇四年十月這場瓜分拜占庭的行動，使得威尼斯一夜之間成為海洋帝國的繼承者。轉眼間，這座城市從一個商業國家一躍成為強大的殖民帝國。威尼斯號令天下，從亞得里亞海頂端到黑海，橫越愛琴海和克里特島周邊海域，無人不從。在此過程中，威尼斯的自稱從「公社」（潟湖本土居民的共同體），逐漸演變為「共和國」、「最尊貴的共和國」、「宗主國」。它是一個勢力強大的主權國家，用威尼斯人引以為豪的說法，「凡水流經之地」皆為威尼斯的疆域。

在紙面上，威尼斯人得到了整個希臘西部、科孚島、愛奧尼亞群島、愛琴海上一系列基地和島嶼、具有戰略意義的加里波利（Gallipoli）半島和達達尼爾海峽，以及最珍貴的是，君士坦丁堡的八分之三，包括其碼頭和兵工廠，這是他們商業財富的基石。在與十字軍領主們談判時，威尼斯人已經對地中海東部瞭若指掌，這是其他人都沒擁有的知識。他們已經跟拜占庭帝國做了數百年的生意，清楚地知道自己想要的是什麼。因此，當法蘭西和義大利的封建領主們在希臘大陸的貧瘠土壤上建設微不足道的封邑時，威尼斯人索要的是足以控制戰略性航道的港口、商埠和海軍基地。他們要求的領地距海岸均不超過幾英里。透過壓榨貧苦的希臘農民是發不了財的，威尼斯人要的是控制航線，好讓東方的貨物進入威尼斯大運河畔的市場。威尼斯後來將自己的海外領地稱為「海洋帝國」。除了兩個特例之外，威尼斯的海洋帝國從來就沒有占據過大面積的土地——威尼斯的人口太少，想要實現太過困難——而是類似於大英帝國的各個中轉站，是由許多港口和基地組成的鬆散網絡。威尼斯創造了自己的直布羅陀（Gibraltar）、馬爾他（Malta）和亞丁（Aden）①，並且像大英帝國一樣，依靠海軍力量將這些屬地維繫起來。

威尼斯海洋帝國的建立幾乎是個意外。它並不打算將共和國的價值理念灌輸給「愚昧的」土著居民；它對這些被迫屈服的臣民的生活絲毫不感興趣；它絕對不希望這些人獲得威尼斯公民的權利。威尼斯海洋帝國是由一座商人城市建立的，其基本理念是完全商業化的。一二〇四年瓜分拜占庭的受益者們建立一系列帶有怪異封建名稱的王國——君士坦丁堡的拉丁帝國、薩洛尼卡王國、伊庇魯斯（Epirus）君主國、雅典和底比斯公國、尤比亞三頭統治國、阿開亞（Achaea）親王國、布多尼察（Boudonitza）侯國和薩羅納（Salona）侯國，不勝枚舉。威尼斯人卻以完全不同的頭銜稱呼自己：八分之三個羅馬帝國②的驕傲領主。這個稱呼源於威尼斯商人做事仔細的習慣，就像在一台天平上計算商品一樣，總共占到拜占庭帝國的八分之三。精明實在、腳踏實地的威尼斯人思考問題時常用分數：他們將自己的城市分成六個部分，將船隻的資金成本二十四等分，並將貿易投資三等分。聖馬可旗升起的地方，海港牆上和城堡大門上刻著雄獅的地方，都是「為了威尼斯的榮譽與利潤」而存在。而且，強調的重點總是在利潤上。

威尼斯的海洋帝國保障其商船隊的安全，並有效地防止外國強權勢力和其他海上對手心血來潮的侵犯。最重要的是，他們從條約中得到在地中海東部中心地區的貿易控制權，這種控制的力度無與倫比。一下子，威尼斯就將其競爭對手——熱那亞人和比薩人——完全排除在一整個商業區之外。

理論上，拜占庭已經被整齊地劃分為擁有不同主權的各自獨立部分，但這僅僅體現在紙面上，就像中世紀的教宗們在粗糙地圖上劃分的非洲版圖一樣。實際上的劃分極為混亂。希臘帝國的崩潰將地中海東部的世界切割成為數眾多的碎片。它使得該地區出現了權力真空，沒有人能夠預見其後果——第四次十字軍東征頗具諷刺意味，它原本旨在打退伊斯蘭世界的擴張，但卻反而有助於伊斯蘭的西進。拜占庭顛覆的最直接後果並非有序的分配，而是瘋狂地搶奪土地。這片海域成了「狂野東方」（Wild East），冒險家、雇傭兵和海盜從勃艮第（Burgundy）、倫巴底（Lombardy）和加泰隆尼亞（Catalan）各港口紛至沓來。對年輕無畏的人來說，這是基督教世界最後的邊疆。眾多小小的君主國在希臘群島和平原上湧現出來，每個都有自己的荒涼城堡，與其鄰國開展小規模戰爭，互相仇殺屠戮。希臘的各個拉丁王國的歷史就是混亂的殺戮和中世紀戰爭的故事。它們中很少有長時間存續的。王朝奠定後，僅僅幾代人的時間就發生政權更迭，如同小雨灑在希臘乾涸的土地上。它們都遭受拜占庭儘管協調乏力但持續不斷的抵抗。

① 今天的葉門共和國的經濟中心和重要國際港口，自古為東、西方貿易重要港口。歷史上曾被阿克蘇姆（Aksum，位於今日衣索比亞）、羅馬帝國、波斯帝國占領。一八三九年，英國占領亞丁，做為其控制紅海的重要支撐港口。

② 指拜占庭帝國。拜占庭人一直以羅馬帝國自居，儘管他們主要是希臘血統。

威尼斯比任何人都更清楚，希臘並不是傳說中的黃金國，真正的財富來自於亞歷山大港、貝魯特、阿卡和君士坦丁堡的香料市場。他們不動聲色地靜觀封建騎士與雇傭兵們相互砍殺，自己則小心地執行著鞏固霸業的政策。威尼斯人對自己得到的諸多領土根本就是漠不關心。除一些港口之外，他們沒有去占據希臘西部，也沒有在加里波利——通往達達尼爾海峽的要衝——駐軍，這有些費解。威尼斯對阿德里安堡（Adrianople）不感興趣，於是它被分給了別人。

威尼斯人一直盯著大海，但他們不得不為他們的遺產而戰，因為熱那亞冒險家和封建領主們一直糾纏著威尼斯人，這讓威尼斯陷入長達半個世紀的殖民地爭奪戰爭。威尼斯得到了具有戰略意義的科孚島，它是亞得里亞海南部出入口島鏈的重要一環。但為了保障科孚島的安全，威尼斯人必須先趕走一個熱那亞海盜頭子。但五年之後，威尼斯又失去了科孚島。一二〇五年，威尼斯人從十字軍領主蒙費拉的博尼法斯那裡，以五千金杜卡特（ducat）③的價格買下了克里特島，然後花了四年時間驅逐另一個熱那亞海盜頭子——漁夫亨利（Henry the Fisherman）。威尼斯人從海盜手中奪得伯羅奔尼撒（Peloponnese）半島西南角的兩個戰略港口——莫東和柯洛尼；並且在希臘東海岸狹長的尤比亞島上站穩腳跟，威尼斯人稱它為內格羅蓬特（Negroponte，意思是「黑橋」）。在這兩個地區之間，威尼斯人占領或租借了伯羅奔尼撒半島南海岸和廣闊愛琴海上的一連串島嶼。威尼斯人就是用一系列港口、要塞和島嶼建立起殖民體系的。威尼斯效仿拜占庭人，將這整個地理區域稱為羅馬帝國，並把它分成兩個區域：下羅馬，包括伯羅奔尼撒半島、克里特島、愛琴海諸島和內格羅蓬特；上羅馬，包括更北面的土地和海洋，沿著達達尼爾海峽一直到君士坦丁堡。更北面是黑海，那裡是有待探索的新區域。

威尼斯殖民體系的關鍵所在是孿生港口——莫東和柯洛尼（這兩個港口在威尼斯的檔案中經常連起來使用，以至於幾乎成了單一概念）、克里特和內格羅蓬特。這三個基地組成的三角構成威尼斯海洋帝國的戰略軸心，在幾個世紀裡，威尼斯人為守住它們不惜死戰到底。莫東和柯洛尼相距二十英里，是威尼斯第一塊真正意義上的殖民地。它對於威尼斯共和國海上基礎設施來說至關重要，以至於被稱做「共和國之眼」（Eyes of the Republic）。威尼斯人聲稱，「它們是如此重要，我們應當竭盡全力，不惜代價去維護它們」。它們是偉大的海上高速公路的關鍵踏腳石，也是威尼斯的雷達站。對里亞爾托的商人來說，商業資訊像現金一樣，極其珍貴；所有從黎凡特返回的商船都有義務在莫東和柯洛尼停留，報告關於海盜、戰爭和香料價格的消息。

莫東周圍環繞的港灣「能夠容納最大型的船隻」，要塞上方有聖馬可的旗幟隨風飄揚、風車轉動。高塔厚牆形成的堡壘有效地阻擋內地的敵對勢力，提供兵工廠、船舶修理設施以及倉儲服務。官方檔案稱其為「我們所有前往黎凡特的槳帆船和其他船隻的避風港，以及特別庇護所」。在這裡，船隻可以修理桅杆，更換船錨，雇傭水手；獲取淡水和轉運貨物；購買肉類、麵包和西瓜；還可以去瞻仰聖亞他那修（Saint Athanasius）④的頭骨，去品嘗當地特產——經過樹脂處理的葡萄酒。一位路過的朝聖者抱怨說：「這種酒非常烈，聞上去還有瀝青的味道，因此是喝不醉

③ 杜卡特是歐洲歷史上很多國家都使用過的一種金幣，幣值在不同時期、不同地區差別很大。

④ 聖亞他那修（西元二九六至三七三年）是著名的基督教神學家、東方教會的教父、三位一體論的主要捍衛者，在世時是埃及亞歷山大港的主教，對「尼西亞信經」（Nicene Creed）和基督教正統教義的奠定貢獻極大。

的。」商船隊在前往東方的途中在莫東和柯洛尼停留時，這些港口就儼然成了集市。槳手們只要手裡有一點商品，都可以開一個攤位，碰碰運氣。莫東和柯洛尼是威尼斯主宰的海域的中轉站。從這裡出發，有一條向東的航線。槳帆船可以從這裡繞過伯羅奔尼撒半島尖釘形的海岬，途經險象環生的馬塔潘角（Cape Matapan）——這裡的航道曾經極其危險，是通往地獄的入口——前往內格羅蓬特，最後抵達君士坦丁堡。另一條更關鍵的主要航線是向南，途經貧瘠的中轉島嶼切里戈（Cerigo）和切里戈托（Cerigotto），前往克里特島——威尼斯殖民體系的軸心。

一二〇四年後威尼斯占據的各海軍基地、港口、貿易口岸和島嶼組成一個商業與航海網絡，維持著它的貿易活動。這些領地承擔的賦稅雖然很重，但威尼斯人對其的統治一般並不嚴苛。然而，克里特島的情況有所不同。這座

圖10　莫東

巨大的島嶼長九十英里，橫跨愛琴海南端，就像一道石灰岩屏障，成為非洲海岸與歐洲之間的緩衝地帶。它其實更像一個完整的世界，而非單一島嶼。島上有一系列環境嚴峻的獨立區域，由三座巨大的山脈分隔開，縱橫交錯地遍布深谷、高原、肥沃平原和數以千計的山洞。克里特島是希臘世界的原始神祇宙斯（Zeus）和克洛諾斯（Kronos）⑤的誕生地。這片荒野的土地充斥著土匪與遇伏的危險。威尼斯占領它，就像蛇吞象一樣困難。克里特的人口是威尼斯的五倍。克里特人民富有獨立精神，完全忠於東正教信仰和拜占庭帝國，而威尼斯是導致拜占庭滅亡的罪魁禍首之一。威尼斯沒有花多少錢買下克里特島，但保有它卻要付出鮮血與金錢的巨大代價。

從一開始，威尼斯人就遭遇頑強的抵抗。他們花了十幾年時間，透過軍事手段，才終於將熱那亞人從克里特驅逐出去，丹多洛在這些軍事行動中失去了兒子拉涅里（Ranieri）。隨後，威尼斯開始對克里特實施軍事殖民。威尼斯意圖以自己為原型，將克里特重塑為一個放大版的威尼斯，將克里特也劃分為六個區，就像威尼斯城那樣；然後邀請本土不同區的人來到克里特島，在其相對應的區定居。一波波殖民者離開自己的故鄉，想去這個新世界碰碰運氣。他們將在克里特得到土地，做為回報，他們需要服兵役。於是，大量人口從威尼斯本土流出。在十三世紀，有一萬威尼斯人定居於克里特島，而威尼斯總人口從來沒超過十萬人。共和國的許多貴族世家，例如丹多洛、奎里尼（Querini）、巴爾巴里戈（Barbarigo）、科納（Corner）等家族，都有成員在克里

⑤ 克洛諾斯是第一代泰坦（Titan）十二神的領袖，也是泰坦中最年輕的。他是天空之神烏拉諾斯（Uranus）和大地之神蓋婭（Gaia）的兒子。他推翻了父親烏拉諾斯的殘暴統治，領導希臘神話中的黃金時代，直到他被自己的兒子宙斯推翻。

特定居。然而，島上威尼斯人的數量始終遠遠少於本土希臘人。

克里特是威尼斯的成熟殖民地，為了牢牢控制它，共和國歷經了二十七次叛亂和兩個世紀的武裝鬥爭。每一波新的移民都引發一場新的叛亂，叛亂領導人是被剝奪地產的克里特大地主家族。威尼斯人從本質上講還是城市居民，他們固守著北方沿海的三座主要城市：甘地亞（Candia，即現代的伊拉克利翁〔Heraklion〕），這是威尼斯人在克里特島勢力的中心；以及西邊的萊蒂莫（Retimo）和甘尼亞（Canea）。威尼斯人以一連串軍事要塞控制鄉村，對鄉村的統治很不穩定。而在斯法基亞（Sphakia）和白山（White Mountains），居住著以劫掠為生、高唱英雄歌謠的武士氏族，在這些地方，威尼斯的法令起不到任何作用。威尼斯的統治是嚴厲而冷漠的。克里特島由一位受共和國指派的公爵直接統治，他要向遠在千里之外的共和國元老院負責。威尼斯人極其殘暴地掠奪克里特，壓榨農民，為母城提供糧食和葡萄酒，並鎮壓東正教會。拜占庭民族精神在東正教會的教士中最為旺盛，並跨越愛琴海向外傳播。威尼斯人害怕這種民族精神的傳播，於是禁止島外的任何教士登島。共和國堅定不移地實施種族隔離政策。在克里特政府中任職的人必須是「我們的血肉同胞」；威尼斯的檔案中隨處可見他們深怕被土著同化的恐懼。若有威尼斯人皈依東正教，他的土地會當即被沒收。殖民者喜歡引用聖保羅對克里特人的斥責：「常說謊話，乃是惡獸，又饞又懶。」⑥在威尼斯統治下的四百五十年中，克里特農民始終備受踐踏、一貧如洗。

克里特人被肆意徵稅、橫徵暴斂、權利被隨便剝奪。他們一次又一次奮起反抗。一二一一年、一二二二年、一二二八年和一二六二年的起義僅僅拉開了序幕；一二七二至一三三三年，在克里特封建領主——庫爾塔特齊斯（Chortatzis）家族和卡萊爾吉斯（Callergis）家族——的領導下，大規模的民族起義風起雲湧，有時威尼斯幾乎喪失對克里特的控制。一二七五年，克里特公爵遇伏身亡；一二七六年，甘地亞遭到圍攻；次年，梅薩拉（Mesara）平原（克里特的肥沃新月地帶）爆發多次血腥的激戰；一三一九年，斯法基亞的山民屠殺威尼斯的駐軍；卡萊爾吉斯家族因為一支槳帆船艦隊被徵收賦稅而揭竿而起。

威尼斯人投入大量的金錢和人力進行軍事鎮壓，間或開出一些未能兌現的空頭支票。他們的報復行動迅速而殘酷；他們燒毀村莊，洗劫修道院；將叛軍斬首，毒刑拷打嫌疑犯，將婦女和兒童押往威尼斯，令家庭骨肉分離。在一三四〇年代，威尼斯人最終抓獲叛軍首領利奧．卡萊爾吉斯（Leo Callergis），按威尼斯的隆重方式（「今夜，將罪犯帶到奧爾法諾〔Orfano〕運河，縛住他的雙手，讓他馱著重物，由一名執法官員將他投入水中，任其毀滅。」），將他裝在麻袋裡，投入了大海。共和國的殖民政策堅定不移。

即使是這樣，克里特人的反抗似乎無法剷除。有很多次，克里特人幾乎推翻了威尼斯的統治，僅僅是因為克里特人的氏族宿怨，威尼斯人才仍然維繫著殖民統治。相同的地區掀起叛亂，遭到鎮壓和洗劫，隨後再一次反叛，周而復始。武士文化在許多世紀裡延續下來，始終沒有中斷。同樣的村莊後來又將被土耳其人再次燒毀，甚至到第二次世界大戰仍未能逃脫此命運。截至一三四八年，威尼斯鎮壓克里特人的戰爭已經持續了一百四十年。但最驚人的大叛亂還在後頭。

在克里特維持殖民統治的代價太高了。元老院抱怨道：「克里特人奸詐的叛亂壟斷了威尼斯

⑥ 出自《新約聖經》的《提多書》（*Epistle to Titus*），第一章，第十二節。

的資產和資源。」儘管元老院語無倫次地抱怨自己付出的代價，並尋找替代方案，但卻始終捨不得放棄克里特。克里特的重要性不言自明。如果說莫東和柯洛尼是共和國之眼，那麼克里特就是它的中心，是「帝國的力量和勇氣之源泉」，是海洋帝國的神經中樞，是「共和國最重要的財產之一」。官方檔案中隨處可見這樣的溢美之詞。雕刻在克里特的城門和港口牆上的威尼斯雄獅比其他任何地方的都更神氣。從執政官的宮殿前往克里特島的航行需要二十五天——相當於一九○○年從孟買到大英帝國的倫敦花費的時間——但在潟湖居民的想像中，距離就像被壓縮了一樣。克里特島看起來變大了。在威尼斯統治克里特的數百年中，繪製有誤的克里特地圖一直流傳下來，其輪廓狹長，東端略微上揚；里亞爾托交易市場上關於克里特的資訊對商業行情具有重要的指示作用。

克里特島位於威尼斯共和國兩條重要的貿易路線的十字路口——一條是通往君士坦丁堡和黑海的航線，另一條是通往敘利亞和埃及香料市場的航線。它是為聖地各個十字軍港口提供補給的後勤站；是商品倉儲和轉運的場所；

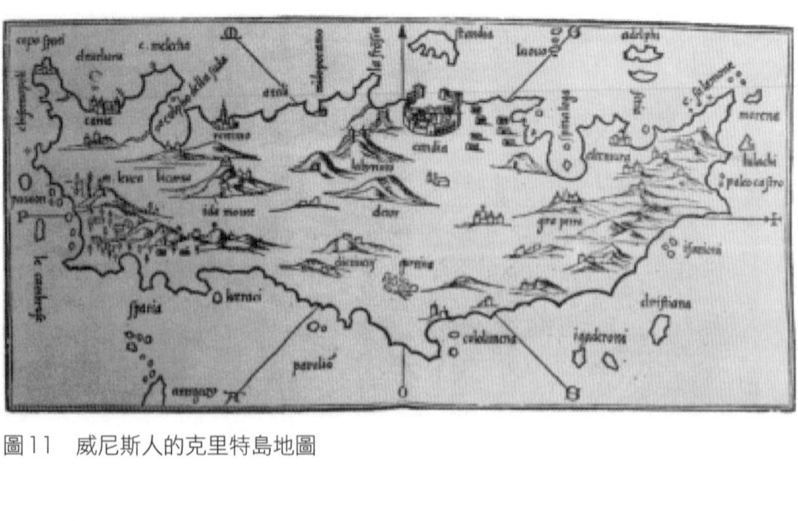

圖11　威尼斯人的克里特島地圖

為過往的商用槳帆船提供維修補給；在戰時，為整個愛琴海的海軍作戰提供支援。前往聖地的朝聖者們因為暈船而昏昏沉沉，可以在這裡登陸，暫時緩解在海上的不適。商人們在這裡販賣絲綢和辣椒，逃避時斷時續的與異教徒貿易的教宗禁令；人們交換資訊，討價還價。一三八一年，威尼斯本土禁止奴隸貿易，克里特便成為共和國奴隸貿易的非法場所。在甘地亞和甘尼亞的巨大的、帶有桶形穹頂的槳帆船棚子裡，克里特公爵領地維持著自己的艦隊，以警戒沿海地帶，防範海盜，其船員是被強徵入伍的克里特農民。甘地亞就是威尼斯世界的忠實複製品，在公爵宮殿對面、隔著主廣場，也有一座聖馬可教堂，也有方濟各會修道院、涼廊以及緊貼著城牆的猶太區。在緩緩下坡、通往港口的主幹道上，始終可以看得見大海，拍打防波堤的北風有時掀起灰濛濛的驚濤駭浪，有時大海則十分平靜。在這裡，思鄉的市民和焦慮的商人可以觀看船隻笨拙地轉彎，從甘地亞港口狹窄的入口駛入，也可以看到它們啟航前往賽普勒斯、亞歷山大港和貝魯特港，尤其是駛向君士坦丁堡。

在威尼斯貿易地圖上，通往君士坦丁堡的海上主幹道至關重要。這條航道途經克里特島，經過愛琴海中部星羅棋布的島嶼——即愛琴海群島，它們就像點綴在海面的岩石碎片。這個島嶼群的中心是基克拉澤斯（Cyclades）群島，希臘人稱之為「環」，它圍繞著提洛（Delos）島。提洛島曾經是古希臘世界的宗教中心，如今則是海盜的港灣，他們從這座島上的聖湖中取水。這些島嶼相互之間僅僅隔著幾英里的平靜海面，組成一些獨立王國。納克索斯（Naxos）島面積較大，且有豐富的淡水資源，以其肥沃的山谷而著稱，是其中最有前景的一個；其次是火山島聖托里尼（Santorini）；米洛斯（Milos）島最著名的是黑曜石；塞里福斯（Seriphos）島是愛琴海最優秀的港口，島上有豐富的鐵礦，因此常常使得過往船隻的指南針失靈；還有海盜盤踞的安德羅斯（Andros）島。

一二〇四年的條約讓威尼斯得到所有這些島嶼，但威尼斯既沒有足夠的資源去占領這些島嶼，它們也不能為威尼斯帶來多少經濟利益，因此威尼斯沒有將其視為國家事業的一部分。但是，這些島嶼既小又多，不可能向其派駐軍隊，但也不能放任不管。它們的港灣提供可以躲避風暴、獲取淡水、停泊船隻的場所；如果威尼斯人沒有占領這些島嶼，那麼就意味著會受到海盜的威脅，通往北方的航道也不會安全。在仔細分析了代價和收益後，共和國最終向私人開放這些島嶼。大約一二〇五年，恩里科・丹多洛的外甥瑪律科・薩努多（Marco Sanudo）辭掉在君士坦丁堡的法官職位，裝備了八艘槳帆船，在其他雄心勃勃的貴族的支持下，航向基克拉澤斯群島，去開拓自己的天地。他下定決心，不成功便成仁，這次出征不是為了威尼斯共和國的榮譽，而是為了他自己的事業。他發現，納克索斯島（愛琴海中部的寶石）的城堡被熱那亞海盜占據了。他決心不給自己留任何退路，燒毀了自己的船隻，圍困海盜達五週，最後終於驅逐了他們，然後自封為納克索斯公爵。十年之內，基克拉澤斯群島變成一個個獨立的袖珍王國，成為一群貴族冒險家的私產，他們渴望個人榮耀，而威尼斯對這種想法往往不是很認可。老執政官的侄子馬里諾・丹多洛（Marino Dandolo）占據安德羅斯島；吉西（Ghisi）兄弟占有蒂諾斯（Tinos）島和米科諾斯（Mykonos）島；巴羅奇（Barozzi）家族統治著聖托里尼島。一些領地被以莫名其妙的方式分配出去：瑪律科・韋尼爾（Marco Venier）被授與基西拉島（Kythira，義大利人稱之為切里戈島），是因為他的姓氏與愛神維納斯（Venus）相似，而切里戈島傳說是維納斯的出生地。每一個領地的主人都使用從希臘神廟搶來的材料建造城堡，在門上雕刻他們的紋章，維持自己的微型海軍以互相廝殺，修建天主教堂，引進威尼斯教士來吟唱拉丁讚美詩。

一個具有異國情調的多元世界在愛琴海中部悄然形成。大部分希臘人忠於他們的東正教信仰，但對於新領主一般保持著容忍的態度；因為威尼斯冒險家們至少能夠為他們提供一定程度的保護，防範在這一海域活動猖獗的海盜。儘管愛琴海群島的開放引發了「淘金熱」，但這些島嶼其實奇缺黃金。

威尼斯治下的愛琴海地區的傳奇是多彩而暴力的，在有些地方也出奇地持久。納克索斯公爵領地一直維持到一五六六年；而群島中最北端的蒂諾斯島直到一七一五年還忠於威尼斯。然而，威尼斯會發現，這些近似海盜的公爵領地並非總是符合威尼斯的利益。納克索斯的征服者瑪律科．薩努多是一位如癡似狂的冒險家，不斷尋找機遇，從中牟利。他幫助威尼斯共和國鎮壓克里特島的一次叛亂，但是沒有得到回報，於是改變了陣營，幫助克里特叛軍，直到他被趕回納克索斯。然而他並沒有被嚇著，悍然攻擊士麥拿。這是個嚴重的錯誤，他被尼西亞的皇帝俘虜了。但他魅力無窮，以至於不僅逃脫牢獄之災，還娶到了尼西亞皇帝的妹妹。⑦占據附近的米科諾斯島的吉西兄弟至少對威尼斯共和國是忠誠的。在聖馬可節，他們在島上的教堂裡點起一支巨大的蠟燭，歌頌這位聖徒。更多的時候，群島上的公爵們指揮著他們的微型艦隊，駛過夏季的海面，開

⑦ 據說，尼西亞帝國的開國皇帝狄奧多．拉斯卡里斯將自己的妹妹嫁給了瑪律科．薩努多。也有史學家反對這一說法。關於尼西亞帝國可見本書頁一三三的註釋。

展小型戰爭。基克拉澤斯群島此起彼落地爆發許多私人恩怨的戰爭，這裡的領主們有的好爭吵，有的奸詐，有的則癲狂。一些島嶼由克里特的地主遙控；安德羅斯島的統治者居住在威尼斯城的一座宮殿；塞里福斯島的君主是無比凶殘的尼可拉．阿道爾多（Nicolo Adoldo），他常邀請島上顯貴的居民共進晚餐，向其勒索錢財。若他們不肯就範，就會被從城堡的窗戶丟下去。民怨沸騰時，威尼斯被迫進行干預。阿道爾多被永久逐出塞里福斯，並在威尼斯的一座監獄裡苦熬了一段時間。但威尼斯在這些事件上傾向於採取務實的態度——阿道爾多死後被虔誠地安葬在城市中他出資建造的教堂內；統治納克索斯的最後一位薩努多家族成員被篡位者殺害，但這位篡位者對共和國是有利的，因此共和國假裝對這起謀殺案不知情。共和國也不排除直接干預。當納克索斯公爵領地的一位女繼承人愛上一位熱那亞貴族時，她被劫持到克里特，然後被「說服」，嫁給了一位更合適的威尼斯領主。這種透過代理人進行占領的策略存在著弊端——威尼斯後來被迫對許多這樣的地方進行直接管理——但愛琴海群島的小領主們也在一定程度上減少了海盜的干擾，並保證商船隊通過群島時能夠免遭伏擊、安全通過。

最重要的故事發生在君士坦丁堡。一二〇三年夏天，當威尼斯的艦隊取道達達尼爾海峽北上、舉目凝視城市的海牆時，他們看到的是一座令人望而生畏且虎視眈眈的敵城。一二〇四年之後，這裡成了威尼斯人的第二故鄉。威尼斯教士在遍布鑲嵌畫的聖索菲亞大教堂唱著拉丁讚美詩；威尼斯的船舶安全地停泊在位於金角灣，屬於他們自己的碼頭邊，將貨物卸至免稅倉庫。當年威尼斯共和國與昔日的競爭對手——熱那亞和比薩——時不時地發生爭執，拜占庭皇帝們機警地關注著發生的一切；而如今，熱那亞和比薩被禁止參與君士坦丁堡的商業活動。此外，威尼斯的航船第一次可以自由地通過博斯普魯斯海峽、進入黑海，尋找與遠東接觸的新途徑。成千上萬的威尼斯人湧入君士坦丁堡，在那裡居住和經商。君士坦丁堡的吸引力如此強大，以至於有一任執政官——曾任君士坦丁堡威尼斯殖民地市政官的雅各．蒂耶波洛（Jacopo Tiepolo）——提議將威尼斯中央政府遷至君士坦丁堡。威尼斯曾經是繞著拜占庭帝國轉，一顆微不足道的衛星，但如今卻漫不經心地打算取而代之。遍布地中海東部各地的諸多殖民地和海軍基地也得到漸進的鞏固（儘管這鞏固的過程充滿艱辛），有希望讓地中海成為威尼斯的內湖。威尼斯的商人隨處可見。蒂耶波洛與亞歷山大港、貝魯特、阿勒坡（Aleppo）和羅得島簽訂了通商協定。他制定了連貫一致的政策，劃定大政方針的方向，這種努力的方向將會持續數百年。威尼斯的目標萬變不離其宗，到了令人驚恐的地步——用最有利的條件，保障貿易的機遇。但達到目標的手段極其靈活，有著無限可能。威尼斯人是與生俱來的機會主義者，哪裡有賺錢的機會，他們就往哪裡航行。

威尼斯人的命運取決於東方，取決於東方的香料、絲綢、大理石柱和鑲嵌有寶石的聖像。東方的財富也流回威尼斯，不僅以真金白銀的形式存在於大運河畔金碧輝煌宮殿的底層倉庫內，在城市的面貌上也可見一斑。十三世紀裝飾聖馬可教堂的鑲嵌畫家們塑造的是《聖經》時代的黎凡特世界。他們在畫中重塑了亞歷山大港的燈塔、轡繩帶著流蘇的駱駝和帶領約瑟（Joseph）⑧前

---

⑧《舊約聖經》的重要人物，是亞伯拉罕的曾孫、雅各的第十一個兒子。約瑟得到父親格外寵愛，哥哥們嫉恨他，便將他合謀賣往埃及為奴。約瑟在埃及官員波提乏（Potiphar）手下當管家，波提乏十分信任約瑟，把全家的家務事都交給了他。後來由於約瑟的長相十分俊美，波提乏的妻子欲勾引約瑟，約瑟不從，反被波提乏妻子陷害，最後入獄。他又因成功為法老解夢，得到釋放，成為埃及的高官及首席王室顧問。

往埃及的商人。威尼斯城的宏偉建築也開始流行一種東方韻味。

✯

到一二五三年，雷涅羅・澤諾（Reniero Zeno）就任威尼斯執政官時，慶祝復活節用的是光輝燦爛的拜占庭禮儀。執政官從自己的宮殿走出來，在肅穆的隊伍護送下，來到聖馬可教堂。他前面有八個人開道，舉著繪有聖馬可儀容的絲綢和金線旗幟；然後是兩名少女，一位抬著執政官的椅子，另一位拿著椅子的金色靠墊；六位樂師拿著銀喇叭，兩位樂師手持純銀的鈸；一名教士拿著一個巨大的金銀製成、鑲有寶石的十字架，另一名教士手持

圖12　一位執政官的遊行

一部華麗的福音書；二十二名聖馬可教堂的神父身著金色法衣，唱著聖歌緊隨其後；然後是執政官本人，走在金絲布製成的華蓋下，城市的大主教和將要唱彌撒的教士陪在他身旁。在世人眼中，執政官像拜占庭皇帝一樣富麗堂皇，身穿金絲編織的衣服，頭戴鑲嵌寶石的金冠，手持一支巨大的蠟燭；執政官身後是一名手捧執政官寶劍的貴族，最後是所有其他貴族和顯赫人士。

這支遊行隊伍沿著教堂的正面走過，經過斑岩柱廊（這些石柱是從十字軍治下的阿卡得來，以及從君士坦丁堡搶奪來的）。此情此景，彷彿威尼斯不僅偷走了君士坦丁堡的大理石、聖像和石柱，還竊得了君士坦丁堡的帝國威儀，它對隆重禮儀的酷愛，乃至它的靈魂。聖馬可教堂內光線黯淡，如同在海面之下。威尼斯人慶祝復活節的話語將神聖與世俗、復活的基督與威尼斯海洋帝國聯繫了起來。「基督得勝！」人們呼喊道，「基督為王！基督顯權能！願我們的領主雷涅羅．澤諾，威尼斯、達爾馬提亞和克羅埃西亞的高貴執政官，八分之三個羅馬帝國的領主，得到救贖、榮譽、長壽和勝利！哦，聖馬可佑助他！」

一二〇四年的事件增強了威尼斯的自我意識。小小的共和國開始沉溺於帝國的光輝威嚴，似乎在春季運河粼粼波光的反射下，威尼斯正在轉變為一個新的君士坦丁堡。

✯

每到復活節，威尼斯人都舉行這樣的儀式，以頌揚他們的海洋帝國；在幾週之後的耶穌升天節，威尼斯人則要宣示自己對大海本身的主權。西元一〇〇〇年，執政官奧西奧羅從威尼斯的潟湖啟航時，這樣的儀式還只是簡單的祈福。一二〇四年之後，儀式愈來愈複雜和絢麗，表達了威尼斯對自己與大海的神祕結合的理解。身穿白鼬皮衣、頭戴尖角帽（象徵共和國的威嚴）的執政官在自己宮殿前的碼頭上，在群眾的歡呼聲中，登上他的慶典專用船。沒有什麼比這艘「金船」更能體現威尼斯的海權驕傲了。這艘宏偉的雙層甲板船用鍍金裝飾得富麗堂皇，繪有獅子紋章和海中生物，用深紅色華蓋遮蔽著，需要一百六十八人划船。它從碼頭出發了！金色的船槳拍打著潟湖的水流。在船首，象徵公正的裝飾人像高舉著天平和寶劍。聖馬可的燕尾旗在桅頂迎風招展。禮砲齊鳴，管樂震天，鼓聲連綿不絕。在一大群貢朵拉和帆船的陪伴下，金船向亞得里亞海的海口駛去。此時，主教說出儀式性的祈禱詞：「哦，主啊！請賜福於我們，以及所有在海上航行的人，讓大海始終平靜安寧。」然後，執政官從自己手上摘下一枚黃金的結婚戒指，將它扔進大海，並說出歷史悠久的話語：「哦，大海，我們與你結下姻緣，以示對你真正的、永久的主宰。」

不管辭藻有多華麗，威尼斯人對其加以神化的大海，以及它所蘊含的財富，並不是能夠輕鬆贏得的。熱那亞備受威尼斯的排擠，無法輕易進入富庶的貿易地區，於是持續不斷地騷擾威尼斯。為了對付他們的海上競爭對手，熱那亞人發動一場非正式的海盜戰爭。雷涅羅．澤諾執政官參加復活節莊嚴遊行的三年前，在敘利亞海岸的十字軍港口阿卡發生一起事件：一名熱那亞公民被一個威尼斯人殺死了。三年後，蒙古人洗劫了巴格達。在這些互無關聯的事件之後，兩個航海共和國將陷入一場長久的爭奪地中海貿易的鬥爭。這場鬥爭使兩國暴富，也將它們推向毀滅的邊緣。鬥爭的競技場從亞洲草原延伸到黎凡特的港口，囊括黑海、尼羅河三角洲、亞得里亞海、巴利阿里（Balearic）群島和希臘沿海地區。爭吵甚至波及遙遠的倫敦和布魯日（Bruges）的街道。

地中海東部的所有民族都被捲入到這個漩渦中：拜占庭人、匈牙利人、互相競爭的義大利城邦、達爾馬提亞沿岸城鎮、埃及的馬穆魯克人（Mamluks）⑨和鄂圖曼土耳其人——他們全都為了自己的利益或自衛，捲入威尼斯與熱那亞的殊死搏鬥。這場戰爭將持續一百五十年。

⑨ 馬穆魯克王朝在約一二五〇至一五一七年間統治埃及和敘利亞。「馬穆魯克」是阿拉伯語，意為「奴隸」。自九世紀起，伊斯蘭世界就已開始啟用奴隸軍人。奴隸軍人往往利用軍隊篡奪統治權。馬穆魯克將領在阿尤布（Ayyubid）蘇丹薩利赫·阿尤布（As-Salih Ayyub，一二〇五至一二四九年）去世後奪取王位。一二五八年，馬穆魯克王朝恢復哈里發的地位，並保護麥加和麥地那的統治者。在馬穆魯克王朝統治下，殘餘的十字軍被趕出地中海東部沿岸，而蒙古人也被趕出巴勒斯坦和敘利亞。文化上，他們在史書撰寫及建築方面成就輝煌。最後他們被鄂圖曼帝國打敗。

第九章 需求與供給

一二五〇至一二九一年

威尼斯與熱那亞：最尊貴的威尼斯，自豪的熱那亞。這兩個航海共和國好似彼此的鏡像；甚至他們的名字都相互呼應。熱那亞位於義大利西側，與威尼斯的位置對稱，和威尼斯一樣，也在自己海灣的頂端，是一個天然的由海洋向著陸地的轉運點。從熱那亞可以便捷地進入波河上游流域、米蘭和杜林的富裕市場，以及通過阿爾卑斯山進入法蘭西的道路。熱那亞同樣依賴著大海。熱那亞坐落於群山之中，儲備著豐富的造船木材，但沒有肥沃的農墾內陸，因此把地中海視為擺脫貧困和監禁的出口。它有一個很好的避風港口，還有比瘧疾肆虐的潟湖更好的氣候條件。熱那亞水手和威尼斯水手一樣頑強，他們的商人也一樣唯利是圖。和他們在亞得里亞海的對手一樣，熱那亞人有進取心、務實而冷酷無情。

但在政治氣質上，熱那亞與威尼斯迥然不同。威尼斯的地理環境岌岌可危，若是要防止島嶼被淹沒或潟湖淤積，人們必須精誠團結，所以威尼斯人接受政府的管控，透過公社型企業運作；而熱那亞人的個人主義色彩強烈，偏愛私人企業。對威尼斯和熱那亞都沒有好感的外界人士清楚地看到了這種區別。佛羅倫斯人佛朗哥·薩凱蒂（Franco Sacchetti）有個對兩個民族都大加貶抑的比喻，把熱那亞人比做驢：

> 驢的天性是：當許多頭驢聚在一起時，其中一頭被打了，所有驢都會散開，到處逃竄，牠們就是這麼卑劣……威尼斯人類似豬，被稱為「威尼斯豬」，他們真的有豬的天性，因為當眾多的豬被關在一起時，其中一隻被打，所有的豬都會聚攏，並衝向毆打牠的人；這就是威尼斯人的天性。

正是由於性格上的這些差異，他們彼此之間產生了激烈的貿易競爭。熱那亞和威尼斯有著相同的目標：搶占市場份額，壟斷市場。但熱那亞的手段與威尼斯不同。從一開始，熱那亞的海外殖民地絕大部分都是私有的。在第一次十字軍東征期間，熱那亞艦隊的鋒頭壓倒了更為謹慎的威尼斯人，並在新的十字軍王國獲得特惠貿易權。這支艦隊就是私人業主組建起來的。勇敢無畏、不懼風險的熱那亞人比威尼斯人更早投身於冒險，也更快地接納新技術。給國際貿易帶來革命性變化的許多商業創新和實踐創新最早就是熱那亞人採納的。黃金貨幣、航海圖、保險合約、船尾舵的使用、公共機械鐘的引入——熱那亞要比威尼斯人早幾十年使用這些東西。在第一次十字軍東征期間，熱那亞在黎凡特的貿易有了先行一步的優勢，還開創一條前往法蘭德斯的利潤豐厚的航海路線，這比威尼斯早了五十年。雖然馬可·孛羅（Marco Polo）名滿天下，但熱那亞比他們在亞得里亞海的對手更早、更深入地進入東方。熱那亞面向西方的大西洋，因此能感知地中海盆地以外的更多可能性，也能夠更好地獲得遠洋航海技術。早在一二九一年，一對熱那亞兄弟便駛出直布羅陀海峽，尋找前往印度的航線。在一四九二年發現新大陸的是一位熱那亞航海家——克里斯多福・哥倫布（Christopher Columbus），也不足為奇。無畏、創造性思維、敢於冒險、有創新精神——這些是個人主義的熱那亞天才的標誌。

哥倫布橫渡大西洋的首要目標之一是找到一群新的可供奴役的人，這也是非常有熱那亞特色的。熱那亞性格包含活力四射的個人主義，但也有黑暗的一面。義大利的兩個航海共和國無情的

圖13　熱那亞

物質主義及其「對財富的貪得無厭」（這是佩脫拉克的評價），令虔誠的中世紀世界震驚而反感。兩者都因為和伊斯蘭世界做生意而常遭教宗譴責；拜占庭人憎惡他們，穆斯林鄙視他們。教宗庇護二世（Pius II）認為威尼斯人在自然界中的地位比魚高不了多少；敘利亞阿拉伯人認為「威尼斯人」和「混蛋」是同義詞。但熱那亞的聲譽還要更差一點。「除了錢什麼都不愛的殘忍之徒」，這是一位拜占庭編年史家的簡練評判。熱那亞人是狂熱的奴隸販子，熱那亞比中世紀歐洲其他任何城市都擁有更多的奴隸。熱那亞人也有一個致命的弱點，那就是常陷入混亂的暴力衝突；城市的內政被反覆的派系鬥爭搞得支離破碎，內訌如此嚴重，以至於人們經常懇求外來者來治理他們的城市；謹小慎微的威尼斯人對這個政治混亂的活生生教訓感到極為恐懼。在公海，熱那亞人以海盜行徑和私掠活動而臭名昭著。對熱那亞來說，戰爭和海盜行為之間僅僅只有一線之隔。

和威尼斯人一樣，熱那亞人也是走遍天下；到十四世紀初，從不列顛到孟買（Bombay），到處都可以看到熱那亞商人的身影，他們建立商埠，用駱駝和騾隊運送貨物，將香料裝進商船，買賣小麥、絲綢和穀物。「熱那亞人如此之多」，一位愛國的熱那亞詩人寫道，「他們的足跡遍布世界，無論他們去哪裡或待在哪裡，都會把那裡變成一個新的熱那亞」。到一二五〇年，熱那亞非常繁榮昌盛；它的人口增長到約五萬人，成為歐洲人口最多的城市之一，儘管數量一直沒有威尼斯的多。熱那亞和威尼斯激烈地爭奪世界範圍內的商品。

熱那亞與威尼斯的鬥爭，以及和另一個對手比薩的較量，是早期十字軍東征帶來的機遇引發的。所有義大利航海共和國都渴望成為壟斷商人，熱中於趕走競爭者，單獨獲得與黎凡特當地領主開展貿易的排他專有權。愛爭吵的義大利商人在黎凡特的定居點常常互相緊鄰，像小型堡壘一樣戒備森嚴，對當地人來說，這些義大利人是討厭的客人。這種情況在君士坦丁堡最為嚴重，來自不同共和國的義大利商人們互相爭鬥不休，以至於拜占庭皇帝詛咒他們的住所遭瘟疫，並每隔一段時間就將義大利人全部驅逐。

一二〇四年之後，一切都變了樣。君士坦丁堡的陷落給了威尼斯主導地位。一下子，熱那亞人被從東方一些最富裕的市場驅趕出來。威尼斯控制了愛琴海，取得在黑海的第一個立足點，贏得了克里特島，最重要的，它成為君士坦丁堡的主人之一。對熱那亞人來說，這是個巨大的挫折。熱那亞海盜們盡可能地到處襲擾得勝的威尼斯人；漁夫亨利大膽地攫取克里特島；熱那亞海盜開始系統地劫掠威尼斯商船隊，以這種方式向威尼斯開戰。一二〇四年後的半個世紀裡，威尼斯巨大的財富增長讓地中海其他國家眼紅。在敘利亞海岸的十字軍港口阿卡，這種情緒激發了公開的戰爭。

阿卡是一座有城牆環繞的人口稠密的城鎮，周圍有環形的港口，威尼斯和熱那亞在城內的聚居區毗鄰。為搶占利潤豐厚的與伊斯蘭國家的貿易，他們展開了激烈的競爭。對熱那亞來說，阿卡以及鄰近的港口泰爾是一個心臟地帶：他們在威尼斯之前就在此有了立足之地，他們指望在這裡進行壟斷性控制，用以平衡威尼斯對君士坦丁堡的控制。這裡瀰漫著激烈的商業競爭氣氛。一二五〇年，發生在阿卡的一起意外事件導致一場暴亂；暴亂演變為一場戰鬥，戰鬥最終挑起一場蔓延到整個地中海東部的戰爭。

起因都是小事，但卻十分複雜。人們就兩個商業區之間由雙方共用的一座教堂產生了糾紛；一名熱那亞水手駕著一艘船出現在港口，特別提防海盜的威尼斯人認為那艘船是從他們手中偷走的贓物；兩位市民之間的私人爭吵釀成衝突，導致其中的熱那亞人被打死。緊張情緒升溫到一定程度後，炸藥桶爆炸了。一群熱那亞暴民衝到海港，洗劫威尼斯船隻，然後掠奪他們的街區，屠殺裡邊的居民。

當消息傳回到威尼斯，執政官要求熱那亞人賠償。熱那亞人不肯賠償，於是威尼斯人裝備了三十二艘武裝槳帆船，在勞倫佐・蒂耶波洛（Lorenzo Tiepolo，一位前任執政官的兒子）指揮下駛往黎凡特。一二五五年，蒂耶波洛的艦隊抵達阿卡，撞毀熱那亞人在港灣入口設置的鐵鍊，燒毀熱那亞人的槳帆船。隨後，威尼斯艦隊襲擊附近的要塞泰爾，又一次大加羞辱熱那亞人，俘虜熱那亞的海軍司令，抓獲了三百名熱那亞公民，將他們用鐵鍊鎖上，運回阿卡。這座城市成了街頭暴力的熔爐，變得四分五裂，將居住於此的各民族的居民都捲入到衝突中。雙方都使用重型攻城武器轟擊對手的防禦工事。威尼斯人從克里特派出更多船隻；「戰爭每天都很殘酷和艱苦」，威尼斯編年史家馬蒂諾・達・卡納爾（Martino da Canal）記載道。當消息——他們的公民在阿卡披枷帶鎖地遊街——傳到熱那亞時，愛國的憤怒傾瀉而出：「人們呼籲向威尼斯復仇，要讓世人永誌難忘。婦女們對丈夫說：『把我們的嫁妝拿去，用來復仇吧！』」雙方都投入更多的戰船和兵力，但威尼斯人一個街區、一個街區地向前逼近，占領了那座有爭議的教堂和城鎮裡一個關鍵的山頭。熱那亞人被迫退回到他們的集市區。這是一場痛苦而緩慢的對抗，預示著即將爆發的更大規模的衝突。

在熱那亞和威尼斯本土，雙方都在招兵買馬。一二五七年，熱那亞派出一支更大的艦隊，擁有四十艘槳帆船和四艘圓船，由新任海軍司令羅梭・德拉・圖爾卡（Rosso della Turca）指揮。威尼斯人接到風聲後，派出實力與之相當的艦隊，指揮官是保羅．法列羅（Paolo Faliero）。六月，德拉．圖爾卡的艦隊出現在敘利亞海岸，鼓舞了被圍困的熱那亞人的士氣。從他們所在區域的一座高塔上，熱那亞人懸掛了他們所有盟友的旗幟，發出勝利的喧譁，高聲辱罵下方的威尼斯人；用威尼斯編年史家生動的（和帶有偏見的）說法，熱那亞人呼喊道：「奴隸們，你們全都要完蛋啦！……這座城市將是你們的死地，快逃跑吧！基督教的精英來了！無論在海上還是陸地上，明天就是你們所有人的末日！」

德拉．圖爾卡的艦隊逼近阿卡，準備決戰。當艦隊接近時，他們降低了帆，把錨拋下，以此威脅港口。風太大，以至於威尼斯船隻無法出擊。夜色降臨，城內的熱那亞人「用蠟燭和火炬將城市照得亮如白晝……他們膽量大增，營造出巨大的聲勢，大吹大擂，即使是最普通、最溫和的人都變得像雄獅一般。他們就這樣不斷地威脅威尼斯人」。

次日黎明，雙方都為不可避免的海戰做好了準備。威尼斯指揮官們嘗試用唱福音讚美詩的方式來鼓舞士氣。「他們唱完之後，吃了一點東西，接著開始起錨，並高聲吶喊：『為我們祈禱，求我主耶穌基督和威尼斯的聖馬可保佑！』接著，他們開始向前划船」。在城鎮裡，熱那亞駐軍衝了出來，與威尼斯駐當地的總督和他的部下對抗。當兩支艦隊接近的時候，「聖馬可！」和「聖喬治！」①的呼喊在海面上此起彼落，威尼斯的金獅旗和熱那亞的白底紅十字旗在風中飛舞，

①聖喬治是熱那亞共和國的主保聖人。有意思的是，英格蘭的主保聖人也是聖喬治。因此熱那亞和英格蘭的旗幟都是聖喬治的白底紅十字旗。

「海上的戰役宏大而超乎尋常，異常激烈和殘酷」。熱那亞艦隊的規模比威尼斯的稍大，但威尼斯從阿卡的多種族混居的居民中雇傭了額外的人手。這是眾多海戰中的第一次，最後以威尼斯的輝煌勝利告終。熱那亞人跳進了海裡，或者駕船調頭逃竄；威尼斯俘獲二十五艘槳帆船，殺死或俘虜一千七百名熱那亞人。眼見著自己的艦隊被消滅，熱那亞駐軍不得不放下武器投降。從泰爾沿著海岸前來援助熱那亞人的十字軍騎士菲利普・德・孟福爾（Philip de Montfort）看到熱那亞人怯懦投降的場面，憤怒地調頭返回，並且罵道：「熱那亞人只會吹牛，就像海鷗，一頭栽進海裡淹死了。他們的驕傲蕩然無存了。」熱那亞人降下他們塔樓上的旗幟，投降了。他們被逐出阿卡；他們的塔樓被夷為平地；身披枷鎖的戰俘被拉到聖馬可廣場遊街，並被囚禁在執政官宮殿的地牢裡。直到教宗說情，這些人才被釋放。威尼斯人帶走他們的敵人在阿卡聚居區的一座斑岩墩柱，做為紀念品，安放在聖馬可廣場上一座教堂的角落。後來這座墩柱被稱為宣令石，用來宣讀共和國的法律，叛徒被砍下的頭顱也被擺放在那裡示眾（後來一位遊客抱怨道：「這些死人頭惡臭難當，令人厭惡。」）。

阿卡的這場戰役為熱那亞和威尼斯的一系列漫長戰爭定下了基調——本是利益之爭，但愛國狂熱和出於本能的彼此厭惡讓它延續下去。這次戰敗讓熱那亞相當受挫，但它沒有屈服。熱那亞僅僅改變了攻擊的方向；它決定採取外交手段，攻擊威尼斯海洋霸權在東方的中心——君士坦丁堡。

✯

從一開始，君士坦丁堡的拉丁帝國就一直處於疲軟的狀態：長期缺乏人力、資金，被充滿憤恨和未同化的希臘人包圍。到十三世紀中期，它到了關鍵的時刻。拉丁帝國的皇帝鮑德溫二世（Baldwin II）僅僅只能控制城市本身。他囊中羞澀，以至於將宮殿屋頂的黃銅和城市裡最珍貴的聖物——荊棘冠冕——抵押給了威尼斯商人，商人轉手把它們賣給了法蘭西國王。只有把君士坦丁堡視做第二故鄉和價值極大的貿易基地的威尼斯人，才全心全意地努力維持鮑德溫二世的統治；威尼斯艦隊在金角灣的永久駐紮就是拉丁帝國存活的最好保障。在六十英里以外、大海對岸的亞洲，拜占庭的流亡皇帝米海爾八世還在湖畔城鎮尼西亞韜光養晦。一二六〇年秋天，一個熱那亞代表團出人意料地前去拜訪了他。

熱那亞人帶來一個提議。他們願意為皇帝提供艦隊，用於收復君士坦丁堡。對米海爾八世來說，這有如天意。他知道鮑德溫二世的地位是多麼岌岌可危；他也知道，如果不能遏制住威尼斯海軍，他就很難將拉丁人驅逐出去。協議就這樣敲定了。熱那亞人承諾提供五十艘戰船，其運作成本（熱那亞人要價很高）由米海爾八世提供，目標是收復君士坦丁堡。做為回報，熱那亞人將取代威尼斯人，獲得他們的競爭對手目前在城市裡享有的一切——全部免稅貿易特權，土地以及商業基礎設施，包括碼頭和倉庫。他們還將獲准在愛琴海的一系列關鍵貿易地點，如薩洛尼卡和士麥拿，建立自由貿易和自治殖民地；熱那亞還將成為威尼斯最寶貴的殖民地——克里特和內格羅蓬特——的合法擁有者。米海爾八世十分希望達成這筆交易，因此他額外提供了一項前所未有的特權：進入黑海從事商業活動的權利，這是此前拜占庭一直謹慎地將義大利商人排除在外的領域。也就是說，熱那亞將在地中海東部徹底取代威尼斯。「尼姆菲翁條約」（The Treaty of

Nymphaion）於一二六一年七月十日在小亞細亞海岸簽訂，為熱那亞開闢了帝國擴張的新前景，同時也開闢了威尼斯—熱那亞海上戰爭的第二戰場。

十五天後，大業就完成了，熱那亞人沒有放一槍一砲。一二六一年七月二十五日，威尼斯艦隊取道博斯普魯斯海峽，攻擊一個拜占庭據點；與此同時，米海爾八世派出一支小分隊，去勘察君士坦丁堡的防禦工事。這個小分隊得到內部消息，找到一條地下通道和城牆上一個可攀爬的地點。因此，趁著鮑德溫二世在城市另一頭的宮殿內酣睡時，一隊人馬已經悄悄溜進城內，將吃驚的守衛從城牆上扔了下去，打開了城門。變局來得太過突然和迅速，鮑德溫二世匆忙逃到一艘威尼斯商船上，連皇冠和權杖都沒來得及帶走。當威尼斯艦隊匆匆趕回金角灣時發現自己的整個殖民地都著了火，他們的家人和同胞擁擠在海邊，就像被煙燻出巢的蜜蜂，伸長了手臂揮舞著求救。大約三千人被救走。世代居住在城裡的難民們目睹著他們的生計和財富在海邊被付之一炬，大聲呼喊著向他們曾經的家園道別。在嚴重超載的船隻抵達內格羅蓬特之前，船上的很多人已經死於缺水或飢餓。消息傳回威尼斯時，人們既吃驚又沮喪。威尼斯已經支撐拉丁帝國五十年之久；這個損失在商業上是災難性的，而可惡的對手突然擁有的優先權無疑讓這次大禍的損失翻倍。熱那亞人一步步地摧毀了威尼斯在君士坦丁堡的總部，並將其石料運回家鄉做為戰利品，為聖喬治建造一座新的教堂以揚其威。國家間的這種嘲諷是很重要的。

海上連綿的消耗戰持續了九年。威尼斯人雖然在正面交鋒中取勝，但無法阻止熱那亞海盜對自己商船隊的騷擾掠奪。這種打了就跑的戰術讓威尼斯很挫敗，並且無窮無盡、難以根除。威尼斯喜歡開展明確的、短暫和猛烈的戰爭，打完仗後迅速地回到生意照常的狀態；對於一座仰賴海洋的城市，氾濫的海盜行為非常危險，有足夠的潛力造成毀滅性的破壞。第一次威尼斯—熱那亞戰爭背後有一個深刻的真理：雙方都沒有足夠的資源，透過傳統的作戰方法來贏得海洋霸權，因為這過程只會讓雙方筋疲力竭。一二七〇年，和平終於到來，但這樣的和平更像是強加在不共戴天的一對仇敵身上的暫時休戰。戰火重燃只不過是時間的問題，而且在海上給與敵人致命一擊的想法仍很有誘惑力——一二八四年，熱那亞就是這樣一勞永逸地將比薩打得一蹶不振。在之後的一個世紀裡，決戰決勝仍然是熱那亞和威尼斯難以達成的目標。

✯

一二六一年夏季，當威尼斯難民從博斯普魯斯海峽顛簸的海面上回望他們熊熊燃燒的殖民地時，他們可能認為，這是他們最後一次看到君士坦丁堡了。共和國的宏圖霸業和商業擴張似乎就要戛然而止了，它做好準備，去抵擋拜占庭和熱那亞人的猛烈反擊。熱那亞商人急忙回到君士坦丁堡，接管了對手的地盤，並且開始探索在黑海的新的商貿特許區。

然而，威尼斯人最恐懼的事情並沒有發生。儘管米海爾八世在愛琴海投入一大群私掠海盜，但威尼斯的勢力根基雄厚，巋然不動。雖然威尼斯慢慢丟失了一些小島嶼，但克里特、莫東—柯洛尼和內格羅蓬特還牢牢地掌握在威尼斯人手中。熱那亞人很快變得和之前的威尼斯人一樣不受歡迎；拜占庭人又一次開始傲慢地譴責義大利商人的自負和貪婪。拜占庭人普遍認為義大利是「一塊居住著極端傲慢和愚蠢的野蠻人的異國土地」。更糟糕的是，熱那亞人企圖在君士坦丁堡重建一個不同的拉丁帝國，但不幸陰謀敗露。這次輪到熱那亞人被暫時流放了，但之後又回來了——只不過這次只能待在城外。熱那亞人在金角灣對岸的郊區加拉塔得到自己的聚居區；與此同時，在一二六八年，威尼斯人得以重返君士坦丁堡，重新獲得交易權和平等進入黑海的權利。拜占庭分隔開這兩個惹是生非的共和國在君士坦丁堡的勢力，並從中挑撥離間，利用其中一方來打壓另一方。

這是典型的拜占庭式的外交策略，但它隱藏著一個令人不安的事實。一二六一年拜占庭與熱那亞人簽訂的「尼姆菲翁條約」將為一場災難埋下伏筆。拜占庭公開承認自己需要義大利人的海軍支援，允許熱那亞人在加拉塔建立一個自治的、設防的居住地，並開放黑海地區的對外貿易，這等於將拜占庭的關鍵特權拱手讓人，導致拜占庭的海軍力量日漸衰敗。二十年後，皇帝安德洛尼卡二世（Andronikos II）為了削減開支，乾脆解散了拜占庭艦隊。從這以後，威尼斯和熱那亞在海上篡奪了拜占庭的領海、港口、海峽、糧食供給以及戰略盟國。兩個共和國之間的戰爭將在博斯普魯斯海峽、加拉塔城牆下、黑海以及金角灣海岸進行，而拜占庭皇帝只能躲在城牆後眼睜睜地看著，或者被當做棋盤上的小卒，被拖進戰爭。兩個航海共和國之間的敵意成了君士坦丁堡城內最大的隱患，一直延續到它做為基督教城市的最後一天；同時兩國的衝突也使得人們沒有注意到這個地區另一支新興力量的隱祕發展——土耳其諸部落正在穿過小亞細亞大陸西進。

這座城市的賽馬場上有一座非常有名的石柱，它是君士坦丁大帝在一千一百年前於這座城市初創時樹立的。即使在那時，這根石柱也算很古老。它曾屹立在德爾菲（Delphi）的阿波羅神廟中，被視為象徵希臘自由的紀念碑，紀念西元前四七九年希臘人在普拉蒂亞（Plataea）擊敗波斯人的戰役；傳說它是由陣亡波斯人的盾牌鑄造而成的。三條互相纏繞的巨蛇組成紋理交錯的石柱，其頂端是引人注目的蛇頭，由抛光過的青銅精雕細琢而成。一二六一年以後，相互交織的巨蛇可能代表了糾纏而不是自由，拜占庭帝國的蛇頭與熱那亞人和威尼斯人絕望地交纏在一起，從此以後，拜占庭再也不能獨善其身。

在拜占庭帝國的水域和海岸展開角逐有極高的風險。威尼斯和熱那亞投入到這場戰爭中，既是為了生存，也是為了獲得更多的財富。到十三世紀，歐洲處在一個漫長繁榮期的中段，義大利各航海共和國享有獨一無二的優越條件去從中獲利。從古典時期至一二〇〇年之間，西方沒有一個城市的人口超過兩萬。但到了一三〇〇年，僅僅在義大利就有九座城市的人口超過五萬。巴黎的人口在一個世紀內從兩萬人膨脹到二十萬人；在一三二〇年，佛羅倫斯有十二萬人，威尼斯有十萬人，包括來自達爾馬提亞海岸的移民。義大利北部的人口非常稠密。而且這個數字還在不斷增加，直到一三四八年初的一個不祥的時刻，一艘來自黑海的不為人知的船停泊在聖馬可灣，在佩脫拉克的宅邸附近（編按：指黑死病傳播到歐洲，可見本書頁二〇九的說明）。一直到十八世紀，人口始終沒有超過上述的數字。

義大利的核心城市，例如米蘭、佛羅倫斯和波隆納，不管如何榨取波河流域的農業資源，還是無法自給自足。就像古羅馬一樣，這些不斷擴張的大城市的發展依賴於海外進口的糧食。熱那亞和威尼斯現在控制了糧食的供給。威尼斯土地稀少，完全依靠進口生存，對糧食供應有著無人企及的深刻理解。它和世界上其他任何一座城市一樣擁擠；到一三〇〇年，差不多所有的可用土地都已經被用於建設；島嶼之間由大橋連接。飢餓，和海洋的威脅一樣，是始終存在的。威尼斯政府各種理事機構的檔案顯示出，他們對糧食到了近乎癡迷的程度。在國家的檔案資料裡，糧食的訂單、價格、數量，供給的減少和增加雖然枯燥乏味，但卻至關重要。糧食關乎城市的安寧，而經過兩次烘焙、可以長期保存的航海餅乾是給商用槳帆船隊和海軍艦隊提供能量的主要碳水化合物，沒有它，國家的安全就無法保障。威尼斯有一個專門管理糧食的官衙（其他日常必需品也都有相應的管理部門），其活動受到嚴格監管，猶如國家安全的大事。糧食管理官衙每個月都要向執政官彙報城裡糧食的儲量，因為糧食需要精確控制（存糧量需要達到一個微妙的平衡——如果儲量太低，民眾就會感到匱乏；如果儲量太高，糧食的價格會下滑，給公社造成損失）。一二六〇年之後，威尼斯和熱那亞的人口都無可避免地膨脹起來，它們爭奪糧食的戰火一直蔓延到拜占庭世界的海域。在其他食品類商品方面——油、酒、鹽、魚，做為關鍵的中間商，威尼斯和熱那亞有著大好的機會盈利，家門口的市場需求非常旺盛。

　　糧食是一樁大生意，奢侈品則是另一門重要貿易。十三世紀見證了一次商業革命，讓永不滿足的義大利商業城市穩定地積累起財富。流通中的貨幣比以往任何時期都

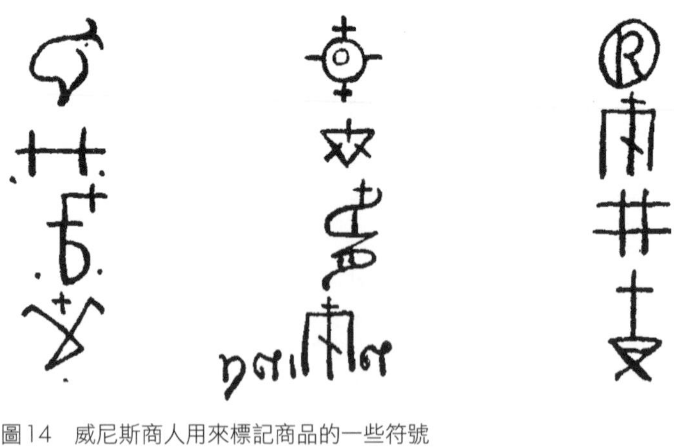

圖14　威尼斯商人用來標記商品的一些符號

多；人們由實物支付轉為現金支付；更多的人去投資而不是囤積貨物；合法的貸款業務出現了；國際銀行業務誕生了；信貸和匯票業務出現了；複式記帳法和新形式的企業組織問世了。新型交易手段的發明促進貿易規模的空前發展。儘管百分之二十五的城市人口在貧困中掙扎，但各宮廷、教士和歐洲城市化過程中壯大的中產階級仍產生對遠方的奢侈品——以及相應的支付方式——的需求。威尼斯人的生意不僅僅涉及日常必需品，也涉及炫耀性消費品。這種貿易的上游是比西方富裕得多、產出也更多的東方。

對香料的胃口最為確切地概括了消費主義的發展。香料對食物儲存並無助益（只有鹽有這個功能），但被中世紀人們歸類為香料的種類繁多的食品——胡椒、薑、小豆蔻、丁香、肉桂、糖以及其他數十種——能讓菜肴更加美味可口，並且可以增添烹調的趣味，並展示財富。越過聖戰的重重障礙，十字軍東征讓歐洲人品嘗到了東方的精緻食物。香料是世界貿易的第一種表現，也是其理想的商品。香料重量

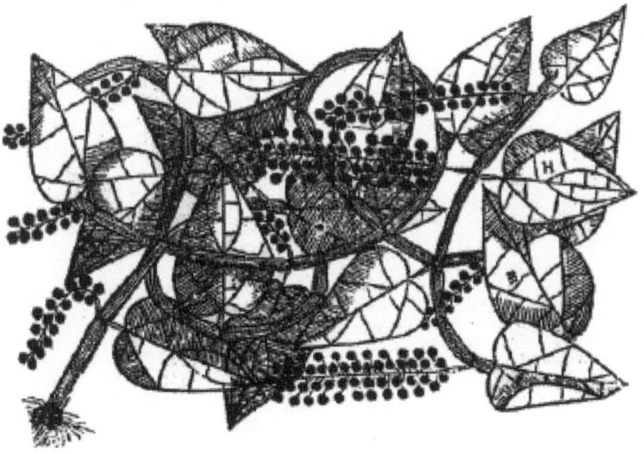

圖15　胡椒

小，價值高，體積小，幾乎不會變質；它可以用駱駝和船隻做長途運輸，可以用小袋子重新包裝，然後幾乎可以無限期地保存。在漫長供應鏈的最西端，地中海地區的各民族對於這些東西是在哪裡，以及如何生長一無所知——馬可・孛羅是第一個親眼目睹印度人培育胡椒，並留下記述的歐洲人——但他們清楚地知道，香料在埃及和阿拉伯半島上陸，所有香料貿易都必須透過穆斯林中間商。香料的運輸路線可能隨遠東國家的興衰而改變，但在十三世紀，巴勒斯坦逐漸萎縮的十字軍王國的港口是通往地中海的關鍵經銷點。正因為此，威尼斯和熱那亞在阿卡有著異常激烈的競爭。熱那亞人被逐出阿卡之後，熱那亞商人將其商業殖民中心轉向阿卡以北四十英里以外的泰爾。當埃及的馬穆魯克王朝一個接一個地攻破十字軍在巴勒斯坦的城堡時，熱那亞人和威尼斯人也同時在尼羅河三角洲和馬穆魯克王朝做生意。馬穆魯克王朝對十字軍的反擊在很大程度上改變了兩個共和國的命運，也導致兩國的競爭轉入新的方向。

✯

一二九一年四月，馬穆魯克王朝的蘇丹阿什拉夫・哈利勒（al-Ashraf Khalil）的雄壯大軍兵臨阿卡城下，他決心最終消滅在伊斯蘭土地的異教徒。經歷了長達幾個世紀的艱苦聖戰後，穆斯林帶著殺光所有基督徒的堅定決心前來。阿什拉夫為此役做好了準備，從開羅帶來一大批投石機和其他攻城武器，其中有兩台巨型投石機，被命名為「凱旋」和「狂怒」，這對十字軍來說可是陰森森的名字；另外還有一組叫做「黑牛」的高效率小型投石機。阿卡是一座相當大的城市，有四萬人口，這些人來自參加十字軍東征的所有歐洲國家：法蘭西人、英格蘭人、日耳曼人、義大利人、軍事修會（聖殿騎士團、醫院騎士團和條頓騎士團〔Teutonic Knights〕），以及有商業頭腦的威尼斯人和比薩人。他們中有很多人是阿卡的常住居民。四月六日，投石機開始向高聳的中世紀城牆投擲巨大的石塊，蘇丹的工程師們也開始系統地在城牆下挖掘坑道，效率之高令人膽寒。在基督教內部眾多派系數個世紀的爭鬥後，絕望給了他們勇氣和凝聚力，促使他們聯合起來守城。

威尼斯人和比薩人作戰都十分勇敢；他們建造和運用自己的投石機，效果卓著，然而，隨著時間的推移，長時間的轟擊使他們的防禦工事日益損壞。不肯議和的蘇丹回絕了停戰協商的提議。他記得前一年城裡穆斯林商人遭屠殺的慘劇，下令繼續推進。五月十八日星期五，蘇丹發布對受損的城市發動最後總攻的命令。伴隨著箭矢在空中掠過的嗖嗖聲、岩石的碎裂聲、響徹雲霄的鼓聲和刺耳的喇叭聲，馬穆魯克軍隊強行入城，開始屠殺城民。阿卡的終局顯得淒慘且汙穢。聖殿騎士團和醫院騎士團幾乎戰鬥到最後一兵一卒。阿卡所有的婦女兒童，年長的和年輕的，富有的和貧窮的，擠滿了港口，而穆斯林士兵踩著被毫無區分地屠戮的死屍，穩步逼近。在海邊，文明的秩序崩壞了。威尼斯商人們呈上黃金，請求放他們一條生路，但是卻沒有足夠的船帶他們逃離。超載的划艇傾覆沉沒，船上的人全部溺死；強者控制了船隻，向哀求救命的居民索要贖金。無情的加泰隆尼亞冒險家——羅傑・德・弗洛爾（Roger de Flor）控制了一艘聖殿騎士團的槳帆船，從城市裡貴婦那裡敲詐寶石、珍珠和大袋黃金，一夕暴富。而那些付不起錢的人只能在海岸邊等死，或者淪為奴隸。阿卡淪陷後，蘇丹有條不紊地將它變為廢墟。剩下的基督教據點——泰爾、西頓（Sidon）、貝魯特和海法（Haifa）都接二連三地被攻破或投降。穆斯林燒毀了整個海岸地區，以防止基督徒返回。他們將這些城市夷為平地。十字軍在聖地的據點維持了兩個世紀，現在終於被連根拔起。

對基督教歐洲來說，這是一次沉重的打擊；他們馬上計劃重新組織十字軍，並開始互相謾罵指責。羅馬教宗深知，是誰為馬穆魯克王朝提供軍事物資。威尼斯和熱那亞在與伊斯蘭世界的貿易中始終處於一個曖昧的位置。當「凱旋」和「狂怒」向阿卡的城牆投擲巨石時，義大利商人正忙著在亞歷山大港購買絲綢、香料、亞麻和棉花，並出售義大利新型織布機加工好的羊毛商品、來自俄羅斯草原的皮草，以及其他更有爭議、直接影響戰爭進程的商品。鐵和木材是軍事原料，阿什拉夫的巨型投石機可能是用基督徒船隻裝運的木料建造的；令教宗感到更加不安的是，衝破阿卡城門的許多穆斯林軍人是奴隸兵，其來源是基督徒船隻從黑海運來賣給伊斯蘭世界的。一三〇二年，教宗博尼法斯八世（Boniface VIII）頒令禁止與埃及和巴勒斯坦的馬穆魯克王朝開展商業活動，這個法令逐步擠壓著各個航海共和國。某些特定的商品是被明確禁止交易的，違者將被逐出教會。一些軍事物資的貿易還在非法地進行，單純商業上的香料和布料交易也仍然在持續，但教宗也愈來愈強硬。人們愈來愈迫切地感受到，需要繞開伊斯蘭世界，去獲取原產自基督教世界之外的奢侈品，如香料、珍珠和加工過的絲綢等。為了應對新局勢，一些雄心勃勃的熱那亞人武裝了兩艘槳帆船，向大西洋航行而去，這就發生在阿卡陷落的時候。他們的目標是找到一條繞過阿拉伯中間商（和威尼斯人）的路線，直接從印度獲取香料。這次冒險比後世成功的探索早了兩百年；他們從此杳無音信。但在地中海盆地內，阿卡的陷落重新調整了熱那亞和威尼斯競爭的壓力，使得雙方的戰場發生了轉移。自此以後，戰場移轉到北方，變成雙方針對博斯普魯斯海峽和黑海的爭奪。

第十章　「在敵人的血盆大口中」

一二九一至一三四八年

博斯普魯斯海峽是世界上最重要的戰略水道之一，長十七英里，連接地中海和黑海。這條狹窄的海上走廊在高聳的群山之間蜿蜒，形成於最後一個冰河時代，當時被陸地封堵的黑海衝破了大自然的限制。這條海峽被特殊的水文力量控制著。強而有力的水流推動著含鹽量較低的黑海海水以每小時五海里的速度南下，而在海面以下四十公尺的地方，有一股方向相反的激流，推動密度更大、含鹽量更高的海水北上，流入博斯普魯斯海峽。因此，儘管海面上的水流是南下的，撒下網的漁船可能被拖向北方。在魚類繁殖的夏末，數以百萬計的魚透過博斯普魯斯海峽向北遷徙。魚如此之多，按照希臘地理學家斯特拉波（Strabo）的說法，在金角灣的人可以徒手捕捉到鰹魚和大鯖魚，或者不慌不忙地從海邊房屋的窗戶裡撒網捕魚。博斯普魯斯的冬天是霧和雪的世界；冰冷的風從俄羅斯大草原吹來；偶爾出現的冰山撞擊著君士坦丁堡的城牆。正如後來的法蘭西旅行家皮埃爾・吉勒（Pierre Gilles）①指出的那樣，博斯普魯斯海峽就是這座城市存在的理由——「（博斯普魯斯海峽）用一把鑰匙開啟和封閉兩個世界、兩片大海。」十三世紀末，由於阿卡的喪失和尼羅河三角洲露天市場的關閉，博斯普魯斯海峽成了熱那亞和威尼斯角逐的中心，它開啟的便是第二個世界，即黑海。

古希臘人說黑海令人愉悅，希望借此安撫它激烈的狂風和陰險的深淵，但黑海有一顆黑暗的心。在海面以下兩百公尺的區域，海水突然一片死寂。這裡的深海封鎖著世界上最大的有毒硫化氫聚集物，一點氧氣也沒有。因為是死水，木頭得以完好地保存。海床上遍布著數千年間無數次海難留下的鬼魂般的沉船，船體尚未腐爛。但錨、釘子、武器、鐵鍊等鐵製品已經被有毒的海水吞噬乾淨。威尼斯人稱它為「更偉大的海」，十分懼怕它。愛琴海的中心有可供落腳的島嶼、為航船提供躲避風暴的錨地，而黑海的中心是一片空白。因此，大多數海運都傾向於慢慢沿著黑海的邊緣行進，或者從它最狹窄的地方快速通過。

黑海的開闊海域是一塊不毛之地，但它的北岸卻是驚人的沿海大陸棚，在那裡，四個大型河口三角洲將數百萬噸富含營養的沉積物送入大海。一直到現代，在多瑙（Danube）河的河口，鳥類棲息的蘆葦濕地和沼澤中仍然富含海洋生物。鮭魚和尺寸有小型鯨魚那麼大的鱘魚到此地產卵。近海的淺灘中魚類資源豐富，包括鯷魚、鯔魚、牙鱈和大菱鮃。多瑙河、第聶伯（Dnieper）河、德涅斯特（Dniester）河和頓河的魚群大量繁衍於黑海東北角的支流——亞速（Azov）海，養育了君士坦丁堡人上千年。魚子醬是窮人的食物，而遷徙洄游的鰹魚對於拜占庭人民的生活十分重要，因此在拜占庭的錢幣上有它的形象。在各個河口灣沿岸，人們用鹽醃魚、用煙燻魚，將其裝進桶裡，之後用船運到西方，供養中世紀晚期和現代早期世界最龐大的人口。十五世紀，西班牙旅行家佩羅・塔富爾（Pero Tafur）②抵達黑海，觀察了魚子醬打包的情景：「他們把魚卵裝入桶裡，然後輸送到全世界。」在更北方，平坦的烏克蘭大草原的黑土地成為君士坦丁堡的糧倉，同時也提供通往另一個世界的通道。

對歐洲人來說，黑海沿岸是文明的邊疆；其外廣闊的大草原是野蠻遊牧民族的領地。在那裡，標記距離的只有古代斯基泰人（Scythians）③的墳堆，墳墓裡埋葬著陪葬的奴隸、女人、馬匹和黃金。早期的旅遊者在這裡不僅會感受到永無休止的草原風的吹打和身體上的寒冷，精神上也會很不舒服。早期的草原旅行者魯不魯乞（Rubruquis）④寫道：「我現在到了一個新世界。」

---

① 皮埃爾・吉勒（一四九〇至一五五五年），法國自然科學家、翻譯家和測繪學家。他曾遊歷地中海和東方，一五四四至一五四七年曾在君士坦丁堡尋找古代手稿。

② 又名佩德羅・塔富爾（Pedro Tafur，約一四一〇至一四八四年），西班牙旅行家和作家。他在一四三六至一四三九年間遊歷了歐、亞、非三大陸，到過摩洛哥、耶路撒冷、拜占庭、特拉比松、埃及、羅得島等地，並撰寫了遊記。

③ 中國《史記》、《漢書》稱之為塞種、尖帽塞人或薩迦人，是西元前七世紀至西元四世紀在歐亞草原中部廣袤地區活動的伊朗語族之遊牧民族，其居住地從今日俄羅斯平原一直到中國的河套地區和鄂爾多斯沙漠，是史載最早的遊牧民族。斯基泰人善於養馬，據信騎術與乳酪等皆出於其發明。西元前七世紀，斯基泰人曾對高加索、小亞細亞、亞美尼亞、米底（Medes）以及亞述帝國大舉入侵，威脅西亞近七十年，其騎兵馳騁於卡帕多細亞（Cappadocia）到米底、高加索到敘利亞之間，大肆劫掠；其後逐漸衰落，分為眾多部落。西元五世紀中期跟隨被稱為「上帝之鞭」的匈人阿提拉王入侵歐洲，一度抵達巴黎近郊的阿蘭人（Alans），即為其中之一部。斯基泰人沒有文字，但善於冶金打造飾物，有許多金器流傳至今。

④ 即呂布魯克的威廉（William of Roubruck，約一二二〇至約一二九三年），法蘭德斯方濟各會教士，一二五二年受法蘭西國王路易九世（Louis IX）派遣，出使蒙古帝國，抵達首都哈拉和林，並見到蒙古大汗蒙哥。著有《魯不魯乞東遊記》。他的遊記和馬可・孛羅的遊記，及其他西方人的一些著作，喚起西方人對東方的嚮往。

兩個世紀以後，佩羅·塔富爾對這裡頗感失望。他發現這裡「十分寒冷，船隻被凍在港口內。這裡的人充滿獸性並且畸形，我欣然放棄了繼續遊覽下去的欲望，回到希臘」。

但就是在這裡，在不祥的黑海邊、背後是廣闊草原的地方，希臘人自邁錫尼文明時期就開始定居，並與遊牧民做生意。在一二〇四年君士坦丁堡陷落以前，拜占庭都緊緊封閉著博斯普魯斯海峽。如果沒有黑海提供的糧食，君士坦丁堡將不能生存；義大利人被禁止進入黑海。一二〇四年，君士坦丁堡遭到的洗劫打破這種閉關狀態。威尼斯人開始暢通無阻地探索「更偉大的海」。一二〇六年，威尼斯人在克里米亞半島的蘇爾達亞（Soldaia）建立一個規模不大的貿易站，開始與當地酋長們有貿易上的往來。起初，他們對草原居民的凶暴以及不穩定倍感失望，但就在同一年，在兩千英里以外的東方，發生一起改變世界貿易路線的事件。部族領袖鐵木真，即成吉思汗，將「生活在毛氈帳篷中的人」，即蒙古大草原上彼此交戰的各部落，凝聚成一支團結的力量，馳騁穿過歐亞大草原，去征服西方。僅僅三十年內，蒙古人以閃電戰的形式從中國打到匈牙利平原和巴勒斯坦邊境。浩劫過後——數百萬波斯農民死亡，巴格達以及幼發拉底河（Euphrates）地區的偉大穆斯林城市慘遭洗劫，赫拉特（Herat）⑤、莫斯科和克拉科夫（Cracow）被燒毀——歐亞世界獲得了非同一般的和平。蒙古人創立一個統一的帝國，其國土從中國向西延伸五千英里；古老的絲綢之路重新開啟；商埠雨後春筍般地湧現。在蒙古治下的和平環境裡，旅行者可以橫穿藍色的地平線，而不需要畏懼土匪以及苛捐雜稅。蒙古大汗們也急切地希望與西方接觸。從大約一二六〇年開始，一條大道直通亞洲的心臟，為橫貫大陸的貿易往來創造新的契機。歐洲商人受到了無法抵禦的誘惑，去繞過阿拉伯中間商，直接從遙遠的東方獲得奢侈品。

黑海是這些航線的西方終點。如果走陸路，駱駝商隊從一個客棧走到另一個，緩慢地從中亞向西前進；如果走海路，爪哇和摩鹿加（Moluccas）群島⑥的香料需要繞過印度，抵達波斯灣，走陸路抵達黑海南岸的特拉比松（Trebizond）⑦，或者繼續西行抵達地中海的拉加佐（Lajazzo）⑧。以伏爾加河畔薩萊（Sarai）⑨為都城的金帳汗國（蒙古人在西方的汗國）⑩對黑海的小國君主們

---

⑤ 赫拉特為中亞古城，在阿富汗西部，有兩千多年的歷史，在十一至十三世紀，發展成為中、西亞的金屬品製造業中心，尤以鑲金銀的銅器聞名，是當時世界上最大的城市之一。

⑥ 摩鹿加群島位於今天印尼的蘇拉威西（Sulawesi）島東面、新幾內亞西面以及帝汶（Timor）北面，是馬來群島的組成部分。中國和歐洲傳統上稱為香料群島者，多指這個群島。

⑦ 特拉比松是從拜占庭帝國分裂出的三個帝國（另外兩個是前文講到的尼西亞帝國，以及伊庇魯斯君主國）之一，創立於一二〇四年四月，持續了兩百五十七年。特拉比松帝國的第一代君主阿歷克塞一世（Alexios I）是拜占庭帝國科穆寧王朝最後一位皇帝安德洛尼卡一世的曾孫，他在第四次十字軍東征時預見十字軍將攻取君士坦丁堡，便占據特拉比松獨立建國。在地理上，特拉比松的版圖從未超過黑海南岸地區。一四六一年，鄂圖曼帝國蘇丹穆罕默德二世（Mehmet II）消滅了特拉比松。

⑧ 今土耳其城市尤穆爾塔勒克（Yumurtalık）。

⑨ 薩萊是波斯語，意思是「宮殿」，是金帳汗國首都，有新舊兩個，舊薩萊又叫拔都薩萊（Sarai Batu），在阿斯特拉罕（Astrakhan）以北一百二十公里處，新薩萊在舊薩萊以東八十五公里處，今天的伏爾加格勒（Volgograd）附近。

⑩ 即欽察汗國，一二四二至一五〇二年，是蒙古四大汗國之一，建立於蒙古帝國西北部，後來突厥化，位於今天哈薩克鹹海和裏海周邊，占有東歐和中歐地區（至多瑙河），由拔都（成吉思汗長子朮赤的兒子）及其後裔統治，盛極一時，長期統治俄羅斯，後分裂為許多汗國。

施加著和平的壓力。突然間，一扇大門被打開了，並將敞開一個世紀之久。一些富於冒險精神的歐洲商人透過這條道路前往東方。一二六〇年，孛羅家族的馬泰奧（Matteo）和尼可拉帶著給薩萊的金帳汗國可汗的珠寶，從蘇爾達亞出發；二十年後，馬可．孛羅將追隨他們的足跡。由於阿卡的淪陷，以及教宗禁止與伊斯蘭世界開展貿易，黑海取而代之，成為世界貿易的中心，是從波羅的海到中國的一系列長途貿易路線的軸心，同時也成為威尼斯和熱那亞商業競爭的焦點。這成為一個對中世紀歐洲既有利又有害的機遇。

熱那亞迅速取得了優勢。一二六一年，拉丁帝國滅亡後，熱那亞人獲准進入黑海。威尼斯則被排擠在外。熱那亞積極地進入新的區域，在黑海沿岸建立星羅棋布的定居點。他們在黑海北岸克里米亞（Crimean）半島的卡法設立大本營，這提供與金帳汗國可汗進行密切聯繫的機會。熱那亞人很快控制多瑙河河口的糧食貿易；他們與希臘小國特拉比松達成協議，經由那裡，從陸路直接抵達重要的蒙古市場──大不里士（Tabriz）⑪。熱那亞的位置十分理想：它的安全基地設在與君士坦丁堡只有金角灣一水之隔的加拉塔，憑藉這個優勢，它奮力取得商業壟斷。突然之間，威尼斯也開始迎頭追趕。威尼斯人十分渴望黑海地區的糧食，開始努力建立自己的根據地。一二九一年阿卡淪陷，教宗禁止與穆斯林地區開展貿易，於是這場遊戲的賭注加大了；一三二四年，教宗實施更為嚴苛的徹底禁令，賭注再次翻倍。在五十年間──從一二九〇年代到一三四五年──黑海的市場成了全世界的貨棧。兩個共和國都馬上意識到，賭注到底是什麼。熱那亞致力於維持它的商業壟斷；威尼斯則在尋找進入遊戲的機會。

隨著其地區機會的減少，黑海地區的商業競爭變得愈發激烈。微不足道的事件，例如兩支彼此是競爭對手的武裝商船隊不湊巧的相遇、一句辱罵、一次海上鬥毆或鄙夷對方、提出經濟要求的外交信函，就足以引發衝突。第二次威尼斯—熱那亞戰爭於一二九四年爆發，持續了五年，並且和第一次戰爭的戰局完全相反。在這次戰爭中，熱那亞雖然贏得正面交鋒的海戰，但在商業上遭受十分嚴重的打擊。這次交戰包括隨機性強、混亂而有機會主義的海盜劫掠行動，波及兩國進行商業競爭的所有地區，從北非一直蔓延到黑海。雙方都去攻擊對手的商業資產。熱那亞洗劫克里特島上的甘尼亞；威尼斯燒毀在法馬古斯塔（Famagusta）⑫和突尼斯（Tunis）的熱那亞船隻。在君士坦丁堡，熱那亞人把威尼斯的市政官扔出窗外，大量屠殺威尼斯商人，一位同時代人記錄道：「大家不得不到處開挖極深的巨大壕溝來埋葬死屍。」當消息傳回威尼斯，人們呼喊道：「血戰到底！」威尼斯政府派遣魯傑羅・莫羅西尼（Ruggiero Morosini，他的綽號令人膽寒，叫做「殘酷之爪」）率領一支艦隊攻擊熱那亞的殖民地加拉塔。加拉塔的居民害怕地躲在君士坦丁堡的城牆後，把拜占庭人拖進了戰爭。一支威尼斯艦隊駛入黑海，洗劫了卡法，但是由於停留太久，被冰雪困住，動彈不得。一支熱那亞的小型艦隊一直殺到威尼斯的潟湖，攻擊了馬拉莫科鎮；威尼斯私掠海盜多梅尼科・斯基亞沃（Domenico Schiavo）進軍熱那亞港口，據說他在熱那亞城的防波堤上鑄造了金杜卡特，做為對熱那亞人的侮辱。這場戰爭已經超越戰術上的理智，參戰雙方都遭受巨大的損失。教宗嘗試介入仲裁，甚至提出自掏腰包支付威尼斯要求熱那亞償付的

⑪ 在今天伊朗的西北部，中國古稱桃里寺。
⑫ 賽普勒斯島上港口城市。

一半費用，然而威尼斯人已經喪失理智，回絕了教宗。

雙方都有能力承擔巨大的成本，派遣強大的艦隊。一二九五年，熱那亞派出一百六十五艘槳帆船和三萬五千人，這是一場雖然宏偉壯觀但沒有實際意義的做秀。要到三百年後，地中海上才將再次出現如此雄壯的海軍力量，但是威尼斯人選擇避其鋒芒，於是這支龐大艦隊不得不溜回家鄉。一二九八年，雙方最終在亞得里亞海的庫爾佐拉島相遇，一百七十艘槳帆船參加了這場戰役。這是兩個共和國打過的最大規模的海戰。這一次，熱那亞大獲全勝：威尼斯的九十五艘槳帆船僅存十二艘，五千人被俘。威尼斯海軍司令安德烈亞・丹多洛不願被俘受辱，披枷帶鎖地在熱那亞遊街，於是一頭撞向一艘熱那亞船隻的舷緣，當場死亡。然而，這也是一場沒有價值的勝利。許多熱那亞人戰死在庫爾佐拉島，因此凱旋的海軍司令蘭巴・多里亞（Lamba Doria）踏上熱那亞的海岸時，迎接他的是沉默——沒有歡呼的人群，沒有教堂的鐘聲。人們只是悼念戰死的親人。而威尼斯人得到了身後名。在被押到熱那亞的威尼斯俘虜中，有一位富有的商人，他自費裝備一艘槳帆船。威尼斯人譏諷他為「百萬」，即一百萬個故事的講述者。身為富人，他被舒適地安頓下來，與另外一個同為戰俘的羅曼史作家——比薩的魯斯蒂謙（Rustichello da Pisa）成了好朋友。當馬可・孛羅開始講故事時，魯斯蒂謙發現了一個商機，因此拿起筆，將這些故事記錄下來。馬可・孛羅有足夠的時間講述自己透過蒙古的大道抵達中國的經歷。遙遠東方的黃金、香料、絲綢、風俗，以及所有誇張離奇的故事，讓歐洲人非常著迷。

庫爾佐拉之戰一年之後，雙方不情願地來到談判桌前。一二九九年的「米蘭和約」（The Peace of Milan）沒有解決任何問題。黑海問題仍然懸而未決。在黑海沿岸尋找糧食和原材料，以及中亞的貿易路線的問題，使得非正式戰爭愈發激烈。威尼斯人不辭勞苦地建造自己的據點；熱那亞人則努力將其擠走。憑藉外交手段和過人的耐心，威尼斯逐漸建立起自己的據點。在克里米亞半島，兩個共和國隔著四十英里，遙相對峙；威尼斯人在蘇爾達亞，而熱那亞人占據著更強大的商業中心——卡法。這是一場不公平的競爭。熱那亞人對卡法有著絕對的控制權；這座城市固若金湯，港口壯麗，阿拉伯旅行家伊本·巴圖塔（Ibn Battutah）⑬形容這裡的港口時說：「這是世界上最著名的港口之一，大約可以容納大大小小兩百艘戰船或商船。」熱那亞人努力遏制威尼斯人在蘇爾達亞的崛起。一三二六年，蘇爾達亞被不受蒙古人控制的當地韃靼貴族洗劫一空，於是被放棄了。在黑海南岸，兩個共和國在特拉比松的競爭更加直接，這裡是通往東方的第二條路線（從這裡經由陸路抵達波斯灣和大不里士）的西端盡頭。在這裡，和阿卡一樣，熱那亞人和威尼斯人得到這個小國的希臘皇帝的允許，各自占有設防的聚居區，互相毗鄰，抱著深仇大恨，虎視眈眈。

威尼斯致力於增加對黑海北岸的壓力。一三二二年，威尼斯大使尼可拉·朱斯蒂尼安（Nicolo Giustinian）旅行穿過冬季的草原，抵達位於薩萊的蒙古宮廷，求見金帳汗國的可汗。覲

⑬ 伊本·巴圖塔（一三〇四至一三六八／一三六九年），中世紀阿拉伯旅行家。他曾在摩洛哥的坦吉爾（Tangier）受過傳統的伊斯蘭法律和文學教育。一三二五年到麥加朝聖後，他決定盡可能地走訪世界各地，而且發誓「不走回頭路」。他用了二十七年的時間漫遊非洲、亞洲和歐洲各地，總旅程長達十二萬公里。在返鄉後，他口述撰寫了回憶錄《遊記》（Rihla），該書成為世界上最著名的旅行著作之一。

見蒙古霸主是一件令人心驚膽寒的事情：威尼斯國家檔案中悲傷地記錄道，很少有人自告奮勇承擔這一使命。可汗信仰伊斯蘭教，伊本．巴圖塔稱他為「尊貴的蘇丹，穆罕默德．月即別汗（Muhammad Uzbeg Khan）⑭」：

> 他極其強大，威儀非凡，地位崇高，是戰勝真主之敵的勝者……他擁有廣闊的土地和偉大的城市……（他接見賓客）在一座叫做金殿的裝飾宏偉的亭閣裡……它用覆蓋金箔的木材建造，亭閣的中心擺著一張鍍銀包裹的椅子，椅子腿用純銀打造，椅腳鑲有珍貴的寶石。蘇丹就坐在這王座之上。

在可汗面前鞠躬後，朱斯蒂尼安提出了他的請求。他此行的目的是請求可汗允許在亞速海（亞速海是黑海東北角的一個很小且水很淺的支流，形狀彷彿黑海的微型複製品）邊的塔納建立一個貿易殖民地，並請求授與該殖民地一些商業特權。

在這裡，頓河經由一個寬闊的三角洲濕地流入大海。威尼斯希望以此為基地，有效地參與同俄羅斯和東方的貿易。塔納的地理位置很優越，正好位於蒙古西方汗國的心臟位置，可以很方便地向北去莫斯科和下諾夫哥羅德（Nizhny Novgorod），或走伏爾加河和頓河的航線，並且它也是橫跨亞洲的絲綢之路的端點：「不管是白天還是夜晚，從塔納到中國的道路都十分安全」，佛羅倫斯商人法蘭切斯科．佩戈洛蒂（Francesco Pegolotti）在幾年之後撰寫的經商手冊中向讀者做了這樣的保證。蒙古人對於和西方人通商並非沒有興趣，因此大汗同意了朱斯蒂尼安的請求。一三三三年是猴年⑮，可汗授與威尼斯人河邊濕地的一塊地皮，允許他們建造石頭房子、一座教堂、倉庫以及圍欄。

在很多方面，塔納的地理位置都比熱那亞人的強大據點卡法（在克里米亞半島的突出海岬上，位於塔納以西兩百五十英里處）更優越。熱那亞也在塔納占據了一塊地盤，但是僅僅把它做為強大的商貿中心卡法的輔助設施。熱那亞絕不想看到威尼斯人在這裡建立據點。威尼斯人在利用這次新機會時，也有獨特的優勢。亞速海的地形對威尼斯人來

⑭ 穆罕默德·月即別（一二八二至一三四一年），又譯烏茲別克汗，是欽察汗國第九代汗王，也是欽察汗國在位時間最長的君主（一三一二至一三四一年）。烏茲別克族即由他而得名。在他治下，欽察汗國完成伊斯蘭化。

⑮ 原文如此，按照中國曆法，一三三三年是雞年。

圖16　塔納和亞速海，後世的印刷圖

說很熟悉——一個大河入海形成的湖，平均深度八公尺，其水道以及隱藏的淺灘使得航行十分困難；對於居住在潟湖的威尼斯人來說，他們的吃水較淺的槳帆船要比吃水更深的熱那亞船更容易進入塔納。據佛羅倫斯編年史家馬泰奧・維拉尼（Matteo Villani）記載：「熱那亞人的槳帆船很難像進入卡法的貿易點一樣進入塔納，而經由陸路在卡法獲得香料和其他商品，比在塔納要昂貴並且困難許多。」從一開始，塔納就是熱那亞人的肉中刺——他們認為這是對他們私有壟斷區的侵犯。把威尼斯人從「更偉大的海」的北岸驅逐出去，成了熱那亞的一項大政方針。「禁止前往塔納」是他們外交政策的箴言。威尼斯的回應也非常強硬。根據條約，黑海對所有人都是開放的，他們決定按照一三五〇年執政官所宣稱的那樣，「以最高的熱情、全部的力量，維護進入黑海的自由」。這種利益衝突將會引發兩場新的血腥戰爭。

在塔納，威尼斯的一小群骨幹商人安頓下來，經營跨越俄羅斯草原的內陸貿易，以及與遠東地區進行的奢侈品交易。馬可・孛羅前往太平洋沿岸的漫長旅途花了十五年，他有資格看不起黑海，覺得它近得彷彿就在威尼斯門口。「我們沒有和你們說過黑海，或者它周圍的地區，儘管我們已經對它進行了徹底的探索，」他寫道，「重複別人每天說的話是索然無味的。因為在這裡，每天都有很多人探索這片海域，在這裡航行——威尼斯人、熱那亞人、比薩人——每個人都知道，在這裡會發現什麼。」但對常駐塔納的威尼斯領事和商人們而言，這裡是威尼斯世界的最外層邊緣。它猶如一個流放之地。有文化的威尼斯人在一個又一個冬天看著沖積而成的海洋結上了冰，便穿上白鼬皮衣，瞇著眼看著狂風從千里之外裹挾而來的暴雪，心裡可能會思念遠方威尼斯的萬家燈火在運河裡的倒影。

從威尼斯海洋帝國之外傳來的商業報告中，絲絲鄉愁流露在字裡行間。大型商船隊每年春天從母城威尼斯出發，抵達塔納，在此做短暫停留後，又消失在大海上，這個往返旅程需要三個月。塔納的居民留在廣闊的草原，每天看著自己的定居點之外遊牧民的漫長隊伍從地平線的一端移動到另一端，正如商人吉奧索法特・巴爾巴羅（Giosafat Barbaro）記載的：

> 首先是（數以百計的）馬群。其後緊跟著一群駱駝和牛，在牠們之後又是一群小牲口。遊牧隊伍走了六天才全部通過。在我們視野所及的地方，到處是人，後面跟著牲口……到了晚上，我們已經看得厭倦了。

✯

威尼斯在國外土地建立起來的通商網絡都長期缺乏安全感。他們必須小心地制定外交政策或者贈送奢華的禮物，來安撫當地統治者的心血來潮，或者在當地統治者允許的範圍內盡可能修建壁壘保護自己。沒有任何一個地方像塔納那樣依賴當地人的善意。熱那亞在卡法的定居點是一座被雙層高牆環繞的要塞，而威尼斯的塔納在最初歲月裡除了薄弱的木柵欄以外，沒有任何防禦工事。它依靠的是金帳汗國的穩定。威尼斯元老院認為塔納處於岌岌可危的位置，「在世界的極限邊緣，在敵人的血盆大口中」。因此，威尼斯人如履薄冰。他們在塔納的定居點離討厭的熱那亞人很近；他們的團體非常小，而且一連幾個月被困在定居點內，以至於威尼斯破例授與其他歐洲商人威尼斯公民的身分。但在威尼斯本土，塔納被構想得很生動。國家兵工廠內的製繩廠使用黑海的大麻纖維生產繩索，於是被命名為「塔納」工廠。佩脫拉克在安全的書齋內想像的也是塔納，他觀看船隻啟航奔向頓河河口，感受著這股強大的商業力量驅使著威尼斯人走向那偏遠之地。

驅動他們如此賣命的是可能得到的回報，也就是那種令學者佩脫拉克十分困惑的「對財富貪得無厭的渴望」。在塔納，威尼斯人既可以獲取來自遠東的輕量易攜、價值又高的奢侈品，也可以得到來自內陸草原的大宗商品和食品：來自中國和裏海的寶石和絲綢；來自俄羅斯森林的動物皮毛、香甜的蜜蠟和蜂蜜；來自亞速海的木材、食鹽、糧食和各式各樣的魚乾或鹹魚。做為回報，他們運回發展中的歐洲工業國家的加工品：義大利、法蘭西和布魯日加工過的羊毛製品；日耳曼的武器和鐵器；波羅的海的琥珀和葡萄酒。在隔海相望的特拉比松，他們可以獲取原材料——銅和礬，來自紅海的珍珠，從東印度群島進口的薑、胡椒和肉桂。在所有這些交易中，貿易逆差極大——亞洲能夠賣出的商品比中世紀歐洲羽翼初生的工業能夠提供的要多很多。因此歐洲人不得不用百分之九十八的純銀條支付；歐洲儲備的大量白銀流入了亞洲的中心地帶。

威尼斯商人還開始經營另一種高利潤的商品，儘管威尼斯在這方面的貿易總是被熱那亞超越。卡法和塔納都是活躍的奴隸貿易中心。蒙古人掃蕩內陸，擄掠「俄羅斯人、明格列爾人（Mingrelians）⑯、高加索人、切爾凱西亞人（Circassians）、保加利亞人、亞美尼亞人以及基督教世界的其他民族」。不同族群的品質被仔細地區分開來，不同民族有著不同的價值。如果買賣韃靼人（蒙古人明令禁止販賣韃靼人，這種事情造成了許多麻煩），「價錢要高出三分之一，因為完全可以確定，韃靼人非常忠誠，不會背叛主人」；馬可．孛羅在旅途中帶回了一名韃靼奴隸。

一般來說，奴隸在年紀很小的時候就被買賣——男孩十幾歲就會被販賣（可以榨取最多的勞動力），女孩被販賣時年紀要大一點。一些奴隸被運回威尼斯，成為家僕或性奴，另外一些被運到克里特的奴隸種植園。時至今日，克里特島上一些村莊的名字，例如「奴隸村」和「俄羅斯村」仍然記錄著這種貿易的起源和傳統。或者，威尼斯人不顧教宗的明令禁止，開展非法貿易，將奴隸賣給埃及的馬穆魯克王朝伊斯蘭軍隊當兵。克里特島上的甘地亞就是這種祕密貿易的一個中心，「商品」的最終目的地通常是祕密。來自黑海地區的絕大多數奴隸在名義上是基督徒。

佩羅．塔富爾記錄了十五世紀奴隸市場上的景象：

> 買賣是按照以下方式進行的。賣家讓奴隸不管男女都脫光衣服，給他們披上毛氈斗篷，標出價錢。之後，賣家扔掉奴隸們的斗篷，讓他們走來走去，以證明他們沒有生理缺陷。賣家必須保證，如果奴隸在六十天內死於疫病，就歸還支付的價款。

有時父母竟出賣自己的孩子，塔富爾對此頗感憤怒，但他也買了「兩名女奴和一名男奴，他們還在科爾多瓦（Cordoba）侍奉我，他們還有了孩子」。儘管奴隸只占黑海貿易額的一小部分，但也存在著整船進行人口買賣的現象，可以比擬日後大西洋奴隸貿易的情形。

對於威尼斯共和國而言，塔納有著重要的意義。「從塔納和更偉大的海」，一部威尼斯史料

⑯ 喬治亞人的一支。

寫道，「我們的商人賺得了巨大的財富和利潤，因為這裡是所有貨物的源泉」。一時間，威尼斯商人幾乎可以壟斷與中國的貿易。塔納商隊的運作和四千英里之外從倫敦和法蘭德斯返回的商船隊的運作節奏精巧地聯繫在一起。因此，商船隊可以將波羅的海的琥珀和法蘭德斯的布料運到黑海，然後為威尼斯冬季市場帶來稀缺的東方貨物。來自東方的異國產品提高了威尼斯的聲譽，將它塑造成一個可以買到任何商品的世界市場。外國商人大量湧入威尼斯，這種局面至少持續了一百年，其中日耳曼商人居多，他們帶來金屬——銀、銅——以及成衣，來購買這些東方貨物。

在十三和十四世紀長期繁榮的過程中，威尼斯自己也在發生變化。到一三〇〇年，所有獨立的小島都由橋梁連接起來，成為一座清晰可見的城市，城裡人口稠密。原先是泥土地面的街道和廣場逐漸被鋪砌上石子；岩石取代木材，成為主要建材。一條鋪著鵝卵石的道路連接起威尼斯的權力核心——里亞爾托和聖馬可廣場。愈來愈富裕的貴族階層沿著大運河建造起驚人的哥德式宮殿，並採用旅行商人們在亞歷山大港和貝魯特接觸到的伊斯蘭裝飾元素。新的教堂拔地而起，它們的磚砌鐘樓裝點著地平線。一三二五年，國家兵工廠得到擴建，以滿足海上貿易與國防的日漸增長的需求。十五年後，威尼斯人開始著手將執政官宮殿改建為威尼斯哥德建築的傑作。這是一座精美的建築，飾以交織線條的窗花格，其美麗與輕盈彷彿展示著威尼斯國家的寧靜、優雅、明智與穩定。在聖馬可教堂的正面，拜占庭式的普通磚塊被豐富而奇思妙想的大理石和鑲嵌畫取代，其中利用了從君士坦丁堡和東方掠奪來的材料，頂部飾以圓頂和東方元素，令觀看者幾乎以為自己身處開羅和巴格達。大約在一二六〇年，人們用絞盤把君士坦丁堡賽馬場的駿馬像拉到這裡的涼廊，宣示著這座城市新生的自信。隨著海上貿易的發展，威尼斯開始變得令人心醉神迷。

與此同時，在黑海地區，塔納的威尼斯人開始逐漸領先於卡法的熱那亞人。國家檔案的記載表明政府對塔納商埠的密切關注。一三三三年，設立一個殖民地的請求被批准後，威尼斯政府立刻派去一名領事，此人「被允許經商」——這是政府的一個不尋常的讓步——「並有一名律師、四名僕人和四匹馬為他服務」。一三四〇年，他被派去尋找其他的居住地，原因是目前的居住地距離熱那亞人太近，經常發生衝突；為了這個目的，威尼斯政府派遣大使去請求月即別可汗。後來，這位領事被禁止經商，但他的薪水增加了，以做為補償。威尼斯商人的舉動往往會引起擔憂。一三四三年夏天，「很多威尼斯商人以

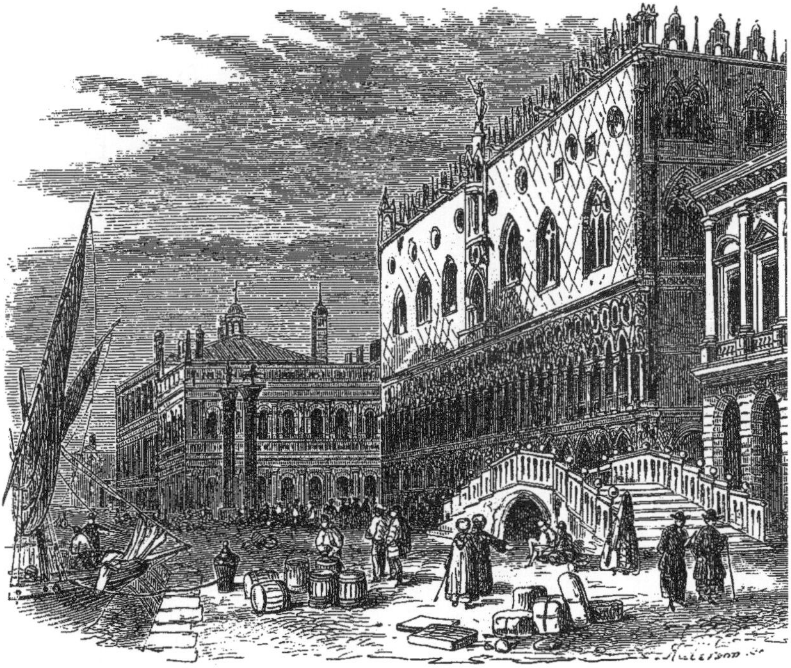

圖17　威尼斯的哥德式建築：執政官宮殿

欺騙手段逃避可汗徵收的賦稅。這給殖民地帶來了風險。因此，從此以後，領事必須堅持要求所有的商人發誓守法納稅」。然後，精心準備的禮物被送給可汗。後來，政府給領事的一封簡短信件寫道：「威尼斯人必須停止向外國商人的商品徵稅，因為這樣會激怒韃靼政府，最後會危害威尼斯人的利益。」蒙古人的寬容可能一瞬間就會轉變為仇外，這讓威尼斯本土的當權者很擔憂。

儘管威尼斯元老院小心地維護塔納脆弱的平衡，但終究還是崩塌了。一三四一年，月即別可汗去世。他在位長達三十一年，是蒙古汗國最長也最穩定的統治時期。威尼斯迅速分析當前的危險：「月即別可汗的去世使塔納的商埠處境十分艱難；領事將會挑選十二名商人，仔細分析新形勢，並向新可汗致以敬意。」但由於一位商人毫無紀律性的莽撞行為，威尼斯政府堪稱典範的外交政策馬上就瓦解了，這樣的情況經常發生在威尼斯商業的據點。在有限的空間裡，愛爭吵的老對手威尼斯人和熱那亞人又展開了爭鬥，其間有人員死亡，這惹惱了當地的韃靼管理者，畢竟他們無法區分威尼斯人和熱那亞人。此外當然還有其他的問題：偷稅漏稅、進貢的禮物不足、不守規矩的外國人的傲慢。一三四三年九月，威尼斯人正是志得意滿的時候，因為他們全副武裝的槳帆船艦隊駛入了頓河河口。但一起個人的爭執引發暴力衝突。哈吉·奧馬爾（HajiOmar）是當地一個有地位的韃靼人，在糾紛中打傷一個叫做安德廖洛·奇夫蘭諾（Andriolo Civrano）的威尼斯人。奇夫蘭諾蓄意報復：他在晚上伏擊了哈吉·奧馬爾，殺害他及其多位家人。威尼斯社區驚恐萬狀，做好準備，想把屍體送回去，並支付巨額賠償金。首先，他們請求熱那亞人在這次危機中與他們一致對外。但熱那亞人並沒有這麼做。相反地，他們攻擊並洗劫了韃靼人，隨後乘船撤走了，留下威尼斯人獨自承擔後果。在緊接著發生的暴力衝突中，六十個威尼斯人喪命。新即位的可汗扎尼別（Zanibeck）襲擊並洗劫了塔納，毀壞所有商品，抓了一些威尼斯商人做為人質。倖存者乘船逃到熱那亞領地卡法，尋求庇護。至此，西歐與亞洲世界的聯繫都集中到了熱那亞的這個要塞。

塔納的危機仍在蔓延。如果說扎尼別是被威尼斯人惹怒，但他更討厭卡法的熱那亞人，因為卡法已經成了不受可汗控制的殖民地，隨意對其他國家的商人徵稅。扎尼別決心在自己的統治範圍內消滅所有義大利人。他率領大軍進攻卡法。這使得威尼斯人和熱那亞人罕見地站在同一戰線。威尼斯人從熱那亞人那裡得到免稅的特權，於是雙方在城市令人生畏的防禦工事後面並肩作戰。在一三四三年寒冷的冬季，蒙古軍隊轟擊著城牆，但是熱那亞有著制海的優勢。一三四四年二月，一支艦隊解除卡法遭受的圍困。蒙古人撤退了，留下一萬五千具屍骨。過了一年，扎尼別又回來，下定決心要驅逐熱那亞人。

此時，兩個互相競爭的共和國達成協定，在蒙古人領地內實施聯合的貿易禁運。一三四四年，元老院禁止「與扎尼別統治的所有區域，包括卡法在內，開展商業活動」。當局在里亞爾托的台階上宣讀這道法令，以便所有人都確切地理解這個消息，違者將會面臨巨額罰款，同時被沒收一半貨物。與此同時，在得到熱那亞人同意後，他們派遣安撫大使返回薩萊，嘗試解決危機，但只是徒勞。韃靼人的回應是從城牆上射下的箭矢，以及投石機調整張力的嘎吱聲和轟鳴聲。對卡法的圍困一直持續到一三四六年。

到一三四〇年代，黑海已經成為全世界的貨棧。對卡法的持續圍攻以及塔納的毀滅，使得商業活動如同冬天海上的結冰一般停滯了。地中海盆地各個飢餓的城市都感受到戰爭的影響。在地中海東部出現饑荒，拜占庭缺少小麥、鹽和魚；威尼斯也缺乏小麥，而且奢侈品價格瘋漲：在全歐洲，絲綢和香料價格翻倍增長。這些影響使黑海顯得更為重要，兩個共和國在這裡的競爭異常激烈。豐厚的利潤回報使商人們可以承受在草原邊緣進行貿易活動的千難萬險。再加上教宗仍然禁止與馬穆魯克王朝通商，世界貿易幾乎止步不前。義大利和低地國家失去了向東方出口加工品的管道。一三四四年，威尼斯人痛苦地向教宗提出請求：

……如今……與塔納和黑海的貿易完全喪失或被封閉了。我們的商人已經習慣於從那些地區獲得豐厚利潤與財富，因為它是我們進口和出口貨物的管道。如今，我們的商人們不知何去何從，無法工作。

教宗開始慢慢地放鬆禁令，允許與埃及和敘利亞通商；這是將香料貿易慢慢轉回地中海盆地的開端。

但卡法的攻防戰出現了意想不到的轉折。城外的韃靼人開始死去。僅有的當時的記載這樣寫道：

疾病擊倒了整支韃靼軍隊。每天都有數千人死去……一旦他們身上出現疾病的症狀，他們馬上就會死去，症狀是腹股溝和腋窩內的體液凝結，隨後是腐臭的熱病。所有的醫療建議和救助都是徒勞的。韃靼人在可怕災難和致命疾病的打擊下筋疲力盡、驚慌失措、士氣渙散；他們意識到沒有活下去的希望……於是將死屍裝在投石機中，投擲到卡法城內，這樣敵人就會被恐怖的惡臭消滅。成堆的屍首被投擲到城裡，基督徒們沒法躲藏、逃跑或避開這些死屍，他們儘量把屍體扔到海裡。空氣很快被汙染了，飲用水也因腐爛的屍體而變得有毒。

雖然這起事件不大可能是傳播黑死病的唯一途徑，但它很快就被商船傳播到西方。一三四七年，在黑海航行的八艘熱那亞船中，只有四艘安全返回；其他船上的船員都死了，船也銷聲匿跡。十二月，瘟疫傳播到君士坦丁堡；大約一三四八年一月，黑死病傳到威尼斯，差不多在同時，發生了一系列凶險的地震，震得教堂的鐘不停地轟響，大運河的水也氾濫成災。到三月，瘟疫席捲整個威尼斯；五月，由於天氣轉熱，疫情已經無法控制。世界上沒有任何一個城市的人口比這裡更稠密。它面臨著一場災難。根據威尼斯編年史家勞倫佐·德·莫納西斯（Lorenzo de Monacis）的記載，這場瘟疫的嚴重程度史無前例：

> 疫情十分猛烈，死屍遍布廣場、門廊、墓地和所有神聖場所。夜間，許多屍體被埋在公共街道上，有的被埋在自家地板下；許多人沒有做告解就死掉了；屍體在被拋棄的房子裡腐爛……父親、兒子、兄弟、鄰居和朋友為保命而相互拋棄……醫生為了躲避疫病，不給任何人看病，逃離病人……同樣的恐懼縈繞在神父和教士的心頭……關於這場危機，沒有人能理智地思考……整座城市就是一座墳墓。
>
> 必須由政府出資，將屍體運出城外，運輸工具是特製的躉船，它可以在城市裡行駛，將

屍體從廢棄的房屋裡拖出來，將它們帶到……城市之外的島嶼上，扔進長且寬的坑裡堆積起來，人們花了很大的力氣挖這些大坑。在躉船上和坑裡的許多人尚有呼吸，後來死於窒息；同時，大多數划船的槳手也染上了瘟疫。珍貴的家具、金錢、黃金白銀被留在廢棄的屋子裡，卻沒有賊去偷——死氣沉沉的氛圍或者說是恐懼，影響著每個人；一旦染上瘟疫，存活的時間不超過七小時；懷孕的女人也逃不了：對於許多孕婦，胎兒連同她們的內臟一起被排出體外。男人、女人、老人與青年遇上瘟疫都會喪命。一戶有一人染上了瘟疫，全家將無一倖免。

整個一三四八年的夏天，懸掛著黑布的躉船緩慢地在充滿惡臭的運河中行駛。可怕的哭號聲響起：「死人！死人！」懲罰性的強制法令要求每戶人家抬出自家的死屍。為了努力降低死亡率，政府頒布了非常措施。一個特別的衛生議事會被組織起來；有可能攜帶瘟疫的船隻被燒毀；所有貿易活動暫停；葡萄酒銷售被禁止；酒館歇業；由於缺乏看守，犯人被釋放出來。里亞爾托、碼頭、繁忙的運河此時全部沉寂下來。威尼斯陷入一片陰霾。在潟湖的偏遠島嶼上，死屍被運往大坑埋掉——一層土，然後是一層死屍，然後又是一層土——「就像千層麵一樣」一位佛羅倫斯作家做了這個令人毛骨悚然的比喻。

瘟疫自行消退時，威尼斯大約三分之二的人口已經死亡；貴族家庭減少了五十戶。不誇張地說，活人確實是在死人堆上行走。在隨後幾個世紀裡，毫無防備的漁民踏上潟湖深處的某些荒島時，還會踩到當年被匆忙掩埋的黑死病患者留下的白骨。黑死病徹底改變了威尼斯商人的精神面貌。在一百五十年間，威尼斯乘著歐洲繁榮的浪潮，財富增長、人口大增。以敢於冒險的樂觀精神為標誌的海上探險獲得了豐厚的回報。但是，氾濫的物質主義、航線的擴張、穿越廣闊地區的商業聯繫，不僅帶回了絲綢、香料、象牙、珍珠、糧食和魚，也從亞洲內陸帶回釀成瘟疫的芽孢桿菌。義大利的各航海共和國被指責為將瘟疫帶到歐洲的罪魁禍首；瘟疫的後果則是他們的貪欲和罪孽所遭到的神罰。同時代的編年史家加布里埃萊．德．穆西斯（Gabriele de Mussis）想像商人與上帝的對話，發出了指控：

「熱那亞，招供你所犯下的罪行吧……威尼斯，托斯卡尼（Tuscany）和整個義大利，說說你們都做了什麼。」

「我們，熱那亞和威尼斯，揭示了上帝的審判。不幸的是，我們航向自己的城市，回到自己的家鄉……嗚呼，我們隨身攜帶著死亡的飛鏢，當我們的親人擁抱和親吻我們的時候，就在我們說話的時候，我們被迫從口中傳播病毒。」

截至一三五〇年底，做為黑海貿易的一個副產品，歐洲人口減少了大概一半。在地中海盆地的有些地方，死亡率可能高達百分之七十五。黑死病讓整個大陸接受了一種新的思維和行為方式，終結了過去中世紀公社的模式。威尼斯受物質主義驅使，這讓佩脫拉克很不舒服，但威尼斯成了多重新世界、新身分認同以及新思維模式的先驅。此後，義大利的重商主義思想漸漸衰退。財富和貿易的光明前景蒙上了淡淡的憂傷。「沒有什麼比死亡更確定，也沒有什麼比死亡來臨的時刻更不確定」成了流行的說法。商人們愈來愈傾向於規避風險，愈來愈保守、愈來愈害怕財富會突然消失；用一句老套的話來說，海洋的財富使得人們愈來愈謹小慎微。從此以後，威尼斯一直密切關注著歐洲瘟疫的情況。

然而，黑海的爭奪戰仍在持續。雙方都違反了貿易禁運的協定。一三四七年，威尼斯人公然破壞與熱那亞的協定，從扎尼別那裡獲得在塔納經商的新特權。熱那亞的信條是「不允許任何船隻航行到塔納」，於是準備施以報復。熱那亞驕傲地宣稱：威尼斯人只有得到他們的許可，方能航行進入黑海。新的戰爭無法避免。雙方都差不多被新的戰爭拖到了毀滅的邊緣。

第十一章　聖提多之旗

一三四八至一三六八年

黑海仍是一個懸而未決的問題，對此瘟疫沒有起到任何緩解作用，只是減少了可用的人力資源和雙方的海軍實力。喪失三分之二人口的不到一年之後，熱那亞和威尼斯又一次兵戎相見。在此之後，他們的爭奪目標又回到博斯普魯斯海峽，這裡是控制通往中亞市場要道的兵家必爭之地。戰爭再次回到君士坦丁堡的海牆，此地在威尼斯航海冒險事業中一次又一次扮演關鍵的角色。

到一三四〇年代末，很顯然，重建的拜占庭帝國始終未從第四次十字軍東征的創傷中恢復。拜占庭飽受內戰困擾，無力抵擋土耳其人橫穿安納托利亞（Anatolia）土地，步步緊逼的騷擾，完全沒有能力管理自己的海上邊疆，因此君士坦丁堡對威尼斯和熱那亞的掠奪廝殺毫無辦法。這兩個共和國操縱拜占庭內政，推舉傀儡皇帝，支持城市內部權力鬥爭的不同派系。在這方面，熱那亞更勝一籌。他們的貿易城鎮加拉塔戒備森嚴，擁有自己的設防港口，距離君士坦丁堡僅一水之隔，得天獨厚的地理位置讓他們扼住了希臘皇帝的咽喉。君士坦丁堡要獲取黑海的小麥，完全依賴於熱那亞船隻，並且君士坦丁堡貿易的大部分已被加拉塔攫取。到一三五〇年，加拉塔的海關關稅收入達到了君士坦丁堡的七倍。君士坦丁紀念柱上纏繞的蛇變成了寄生蟲，威脅要毀滅寄主的身軀。君士坦丁堡無奈地發現自己已被捲入兩個城市爭奪商業霸主地位的戰爭。戰爭無情地推進到君士坦丁堡的門前。

熱那亞的行動愈發肆無忌憚。一三四八年，他們對君士坦丁堡發動攻擊；次年，當拜占庭試圖建立一支新艦隊時，熱那亞將其全殲於金角灣；他們大搖大擺地搶奪了小亞細亞沿岸的拜占庭戰略基地；一三五〇年，他們占領了博斯普魯斯海峽上的一座城堡，完全控制進入黑海的通道。當熱那亞在卡法扣押威尼斯船隻的時候，兩國的戰爭便無法避免了。

第三次威尼斯－熱那亞戰爭於一三五〇年展開，在大多數方面都與之前的兩次沒什麼差別。這是一場混亂、覆蓋面廣、帶著刻骨仇恨的海上戰爭，包含「打了就跑」的戰術、海盜行為、對基地和海島的掠奪襲擾，以及海上的正面交鋒。這次戰爭與前面幾次的不同之處在於艦隊的規模。黑死病嚴重破壞這兩座城市的人力資源；水手遭受了尤其嚴重的影響。一二九四年，威尼斯在短短幾個月時間裡就集結約七十艘槳帆船；而在一三五〇年，它僅僅勉強湊齊三十五艘槳帆船的槳手。普通公民對航海生活的態度已經開始有了一些雖小但很重要的改變。瘟疫使倖存者的生活富裕起來。他們繼承了大量財富，勞動力的缺乏也提高了勞動力成本。各階層之間出現分裂。在一代人之後，這種分裂在艦隊事務中將變得更加富有戲劇性。普通海員開始覺得，他們和貴族指揮官承擔的風險和享受的生活條件完全不同。每到徵兵時，便有人抱怨，船長吃的是好麵包，而槳手們只能吃難以消化的黍類。因此，很多被徵召的人寧願從希臘和達爾馬提亞海岸雇傭殖民地居民來代替自己服役。公民間的團結、紀律以及同甘共苦精神開始衰敗，並對威尼斯的海權帶來長遠的影響。

但是，雖然艦隊的規模縮小了，兩個城市間的競爭卻變得更加慘烈。戰端每一次再開，威尼斯人和熱那亞人便更加憎恨彼此，一三五二年，兩個海上強國在君士坦丁堡城牆下進行了一場戰役，它是威尼斯經歷過最險惡的戰役之一，被世世代代銘記於心。

✯

一三五一年，威尼斯與拜占庭皇帝約翰五世簽署協定，目的是將熱那亞逐出博斯普魯斯海峽，消除其對黑海的絕對控制權。為了彌補縮小的艦隊規模，威尼斯人得到遠在西班牙的亞拉岡（Aragon）國王的支持。亞拉岡國王有自己的理由去攻擊熱那亞人。他提供了三十艘加泰隆尼亞槳帆船①，其中有十二艘是威尼斯自己出錢裝備的。威尼斯艦隊的指揮權落到最有經驗的海軍將領尼可拉．皮薩尼（Nicolo Pisani）的手上。他和熱那亞艦隊的指揮官——帕加尼諾．多里亞（Paganino Doria，一個航海貴族世家的後裔）可謂棋逢對手，兩個家族的敵對將世代相傳。最初幾個月進行的是小規模交鋒，在此期間，雙方一直沒有能夠正面對壘。有一次，皮薩尼的艦隊處於兵力劣勢，被趕到了內格羅蓬特，他寧願在港口鑿沉自己的槳帆船，也不肯冒險出戰。多里亞只得撤退，之後皮薩尼將自己的船隻打撈起來，重新啟航。

① 此時加泰隆尼亞是亞拉岡王國的一部分，在今天西班牙的東北角。

一三五二年初，威尼斯、拜占庭和加泰隆尼亞聯合艦隊終於在博斯普魯斯海峽入口堵住了他們的敵人。二月十三日（星期一），雙方艦隊在君士坦丁堡城牆下準備戰鬥。一百五十年前，在完全不同的情形下，第四次十字軍曾在這裡向君士坦丁堡發動第一次攻擊。下午，兩支艦隊終於接近了，此時正值隆冬，天氣嚴寒，狂風大作，海面被強勁的南風吹得波濤洶湧，博斯普魯斯海峽的激流與風向相反，掀起驚濤駭浪。

這種情形下很難駕馭船隻。再過幾個小時天就黑了。考慮到這些情況，皮薩尼認為推遲至明日再戰是明智的做法，但加泰隆尼亞的艦隊司令堅信他們可以輕鬆取勝。他手握利劍，宣布自己要出戰，並下令吹響進攻的號角。皮薩尼別無選擇，只得跟隨他前進。正當他們收起船錨時，風速陡增，海面上形成一個個城堡那麼高的波峰和令人頭暈目眩的波谷。此時想要有序地攻擊熱那亞槳帆船，是絕對不可能的。多里亞將他的戰船撤到一個有遮蔽的小海灣的入口處，而聯軍的戰船被狂風吹得從熱那亞船邊飛速駛過，無法與其交戰；於是他們又艱難地調轉船頭，槳手們拚命划槳，做第二次嘗試。

現在，上百艘戰船擠進博斯普魯斯海峽一個僅一英里寬的狹窄地帶。船隻進進退退，雙方均無法組織好戰線，但都嘗試接敵作戰。海峽內擠滿了船隻，這些船一會兒相互碰撞，一會兒又被風力推上岸。與其說這是一場海戰，倒不如說是一系列混亂的小規模廝殺——五艘、六艘或七艘船組成的小群體在狂風中盲目地相互攻擊。夜幕突然降臨在波濤洶湧的海面上。戰鬥場面變得更加混亂了。戰士們甚至無法分清敵我。威尼斯戰船上的士兵試圖登上友軍戰船廝殺；熱那亞人向自己一方的船隻放箭；有人從船上落海；槳帆船的操舵裝置失靈；戰船碰撞時，船槳被砸碎；失去舵的船隻順著海流四處飄蕩。一旦一艘船著了火，它便像火絨一樣在狂風中熊熊燃燒，隨後被狂風吹向黑暗的遠方，只留下閃閃的火光。狂風、刺骨的寒氣、木料破裂聲、混亂的叫喊聲，在甲板上蹣跚而行卻仍拚命廝殺的戰士，被駭人的瘋狂驅使著，這看上去有如地獄。此時的戰場上不再有任何戰略或者控制可言。結果只能靠運氣決定。糾纏在一起的船隻撞向海岸，船員們跳上岸，繼續互相攻擊刺殺，因此在有的地方，海戰變成了陸戰。七艘加泰隆尼亞槳帆船上的海員逃跑了；希臘人也許更加明智，幾乎沒有參與戰鬥，直接退回了金角灣。戰士們帶著狂怒，奮戰到死，他們所殺的同伴和敵人幾乎一樣多。

天破曉了，眼前的場景一片狼藉。

圖18　槳帆船之戰

空船漂浮在水面上，或支離破碎地躺在岸邊；海面上到處漂浮著死屍、桅杆和戰鬥產生的碎屑。沒人能看出哪一方勝利，於是雙方都宣稱自己得勝了。雙方都傷亡慘重。從加拉塔來的方濟各會修士試圖安排一次俘虜交換。但當他們拜訪威尼斯艦隊時，卻發現俘虜數量極少，於是他們決定不再回去，以免當熱那亞人了解到自己的損失後會立即屠殺他們抓到的戰俘。

但在此役之後，熱那亞占了上風。威尼斯和加泰隆尼亞艦隊撤退了，無力繼續攻擊加拉塔。而此時熱那亞從鄂圖曼帝國的蘇丹奧爾汗（Orhan I）那裡得到了軍事援助。拜占庭人只好和熱那亞簽署和約，根據其條款，希臘船隻未經熱那亞許可不得進入黑海。此外，熱那亞對加拉塔的所有權得到了確認，他們加強加拉塔的防禦，將其做為自身有主權的殖民地。拜占庭正被慢慢扼殺，不僅是被貪婪的航海共和國扼殺，還被正在步步緊逼的鄂圖曼土耳其人掐住了脖子。對威尼斯而言，此役的戰略後果非常嚴重。他們從博斯普魯斯戰役中學到的是，若在通往黑海的路途上沒有一個戰略後勤基地，他們將永遠無法對遠東貿易施加任何協調一致的壓迫。他們將貪婪的目光投向小小的特內多斯（Tenedos）島②，它位於達達尼爾海峽的入口處，極具戰略價值。

在熱那亞也沒有多少歡慶氣氛。「這次勝利沒有任何週年紀念活動，」熱那亞編年史家寫道，「執政官也沒有按照慣例去教堂感謝上帝；或許，因為有很多英勇的熱那亞戰士在這場戰役中犧牲，所以人們最好還是忘記那天的勝利。」

✯

戰爭繼續進行，向西推進。雙方互有勝負，兩個共和國的情緒也跌宕起伏，輪流從瘋狂的喜悅轉向絕望的邊緣，就像是廣袤大海上波浪的顛簸。隨著艦隊的縮小和人力資源的減少，海戰失利的影響顯得愈發突出。皮薩尼和亞拉岡人在薩丁尼亞島外殲滅了一支熱那亞槳帆船艦隊，這在熱那亞城內引發戲劇性的反應。人們在街上嚎啕大哭；熱那亞的財富和糧食來源被切斷了，屈辱、飢餓和卑微的投降似乎就在眼前。公民們只能訴諸於鋌而走險的方法。他們自願投降於威尼斯在陸地上的競爭對手——強大的米蘭領主喬萬尼・維斯孔蒂（Giovanni Visconti），把他當做保護盾。威尼斯唾手可得的勝利被奪走了。維斯孔蒂派遣佩脫拉克（此時他是維斯孔蒂宮廷的一名外交官）去向威尼斯人示好。運用他的全副文學技巧，佩脫拉克阿諛奉承地呼籲「兩個最強大的民族，兩座最繁華的城市，義大利的兩隻眼睛」議和。他還指出，威尼斯人的過度自信可能會遭到懲罰：「幸運的骰子是曖昧不清的。如果一隻眼睛熄滅了，那另外一隻也必將變暗。要想針對這樣的敵人獲取一場不流血的大勝，一定要小心，這或許預示著一種愚蠢和荒謬的自負！」

佩脫拉克的警告被置之不理。威尼斯執政官安德烈亞・丹多洛直截了當地回答道：

> ……熱那亞人的目的是奪取我們最寶貴的財產——我們的自由；他們恣意干涉我們的權益，迫使我們拿起武器反抗……我們之間的矛盾由來已久……因此，我們必須開戰，只有這樣才可以保障我們國家的安全，這比我們的生命更加可貴。後會有期。

② 今稱博茲賈（Bozcaada）島，鄰近土耳其西部海岸，達達尼爾海峽入愛琴海處。

佩脫拉克對這個商業共和國的粗魯回答很是不滿：「我的話，或者甚至是西塞羅（Cicero）的話，也沒有一句能夠傳進頑固、封閉的耳朵裡，也無法觸動固執的心。」他再次警告骨肉相殘的危險：「不要自欺欺人了，如果義大利解體了，那麼威尼斯也將垮掉，因為威尼斯是義大利的一部分。」威尼斯不願苟同，它認為自己和義大利大陸有著本質的區別，儘管到此時它已經深深捲入大陸事務，不過它自己不肯承認而已。

但是，隨著戰爭的持續，幸運之骰的確開始傾向另一方，現在輪到威尼斯害怕了。熱那亞人建造了一支新的艦隊，多里亞在隆哥港（Longo，在薩皮恩扎〔Sapienza〕島上，靠近伯羅奔尼撒半島南部的莫東）大敗皮薩尼。這是威尼斯史上從未經歷過的嚴重災難。威尼斯損失了所有槳帆船。六千人，而且是威尼斯的航海精英，慘遭俘虜，同時丟失數額巨大的戰利品。尼可拉・皮薩尼和他的兒子韋托爾（Vettor）以及一隊水手逃到了莫東。皮薩尼被剝奪一切公職，心灰意冷地度過餘生。韋托爾被無罪釋放，但隆哥港戰役的失敗就像一個黑暗的汙點，一直伴隨著這個家族，並且在二十五年之後重新籠罩威尼斯潟湖。執政官安德烈亞・丹多洛在這場災難兩個月前去世。佩脫拉克被證明是正確的，他沾沾自喜地說：「他（安德烈亞・丹多洛）這樣死了也好，不用看到自己的祖國蒙受如此屈辱，以及我一定會寫給他的更嚴厲的信函。」

但與熱那亞不同的是，軍事失利在威尼斯並沒有引發內亂，也沒有發生憲法的崩潰，儘管在幾個月後，丹多洛的繼任者——馬里諾・法列羅（Marino Faliero）政變未遂被處死。一三五五年六月，米蘭公爵強行要求兩個互相廝殺的共和國締結和約，這讓威尼斯鬆了一口氣，卻使熱那亞大怒。實際上，這項和約僅僅是一次暫時的停火。雙方同意三年內均不進入亞速海。對威尼斯而言，這是短暫的挫折，因為他們現在無法使用塔納，但熱那亞歡迎這個規定，因為它在卡法的主宰地位業已恢復。威尼斯人懷著熱切的期望，等待一三五八年六月的到來；同時它與北半球所有貿易國家建立了新的外交關係，包括金帳汗國的大汗、法蘭德斯、埃及和突尼斯。

戰爭的結果尚不明確，雙方似乎都瞥見取得最終勝利的可能性，然而最終的勝利果實卻被好管閒事的米蘭公爵奪走了。雙方都深入對方的水域，並將敵人逼迫到毀滅邊緣。二十五年後，同樣的戰爭將會再次上演，有著和上次一樣的戰術、勝負逆轉、希望、恐懼，作戰的海域也相同，但是後果更加嚴重。下一次將是生死存亡的大決戰。

在梵諦岡（Vatican），一提到兩個航海共和國的爭鬥不休，大家就扼腕嘆息。歷屆教宗一再進行十字軍東征的嘗試，卻總是由於威尼斯和熱那亞的爭鬥而作罷，因為只有它們才擁有運輸部隊所需的資源。外人明白，威尼斯自己也強烈感覺到：在這些令人筋疲力竭的戰爭的間歇，以及在拜占庭垮台的空隙裡，鄂圖曼土耳其人正不可阻擋地向前推進。一三五四年十一月，熱那亞人運送一支鄂圖曼軍隊渡過達達尼爾海峽，進入歐洲。這是他們，乃至整個基督教世界做過的最糟糕的一樁買賣。他們的收費是每人一杜卡特。這個價碼很不錯，但實際上是一樁可怕的交易。土耳其人在加里波利站穩腳跟後，就再也沒有辦法將他們驅逐出去。他們將永久地留在歐洲，成為君士坦丁堡及其腹地政治亂局中的第四條蛇。

✯

這些戰爭對威尼斯海洋帝國的影響很深。在競爭對手的壓力下，共和國為了維護其海上航道和海上防禦，從其殖民地索取愈來愈多的資源。威尼斯的所有前哨陣地（由共和國中央政府直接統轄）都感受到宗主國施加的沉重壓力，特別是在財政方面。威尼斯人掌控著一套完整的稅收制度，參照先前拜占庭的稅賦模式，對其加以改良，以近乎偏執的仔細審查整個執行過程。他們對住房、土地所有和牲畜徵收直接稅。間接稅的徵收對象包括：油和酒類的銷售；乳酪和鐵的出口；動物毛皮、鹹魚、船隻停泊（根據功能和噸位收費不同）；甚至在克里特境內的葡萄酒運輸；其他形形色色的貨物和經濟功能。還有為修建防禦工事而以實物形式徵收的賦稅、提供警衛的徭役、提供飼料和柴火等，這些負擔對克里特的城鎮居民來說特別討厭。國家對核心食品的壟斷收購，尤其是以低於市價的價格收購小麥，令地主階層怨聲載道。還有一些特別徵稅，用來應付軍事突發事件和海盜的襲擊。無論聖馬可的旗幟飄到哪裡，共和國的經濟需求就出現在哪裡。稅收的重負無情地壓在所有殖民地人民的肩上。威尼斯公民、土著居民、外國人、教士和俗人、農民和城鎮居民全都要繳稅，猶太人承擔的賦稅尤其沉重。

克里特島受到的稅收壓迫最為嚴重。這個島嶼是海洋帝國的神經中樞。前往東方的所有商業和航海活動都要經過克里特的港口。它位於十字軍東征和海上戰爭的最前線。它生產的小麥對潟湖來說至關重要。克里特負責裝備槳帆船，為其提供人力，為共和國的海軍及士兵和槳手們提供兩次烘焙的餅乾。一三四四年，威尼斯參加了一次前往士麥拿的十字軍東征，去攻擊土耳其人，正是克里特島為此次行動買單。共和國以折扣價壟斷了克里特島的小麥。此外，管理這個島需要付出不小的代價。從小亞細亞海岸出發的土耳其海盜愈來愈猖獗，威尼斯必須為克里特提供軍事保護、防禦工事和槳帆船巡邏。甘地亞的城牆多次被地震摧毀，並且其至關重要的人造海港和防波堤也持續遭到海浪的侵襲。所有這一切都需要錢，而克里特島不得不支付這些費用。隨著時光流逝，克里特居民對遙遠母邦的賦稅要求愈發感到不滿。滿腹怨言的人不僅包括經常造反的希臘人，也包括他們的威尼斯地主，即共和國的封臣們，他們在島上定居已有數代之久。一三六三年夏天，這種不滿情緒使威尼斯的帝國霸業陷入動盪之中。

✯

一三六三年七月二十一日，威尼斯國家檔案記錄了十人議事會——強大的國家權力機關之一——的一項判決。這項判決是針對瑪律科．圖拉尼奧（Marco Turlanio）的，他曾「允許一名軍械士去帕多瓦（Padua）做他的買賣，即製造弩弓。這項舉措嚴重損害了威尼斯的利益，因此十人議事會判處圖拉尼奧終身流放到克里特島」。帕多瓦是敵對威尼斯的城市，而威尼斯當局對具有專門軍事或工業技能的工匠的叛逃特別重視。製鹽工人或玻璃工人若是叛逃敵國，一旦被抓獲，將被砍掉右手，如果是女性，則被割掉嘴唇和鼻子，或者被追捕和暗殺。然而三個月後，國家檔案記載道，圖拉尼奧仍然在威尼斯。對

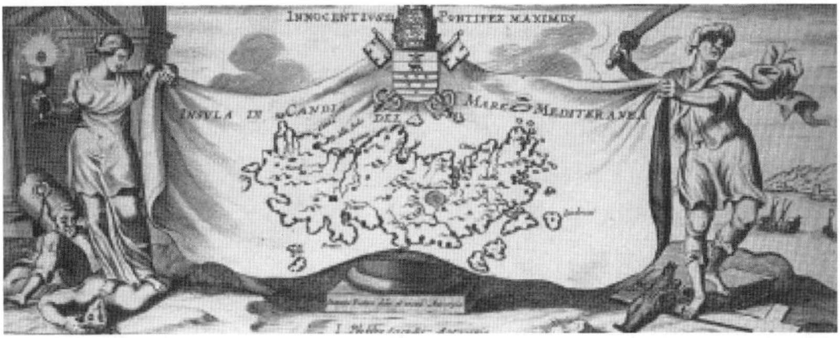

圖19　帝國的圖像：威尼斯對克里特的主宰

他的處罰已經被擱置。在這三個月裡，一場巨大的災變動搖了威尼斯帝國的統治。

八月八日，克里特島上的威尼斯封臣們了解到，元老院有意引進一個新的稅種，以維護和清潔甘地亞港。這成為壓倒駱駝的最後一根稻草。封臣們對此強烈反對，他們覺得實施這項稅收純粹是為了商船隊（這些商船隊途經克里特島前往埃及和敘利亞海岸）的利益，與他們無關。他們在甘地亞聚集，要求直接上訴威尼斯執政官。克里特公爵李奧納多・丹多洛（Leonardo Dandolo）拒絕讓步，堅持必須徵稅。他派遣傳令官向整座城市宣達這一點，尤其是去聖提多（Saint Titus，克里特島的主保聖人）教堂宣講，因為那裡是主要反對派的聚集之地。公爵發出的命令直截了當：必須繳納稅款，違者將被沒收財產或處決。載有約五百名水手的十九艘威尼斯艦船停泊在港口；有人建議丹多洛號召這些人奪取中央廣場的控制權，並驅散示威者。但他拒絕了，擔心這樣做是火上澆油。於是水手們留在港口。

但丹多洛的敕令沒有嚇倒地主們。次日，他們聚集在中央廣場，在心懷不滿的市民、僕役和士兵的支持下，試圖襲擊公爵的宮殿。宮殿大門巋然不動。裡面的公爵雖然極其固執，卻十分勇敢，他下令將門打開。他命令封臣們退散，否則死路一條。地主的領袖之一蒂托・韋尼爾（Tito Venier）惱羞成怒，大叫道：「該死的人是你，你這叛徒！」丹多洛的勇氣救了他自己的性命。另外幾名抗議者挺身而出保護他，但在天黑時，丹多洛與其他幾名忠於威尼斯的權貴都被抗議者扣押了。

一週之內，叛軍為獨立的克里特島建立一個影子政府，由威尼斯地主瑪律科・格拉代尼戈（Marco Gradenigo）擔任總督和行政總長，同時設立四名顧問和一個二十人組成的議事會來輔佐他。一百五十年來，克里特人曾多次揭竿而起、反抗他們的威尼斯宗主，但一三六三年的叛亂暴露了共和國的帝國霸業中更深層的問題。此前所有的叛亂都是由被剝奪財產的希臘地主發動的，而這一次不同。這是威尼斯殖民者的第一次叛亂，叛亂者包括共和國歷史上一些最輝煌的名門望族的成員，如格拉代尼戈、韋尼爾、格里瑪律迪（Grimaldi）、奎里尼和丹多洛等貴族世家，這些家族在共和國擴張的上升期曾湧現出許多執政官、行政官員、海軍將領和巨賈富商。共和國一直奉行嚴格的種族隔離政策，將臣屬民族和威尼斯殖民者與執政者分隔開，對威尼斯公民施加許多限制條款和禁令。它信奉種族的純潔性，最害怕的就是民族同化。用那句歷史悠久的說辭，無論威尼斯居民身處多麼遙遠的地方——塔納、倫敦、亞歷山大港、君士坦丁堡、布魯日、里斯本或甘地亞——他們都是「我們的血肉同胞」，即忠誠愛國的集體事業參與者，正是這樣的事業構建了最尊貴的聖馬可共和國，而它的核心永遠是潟湖。

但在克里特島，在一百五十年的殖民統治之後，威尼斯殖民者在這裡居住了許多代，上述這種與土著涇渭分明的冷漠超然已經軟化。殖民者除了自己的威尼斯方言之外也說希臘語，有些人和主要的希臘氏族通婚，有些人傾心於具有神祕美感的東正教儀式。克里特島開始征服他們的征服者了。據強烈敵視克里特的威尼斯編年史家德．莫納西斯記載，叛亂者進行一番討論，以決定在新獨立的克里特島上空懸掛何種旗幟，此次辯論定下了整場叛亂的基調：

八月十三日，叛軍在宮殿內討論升起聖馬可還是聖提多旗幟的問題。人群湧進廣場，高喊：「聖提多萬歲！」於是他們決定，無論在陸地還是海洋，均應懸掛帶有聖提多形象的旗幟，並公開在所有地方張掛此旗幟。

此事件後來被稱為「聖提多叛亂」。它標誌著克里特島居民產生一種對獨立的嚮往。但在其開端，也出現了不祥的預兆。「這一天，聖提多的旗幟在人群的吶喊聲中被升上鐘樓頂部，但旗幟是倒掛的，聖像的腳比頭高。這不祥的預兆使許多有信仰的人感到害怕。」

儘管有這樣的凶兆，「光輝的總督兼行政總長瑪律科．格拉代尼戈政府及其議事會」仍高度樂觀地開始運作。威尼斯封臣們向希臘人民求助。希臘人被准許進入執政議事會，在此之前受威尼斯控制，對希臘東正教神職任命的限制也被解除。

向西六十英里，在威尼斯控制的海港小鎮甘尼亞，人們沒有立即推翻共和政府的統治。這裡的總督是韋托爾．皮薩尼。高貴的皮薩尼家族長期效勞於威尼斯，既贏得過榮耀，也曾蒙受恥辱。韋托爾的父親尼可拉在此前與熱那亞的戰爭中打過勝仗，也失敗過，自隆哥港的災難之後，便被永久地剝奪公職。韋托爾是一名經驗豐富的船長和海軍指揮官，但現在境況也不樂觀。前一年在威尼斯，他在大街上手握利劍，企圖謀殺一位行政長官，被當街逮捕。他被罰款兩百金杜卡特，還被削了甘地亞總督的好職位。做為甘尼亞總督，韋托爾開始重整旗鼓。他對當地威尼斯人的管理似乎很有一套。他們拒絕背叛聖馬可。韋托爾因此寫信給威尼斯說：「這一區域的地主們仍然忠於祖國，並抵制甘地亞叛軍的所有呼籲。」後來叛軍襲擊了甘尼亞小鎮，皮薩尼和所有的威尼斯政府人員一同遭到囚禁。但這起事件說明他是一個能夠贏得旁人忠誠的人。十八年後，這位傲氣十足、喜怒無常的船長將成為威尼斯歷史上最偉大的英雄之一。

在很短的時間內，整座克里特島都落入叛軍手中。聖提多旗幟在塔樓和船舶的桅杆上飄揚。為了加強軍事防禦，以抵抗威尼斯的鎮壓，叛軍議事會做出一個事關重大的決定，將監獄中的一些犯人釋放，條件是六個月的無償兵役。德．莫納西斯毫不客氣地將這些犯人描述為「殺人犯、小偷、土匪、強盜和其他犯有深重罪孽之徒」。這使革命形勢增添了一個不穩定因素。有些封臣開始懷疑反叛祖國是否明智；一位名叫雅各．穆達佐（Jacobo Mudazzo）的地主公開表示反對叛亂。他的房子被燒毀了。幾天後，他的獨生子當街遇襲身亡。被說服放下武器休戰的威尼斯水手遭到搶劫並囚禁；威尼斯艦隊的三艘槳帆船及其全體船員和槳手被扣押。一位叫做扎拉的喬萬尼的商船主放棄了他的船隻，乘小艇逃到莫東。消息很快從那裡傳到了亞得里亞海。九月十一日，威尼斯元老院意識到，他們的主要殖民地——「帝國的樞紐」已處於全面叛亂狀態。

對此威尼斯仍感到難以置信。當天，執政官概述了對封臣們做出的呼籲：

……在悲傷和驚訝中，我們得知甘地亞的叛亂；這令人難以置信。封臣們與我們同屬一個集體，源於同一血脈。只要能讓他們回歸當初的和諧，我們將採取一切可能的行動。我們將派一名大使去了解民憤的起源，並採取適當舉措。執政官懇求他親愛的子民們聽從教導，重新歸順。

次日，元老院指定了一個代表團，賦與其精確的十二項任務和更深層次的祕密指示：不得洩漏任何有關元老院意圖的訊息。同時，威尼斯在為戰爭做準備。代表團在甘地亞登岸時，就應當意識到，他們高人一等的態度不會受到歡迎。大使們在武裝護衛下，從港口沿著三百碼長的山坡大道走到公爵的宮殿。當他們走過時，群眾從平坦的屋頂探出頭，在使團的頭頂上咒罵他們，「讓大使們非常恐懼」。調整好情緒後，他們向叛軍議事會傳達圓滑的說辭，搬出老生常談的一套：他們明白，孩子可能會生父母的氣……但是畢竟血脈相連，孩子終究還是會回到父母的管教下……浪子回頭仍可以被原諒……執政官滿懷慈悲……等等。在武裝人員的包圍下，暴民的咒罵還在他們耳邊迴盪，代表團一行匆匆退回自己的船上，落荒而逃。

威尼斯震撼於克里特島事務的真實狀況。對威尼斯的殖民利益來說，此次危機與同熱那亞的戰事一樣嚴重。失去克里特島意味著海洋帝國將面臨潛在的災難。喪失了樞紐，整個帝國霸業都將垮掉。兩種可能的結果困擾著他們：一是熱那亞人可能會覺得克里特島的叛亂有利於他們，而且叛軍也正在尋求熱那亞的援助；二是叛亂可能會擴散到整個愛琴海，並觸發所有說希臘語的威尼斯領地起來造反。第二點很快成了現實。十月二十日，元老院了解到，「叛軍已派出代表前往柯洛尼和莫東，以及內格羅蓬特，鼓勵當地居民加入他們」。起初看起來僅僅是很小範圍的問題，現在已成了重大的危機。

威尼斯共和國的行政機關進入緊急狀態。威尼斯政府以前自稱為「公社」，現在則愈來愈經常使用「宗主國」的宏偉概念來指代自己，這暗示著它統治著廣袤的疆土。共和國政府的反應堅決而毫不含糊：「宗主國不能放棄克里特島，它是威尼斯海洋帝國的樞紐。我們將組織一次遠征，再次征服克里特島。」一連串簡明的命令從執政官的宮殿發了出去。第一步是封鎖克里特島，隔絕其與外界的聯繫。一系列發給平日負責傳布情報的議事會的簡練備忘錄設定好了計畫：

議事會將通知外國政府關於威尼斯政府針對克里特叛軍的計畫：一、威尼斯決定使用在其力量範圍的一切手段奪回克里特島；二、遠征正在準備中；三、我們請求外國政府命令他們的臣民與叛軍斷絕一切聯繫，尤其是商業聯繫。

威尼斯國家檔案的記載充滿緊張氣氛和急迫感。使臣和信差們乘船前往羅得島、賽普勒斯、君士坦丁堡、柯洛尼、莫東和內格羅蓬特，最重要的是前去覲見教宗。教宗正希望威尼斯人能支援十字軍東征的新計畫。他們還派出特使前往熱那亞，並相信教宗也將以維護天主教團結的名義迫使他們的對手不要插手克里特叛亂。此外，十艘槳帆船奉命封鎖克里特島，將其與外界隔離。在柯洛尼和莫東，人們被禁止購買已被運往當地的克里特商品。威尼斯要將克里特島扼死。

共和國高效率地準備武裝平叛。它公開宣稱：「我們將儘快攻打並征服克里特島。」它匆忙地到處尋找一名合適的雇傭兵統領來指揮陸軍。威尼斯素來只組織過海上遠征，所有陸戰則是根據法律外包出去。其中一位候選人，加萊奧托・馬拉泰斯塔（Galeotto Malatesta）因為費用談不攏而被否決。「他自命不凡的各種要求非常過分」，元老院抱怨道。他們最終雇用了一位老練的維洛納（Verona）軍人盧基諾・達爾・韋爾梅（Luchino dal Verme）來執行平叛任務，並組織了一支專業化的軍隊：兩千名步兵、來自波希米亞（Bohemia）的工兵、土耳其騎兵、五百名英格蘭雇傭兵、攻城武器、三十二艘槳帆船（包括運馬船）、十二艘滿載補給物資和攻城器械的圓船。威尼斯早已習慣接受他人的雇請，運載其他國家的軍隊橫渡地中海東部。組建和運送自己的軍隊的代價十分昂貴。有人抱怨道：「背信棄義的克里特叛亂嚴重損耗了威尼斯的商品和資源。」但共和國下定決心要儘快給與叛軍沉重的打擊。即便如此，準備艦隊仍花費了八個月的時間。一三六四年三月二十八日，達爾・韋爾梅宣誓就職，並在精心籌劃的儀式上從執政官手中接受戰旗。四月十日，在利多接受隆重的檢閱後，艦隊啟航。五月六日，艦隊已經停泊在甘地亞以西六英里的一個小海灣內。

在達爾・韋爾梅的軍隊登岸老早之前，有關威尼斯艦隊要來的消息就已經讓叛軍六神無主。一些持不同意見的威尼斯人開始重新思考。叛軍內部不同派系之間出現殺氣騰騰的分裂：城市對鄉村，威尼斯人對希臘人，天主教徒對東正教徒。格拉代尼戈氏族的一名成員李奧納多皈依了東正教。做為新信徒，他的宗教熱情特別瘋狂，他與一名叫做米勒特斯（Milletus）的希臘僧人勾結，陰謀刺殺搖擺不定的人。後來他們的計畫擴大至殺光所有生活在城牆安全保護範圍之外的威尼斯地主。米勒特斯準備了一個「長刀之夜」③，目標是義大利人居住的孤立農場和鄉間宅邸。德・莫納西斯生動地描述這波新的恐怖行動：

……為了避免別人懷疑他的陰謀，米勒特斯和他先前最親密的朋友安德烈亞斯・科納（Andreas Corner）待在一起……在位於普索諾皮拉（Psonopila）的房子。夜幕降臨，米勒特斯和同黨衝進屋子裡。安德烈亞斯嚇壞了，對他說：「我的朋友，你們這是想幹什麼？」米勒特斯回答道：「殺你！」……安德烈亞斯說：「你真的墮落到要犯下這樣的彌天大罪，要殺害你家庭的朋友和恩人嗎？」他回答說：「我必須這麼做。我們之間雖然有著友誼，但更重要的是宗教、自由以及將你們這些異端分子逐出這個島嶼，這是我們與生俱來的權利。」……說完這些，他們殺害了他。

同樣的場景在整座克里特島的鄉村不斷上演著：敲門聲，驚訝的喘息聲，然後是突如其來的襲擊。「那天晚上直到次日凌晨，他們殺害了加布里埃萊·維納里奧（他死在位於伊尼〔Ini〕的家中）、馬里諾·帕斯誇利戈、勞倫蒂奧·帕斯誇利戈、勞倫蒂奧·奎里諾、瑪律科和尼可拉·穆達佐、雅各和彼得羅·穆達佐……。」受害者的名單很長。威尼斯的克里特島風聲鶴唳、人心惶惶。在甘地亞、萊蒂莫和甘尼亞的城牆之外居住已經十分不安全。叛亂眼看就要失控。希臘愛國主義和新建的烏合之眾的軍隊混跡甘地亞，這座城市本身也陷入了混亂。一群暴民試圖強攻監獄，並殺死被關押在那裡的克里特公爵和威尼斯水手。市政府制止了這些暴民。就連叛亂領袖瑪律科·格拉代尼戈也震驚於事態的發展。叛軍決定，僧人米勒特斯這樣的盟友太過危險，還是沒有他比較好。米勒特斯遭誘騙到甘地亞附近的一座修道院，被抓獲並從公爵宮殿的房頂扔了下去，反覆無常的暴民用劍結束他的性命。

隨著有關威尼斯艦隊的消息增多，以及叛軍愈來愈恐懼希臘人，宮殿內部的爭論愈發激烈。

③ 長刀之夜原指一九三四年六月三十日至七月二日納粹政權對衝鋒隊的清算。希特勒因無法控制衝鋒隊的街頭暴力並視之為對其權力的威脅，故欲除去衝鋒隊及其領導人恩斯特·羅姆。他還想安撫害怕及厭惡衝鋒隊的國防軍高層，特別是由於羅姆企圖將國防軍納入自己領導的衝鋒隊之下。最終至少有八十五人死於清算，但實際死亡人數可能達幾百人。超過一千名的反對者被逮捕。此次行動加強並鞏固了國防軍對希特勒的支持。

威尼斯人和甘地亞的希臘市民都害怕會激起農民起義——被壓迫了幾個世紀的下層人民的反抗。為了控制已經不在他們掌握範圍內的叛亂，他們提出一個極端的解決方案：「為了遏制希臘人的叛亂，應使克里特島隸屬於一個外國宗主，即熱那亞。」但在許多威尼斯領主看來，這樣的背叛實在太過分了。有些人被相互牴觸的情感所驅動，提議如今向威尼斯政府懇求寬恕。瑪律科．格拉代尼戈是倡議者之一，他被召回公爵宮殿商議大事——這其實是一個埋伏。二十五名年輕男子已藏身在宮殿的小教堂內。格拉代尼戈被殺害了。其他所有反對向熱那亞臣服的人也被圍捕並遭到監禁。議事會裡滿是增添進來的希臘成員，投票通過了。一艘掛有聖提多旗幟的槳帆船啟航前往熱那亞，但有八名持反對意見的人士偷偷向威尼斯通風報信，發出警示：威尼斯的競爭對手即將被邀請加入這場混戰。

就在這些事件發生的同時，一三六四年五月六日或七日，達爾．韋爾梅的艦隊停靠於甘地亞以西幾英里處，他的軍隊開始登陸。他們眼前的地形崎嶇坎坷，險阻重重，地形被河流和峽谷分割得支離破碎，只有一些狹窄的道路通往城市。在這一地帶，叛軍早已設下埋伏。達爾．韋爾梅先派遣一支一百人的先遣隊去偵察地形。他們在崎嶇的山路上摸索，很快便遭到伏擊，全軍覆沒。當主力部隊從後面趕上時，出現在他們眼前的是令人毛骨悚然的恐怖一幕。據熱中於渲染希臘人暴行的德．莫納西斯描述，叛軍「將屍體的生殖器割下，塞進他們嘴裡；切下他們的舌頭，塞進他們的肛門。這一暴行大大激怒了義大利人」。雙方都集結人馬，想要掌控山口隘道，但很顯然，叛軍的烏合之眾終究不是職業軍隊的對手，這些職業軍人曾參加過義大利北部各城市間的戰鬥，久經考驗，而如今他們一心想替戰友們報仇。叛軍很快就潰散了。很多人被打死或被俘；

其餘的則逃到了山區。幾個小時內，達爾．韋爾梅的軍隊便洗劫了甘地亞郊區；沒過多久，全鎮投降。悔過的官員將城門鑰匙交給達爾．韋爾梅。萊蒂莫和甘尼亞也迅速投降。叛亂的始作俑者之一蒂托．韋尼爾躲進山區，加入希臘人卡萊爾吉斯家族。聖提多叛亂就像之前突然爆發那樣，驟然瓦解。聖提多的旗幟被撕下；聖馬可的雄獅旗又一次飄揚在公爵宮殿上空。在甘地亞的主廣場上，處決開始了。

六月四日，消息傳到威尼斯。捷報抵達的情形被佩脫拉克寫進一封令人難忘的信裡：

> 大約是中午時分……我碰巧站在窗前，眺望廣袤的大海……突然出現一艘他們稱為槳帆船的長船，它通體裝飾著綠葉，正划槳進入港口……水手和一些年輕男子，頭頂綠葉編織的冠冕，面帶歡笑，在船首揮舞著旗幟……最高塔樓上的瞭望員發出訊號，宣示有船抵達，全市人民都自發跑過來，急切地想知道發生什麼事。當船足夠近，能夠看清細節時，我們看到敵人的旗幟被拖在船尾。毫無疑問，這艘船是來報捷的……當得知這一消息時，執政官勞倫佐……和所有人，在城市各地衷心感謝上帝，尤其是在聖馬可教堂，我相信這是世界上最美麗的教堂。

全城都充滿歡慶的氣氛。大家都知道，克里特島有多麼重要。它是整個殖民和商業系統的樞紐，而威尼斯的貿易和財富正依存於此。為了感恩勝利，威尼斯舉行了禮拜儀式，組織遊行隊伍，並做出一些慷慨的舉動。罪犯得到赦免；貧窮的女僕得到金錢賞賜，用來做嫁妝；據德．莫納西斯記載，整座城市沉浸在一連數日的歡慶儀式和盛大娛樂活動。佩脫拉克觀看了在聖馬可廣場舉行的競技和比武大賽，他和執政官一起坐在教堂的涼廊內，華蓋遮蔽著他們的座位，四匹駿馬的雕像就屹立在他背後的上方：

……牠們似乎在嘶鳴，在狂抓著地面，栩栩如生……下方人山人海，找不到一個空隙……龐大的廣場、教堂、塔樓、屋頂、門廊和窗戶都擠滿了觀眾，摩肩接踵……在我們右方……是一座木製舞台，坐著四百位最豔麗的貴婦，都是美麗與高貴的鮮花。

甚至還有一群到訪的英格蘭貴族也在現場，觀看這些活動。

圖20　收復克里特後的慶祝活動

伴隨勝利而來的還有懲罰。元老院決心在其統治領域內徹底消滅敵黨。懲罰的手段五花八門：酷刑折磨至死或斬首；拆散親人；驅逐出境，不僅是逐出克里特島，而且逐出「君士坦丁堡皇帝的土地、愛琴海公爵領地、羅得島聖約翰騎士團的領地，以及土耳其人的領地」。威尼斯試圖抹去檔案中格拉代尼戈和韋尼爾等家族在克里特的支系的所有痕跡。為了滿足國內群眾觀看復仇戲碼的需求，一些犯人被披枷帶鎖地押回威尼斯。帕拉迪諾・佩爾馬里諾（Paladino Permarino）被斬斷雙手，然後被吊在雙柱之間，以儆效尤。

✯

慶祝和殺雞儆猴的懲罰都為時過早。克里特島各城鎮雖已恢復對威尼斯的效忠，但在鄉村，叛亂的餘燼仍不停地迸發出火花，難以根絕。在克里特西部山區，威尼斯叛軍的一小群餘黨，包括叛亂始作俑者蒂托・韋尼爾，與希臘人卡萊爾吉斯家族聯手，在好鬥農民的支持下，繼續開展遊擊戰，與威尼斯政府分庭抗禮。他們襲擊孤立的農場，殺害其所有者，焚燒他們的葡萄園，毀壞設防區域。威尼斯地主們被迫退回到城鎮中，鄉村成了暴動和危險的區域；威尼斯的小隊士兵遭到伏擊，被全部消滅。為了徹底了斷此事，威尼斯不得不增派愈來愈多的士兵，並不斷調換軍事指揮官。這是一場汙穢而曠日持久的戰爭，持續了四年，最終威尼斯依靠殘忍和毅力贏得了戰爭。威尼斯人施行焦土政策，並懸賞鼓勵平民交出叛軍。飢餓的希臘農民開始與政府合作，交出抓獲的叛軍和他們的妻兒，以及成袋的血淋淋的首級。隨著支持叛軍的農民愈來愈少，叛軍被迫躲進克里特山區的隱祕處。一三六八年春天，蒂托・韋尼爾和卡萊爾吉斯兄弟在克里特西南邊最偏遠的要塞——安諾波利（Anopoli）做最後的抵抗。威尼斯指揮官耐心地追蹤叛軍，而當地平民出賣了他們。在一座怪石嶙峋的山洞內，克里特叛軍度過他們最後時刻。叛軍雖已被包圍得水泄不通，但喬治·卡萊爾吉斯（Giorgio Callergis）仍堅持不懈地向威尼斯士兵射箭，但他的兄弟意識到，再做抵抗是毫無意義的。他做出象徵著戰敗的舉動，折斷自己的弓，說已經不需要它了。韋尼爾耳朵受傷，跌跌撞撞地出來投降。當他索要繃帶時，有人回答說：「你的傷不需要治療，它永遠無法治癒了。」韋尼爾意識到對方的意思是什麼，只是點點頭。不久之後，在甘地亞的公共廣場，他被斬首了。

克里特島筋疲力竭、遍體鱗傷，終於回歸和平。此後，那裡再也沒有發生過重大叛亂。威尼斯的雄獅旗將在甘地亞的公爵宮殿上空再飄揚三百年；共和國用鐵的手腕牢牢控制著它。那些曾經是叛亂中心的地區，如克里特東部肥沃的拉西錫（Lasithi）高原和斯法基亞山脈的安諾波利，都被刻意化為沙漠。政府以死亡相威脅，禁止在這些地區從事農耕。這種情形持續了一個世紀。

在這一切動盪中，熱那亞始終袖手旁觀。叛軍的槳帆船於一三六四年抵達熱那亞並乞求援助，但遭到拒絕。威尼斯已經派遣使者來請求聯合對抗叛軍；熱那亞抵擋住了誘惑，這可能是因為教宗要求天主教徒團結一致，而不是因為兩個仇敵間出現積極的合作精神。威尼斯和熱那亞之間只是暫時停火。在克里特叛軍投降五年之後，雙方的戰爭將再次爆發。

第十二章　馴服聖馬可

一三七二至一三七九年

新一輪戰爭的導火線與之前歷次戰爭十分相似，瀰漫著不祥的氣息：兩國商人在一個外國港口相互競爭，然後是一番口舌，隨後發生肢體衝突和鬥毆，最後竟演變為屠殺。區別在於結果不同——之前的歷次戰爭均以勉強停戰為結局，但這一次卻是死戰到底。在十四世紀最後的二十五年裡，雙方均努力給對方致命一擊。這場戰爭在歷史上被稱為「基奧賈戰爭」（The War of Chioggia），兩國商業競爭的所有咽喉要地均被波及，包括黎凡特沿岸、黑海、希臘沿海，以及風波不斷的博斯普魯斯海峽水道——但最終決戰發生在威尼斯潟湖內。

矛盾激化的地點是法馬古斯塔港。當時賽普勒斯由一個日漸衰落的法蘭西十字軍家族——呂西尼昂（Lusignan）王朝統治，是兩個共和國的一個貿易樞紐。威尼斯在此擁有棉花和糖料作物的重要商業利益，而且該島是商品交換的市場，同時也是前往黎凡特路線上的中轉站。法馬古斯塔坐落於棕櫚樹群之間，緊挨波光粼粼的大海，距離貝魯特僅六十英里。在這裡，在呂西尼昂王朝新君彼得二世（Peter II）的加冕典禮上，威尼斯和熱那亞的矛盾突然爆發了。原因出在雞毛蒜皮的次序問題上。當國王被引領著前往教堂時，威尼斯人抓住了御馬的轡繩；在隨後的宴會上，威尼斯和熱那亞的領事為爭奪國王右側的貴賓席爭吵起來。熱那亞人開始向他們的死敵投擲麵包和肉，但他們身上還暗藏著的劍。賽普勒斯人攻擊熱那亞人，將他們的領事扔出窗外，然後襲擊熱那亞聚居區，將其洗劫一空。對熱那亞人來說，這是無法忍受的侮辱。次年，一支相當強大的艦隊攻擊了賽普勒斯島，並將其占領。

威尼斯人沒有被驅逐出賽普勒斯，但這起事件讓氣氛緊張起來。這使他們十分擔憂戰略上的問題。他們面臨著被排擠出重要貿易區域的危險。這種感覺又因君士坦丁堡的事件而加深，在那裡，兩個義大利共和國瘋狂地插手干預爭奪拜占庭皇位的無休止爭鬥。威尼斯和熱那亞分別擁立不同的皇帝：威尼斯支持約翰五世·帕里奧洛格斯（John V Palaeologos）；熱那亞人則支持約翰五世的兒子——安德洛尼卡。

雙方都為了一己私利而冷酷無情地行事。威尼斯尤其渴望維持自己進入黑海的權利，而熱那亞對黑海仍占

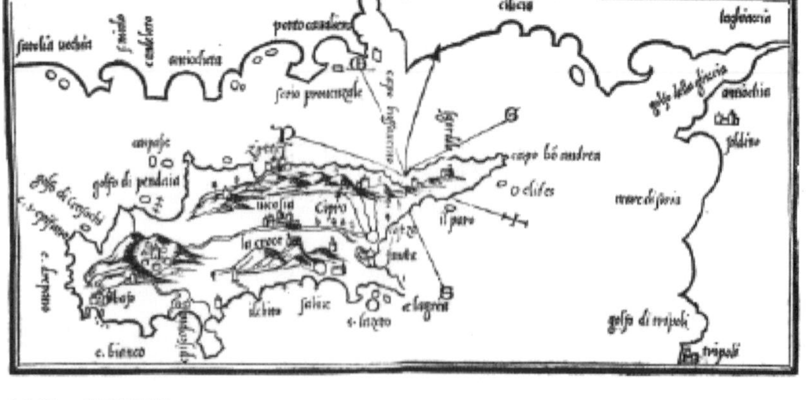

圖21　賽普勒斯

有統治地位。一三七〇年，當約翰五世訪問威尼斯時，威尼斯人因他未償清一筆債務而扣押他一年。六年後，威尼斯人以恫嚇的方式向約翰五世索要特內多斯島——否則將派遣艦隊進入博斯普魯斯海峽——以此換取被他們扣留的皇室珠寶。特內多斯島是與小亞細亞海岸相望的一個小岩石島，具有關鍵的戰略意義；它距離達達尼爾海峽的出口十二英里，是通往君士坦丁堡及其北方的關鍵要衝。因此，特內多斯島「對所有希望航向黑海，及塔納和特拉比松的人來說，是至關重要的門戶」。威尼斯共和國想要以此來遏制熱那亞的海上交通。

最後皇帝將特內多斯島拱手相讓。熱那亞的回應同樣迅速。他們廢黜了約翰五世，讓他的兒子當皇帝，並要求收回特內多斯島。然而，當他們派遣艦隊去取回自己的戰利品時，卻遭遇直截了當的回絕。特內多斯島的希臘居民擁護威尼斯人，不肯服從熱那亞，並將熱那亞入侵者驅逐出島。安德洛尼卡逮捕了威尼斯人在君士坦丁堡的市政官。威尼斯要求釋放他們的官員，並讓約翰五世復位（此時他正在城牆附近一個陰暗地牢裡苟延殘喘）。一三七八年四月二十四日，威尼斯共和國宣戰了。

受黑死病的長期影響，雙方能夠出動的艦隊規模都比較小。而令衝突升級的是，兩個海上對手各自都擁有一些陸地上的盟友。威尼斯愈來愈頻繁地參與義大利各城邦複雜的權力政治。威尼斯共和國第一次不僅擁有海外屬地，還擁有了面積不大的陸上屬地，即在義大利本土的一些土地，以特雷維索城（Treviso，位於威尼斯城以北十六英里處）為中心。從特雷維索的周邊地區，即所謂特雷維尼亞諾（Trevigiano），威尼斯可以獲得至關重要的糧食供應。糧食經布倫塔（Brenta）河運往南方，在基奧賈鎮附近進入威尼斯潟湖。波河、布倫塔河和阿迪傑（Adige）河這三條大河從遙遠的阿爾卑斯山帶來了沉積物，形成威尼斯潟湖。這三條大河在基奧賈鎮這個戰略要地注入大海。這些水道，再加上互相連接的運河網絡，構成了通往義大利核心地帶的貿易主幹道，威尼斯嚴加防守著這些水道。威尼斯共和國能夠對義大利北部施加老虎鉗一般的強大經濟壓力，控制鹽的供應，徵收水上交通的費用，以壟斷的條件用平底小船將自己的商品運往上游水域。相比其臨近的地區，威尼斯太強大、太富裕、太驕傲了。威尼斯西邊的鄰居是帕多瓦，東邊是在達爾馬提亞海岸立足不穩因而緊張不安的匈牙利國王。如果說威尼斯讓其他國家仰慕，但同時也讓人心生嫉妒和恐懼。熱那亞、帕多瓦和匈牙利之間的往來書信表達出他們深切的不安，「如果（威尼斯）被允許在義大利大陸站穩腳跟，就如同他們在海上一樣，那很快他們將成為整個倫巴底的主人，最後，成為整個義大利的主人」。熱那亞、帕多瓦領主法蘭切斯科．卡拉拉（Francesco Carrara）和匈牙利國王洛約什一世（Louis I）簽署協定，從陸地和海上包圍威尼斯，「以此羞辱威尼斯和它的盟友們」。

這個聯盟為熱那亞提供新的戰略選擇。如今熱那亞不僅可以透過陸戰扼殺通往威尼斯的重要內河交通路線，還可以利用洛約什一世在達爾馬提亞海岸的各港口，特別是扎拉，為熱那亞艦隊提供近距離襲擊威尼斯的基地。這對威尼斯的威脅是相當巨大的。威尼斯也聯合了自己的盟軍。賽普勒斯國王僅僅能提供道義上的支援。對威尼斯來說，更重要的是他未來的岳父——米蘭公爵所提供的援助。

除了開展一場新的海上戰爭的花費之外，威尼斯共和國現在還不得不增加保護其陸上領土的開銷。根據傳統的做法，為了打場陸戰，威尼斯在義大利遍尋一位有才幹的雇傭兵首領。但這總是一個棘手的問題。正如馬基維利（Machiavelli）指出的，雇傭兵的表現總是個變數。雇傭兵總是要價昂貴，而不可靠；「不團結，野心勃勃，紀律渙散，不忠實，在朋友面前耀武揚威，在敵人面前膽小如鼠；他們既不敬畏神靈，又不忠實對人……在和平時人們被雇傭兵搶劫，在戰時被敵人搶劫」。在隨後的幾個月裡，雇傭兵給威尼斯帶來很多麻煩。威尼斯希望請到最好的雇傭兵統領——英格蘭人約翰．霍克伍德（John Hawkwood）爵士，義大利人稱其為喬萬尼．阿庫托（Giovanni Acuto，「鋒利的」）。這人以嗜殺聞名，因為他總是超額完成合約規定的任務。一年前在切塞納（Cesena），他下令屠殺了五千人。然而對於如今囊中羞澀的威尼斯人來說，他們請不起霍克伍德，而且他與帕多瓦領主的關係過於緊密。他們最後選擇了維洛納的賈科莫．德．卡瓦利（Giacomo de Cavalli），代價是每個月七百杜卡特。

陸戰還將引進新的技術。兩年前，威尼斯人在一次攻城戰中首度使用火藥武器。大砲在義大利是一件新玩意兒。「一種鐵製的偉大工具」，一位當時的作家這樣描述它，「整個身管是中空的，往裡面填入黑火藥——由硫磺、硝石和焦炭製成，然後在火藥上方裝填石彈。透過火門點燃火藥後，石彈便被巨大的力量推射出去。」巨型射石砲是鑄鐵製成的帶有箍的長管，可靠性極差，每天只能發射一發石彈。它們將在隨後的戰事中發揮作用。

宣戰之前的日子裡，威尼斯政府選擇了兩位海軍指揮官，他們是威尼斯歷史上經歷最為豐富多彩的兩位冒險家。一三七八年四月二十二日，在聖馬可教堂舉行的盛大典禮上，七十二歲高齡的執政官安德烈亞．孔塔里尼授與韋托爾．皮薩尼海軍總司令的職銜。執政官將威尼斯的戰旗交至皮薩尼手中，宣布：

上帝賦與你神聖的使命，用你的勇氣來捍衛這個共和國，並向那些膽敢侮辱它、侵害它安全的人復仇。共和國的安全源自我們先輩的美德。我們將這面勝利的、令人敬畏的戰旗授與你，你的義務便是帶著它凱旋歸來，不得玷汙它的榮譽。

皮薩尼家族十分清楚，在為共和國服務時，命運是變幻無常的。二十年前隆哥港的災難發生時，韋托爾一直在他父親的身邊。韋托爾自己也是個充滿矛盾的人：直言不諱、勇敢無畏、愛國、敏感易怒、脾氣暴躁，是一位身先士卒的海軍指揮官。他是一位極其優秀的領導者，深受船員們愛戴，但其他貴族卻非常厭惡他。除了曾經被指控謀殺未遂外，他在一三六四年擔任克里特總督時還曾毆打過一位同僚官員。但他的軍事經驗極其豐富，無與倫比。後來的事實證明，任命他為海軍總司令是一個飽受爭議但非常聰明的選擇。

同時，共和國還任命另一位貴族冒險家——卡洛．澤諾（Carlo Zeno），用威尼斯方言的讀法是「澤恩」（Zen）。四十五歲的澤諾已經在威尼斯海洋帝國全境經歷過無數次非比尋常的冒險。父親戰死沙場，他成了一名孤兒。他與一位教宗結交，先後當過學者、音樂家、神父、賭徒、雇傭兵，也曾結過婚。在帕多瓦學習時，他曾遭遇劫匪，差一點命喪黃泉。幾年後在派特雷（Patras），他又差點被活埋：在遭遇土耳其軍隊圍攻的戰鬥中，他身受重傷，別人以為他已經陣亡了，用裹屍布將他裹起來，放進棺木。就在準備釘棺蓋時，有人發現他還有生命跡象。根據澤諾家族不可靠的回憶錄記載，澤諾曾在君士坦丁堡用一根繩子爬進監獄，企圖營救被囚禁的拜占庭皇帝約翰五世，但皇帝不肯拋下同樣被囚禁、無法救出的兒子們。澤諾在特內多斯島保衛戰中起了重要的作用，眾人認為澤諾是堅不可摧的。威尼斯老百姓稱皮薩尼為「父親」，稱澤諾為「不可征服者」。他受命率領十八艘槳帆船前往地中海東部，去擔任內格羅蓬特總督，並盡可能地破壞熱那亞航運。就這樣，威尼斯的海上安全被託付給了這兩位半神話的貴族冒險家。

威尼斯毫不猶豫地準備作戰。米蘭公爵的封臣們從陸路逼近熱那亞，而皮薩尼沿著義大利西海岸北上，洗劫海港，散布恐懼。五月末，他在安濟奧（Anzio）外海遭遇一支熱那亞艦隊，將其擊潰。消息傳至熱那亞，造成一片恐慌：皮薩尼隨時可能殺到無人防衛的熱那亞海港護牆下；米蘭士兵正在劫掠熱那亞的鄉村。熱那亞發生了動亂（這種動亂週期性爆發，困擾著熱那亞），導致執政官被廢黜，並選出新人替代他。但皮薩尼覺得自己的艦隊規模太小，不能夠進一步維持初期的勝利，於是再次轉身向東，回到亞得里亞海。整個夏天，他在海上活動範圍廣泛，盲目地追蹤、獵殺小群熱那亞海盜，砲擊法馬古斯塔，護送普利亞（Puglia）來的運糧船隊，並根據威尼斯戰爭委員會發出的神經質的、常常自相矛盾的命令採取相應行動。

大規模戰爭愈來愈近了。到六月，已有五千名匈牙利士兵繞過威尼斯灣，與帕多瓦領主法蘭切斯科會合；七月初，他們開始攻打潟湖岸邊的梅斯特雷（Mestre），此地距威尼斯僅十英里。但他們沒能攻下梅斯特雷；威尼斯守軍兵力遠少於敵人，但堅守住了。據編年史家們記載，威尼斯人在他們的城牆上安置了蜂箱，這使得侵略者放棄最後的攻擊。這是一次振奮人心的以少勝多的勝利，威尼斯市民知道，只要敵軍的勢力局限於陸地上，便不足為懼，因為潟湖可以保護他們。但他們得到消息，熱那亞派出一支由盧西亞諾・多里亞（Luciano Doria）指揮的新艦隊，於是不得不三思。

在這期間，皮薩尼在達爾馬提亞海岸馬不停蹄地追蹤敵軍。他砲轟了扎拉，但該城防備森嚴，難以攻下；他又南下，去攻打匈牙利的其他基地。皮薩尼猛攻卡塔羅（Cattaro）港，「像一位普通船長一樣」在最前線廝殺。戰利品由所有船員共享，就是這樣的做法讓皮薩尼贏得部下的絕對忠誠。此時，威尼斯政府下達給皮薩尼的命令日益迫切：阻止多里亞進入亞得里亞海，其中最重要的是阻止多里亞抵達扎拉，因為他一旦到了那裡，就能夠與匈牙利人建立直接聯繫，而且擁有一個距離潟湖僅一百五十英里的基地。不知疲倦的皮薩尼將其艦隊部署於西西里島的海峽，準備在義大利半島的最南端攔截多里亞的艦隊。但他上當了，熱那亞艦隊悄悄繞過島嶼的南端。皮薩尼又折回，試圖猜測多里亞下一步會做什麼，並在亞得里亞海海口蒐集情報。他們多次瞥見多里亞，卻始終未能抓獲他。整個秋季，雙方都在進行貓捉老鼠式的追蹤和反追蹤，皮薩尼的艦隊始終巡航於熱那亞艦隊和扎拉之間，且再次回去砲擊扎拉，並洗劫了希貝尼克（Sebenico）港，最後終於將多里亞圍堵在戒備森嚴的特勞（Trau）港，但多里亞堅守不出，不肯應戰。皮薩尼強攻特勞未果，且損失慘重。多里亞下定決心死守不出，等待時機。皮薩尼只能再次北上，砲轟扎拉。

為期一年的艱苦航海旅程結束了。船隻已在海上行駛了九個月。儘管皮薩尼的領導鼓舞人心，但艦隊的士兵們仍感到沮喪，因為他們無法與行蹤詭祕的敵人決戰決勝，並且因為多次嘗試而筋疲力竭；士氣處於低潮期。皮薩尼請求允許艦隊返回潟湖，但遭到拒絕。戰爭委員會急切盼望將多里亞艦隊驅逐出去，擔心他仍可能悄悄殺向潟湖，聯合匈牙利軍隊，海陸並進，以鉗形攻勢包圍威尼斯城。皮薩尼奉命在普拉過冬，以守衛威尼斯內灣。

這是一個災難性的決定。一三七八與一三七九年之交的冬天格外寒冷。暴雪不斷，霜凍刺骨，來自匈牙利草原的持續不斷的寒風使得環境十分惡劣。飢餓、疾病、寒冷和疲勞使船員人數愈來愈少；很多人由於凍傷而失去手腳；士兵和弩手們逃走；槳手們在嚴寒中受盡折磨。大家懇求起錨航行，而不是坐以待斃。僅僅是出於對皮薩尼的忠誠，艦隊才保持人員大體上齊整。海軍司令將病員送回威尼斯，同時再次請求允許他返航。他的請求再一次被拒絕了。一方面，威尼斯當局害怕敵人艦隊；另一方面，仇視皮薩尼的貴族們執意要繼續折磨這位蒙受極大苦難的指揮官。威尼斯城的糧食供給愈來愈緊張；在一月最難熬的日子裡，皮薩尼奉命穿越亞得里亞海，前往普利亞，護送供應威尼斯的糧食。現在所有人的期望都落在他的肩上。執政官親自寫信，懇求他繼續堅持下去。熱那亞的陸上盟友們一步步地掐斷威尼斯的主要補給線。特雷維索城遭到圍攻。皮薩尼備好槳帆船，再次從普拉啟航。疾病、死亡和逃兵等問題愈來愈嚴重。到二月初，他可用的槳帆船從三十六艘削減到了十二艘。

二月，儘管有人強烈反對，皮薩尼還是再次當選海軍總

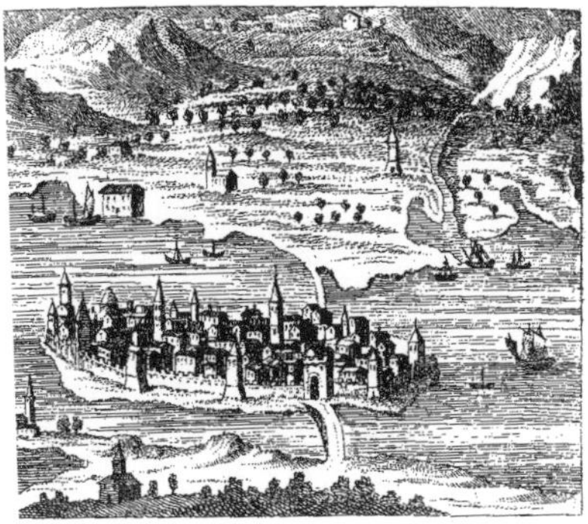

圖23　希貝尼克港

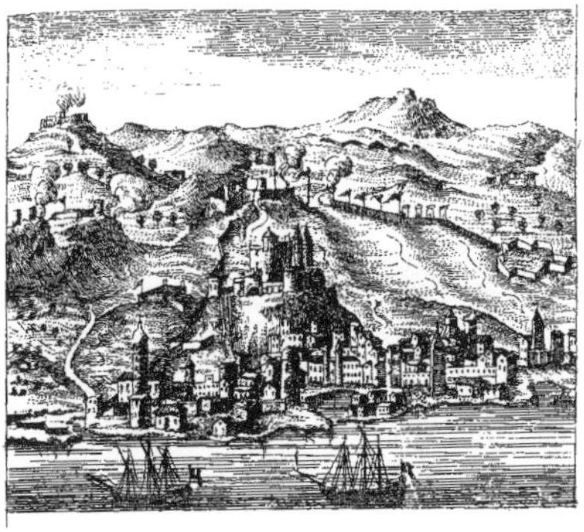

圖22　特勞港

司令；另外，政府指派了兩名新專員——卡洛．澤諾（Carlo Zeno）和米凱萊．斯泰諾（Michele Steno）協助他。他們帶來了皮薩尼急需的糧食和十二艘槳帆船，其中一些船是私人建造和購買的。整個春季，重整旗鼓的艦隊遵照一連串自相牴觸的命令，採取行動：他們再次攻擊在特勞的多里亞，護送糧食，破壞達爾馬提亞海岸。捉迷藏的遊戲仍持續進行；熱那亞人只肯參與小規模的交戰。他們的目的是阻截威尼斯的糧食供應。在一次戰鬥中，皮薩尼腹部中了一箭，但多里亞逃走了。來自陸地上的消息愈來愈糟糕。特雷維索快守不住了；帕多瓦軍隊加強對內河交通的控制。為了削弱敵人的控制力，澤諾奉命帶著一隊槳帆船去劫掠熱那亞周邊海岸。威尼斯人這麼做是希望圍魏救趙，轉移戰場，迫使多里亞的艦隊撤退。

從短期來看，這並沒有改變戰局。多里亞在自己選擇的時機還未到來之前，一直拒絕交鋒；皮薩尼的艦隊則問題重重，他接到的命令太多，因此沒有足夠的力量採取行動。一三七九年五月七日，多里亞的艦隊突然出現在普拉外海的航道上，而此時威尼斯艦隊又一次爆發疫病。威尼斯人完全措手不及。多里亞的艦隊排好陣型，嘲諷地要求敵軍出來戰鬥。在威尼斯艦隊經歷數個月來毫無成果的搜尋、白白浪費力氣後，如今根本無法抗拒熱那亞人的挑釁：「士兵和船員們就像被鏈條鎖起來的獒犬一樣，氣喘吁吁地著想去撕咬任何一個經過的人，大聲疾呼，要求出戰；船長和專員們也主張出戰。」

這給總司令帶來精神上的壓力，不出戰將是對威尼斯旗幟的蔑視。皮薩尼既謹慎又多疑。他幾乎可以肯定，他擁有的船隻數量少於敵人，且狀況不佳；他們躲在一個安全的港灣，並且澤諾身在遠方。他清醒地記得在隆哥港的失利——那就是聽取不周全意見的後果——因此爭辯說，此時應當韜光養晦，等待澤諾回來。保全艦隊是最重要的事情。艦隊內部產生激烈的辯論。有人怒氣沖沖地吵嚷，互相辱罵、咆哮。最後，米凱萊·斯泰諾大肆嘲諷皮薩尼，這超越了他忍耐的極限：「皮薩尼想要避戰，不是出於策略考慮，而是因為膽小。」皮薩尼怒火中燒，伸手去摸他的劍柄。為保全個人榮譽，他做出了讓步，決定出海。號令一出，船隻立刻整裝待發，纜索被解開。他呼喊著威尼斯的戰鬥口號：「熱愛聖馬可的人，跟我來！」下令進攻。

盧西亞諾·多里亞早已做好埋伏準備。他在戰場外藏了十艘槳帆船。他的艦隊主力在意氣風發的威尼斯艦隊進逼下步步後退，將敵人引出海，然後敏捷地轉身迎戰，同時間埋伏的十艘槳帆船從側翼和背後襲擊威尼斯人。「我們的將士，吃驚又害怕，一下子從勇敢無畏變得驚恐萬狀」，威尼斯人的報告如此清醒地記載道。恐慌導致威尼斯艦隊潰不成軍。其中一位曾經渴望戰鬥的專員布拉加迪諾（Bragadino）如今魂飛魄散，在躲避包圍、轟擊他的敵船時落水。十二名經驗豐富的船長戰死或溺死；五名船長被俘。威尼斯艦隊七零八落，雖仍在交戰，但已經在狼狽逃竄的邊緣。盧西亞諾·多里亞過度自信地掀起頭盔的面甲，喊道：「敵人已經被打敗；我們離全勝只有一步之遙！」一名威尼斯船長趁亂猛衝向前，刺中了多里亞的咽喉。多里亞當場死亡，對於威尼斯人來說，這是小小的安慰。皮薩尼試圖集結殘餘的槳帆船，但為時已晚。看到他們都溜走了，甚至斯泰諾都逃跑了，皮薩尼只能放棄實力懸殊的戰鬥，也跟著逃走了。五艘船逃到北方三十英里處的沿海城鎮帕倫佐。

五月九日，熱那亞的新任指揮官寫信給帕多瓦，總結勝利的情況：

……我們在很短的時間內便贏得戰役——僅花費一個半小時……敵軍二十一艘槳帆船中，我們俘虜了十五艘及其貴族船長，還繳獲三艘載滿糧食和醃肉的運輸船；我們俘虜了兩千四百人……除去這些俘虜，我們相信敵方另有七、八百人死亡，或戰死，或溺水身亡。

五月十一日，帕多瓦領主法蘭切斯科和帕多瓦全體人民參加前往教堂的遊行，「歌頌並感謝上帝，保佑我們戰勝了威尼斯人……到處歡天喜地，城市裡大擺盛宴，教堂鐘聲齊鳴，在夜裡，開闊地和整個地區都燈火通明」。

✯

皮薩尼肩負著向政府報告失利消息的沉重責任。沒有時間可以浪費了。一艘船被派回威尼斯，另一艘被派往黎凡特的各殖民地。戰敗的噩耗令整座城市呆若木雞。有詫異，有震驚，也有恐懼。人們為失去親人而哭泣，也為城市即將遭受的危機而傷心。現在，沒有艦隊可以保護城市了。許多本領最高超的船長和訓練有素的水手要嘛被熱那亞俘虜，要嘛已經喪命；皮薩尼的艦隊已幾乎全軍覆沒；澤諾的艦隊還在遙遠的外海某處。人們清楚地意識到，一場眾人的災難即將降臨，而一些貴族對皮薩尼家族抱有宿怨。潟湖頓時寒氣逼人。政府向帕倫佐發出命令，逮捕皮薩尼，罪名是「在短短一天，甚至是一個小時之內……丟失共和國海軍的中堅力量，丟失海上的自由、航海、商業、公共稅收和公民的信任……」。

七月七日，戴著手銬腳鐐的皮薩尼叮噹作響地被押解到聖馬可廣場的碼頭。大家對他的態度各不相同——普通老百姓心存寬慰，而貴族對他只有惡意。他戴著鐐銬，吃力地爬上宮殿的台階，去向執政官和元老院解釋。但他的政敵們不給他這個機會。他被投入國家監獄的黑暗中。檢察官開始對他進行審判。他們要求判皮薩尼死刑——這是針對臨陣脫逃的指揮官的強制性刑罰；他應當在雙柱間被斬首，「以此給公民們警示」。元老院否決了判處死刑的提議——皮薩尼只是缺乏堅定性，但不缺乏勇氣：最初是斯泰諾煽動出戰，之後也是斯泰諾帶頭逃跑的。刑責最後被減輕為監禁六個月，五年不得擔任公職。這令貴族們頗感滿意，卻激起了士兵和普通市民的不滿，這種不滿情緒很快將激發公開的反抗。

當皮薩尼在地牢裡受折磨時，熱那亞人正一步步逼近。彼得羅．多里亞（Pietro Doria）接替陣亡的盧西亞諾．多里亞。他帶著四十八艘槳帆船，收復之前被皮薩尼奪取的所有達爾馬提亞城市；他向北進軍，進入威尼斯灣，收復距威尼斯僅七十五英里的羅維紐（Rovigno）、格拉多和考爾萊（Caorle）等城鎮。八月初，多里亞在聖尼古拉島外海現身，劫獲一艘載有埃及棉花的商船，威尼斯市民眼睜睜看著，卻束手無策。他沿著各個利多南下航行，襲擊保護潟湖的各沙洲沿岸的其他定居點，離去時還將聖馬可的旗幟拖在船尾。這是對威尼斯的公開且強而有力的羞辱。多里亞不僅清楚地證明，威尼斯如今連自己的本土水域都無法保護，還強調這樣的事實，即一旦熱那亞掌握了制海權，就可以用飢餓迫使威尼斯屈服。六月二十五日，多里亞俘獲兩艘來自普利亞的運糧船，而匈牙利人和帕多瓦人正在扼殺通往威尼斯的內河交通。潟湖似乎也不再是一個安全的避難所。熱那亞人還對威尼斯周邊水道進行勘測，測量水深。

整座城市籠罩在民族存亡於旦夕的氣氛中。皮薩尼的競爭對手——塔代奧．朱斯蒂尼安

（Taddeo Giustinian）被任命為海軍總司令；部隊和指揮官被分配到不同防區。潟湖的兩個入口被鎖鏈封鎖起來。堅固的帆船下錨停泊，做為浮動堡壘。利多沿岸建起堡壘、木塔、柵欄和工事。賈科莫．德．卡瓦利的雇傭兵（價格非常昂貴），其中包括一隊喜歡吵架的英格蘭人，駐紮在那兒，進行防禦。戰爭委員會在執政官宮殿全天候待命，並且設置一個警備系統，從利多的聖尼古拉教堂向外輻射，一旦觀察到熱那亞艦隊，各教區的教堂便會敲響警鐘，召集武裝民兵到聖馬可廣場集合，愛國公民們將在這裡做最後的抵抗。另外，威尼斯人還做了與六百年前類似緊急狀況下相同的措施。他們拆除潟湖內標示可通航水道的所有木樁，讓潟湖再度變成原始的迷宮，水面上沒有任何東西能向敵人警示水下的危險。

在準備軍事防禦的同時，共和國也使出外交手段。有沒有辦法破壞帕多瓦、熱那亞和匈牙利的三國同盟呢？帕多瓦是一個滿腹仇恨的新敵人，但匈牙利正為本國其他事務頭疼，可能會脫離同盟。威尼斯大使急忙趕到布達（Buda）。匈牙利人的反應卻令人洩氣：匈牙利人感覺到，這是徹底打垮威尼斯共和國的千載難逢良機。他們要求巨額賠款——五十萬杜卡特——另外還要每年十萬杜卡特的貢金，割讓里雅斯特，並要求威尼斯執政官及其繼任者成為匈牙利王室的附庸。為了羞辱他們，匈牙利人「熱心助人地」提出，如果威尼斯人暫時拿不出這麼多現金，也可以將六、七個城鎮（包括潟湖岸邊的特雷維索和梅斯特雷）和執政官鑲嵌寶石的官帽（一個自由共和國的終極象徵）做為預付款。「這些要求完全不正當，」大使回答道，「我們不可能接受。」如果要在屈辱和死亡中做出抉擇，那麼共和國將戰鬥到底。一艘船奉命去尋找澤諾的艦隊，並把它帶回來。但問題是，沒有人知道澤諾在哪兒。

八月六日，聖尼古拉教堂的大鐘開始發出不祥的鳴響。海平線上出現一支六艘船的小艦隊，懸掛著紅、白兩色的熱那亞旗幟。塔代奧．朱斯蒂尼安決定派出與敵人數量相當的戰船迎戰入侵者。雙方戰船接近時，威尼斯人發現一名男子正朝著他們的方向游過來。他叫希羅尼莫．薩巴迪亞（Hieronimo Sabadia），是一名在普拉被俘的威尼斯水手。他從一艘行駛中的熱那亞船上跳水，來警告他的同胞們不要前進。這六艘熱那亞槳帆船只是誘餌，在海平面遠方還有四十七艘槳帆船嚴陣以待。如今威尼斯人的希望就寄託在這樣的愛國主義壯舉之上。朱斯蒂尼安機敏地調轉船頭；封鎖的鐵鍊被升起；他駛回了潟湖。

從各個利多之間進入潟湖有三個主要入口；其中兩個已被鐵鍊和停在那裡的帆船封鎖；第三個入口位於潟湖的最南端，是基奧賈的出入口，仍然開放。彼得羅．多里亞就打算從這裡進攻。基奧賈島是威尼斯的一個縮影，有自己的利多保護它免受廣闊大海的侵擾，兩者之間有一座木橋連接。在這個利多上還有另一個居民點，被稱為小基奧賈。再往南面還有比較大的布朗多羅（Brondolo）村。基奧賈對威尼斯來說有巨大的戰略意義；它控制著布倫塔河與阿迪傑河的河口，威尼斯就是透過這兩條河的水道與義大利中部聯繫，但這兩條河一天天落入正穩步推進的匈牙利和帕多瓦軍隊手中。帕多瓦人已準備一百艘全副武裝的駁船，為他們下游的海軍盟友運送給養。

多里亞希望，透過奪取基奧賈，他既能與前進中的陸軍取得聯繫，又能建立一個基地，最終消滅威尼斯共和國。基奧賈坐落在潟湖邊，遍布沼澤、鹽田、蘆葦地、沙洲、狹窄運河與祕密水道。威尼斯與熱那亞一個世紀的海戰就將在這裡一決勝負。威尼斯人總是把自己的世界想像得極其巨大，但如今它卻只能困守幾平方英里的沼澤地。

威尼斯人決心堅守基奧賈。他們武裝了布倫塔河沿岸和潟湖岸邊的一系列孤立的周邊堡壘、水磨坊和塔樓。基奧賈的鎮長——彼得羅．埃莫（Pietro Emo）用岩石堵住了布倫塔河的通道。帕多瓦人頑強地克服一切障礙。憑藉大量的人力資源，他們將駁船拖上陸地，開鑿新的運河以繞過障礙物，摧毀一個個孤立堡壘。到八月初，他們占領了布倫塔河口具有戰略意義的拜貝（Bebbe）塔樓。此地離基奧賈只有四英里。他們在這裡建造控制運河航道和水道的堡壘，並擊退小型武裝船隻的多次反擊。只有一個要塞還沒有被攻下，即潟湖最邊緣的鹽床（Salt Beds）城堡。基奧賈事實上已經被切斷對外聯繫，但威尼斯人對此地的淺水航道爛熟於心：「夜間，許多小船在威尼斯和基奧賈之間偷偷穿梭來往，透過狹窄的水道前往鹽床城堡，送去信件和建議。」

八月八日，帕多瓦士兵及其武裝補給船來到布朗多羅村，與停泊在那裡錨地的多里亞艦隊會合，還運來數千士兵和大批糧食，將來還會從帕多瓦順流而下運來更多兵員和物資。此時反威尼斯聯軍擁有兩萬四千人，而基奧賈的威尼斯守軍總共大概有三千五百人（基奧賈總人口為一萬兩千人），其中許多人負責守衛連接基奧賈島與其利多（小基奧賈）的橋頭堡。熱那亞軍隊在利多登陸，卸下他們的攻城器械——投石機和射石砲。他們很快就占領小基奧賈；守衛基奧賈水道的武裝帆船被燒毀了。八月十二日，他們開始進攻橋頭堡。守衛橋頭堡的是一座鞏固的堡壘。在四天的戰鬥中，熱那亞人遭受巨大的損失。八月十六日，急於取得突破的熱那亞人宣布，任何能夠燒毀該橋的人將獲得一百五十杜卡特的賞金。據熱那亞編年史家記載，有一個人自告奮勇：

……一名熱那亞士兵立即脫下他的盔甲，鑽進一艘裝有稻草和火藥的小船，開始向橋划去。接近橋的時候，他點燃稻草，跳入水中，並將小船推向橋……於是橋被火焰吞沒了。威尼斯人再也守不住橋梁，就放棄了它。

匆忙之中威尼斯人沒能升起他們身後的吊橋。「我們用火焰追擊（威尼斯人），而且他們的損失很大，我們一直追到基奧賈的廣場上。破壞很嚴重……廣場的地面被基督徒的血液和對威尼斯人凶狠殘忍的大屠殺染紅。」

此役中有八百六十名威尼斯人喪生；四千人被俘；婦女兒童蜷縮在教堂裡。多里亞將他的槳帆船艦隊帶進潟湖內部的安全錨地。熱那亞人如今在離威尼斯只有投石之遙的地方有了一個安全的立足點，透過倫巴底水道與威尼斯城直接相連。這是一條深水主幹道，縱貫潟湖，即使是吃水很深的熱那亞槳帆船也可以直達威尼斯。多里亞距離聖馬可廣場僅十二英里。聖喬治旗幟在基奧賈廣場上飄揚；基奧賈的執政官宮殿上方升起了帕多瓦領主的旌旗；鄰近的塔上飄著匈牙利旗幟。帕多瓦領主法蘭切斯科．卡拉拉勝利入城，被熱那亞士兵以齊肩的高度抬到主廣場，士兵們高呼：「卡拉拉！卡拉拉！」他們對更豐厚的戰利品垂涎欲滴，期待著將威尼斯洗劫一空，就像當年十字軍洗劫君士坦丁堡那樣。

消息於午夜傳到威尼斯。鐘樓開始迴盪響亮的鐘聲；很快所有的教區都響起警鐘。人們全副武裝地跑到聖馬可廣場，了解基奧賈失陷的情況。人群中有恐懼和驚慌，有哭泣和混亂的叫喊，人們擔心熱那亞艦隊隨時都可能透過倫巴底水道，衝到威尼斯來。市民們預料將遭到不可避免的搶劫，便先將細軟埋藏起來。其他人則更加堅定，宣稱「只要剩下的人能夠駕駛一艘槳帆船，或者能夠使用武器，國家就永遠不會亡！」漸漸地，老執政官以鎮定的言辭和堅定的面容安撫驚慌的人群。第二天，他派出三位大使，前往基奧賈，向敵人求和。一段冗長的演講過後，他們遞給多里亞一張紙，上面列出他們提議的和平條件。紙上什麼都沒有寫。只要讓威尼斯保持自由，熱那亞可以提出任意條件。但多里亞的目的是徹底消滅這個討厭的對手。他的回答十分傲慢：「在我們把馬勒套在你們聖馬可教堂門廊的馬頭上之前，不會有和平……然後，才可以有和平。這就是我們的目標，也是我們國家的目標。」之後，提到被俘虜的熱那亞人，他漫不經心地說道，「我不要他們。把他們鎖好了，因為過幾天我便會過來，把他們全都救走。」威尼斯將不得不戰鬥到最後一刻。

城內敲響了鐘聲，傳喚公民集會去聽取熱那亞人的回覆。政府向聚集的人群直言不諱地闡明他們目前的困境。一年前，熱那亞在安濟奧海戰中的失利幾乎讓整座城市四分五裂。威尼斯此刻將面臨類似的考驗，考驗它的品格、愛國主義和階級團結。群眾的情緒起初是堅決的。他們寧願戰死，也不願坐以待斃：「讓我們武裝自己；讓我們給兵工廠裡的所有槳帆船配上武器和裝備；讓我們前進；為保衛我們的國家而犧牲，總好過坐等著匱乏而死。」每個人都做好犧牲的準備。國家將實行普遍兵役制。行政長官和政府官員的薪水停發；新的愛國主義國債開始認購；企業和商貿被捨棄；房地產價格跌至先前的四分之一。為了讓他們的青銅馬（是從君士坦丁堡搶來的）能夠繼續不受羈絆地在威尼斯濕潤的空氣裡騰躍，整座城市都動員起來。在聖尼古拉島上，人們匆匆建起緊急防禦工事；城市周圍的淺水區樹立起一圈木柵欄；武裝小船奉命日夜巡邏各運河；

信號系統被重新規定。兵工廠日夜開工，整修之前封存的槳帆船。

然而，這番在聖馬可旗幟下團結一心、抵禦外辱的愛國景象背後，其實隱藏著危險的裂痕。在需要為國犧牲的危機時刻，群眾對貴族階層令人無法忍受的傲慢怒不可遏。人民希望領導者能和他們共同承擔相同的條件和危險。船員們宣稱，除非貴族們一同前往，否則他們不願意去防守聖尼古拉島上新開挖的戰壕。塔代奧·朱斯蒂尼安被任命為城防總司令，這幾乎激起人民的反抗。群眾顯然非常討厭他；他們只願意接受一個人。「你要我們上槳帆船，」聖馬可廣場上呼聲高漲，「那就讓皮薩尼船長帶領我們！我們要求釋放皮薩尼！」人群愈發壯大，反對的呼聲愈發高漲。根據民間流傳的傳記，皮薩尼在監獄裡聽到了群眾的呼喊。他把頭靠近鐵窗，高呼：「聖馬可萬歲！」人群則以嘶啞的吼聲做出回應。在牢房樓上的元老院會議廳裡正進行著一場驚慌失措的辯論。群眾將梯子搭在窗外，有節奏地敲打著會議室的門，持續不斷地呼喊：「韋托爾·皮薩尼！韋托爾·皮薩尼！」元老們徹底慌了手腳，最終屈服：皮薩尼將被釋放。令人神經緊繃的一天終於結束，得知自己獲釋的消息時，皮薩尼只是平靜地說，他寧願在牢裡度過這個夜晚，徹夜祈禱和冥想。明天再出獄也不遲。

八月十九日黎明，威尼斯歷史上最難忘的場景之一上演了。在人群的歡呼聲中，皮薩尼走出監獄，重獲自由。槳帆船水手們將他抬在肩膀上，抬上宮殿的台階。大家紛紛爬上窗台和胸牆，爭相一睹這位豪傑的英姿，他們舉起雙手指向天空，大聲呼喊地慶祝。皮薩尼被送到執政官面前。他們馬上就和解了，並舉行莊嚴的彌撒。皮薩尼謹慎地扮演著自己的角色，謙遜地承諾效忠於共和國。之後，他再次被人群抬到肩膀上，抬回他的宅邸。

這是一個令人振奮的時刻，但同時也是招致危險的瞬間。僅僅二十四年前，一位執政官因為企圖政變而被斬首，而皮薩尼也對個人崇拜表現出非常謹慎的態度。在回家路上，他被一位老水手攔下，這位水手向前一步並高聲呼喊：「現在是時候奪取城市的政權，為你自己復仇了。看吶！所有人都願意為你效力；只要你做出決定，所有人都願意在這時刻擁護你為君王！」皮薩尼轉身重重地給了老水手一拳。他提高了音量，喊道：「讓所有祝福我的人不要再說『皮薩尼萬歲！』——而應該說，『聖馬可萬歲！』」

事實上，元老院對於民眾的反抗感到十分惱怒，在授與皮薩尼榮譽時顯得非常吝嗇，而群眾起初沒有理解這一點。皮薩尼並未被任命為海軍總司令，而僅僅是利多的防禦指揮官。水手們被下令仍聽命於討厭的塔代奧・朱斯蒂尼安。這一消息傳開後，民眾又一次掀起反抗的浪潮。他們扔下手中的旗幟，並宣布，他們寧願被砍成肉泥，也不願服從塔代奧。八月二十日，元老院再次讓步。皮薩尼被任命為城防總司令。在聖馬可教堂舉行的激動人心的就職儀式上，他表示誓死效忠共和國。

皮薩尼的任命正式生效後，極大地鼓舞了士氣。次日，按照慣例，招募台被設立在雙柱旁邊；書記員記錄的速度都比不上志願者報名的速度。各式各樣的人都報名參加軍隊：藝術家和刀匠、裁縫和藥劑師。缺乏技能的新兵在朱代卡（Giudecca）運河接受划船訓練；石匠們飛速地在聖尼古拉島建起石質堡壘；三十艘被封存的槳帆船重新裝配完畢；柵欄和鐵鍊環繞城市，並封鎖運河；城市每個防區都有負責人。防禦工事日夜都有人守備。許多人還為保家衛國獻出自己的積蓄，婦女們獻出自己的首飾，以購買食物和支付軍餉。

這一切準備都不算早。八月二十四日，在黑暗中，多里亞發動了雙管齊下的攻擊。一支軍隊試圖在聖尼古拉島登陸。第二支部隊乘著一大群輕舟，攻擊保護城市南海岸的柵欄。兩次攻擊均被打退，但守軍被迫放棄利多沿岸的其他城鎮。多里亞在馬拉莫科建立大本營，從那裡他可以砲轟潟湖南部的島嶼。從聖馬可教堂的鐘樓上可以看到紅、白兩色的旗幟。

威尼斯對外的聯繫幾乎完全被切斷；現在只剩下一條陸路通道，透過它可以接收物資補給。大海已被嚴密封鎖。但是，戰局有了一點變化。多里亞錯過了一次機會。若在基奧賈陷落後，他便立即猛攻威尼斯，那麼這座城市肯定早已投降。他短暫的猶豫讓皮薩尼有機會重整旗鼓，多里亞二十四日的失敗也給了威尼斯一線希望。帕多瓦領主因為多里亞未能乘勝追擊、一舉得勝而惱怒，委婉地將他的部隊撤走，去攻打特雷維索。多里亞決定進行消耗戰。他要將威尼斯人活活餓死。隨著冬天慢慢降

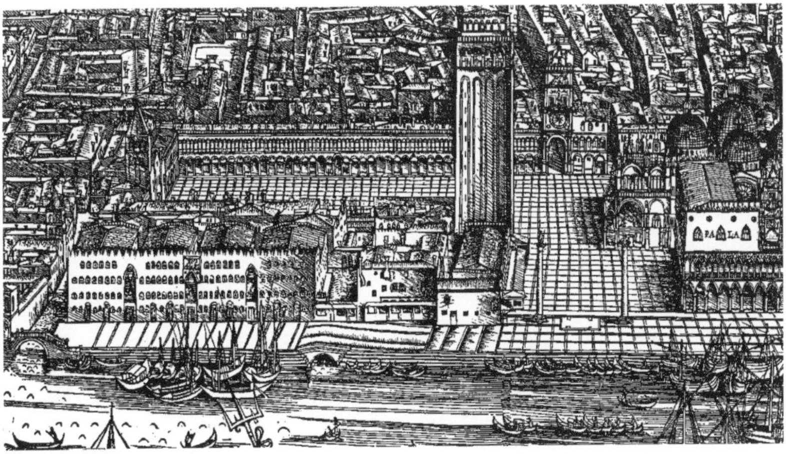

圖24　聖馬可廣場的碼頭。在雙柱前的水邊，搭起招募士兵的長凳

臨，他把部下從利多撤回到基奧賈。威尼斯城內的供給開始變得愈來愈困難；絕望之下，有人竟建議放棄這座城市，全體移民到克里特島或內格羅蓬特。這提議立即遭到否決。愛國的威尼斯人宣稱：「他們寧願葬身於城市廢墟之下，也不願意放棄城市。」

第十三章　戰鬥到底

一三七九年秋天至一三八〇年六月

緩慢地，無情地，威尼斯正在被漸漸榨乾，因為「熱那亞人將它緊緊封鎖，無論從海上，還是從倫巴底來的陸路」。隨著秋意漸濃，小麥、葡萄酒、肉類以及乳酪的價格飆升到前所未有的水準。威尼斯人嘗試獲取給養，但卻橫遭大禍；十一艘在海岸遠處裝載糧食的輕型槳帆船被敵人攔住並摧毀。威尼斯人不分晝夜、神經緊繃地守護柵欄，等待教堂鐘聲響起，在逐漸惡化的天氣條件下堅守利多的戰壕，這一切都開始消磨他們的力量和意志。與此同時，熱那亞人持續收到沿著帕多瓦河順流而下運來的充足給養。在了解因基奧賈淪陷而激發的民憤之後，威尼斯貴族們也意識到，他們最好關注窮人的苦難，因為這樣做也符合他們自身的利益。人們被告知，「所有受飢餓所迫的人，到貴族的住所去；在那裡，你將會找到朋友和兄弟，他們會與你分享最後一片麵包皮！」貴族與平民間維持著一種脆弱的團結。

僅存的救援希望就是澤諾的歸來，但他依然在遠方。十一月，人們得知，他目前在克里特島外海，在之前的幾個月裡，他一直在義大利海岸到金角灣的廣闊海域間劫掠熱那亞人的船隻。又一艘船被匆匆派去召他回來。知道了他的下落，讓人們有了些許期盼。

皮薩尼的水手們試圖毀壞多里亞的補給鏈。他們利用對內層潟湖、小海灣、祕密航道、沙洲和蘆葦灘的了解，攔截在布倫塔河順流而下的補給船。基奧賈城內有威尼斯人的探子，在他們提供的情報幫助下，威尼斯人組織了由小船組成的若干小組，探測淺灘，在黎明或黃昏時潛伏起來，襲擊為熱那亞人輸送糧食與葡萄酒的未設訪商船。在鹽床城堡（遭到圍攻的威尼斯前哨陣地，靠近基奧賈）附近，威尼斯人伏擊了許多敵軍補給船，迫使帕多瓦人在補給船上安置武裝護衛，這也迫使商人們不願意冒險為熱那亞人運輸給養。威尼斯小船相對於吃水較深的熱那亞槳帆船也有較大優勢，再加上熱那亞人不熟悉這裡的水道，如果遇到淺水或者迷路，就容易擱淺。威尼斯人密切關注著熱那亞船隻的行動，制定了雄心勃勃的計畫，準備誘捕那些孤立的槳帆船，就如同獵人圍獵大象一般。他們在夜間停靠在蘆葦叢中，利用霧幕和夜色的掩護，突襲笨重而機動力差的敵人；派弓箭手小分隊登陸，在茂密樹林的掩護下射擊；點燃蘆葦叢，擾亂敵人；抄小路阻截他們的獵物；在驟然響起的喇叭與鼓聲中，出其不意地乘小船疾馳而出。這些游擊戰術開始摧殘敵人的神經，令其風聲鶴唳。威尼斯人包圍並摧毀了一艘敵人槳帆船——「薩沃納人」號（Savonese），並俘虜其貴族船長，一時間威尼斯士氣大振。

這是一個小小的勝利，但對士氣的鼓舞卻很大。為了擴大戰果，皮薩尼試圖伏擊三艘準備去砲擊鹽床城堡的槳帆船，然而，敵船發現蘆葦叢後威尼斯士兵的旗幟，計畫失敗了。熱那亞槳帆船火速倒退，冒著兩岸射來的箭雨和石彈，溜走了。皮薩尼也曾有過嚴重的挫敗，在日漸增強的好奇心驅使下，他試圖偵察基奧賈的防禦工事，結果在戰鬥中損失了十條小船和三十個人，包括執政官的侄子。但在密切觀察敵人陣地和潟湖出入口後，他確信一次大膽的襲擊有成功的可能。兩軍兵力懸殊，敵人擁有三萬人、五十艘槳帆船，七、八百條小船，充足的糧食供應，而且木材、火藥、羽箭、弩箭一應俱全。但他們也有一個隱藏的弱點，皮薩尼確信敵人還沒有發現自己的這個短處。

在深秋的一天，他向執政官和戰爭委員會提出一個建議，希望採取積極的行動。整座城市已經快走投無路了。澤諾下落不明；人們因缺乏希望和食物短缺而委靡不振；與其讓他們的士氣日漸低落，不如讓他們血灑戰場。威尼斯聘請的陸軍將領賈科莫·德·卡瓦利支持皮薩尼的計畫。元老院接受了提議。也許是仍未忘記水手們在會議廳大門外的吶喊，他們發布了一條不尋常的法令，以動員精神委頓的愛國群眾。一百年來，威尼斯貴族是一個封閉的群體，平民無法獲取貴族身分。但如今，元老院發布一則公告：在共和國最危急的緊要關頭，做出最傑出貢獻的五十位公民將被授與貴族的身分。

於是，金錢、資源以及善意源源不絕地流入，在短期內對人們起到激勵的作用。裝配槳帆船的工作在兵工廠裡緊鑼密鼓地進行；大運河裡，不熟練划槳技術的志願者們在接受訓練。但形勢仍然萬分危急。飢寒交迫促使人們聚集於廣場之上，人心惶惶，悲痛流涕。澤諾何時歸來？人們擔心，任何耽誤都將對這座城市的意志力造成致命打擊。等待下落不明的澤諾艦隊是不切實際的，同時從基奧賈那裡傳來消息：熱那亞人和帕多瓦人正為如何瓜分戰利品吵得不可開交，這表明出擊的時機已經成熟。老執政官宣布，他將親自擔任艦隊總司令，由皮薩尼擔任副總司令，一同率軍出戰。

政府發布強制的命令：所有槳手和士兵務必在十二月二十一日中午前登船，違者一律處決。執政官安德烈亞·孔塔里尼把人們集合在廣場上的聖馬可旗幟下；人們在教堂裡做晚禱，接著艦隊在華麗的排場下準備啟航。威尼斯艦隊共有三十四艘槳帆船（船長都是貴族）、六十艘三桅帆船，四百艘小船和兩艘大型柯克船（cogs，是笨重的商船，但對行動的勝利至關重要）①。現在是冬至（白晝最短的一天）晚上八點，已是嚴冬，但夜色澄澈溫和，海面靜如明鏡，只有微風徐徐。孔塔里尼一聲令下，雄壯的威尼斯戰旗便迎風招展。靜靜地，粗重的纜繩被解開，艦隊出發了。艦隊被劃分為三個部分：處於先鋒位置的是皮薩尼的十四艘槳帆船和兩艘柯克船；後衛是十艘槳帆船；執政官則占據中心位置，擁有必要的裝備和經驗較豐富的士兵。

皮薩尼的計畫簡單但風險極大。他曾密切觀察熱那亞人的出出進進；他們已經變得洋洋得意。多里亞相信威尼斯已是他囊中之物，現在不需要多少力氣就能榨乾飢腸轆轆的敵人的殘餘力量。基奧賈有三個出海口。其中兩個位於它的利多兩端，直接通向大海；第三個就是倫巴底水道，在基奧賈島背後，流經潟湖。皮薩尼的想法是封鎖這三個出口，把敵人圍困其中。圍城軍就會遭到反包圍。

在漫漫黑夜的籠罩下，艦隊逐步推進，敵人毫無察覺。一段時間之內，濃霧模糊了一切，引起短暫的恐慌，接著就像它突如其來一樣，一切又變得明朗了起來。到十點鐘，威尼斯艦隊已經抵達基奧賈外海，即他們的第一個目標。沒有敵船，沒有干擾，也沒有敵軍守衛。十二月二十二日黎明時分，威尼斯槳帆船開始將士兵送上基奧賈的利多。四千八百名士兵以及一些木匠和挖掘戰壕的工人登陸了。與此同時，皮薩尼指揮柯克船駛向倫巴底水道的入口。

在利多上，威尼斯人開始修建防禦堡壘。木匠發出的聲響驚動了躺在沙丘的一小隊帕多瓦士兵，戰鬥隨即打響。匈牙利和帕多瓦軍隊從布朗多羅村推進。其餘的從基奧賈過橋，蜂擁而至，熱那亞艦隊也開始砲擊。威尼斯人被打退了，試圖撤退到船上，但慘遭屠戮。當他們逃跑時，有六百人被殺、溺亡或被俘。威尼斯人的堡壘被迅速摧毀，但同時，趁敵人的注意力完全被戰鬥吸引時，威尼斯人的兩艘柯克船被牽引就位——一艘靠近岸邊，另一艘阻塞了主航道。第一艘遭到轟擊，沉沒了；一些熱那亞人游向第二艘柯克船，將其點燃。火勢燒到了吃水線，最後也沉到了海裡。「為了這帶有欺騙性的勝利，熱那亞人歡呼雀躍，但卻不曾覺察到真正的危險。他們就這樣喜氣洋洋地返回了基奧賈。」多里亞內心充斥著成功的自滿。「威尼斯人在一天內所做的，我可以在一小時內摧毀，」他自以為是地評論道。但他對敵人的戰術安排和己方士兵的行動帶來的意外影響一無所知。無論如何，沉沒的柯克船已經有效地堵住航道。威尼斯執政官又帶來兩艘滿載岩石、大理石和大磨盤的柯克船，將這些東西倒入沉船中，然後用鐵鍊纏繞。它們現在成為無法移動的障礙物。

十二月二十四日，威尼斯艦隊南下去封鎖基奧賈南端的出海口——布朗多羅村。又有兩艘柯克船被拖到那裡。多里亞終於意識到自己被逐步包圍，但為時已晚。他派出槳帆船，去摧毀威尼斯人的特勤隊，並用布朗多羅的地面砲台轟擊威尼斯人，但威尼斯人再次設法安置了沉船，並以

---

① 柯克船是十世紀出現在波羅的海地區的一種單桅帆船，漢薩同盟（Hanseatic League）在北歐的海上貿易中大量使用這種帆船。

樹幹、船桅和鐵鍊加固這些障礙物。威尼斯工程師們冒著猛烈砲火，開始在弗索內（Fossone，在布朗多羅的對面）岸邊建造一座堡壘，稱為洛瓦（Lova）堡。到十二月二十九日，工程即將完成。在耶誕節，或是耶誕節次日，皮薩尼繞利多航行，成功封鎖了倫巴底水道，完成他的任務。基奧賈如今已被包圍，它唯一的對外通道是透過河流聯繫義大利中部。

熱那亞人的航道被一個接一個地封閉，焦慮和絕望的情緒開始瀰漫在他們當中。對熱那亞人來說，突破封鎖是至關重要的。而對封鎖基奧賈的威尼斯人而言，儘管他們先前取得了勝利，但他們的士氣仍舊岌岌可危。在背風的海岸，他們的槳帆船必須日日夜夜保持警惕。在弗索內和佩萊斯特里納島（Pellestrina，與基奧賈鄰近）尖端的戰壕內，威尼斯人遭到持續轟炸。糧食依舊短缺；寒冷的天氣導致士氣低落。很多人是平民志願者，是工匠、商人和工人，而不是習慣於戰事波折的軍人。威廉・庫克（William Cook）領導下的英格蘭雇傭兵怨聲載道。執政官力圖以身作則，拔劍起誓：除非攻占基奧賈，否則他絕不回威尼斯。即便如此，威尼斯內部依舊產生了分裂。澤諾依舊杳無音信。士兵們想回威尼斯。到十二月二十九日，他們的苦難到達頂點：食物匱乏，寒氣逼人，遭到敵人持續轟擊，不得不涉水通過冬季運河，他們面臨崩潰邊緣。危險、勞累、缺乏睡眠、死亡，以及現在令人生厭的潟湖——喃喃的抱怨聲變得愈來愈不對勁。許多人想要完全放棄威尼斯，航行到海外領地，去內格羅蓬特或克里特島。皮薩尼試圖鼓舞部隊，如果他們都離開了，勝利的機會將一去不復返。他爭辯說，援軍就快到了；澤諾正馳援趕到。最終，執政官和他的副將與反對派達成協定。如果澤諾在一月一日還沒回來，他們將解除對基奧賈的包圍，返回威尼斯。如今澤諾僅剩四十八個小時來拯救威尼斯。人人皆知，多里亞也在等待進一步的海軍增援。

在寒冷和痛苦的等待中度過了十二月三十日和三十一日。一月一日的黎明到來了。對威尼斯人來說，這可不是新一年重要的開端——在他們的日曆裡，新年是三月一日——但他們仍然心急如焚地迎接這一天。借著冬季微弱的曙光，可以看到南方的海平線上出現十五具船帆。但由於距離太遠，很難確定飄揚的旗幟屬於哪一方——聖馬可的雄獅還是聖喬治的十字架。熱那亞人從基奧賈的塔樓觀察，威尼斯人則從他們的船隻和戰壕中遠眺。焦急萬分且滿腹憂慮，皮薩尼派遣小船前去偵察。進入眼力可及的距離後，他們可以看到，聖馬可的旗幟飄揚在桅杆頂端。來船正是澤諾，他結束在地中海東部的劫掠行動，重重地打擊了熱那亞的商業活動，如今他返回了。他已經在海上堵截輸送給多里亞的援軍和給養，捕獲七十艘船，包括一艘滿載極其貴重貨物的商船，如今這艘船被拖在一艘槳帆船後。這是戰局決定性的轉捩點，它標誌著戰亂中一個深刻的心理變化。

面對威尼斯的增援海軍，熱那亞人日漸絕望，他們拚命掙扎，尋求出路。城鎮的兩個出海口位於布朗多羅和基奧賈航道，分別由澤諾和皮薩尼把守。他們需要日夜維持一隊槳帆船駐守，來對付熱那亞人可能的突圍。冬季天氣極其惡劣；吹向陸地的大風和急流不斷地威脅著要將威尼斯船隻沖到敵方海岸。一天傍晚，西洛可風從南方勁吹，再加上海流湍急，澤諾的旗艦被扯離停泊處，衝向了熱那亞人的堡壘。澤諾旗艦瞬間深陷槍林彈雨；澤諾本人也被箭射中了喉嚨。船隻在海浪中翻騰，慢慢地漂向死神的血盆大口。船員們在狂轟濫炸中畏縮不前，央求他們負傷的指揮官降旗投降。但堅不可摧的澤諾絕不肯投降。他從自己的喉嚨裡拔出箭，然後大聲命令一名水手帶著牽引繩游回繫泊處。他大聲訓斥，讓船員們陷入沉默，然後跑過甲板，從一個敞開的艙門摔了下去，背部重重著地，失去了知覺。澤諾頭部的傷口流血不止，鮮血幾乎使他窒息；在離死亡只有一步之遙的時候，他昏昏沉沉地甦醒，爬了起來。他活了下來，繼續戰鬥。

考慮到環境的惡劣以及狹窄的布朗多羅水道，威尼斯人最終決定只留兩艘槳帆船守衛，如果有需要，就吹響喇叭；其餘的艦船在一英里外的海岸停泊，以便聽到喇叭的警報聲。多里亞目睹到這一切，在一月五日的晚上，他做了一次堅決的努力，嘗試將障礙物移開。三艘配備大抓鉤和粗壯纜繩的熱那亞槳帆船列隊前進到水道入口處。他們的目標是將沉船、船柱和樹幹從出口拖拽出來。第一艘熱那亞槳帆船抵達入口處時，最前方的威尼斯槳帆船吹響了軍號，開始攻擊。威尼斯人設法登上第一艘敵船，但隨後趕到的兩艘熱那亞船鉤連著他們的對手，並將纜繩的另一端送到運河岸上，那裡的一大群人將這艘無助的威尼斯槳帆船拖進了布朗多羅港，其他威尼斯船隻沒來得及救援它。第二艘威尼斯槳帆船被一排羽箭逼退，無計可施。熱那亞人喜悅地將戰利品拖進自己的港口，船上的許多威尼斯人跳河溺死。澤諾來得太晚了。

就這樣，在潟湖邊緣的狹窄水道和沼澤地，雙方你來我往的激戰著。熱那亞不斷嘗試尋找突破鋼鐵包圍網的出口；威尼斯人則努力收緊包圍網。第二天，匈牙利軍隊對基奧賈水道發動一次堅決的突襲。但匈牙利人被擊退了。在熱那亞，戰局的突然逆轉引起眾人的不安。一月二十日，熱那亞派遣一支由二十艘槳帆船組成的新艦隊，由馬泰奧．馬魯弗（Matteo Maruffo）指揮；然而就像澤諾一樣，這位熱那亞艦隊司令的眼光不局限於一處，他橫越海洋，俘虜威尼斯的糧船，洗劫港口。等到四個月之後，他才抵達基奧賈。

威尼斯封閉了基奧賈的出口，但未能阻止敵人透過內河向遭到圍困的城鎮提供給養。威尼斯人自己也迫切需要補給。他們派遣三艘槳帆船溯波河而上，載著一隊士兵，去收復具有戰略意義的拉雷多（Loredo）城堡，它控制著前往費拉拉（Ferrara）城的河道。一旦拿下拉雷多，就可以從河上輸送人員和物資到威尼斯。隨著共和國包圍基奧賈的消息傳開，商人們開始冒險向城市供應葡萄酒、乳酪和穀物。物價仍然很高，但希望也增加了。

威尼斯人借助兩門巨型射石砲摧毀了拉雷多要塞。其中一門射石砲叫做「特雷維薩娜」（Trevisana），可發射重達一百九十五磅的石彈，而略小的「維多利亞」（Victoria）可發射一百二十磅的石彈。這兩門原始的鑄鐵大砲（砲管捆綁著鐵箍，以防膛炸）被運到布朗多羅對面的堡壘處，拆卸下船。威尼斯人的做法是在晚上裝填砲彈——將一發巨大的石彈推入膛內是個漫長的過程——然後在破曉時分發射，那時熱那亞人仍集中在布朗多羅。在這「喚醒服務」的同時，還用投石機猛轟敵人。眾所周知，射石砲的準確度很差，但在合理射程內，對大型靜態目標物的命中率還是很可觀的。一月二十二日上午，「特雷維薩娜」取得重大成功。它的巨大石彈擊中布朗多羅的鐘樓。一大塊磚石墜落到廣場上，砸死了彼得羅．多里亞和他的侄子。「在極度的哀傷與悲痛中，屍體被運到基奧賈，以鹽醃保存，以便將來運回熱那亞安葬」。次日，在砲擊中墜落的磚石又砸死了二十人。一座被熱那亞軍隊占據的修道院遭到砲擊，導致更多人喪生。加斯帕雷．斯皮諾拉（Gaspare Spinola）接替了多里亞，但威尼斯人一天天加強了壓力：「在威尼斯射石砲和投石機的持續轟擊下，熱那亞人的槳帆船和補給船都無法離港。」威尼斯人意識到，戰局的風向開始轉變了。他們將自己的資源動員能力推到極限，搶在敵人援軍抵達之前，於二月初雇傭五千名米蘭和英格蘭雇傭兵，來鞏固他們先前取得的優勢。現在輪到熱那亞人焦急地向海面張望、等待救援艦隊了；他們還可以從上游的帕多瓦獲得補給，但他們插翅難飛。因為無法突破海上封鎖，他們開始挖掘一條穿過布朗多羅島、通往大海的運河。他們打算在運河竣工後，趁夜色將槳帆船偷偷駛向扎拉，獲取補給。

兩個航海共和國之間的戰爭在義大利各地再次引起不安，教宗又一次展開週期性的嘗試，希望交戰雙方能夠議和。威尼斯表示有意議和——戰爭的結果還很難說得清——但與匈牙利、帕多瓦和熱那亞三國同盟談判是個緩慢的過程。

熱那亞人在利多上挖掘的逃生水道令威尼斯非常焦慮。他們決定攻擊布朗多羅，以消除這個威脅。二月十八日，澤諾被任命為共和國陸軍總司令，奉命占領布朗多羅村，並奪取位於修道院的敵軍指揮部。他手下有一萬五千人聽候調遣。但在次日黎明前，槳帆船和部隊集合時，計畫有了改變。新的目標是攻打小基奧賈的塔樓和堡壘（它們控制著通往基奧賈本部的橋頭堡），以阻止敵軍援兵通過。在橋頭堡的戰鬥很快變得頗為激烈。一大隊熱那亞士兵從布朗多羅村向前推進；更多士兵從基奧賈趕來；這兩波人馬都被威尼斯軍隊擊退。熱那亞人四處逃竄。一些人想穿過蘆葦灘逃跑，或順利蹚水渡過運河，或被淹死；而更多人在驚慌之下調頭，順著橋逃回去了。在木橋上橫衝直撞的人太多，以至於橋身崩裂倒塌。

……在運河的深處，在橋面上，一千多人在砲轟下身亡或被俘；很多人跳入水中，四散逃命。其中一些人溺亡，其他人則在石塊的轟擊下死的死、傷的傷。在木橋倒塌時仍在橋上的那些士兵，因為身披重甲，很快沉沒到水底；那些竭力從運河游出來的人甫上岸，就被雨點般的石塊砸死……如果不是木橋支撐不住，威尼斯人可能跟在那些逃兵之後，已經進入基奧賈並重新掌控它，就像他們當初失去基奧賈那樣。

熱那亞人的士氣發生突然的、災難性的崩潰。據說，此役之後，「想買全副鎧甲的人只消花幾個銅板，就能從剝死人甲冑的人手中買到一套，想買多少套都可以」。經過這場災難後，布朗多羅村有如風中殘燭。熱那亞人用槳帆船將他們的射石砲運到基奧賈。次日天亮前兩小時，他們將修道院付之一炬，焚毀自己的攻城武器，然後乘槳帆船離開——一部分人前往基奧賈，但許多帕多瓦人完全放棄了圍城。威尼斯人不費一槍一彈便收復了布朗多羅。皮薩尼設法救下熱那亞人試圖燒毀但未成功的兩艘槳帆船，「以及許多三桅帆船、小船和熱那亞人慌亂中遺棄的其他東西」。澤諾在與基奧賈僅有一條運河之隔的地方紮營，運來射石砲和投石機，「不分晝夜地向基奧賈鎮投擲巨大石塊，摧毀了許多房屋，死傷無數」。一位目擊者寫道：「我記得，我們的槳帆船有時非常接近基奧賈，向那裡投擲了不計其數的石塊。」

在這個關鍵時刻，威尼斯人卻猶豫不決起來，就像攻防戰早期的多里亞那樣「。大家普遍認為，如果威尼斯人當機立斷發動攻擊的話，就能拿下基奧賈；但他們沒有冒這個險」。就像熱那亞人之前的那樣，他們選擇用飢餓迫使敵人屈服，緊緊地鉗制基奧賈通往帕多瓦的陸路和水路，「就算一封信或任何一樣東西，都不能從基奧賈送到帕多瓦；熱那亞人插翅難逃，將會消耗完他們的物資」。熱那亞人在橋上潰敗時，威尼斯人沒有乘勝追擊，這在基奧賈鎮內產生意想不到的影響。它實際上振奮了熱那亞人的士氣。他們先驅逐鎮內的威尼斯婦女兒童，以盡可能久地維持補給，並固守待援。這場較量持續一整個春天。帕多瓦領主繼續攻打威尼斯的關鍵城市——特雷維索；在曼弗雷多尼亞（Manfredonia）海岸，緩緩逼近的熱那亞救援艦隊俘虜了一整支威尼斯運糧船隊；一個假扮成日耳曼人的威尼斯間諜身分暴露，在遭受嚴刑後供出共和國的作戰計畫。教宗則持續施壓，致力於和平。

現在，基奧賈的希望都寄託在熱那亞的海上援軍和帕多瓦領主身上。儘管威尼斯人竭力封鎖，但熱那亞人仍舊能設法讓補給物資順流而下，運抵基奧賈。在一次大膽的行動中，當河水高漲時，四十艘滿載糧食、武器和火藥的駁船漂浮著順流而下。他們強行突破一道薄弱的河上防線，成功抵達基奧賈。威尼斯人的回應則是用柵欄阻斷所有能通往基奧賈的水道，並加倍部署武裝船隻。當熱那亞補給船試圖返回時，遭遇威尼斯人猛烈的攻擊，不得不退回基奧賈。基奧賈背後的沼澤地和水道變成兩棲作戰的戰場：乘船的士兵在河上對戰；步兵在運河中掙扎前進；有人埋伏在莎草叢中。熱那亞人占據著一系列設防的水磨坊，這都成了威尼斯人攻擊的目標。四月二十二日，威尼斯人猛攻一座磨坊，但被逐退，「這場勝利讓磨坊裡的人歡天喜地，他們點燃了火把，基奧賈的人因此知道發生什麼事」。次日，戰鬥繼續進行。威尼斯人再次攻擊磨坊，而熱那亞人從基奧賈派遣八十艘船去破壞柵欄、重新打開通往帕多瓦的水路。收到關於熱那亞人行動的警報後，威尼斯人停止對磨坊的攻擊；在蘆葦的掩護下，他們偷偷潛行，伏擊了熱那亞人的突圍隊伍，「隨著猛烈的叫喊，石彈和羽箭橫飛，他們展開激烈的戰鬥」。熱那亞船員們丟棄了船隻，穿過蘆葦灘和乾涸的航道逃跑。僅有六艘小船得以逃脫。對熱那亞來說，這是不吉利的一天，因為四月二十三日就是聖喬治的節日。從此以後，再也沒有補給品能夠送抵被包圍的基奧賈。

儘管熱那亞人做了不少成功的反擊，但基奧賈所承受的壓力卻始終沒有緩解。威尼斯人意識到，戰事正在接近尾聲。老執政官的四個冬季月份都是在佩萊斯特里納島的臨時營地度過的，他於四月二十二日寫信給戰爭委員會，說自己年邁體衰，請求允許他返回威尼斯城。威尼斯人對待國家公僕如同對待敵人般不屈不撓，禮貌地回絕了他。孔塔里尼被譽為國家大業的「生命之血、安全和士氣的保障」。於是他留在了攻防戰前線。對於可憎的敵人，威尼斯人更不會有任何讓步。基奧賈內部的補給已經告急。熱那亞人和他們的盟友之間存在分歧，他們中的許多人想放下武器離開。威尼斯人直截了當地宣告：任何逃出基奧賈小鎮的人若是被他們抓到，都將被絞死。他們要在熱那亞救援艦隊出現前，用最快速度餓死基奧賈鎮裡的人。基奧賈鎮內，彈藥即將耗盡。守軍被迫吃老鼠、貓、螃蟹和海藻。從粗劣的蓄水池裡打上來的水又髒又臭。他們焦慮地盯著大海，但什麼都沒看到。

絕望的談判接踵而至。基奧賈鎮守軍同意投降，條件是允許他們自由離去。威尼斯回絕他們的要求：投降必須是無條件的，並且有限定的最後期限——過了這死線，所有被抓獲的人都將被處以絞刑。最後期限過去了。熱那亞人仍一直眺望大海，盼望救兵出現。六月六日，「上午九點」，馬魯弗的艦隊出現在人們的視線裡。熱那亞人攀上房頂，哭著、喊著，揮舞著旗幟。熱那亞艦隊司令開了一砲，挑釁皮薩尼出戰，但遭到拒絕。馬魯弗每天都這樣向對方挑釁。最終，皮薩尼率軍出戰，將熱那亞艦隊驅趕到數英里外的海岸。在屋頂上，守軍們帶著難言之痛，眼睜睜看著聖喬治旗幟慢慢遠去。

✯

基奧賈的槍砲早已停火。彈藥已經耗盡。守軍已奄奄一息。威尼斯和熱那亞軍官們開始隔牆談判。教宗使節再一次試圖安排休戰，但威尼斯人表示拒絕。馬魯弗於六月十五日從扎拉再次趕來，並帶來一支規模更大的艦隊，但他的槳帆船還是只能在基奧賈外海兜圈。守軍決定孤注一擲，強行突圍。他們用手邊各種可用的木材──板條箱、床、房屋木料──臨時建造了一批船。他們還向馬魯弗發去一條消息，讓他派送船隻前往利多救援。但最終突圍行動仍然絕望地失敗了；拼湊起來的船隻受阻於運河裡的柵欄，遭到攔截、俘虜，或被擊沉。馬魯弗撤軍了。六月十七日，熱那亞釋放了戰俘，並派出三位大使前往澤諾的營地。他們做了最後一次逃出生天的努力，企圖與雇傭軍部隊單獨談一筆交易：熱那亞人可以讓出基奧賈，任憑雇傭兵劫掠，以此換取安全撤離的自由。既然熱那亞已經歸還全部的俘虜，威尼斯也需要允諾雇傭兵洗劫基奧賈，來安撫他們。一名不聽話的雇傭兵統領被威尼斯人絞死在雙柱之間，以管束雇傭兵隊伍。

六月二十一日，熱那亞人的代表團前往威尼斯執政官的營地，被迫接受無條件投降。次日，指揮官斯皮諾拉最後一次升起聖喬治旗幟；無計可施的熱那亞艦隊再一次出現。斯皮諾拉下令降下旗幟，做為投降的信號。馬魯弗以煙霧信號做出回應，懇求守軍再堅持一點時間。但是沒有得到回應。「他們明白，基奧賈的一切都結束了。他們心灰意冷地回到港口。」

六月二十四日，威尼斯執政官來到這支離破碎的小鎮；經歷十個月的占領後，聖馬可旗幟又一次在基奧賈上空升起；面容憔悴、眼神恍惚、臉色蒼白、骨瘦如柴、半死不活的守軍們跌跌撞撞地走出來投降。勝利者仔細地將戰俘分類；他們以一種特殊的發音習慣，將帕多瓦人、匈牙利人、雇傭軍與熱那亞人區分開來。他們要求俘虜們讀出單詞capra（山羊），熱那亞人只能用自己的方言讀做crapa。四千名熱那亞人被趕到臨時搭建的戰俘營，很多人死在那裡；那些可以正確讀出capra的人則被釋放。

一三八〇年六月三十日，執政官終於獲准重返威尼斯。他乘坐專門為此場合裝扮一新的金船進入城市。一百名俘虜槳手划著金船，後面緊跟著十七艘垂頭喪氣的熱那亞槳帆船，它們的旗幟被拖在水裡，以示戰敗的羞辱。當初前來馴服聖馬可的雄壯艦隊如今只剩下這些殘兵敗將。在皮薩尼陪同下，在一大群小船的環繞下，金船在聲聲鐘鳴、陣陣砲響和勝利的雷鳴般歡呼中凱旋。興高采烈的人群如此擁擠，以致執政官的隊伍幾乎無法從人群中擠出一條路走向聖馬可教堂，在那兒將為威尼斯的勝利舉行莊嚴的感恩彌撒。

✩

對威尼斯人來說，還發生一起令人痛心的事件。六個星期以後，在跨越亞得里亞海追擊馬魯弗艦隊殘部時，皮薩尼犧牲了。在海上連續作戰兩年多之後，八月十五日，皮薩尼在曼弗雷多尼亞死於傷口感染和高燒。威尼斯人民悲慟欲絕。從來沒有一位威尼斯海軍將領受到人民如此的愛戴和如此深切的哀悼。他一直受到人們的歡呼擁戴，直至最後也是如此；他的葬禮隊伍在前往聖安東尼教堂時引起人民的集體悲慟。一隊水手穿過擁擠的人群，搶走了棺木，高呼：「我們是聖

圖25　皮薩尼墓地的塑像

安東尼的孩子，我們要將英勇的船長送到他身邊！」

但是，次年於杜林簽署的和約對威尼斯來說不算勝利，而只是避免了失敗。威尼斯收復了在特雷維尼亞諾的陸上領土，但達爾馬提亞海岸仍然在匈牙利手中。威尼斯恢復了在君士坦丁堡的地位，但再次被逐出亞速海。兩個共和國之間的競爭又如同以往一樣持續下去。曾引發整場衝突的特內多斯島幾乎被人遺忘，現已被去軍事化。島上的堡壘被拆毀，希臘居民被強行遷往克里特島。唯一從這樣的解決方案中得益的是土耳其人，他們現在使用廢棄的特內多斯海港做為海盜活動的基地。

威尼斯之所以比熱那亞堅持得更久，不是因為它的軍事力量更強，而更多得益於其體制的強固、強大的社會凝聚力，以及人民對聖馬可旗幟的忠誠。遭受基奧賈的屈辱後，熱那亞便崩潰了。熱那亞在五年內連續罷免十名執政官；一三九四年，熱那亞投靠法蘭西國王。對威尼斯來說，這樣的投降是無法想像的。它寧願沉入潟湖也不會投降。到了十六世紀，當委羅內塞②為執政官宮殿增添一幅凱旋歸來的油畫時，基奧賈戰役的意義便更加清晰了。做為幾乎是災難性失敗的反彈，威尼斯最終贏得爭奪地中海貿易的競爭。威尼斯與熱那亞雙方的敵意仍然沒有消除，但熱那亞的競爭力卻逐步衰退了。

---

② 保羅．委羅內塞（Paolo Veronese，一五二八至一五八八年），義大利文藝復興時代的畫家，他出生於維羅納，原名保羅．卡利亞里（Paolo Caliari），父親是一名石匠，他因為出生地而有「委羅內塞」（意思是「維羅納人」）的綽號，並以此聞名。與丁托列托、提香並稱為「威尼斯畫派三傑」。

對兩個共和國來說，這場戰爭還在遠方產生其他的後果，就像遠處海面上醞釀的風暴一樣。歷次的熱那亞—威尼斯戰爭都阻礙了教宗遏制日漸增長的鄂圖曼人威脅的計畫。到一三六二年，鄂圖曼帝國實際上已經包圍了君士坦丁堡；一三七一年，他們打垮了塞爾維亞人；到十四世紀末，鄂圖曼的領土從多瑙河一直延伸至幼發拉底河。

第十四章　海洋帝國

一三八一至一四二五年

威尼斯被潟湖內漫長而艱苦的戰爭幾乎拖得筋疲力竭。兩年裡，所有的貿易都停止了。艦隊被毀、國庫空虛，連亞得里亞海的制海權也在一三八一年條約中正式轉交給匈牙利。與熱那亞的戰爭、瘟疫、克里特的叛亂和教宗的貿易禁令，讓威尼斯人在十四世紀舉步維艱。但是，共和國還是挺了過來。在基奧賈戰爭之後，這座城市快速地恢復元氣，令人矚目。在一三八一年之後的半個世紀裡，威尼斯海洋帝國經歷一段意氣風發的殖民擴張，將其帶上海上繁榮和帝國霸業的顛峰。威尼斯再次讓世界刮目相看。

十五世紀初，地中海東部是一大群星羅棋布、如同鑲嵌畫的小國和互相爭鬥的利益集團。拜占庭帝國持續地衰落；匈牙利國王們漸漸失去對巴爾幹半島的控制；土耳其人則在向西擴張，取代匈牙利人；機會主義者加泰隆尼亞人曾是地中海東部一支令人膽寒的力量，如今也開始撤退。在其他地方，熱那亞、比薩、佛羅倫斯和那不勒斯，以及一些冒險家和海盜，掌握著一連串島嶼、港口和要塞。隨著匈牙利對亞得里亞海的控制力減弱，而鄂圖曼人又步步緊逼，達爾馬提亞沿海地區許多曾經殊死抵抗威尼斯統治的小城市，如今卻開始尋求威尼斯的庇護。當鄂圖曼人因內戰而方寸大亂時，威尼斯共和國卻愈發繁榮。從一三八〇年到一四二〇年，威尼斯的領土翻了一倍，更重要的是，人口也差不多翻了一倍。這些新吞併的土地多半在義大利本土，但讓威尼斯鞏固其海上霸主和世界貿易中軸地位的，是它海上實力的增強。

威尼斯吞併新土地的手段十分靈活：耐心的外交手段兼施以短暫而激烈的武力進犯。一二〇四年之後，威尼斯一口氣鯨吞了一個帝國，但一三八〇年後的新領土是一點一點蠶食而來的。威尼斯派出大使去保證一個希臘港口或一個達爾馬提亞島嶼的安全；距離自己地產很遠的地主也許會被說服，將自己的地產賣給威尼斯政府，以換取現金；幾艘武裝槳帆船可能足以說服一位身處困境的加泰隆尼亞冒險家，是時候回家了，或是在克羅埃西亞的某個港口操縱派系鬥爭；一位猶豫不決的威尼斯女繼承人可能會被「鼓勵」嫁給一位合適的威尼斯領主，或將她的財產直接捐給共和國。如果說威尼斯的手段是耐心而五花八門的，但其核心的政治理念卻是驚人地恆久不變：為了威尼斯的榮耀和利益，要用最少的代價獲取優良的要塞、港口，以及防禦地帶。一四四一年，元老院就像一家公司制定戰略計畫一樣地宣布：「我們在海事方面的方針，考慮的是我們的共和國，是保護我們的城市和商業。」

有些時候，一些城市自願投入威尼斯的懷抱，以擺脫來自鄂圖曼人或熱那亞的壓力。針對每一筆申請，威尼斯都會做精細的成本效益分析，就像商人審視貨物一樣。這座城市有沒有一個安全的港口？有沒有良好的水源為船隻提供補給？有可供農耕的內地嗎？人民是否恭順？城市的防禦如何？是否控制一條戰略海峽？再從反面想想，如果此地被敵國占領的話，會給威尼斯造成多大損失？達爾馬提亞海岸的卡塔羅足足申請了六次才被威尼斯共和國接納。而派特雷則申請了七次。每一次，威尼斯元老們都嚴肅地聽完陳述，然後搖頭否決。當涉及到全盤買入時，威尼斯會等待價格下跌。一四〇八年，匈牙利的拉迪斯勞（Ladislas of Hungary）①開價三十萬弗羅林（florin）②，想把自己對達爾馬提亞的權利主張賣給威尼斯。但就在隨後的一年，當達爾馬提亞各城市掀起叛亂反抗匈牙利時，威尼斯僅花費十萬弗羅林就買下這些城市。有些時候，威尼斯會威逼利誘雙管齊下地完成買賣；軟硬兼施也是一種手段。透過耐心等待、討價還價、恐嚇威脅以及赤裸裸的武力，威尼斯擴張了自己的海洋帝國。

威尼斯幾乎不費吹灰之力，就將達爾馬提亞和阿爾巴尼亞沿海諸多紅屋頂的港口、翠綠島嶼和微型城市收入囊中：希貝尼克和布拉扎（Brazza），特勞和斯帕拉托，以及萊西納島和庫爾佐拉島，這兩座島嶼以造船業和優秀水手而聞名，被譽為「像晶瑩的珠寶般澄淨閃亮」。控制這一切的關鍵在扎拉，威尼斯為維持對它的統治已經奮戰了四百年。現在扎拉高呼著「聖馬可萬歲！」一心甘情願地歸順威尼斯。為安全起見，威尼斯政府將扎拉那些愛惹是生非的貴族世家遷往威尼斯城，然後派他們去別的沿海城市當官。威尼斯執政官又再次可以自稱「達爾馬提亞領主」

① 拉迪斯勞（一三七七至一四一四年），那不勒斯國王，名義上的耶路撒冷國王、西西里國王等，一三九〇年以後自稱匈牙利和克羅埃西亞國王，綽號「寬宏者」。他的父親那不勒斯國王查理三世也是匈牙利國王（稱查理二世），因此拉迪斯勞對匈牙利有一定的繼承權。當時實際統治匈牙利的是神聖羅馬皇帝西吉斯蒙德（Sigismund）。

② 金幣名，一二五二年首先在佛羅倫斯鑄造，後來歐洲許多國家均有偽造，幣值不等。

了。只有拉古薩高傲地保持獨立，始終不受威尼斯控制。

這條海岸線的價值是難以估量的。威尼斯槳帆船艦隊可以在這片海岸有遮蔽的水道航行。這裡的一連串島嶼可以保護船隻，幫助它們抵禦亞得里亞海變幻無常的狂風——西洛可風、布拉風和密史脫拉風（Spalato）③，並讓船隻在這裡的安全港口停泊。共和國的船隻將用達爾馬提亞的松木打造，槳手和水手也有很多是達爾馬提亞人。人力和木材一樣重要，只要共和國存在一天，亞得里亞海東岸居民的航海技能都將由其支配。

如果說扎拉對威尼斯來說很重要，那麼科孚島就更是如此了。一三八六年，威尼斯從那不勒斯國王那裡用三萬杜卡特買下這座島嶼。當地人民非常願意接受威尼斯的統治，「因為時代動盪不安，人事反覆無常」。科孚島是一系列基地組成的鏈條中的最後一環。一二〇三年，十字軍在科孚島停留時，維爾阿杜安說這個島「非常富裕豐饒」。它在威尼斯歷史上享有舉足輕重的地位，威尼斯人對它很有感情。十一世紀，威尼斯在科孚島與諾曼人展開海戰，損失了數千人；他們在一二〇四年得到該島，占有時間不長便又失去了。科孚島位於亞得里亞海的出入口，是一個至關重要的地點，可以監視義大利和希臘之

圖26　科孚島的要塞

間的東西向貿易。在海峽的對面，威尼斯得到了阿爾巴尼亞的杜拉佐（Durazzo）港——它擁有充裕的水資源和大片蔥翠的森林——以及僅十英里之外的布特林托（Butrinto）④。這三個基地互為犄角，控制著阿爾巴尼亞海岸以及通往威尼斯的海上航線。

青翠多山、冬季降雨充沛的科孚島成了威尼斯航海系統的指揮中心和威尼斯人中意的任職地。他們稱之為「我們的大門」，在此永久設立了一支槳帆船艦隊，停泊在安全的港口內，聽候「海灣統領」的調遣。在危險之際，海灣統領要聽從海軍總司令的指揮，總司令駕到時戰旗揮舞、號角齊鳴。所有經過的威尼斯船隻都被強制要求在科孚島停留四個小時來交換訊息。當看到這壯闊島嶼的輪廓一點一滴從平靜的大海中浮現時，水手們很是激動，因為它預示著威尼斯城已經不遠了。科孚島為水手們提供淡水和娛樂。這裡的妓女以兩個特點聞名，一是她們的美貌，二是她們攜帶的「法蘭西病」（French disease）⑤。虔誠而虛弱的水手在歸途中會停靠在科孚島以北海岸的凱西奧皮聖母（Our Lady of Kassiopi）神龕，感念聖母保佑旅行平安。

在帝國擴張的這一波新浪潮中，科孚島以南的愛奧尼亞群島也被吞併：青翠的聖莫拉（Santa Maura）、崎嶇的凱法利尼亞（Kefallonia）和義大利歌謠所盛讚的「桑特，黎凡特的鮮花」（Zante,

---

③ 地中海北岸的一種乾冷西風或北風，從法國南部發源。「密史脫拉」是法國南方奧克語（Occitan language）的朗格多克方言（lengadocian），意思是「主人的」。

④ 原文如此，杜拉佐和布特林托之間的距離實際約兩百七十公里，即約一百七十英里。

⑤ 指梅毒。這種性病在歐洲第一次有據可查的爆發是在一四九四或一四九五年，在義大利的那不勒斯，當時正是義大利戰爭（一四九四至一五五九年）期間。法蘭西軍隊將梅毒傳播至歐洲其他地方，因此稱為「法蘭西病」。

fior di Levante）。勒班陀（Lepanto）是位於科林斯（Corinth）灣內的一個具有戰略意義的港口，對鄂圖曼人而言也具有潛在的誘惑。威尼斯政府派遣海灣統領率領五艘槳帆船前往，命令他要嘛強攻，要嘛將勒班陀買下。勒班陀的阿爾巴尼亞領主收到了兩個選擇：要嘛被斬首，要嘛交出勒班陀以換取每年一千五百杜卡特的年金。他選擇第二種方案，老老實實地離開了。

對新領地的占領像淘金熱一樣，延伸到整個希臘沿海地區。威尼斯在一四一四年買下宗奇奧（Zonchio），這是靠近莫東的一座防禦完善的港口；透過賄賂，威尼斯獲得位於阿爾戈斯（Argos）灣的納夫普利翁（Napilon）和阿爾戈斯；一四二三年，薩洛尼卡乞求威尼斯保護它，以抵禦土耳其人。阿提卡（Attica）內陸地區主動臣服於威尼斯。但威尼斯元老院非常精明，知道共和國人力不足，而且對封建領地和頭銜不感興趣（畢竟希臘土地貧瘠，產出極少），因此拒絕接納阿提卡。對於他們而言，唯一重要的，只有大海。

再往南，貧瘠的基克拉澤斯群島（一二〇四年以後被分配給威尼斯的私掠者）日漸成為一個問題。這裡的統治者有的狡詐，有的殘暴，甚至瘋癲，共和國與他們之間有不少衝突。土耳其、熱那亞和加泰隆尼亞的海盜也時常劫掠基克拉澤斯，拐賣人口，以至於這片海域非常危險。早在一三二六年，一位編年史家就寫道：「尤其是土耳其人在這些島嶼肆虐……如果沒有援助，它們便會易主。」十五世紀初，佛羅倫斯教士布翁戴爾蒙蒂（Buondelmonti）在愛琴海待了四年時間，帶著「極度的恐懼和焦慮」旅行。他發現基克拉澤斯群島淒涼得令人難以置信。納克索斯島和錫夫諾斯（Siphnos）島缺少男性人口；塞里福斯用他的話說，「除了災難什麼也沒有」，那裡的人民過著牲口一般的生活。在伊奧斯（Ios）島，每到晚上，人們全部退入城堡，以防海盜劫掠。蒂諾斯島的居民則打算乾脆放棄他們的島。愛琴海期盼著威尼斯共和國的保護，「覺得天下沒有比威尼斯的統治更公正和更好的了」。共和國便開始重新接納這些島嶼，但是跟以往一樣，它的手段是十分務實的。

✯

威尼斯在第二波殖民擴張中建立起的帝國是靠強勁的海軍實力維繫的。在它價值無量的三角基地——莫東—柯洛尼、克里特島和內格羅蓬特之外，現在又多了一個科孚島。但在更遙遠的地方，威尼斯海洋帝國的疆界非常靈活，不斷發生變化，就像鋼絲網一樣強韌而形狀並不固定。威尼斯人始終生活在變幻無常的世事中，他們的許多領地也是來了又去，一如大海般潮起又潮落。他們一度占據著希臘大陸上一百個據點；愛琴海的大多數島嶼，威尼斯人都曾經手。有些雖然從他們手中溜走過，但後來又重新獲得了。威尼斯人對有些領地的占有則非常短暫。他們曾斷斷續續地占據莫奈姆瓦夏礁岩（Monemvasia，形似縮小版的直布羅陀）一個世紀之久，威尼斯人在雅典也進進出出。一三九〇年代，當西班牙冒險家搶走帕德嫩（Parthenon）神廟大門上的銀片時，威尼斯人靜觀其變，後來自己統治雅典六年。五十年之後，雅典請求威尼斯接納它，但那時已經太遲了。

黑海北岸的塔納最能印證殖民事業的逆轉。一三四八年，威尼斯被蒙古人逐出塔納。一三五〇年，一個商業定居點在那裡恢復，並維持了半個世紀。但塔納過於偏遠，資訊很難傳達到威尼斯本土。槳帆船艦隊每年會到那兒一趟，之後便消失在海的邊緣。這個據點一沉寂就是好幾個月。當安德烈亞・朱斯蒂尼安奉命於一三九六年抵達塔納時，他震驚地發現，那兒什麼也沒有：沒有人，沒有房子，只有定居點燒焦的廢墟，以及頓河上詭異的鳥鳴。在前一年，蒙古的帖木兒（Timur）大帝襲擊塔納，將整個定居點夷為平地。一三九七年，朱斯蒂尼安向塔納當地的韃靼領主請求允許建造一個新的設防定居點。威尼斯人在塔納從頭再來，塔納就是這麼重要。

但在地中海東部的中心地帶，威尼斯實行著效率極高、無與倫比的帝國主義統治。在這整個地區，只要是聖馬可旗幟飄揚的地方，就能看到威尼斯強大的經濟、軍事和文化實力的宣傳象徵物——港口的牆上、要塞和碉堡昏暗的大門上方雕刻著雄獅，向潛在的敵人咆哮，向朋友示好；閃亮的圓形杜卡特金幣上，是執政官跪在聖徒前的圖案，威尼斯金幣的純度和可靠性勝過了所有對手；威尼斯海軍艦隊定期巡航掃蕩，商船隊無比雄壯；身著黑衣的威尼斯商人操著方言為貨物標價；各種儀式慶典和宗教節日的慶祝活動無比盛大隆重；威尼斯的建築物彰顯帝國氣派，威尼斯人無所不在。

威尼斯城跨越海洋輸出自己的形象。甘地亞被稱為「威尼斯人在黎凡特的另一座城市」，也就是第二威尼斯城。它複製了威尼斯的建築和權力象徵。甘地亞也有自己的聖馬可廣場，它對面是聖馬可教堂，教堂的鐘樓上懸掛著聖馬可的旗幟，就像威尼斯的鐘樓一樣，在工作日的開始和結束時都會鳴鐘。還有公爵府邸和供商品交易和談判的涼廊，都像極了威尼斯。公爵府邸旁的兩根立柱是用來絞死犯人的，仿照威尼斯的濱水雙柱，提醒公民和臣民們，堪稱楷模的威尼斯司法是全世界通行的。甘地亞是威尼斯國家的縮小複製版：用來為批發貨物稱重的辦公室，使用的是威尼斯的砝碼和計量標準，有處理刑法和商業法的官衙，有克里特行政機關的接待室和分部，都和威尼斯執政官的宮殿差不多。旅途中的商人若是不注意，會真以為他們看到了威尼斯的幻影在黎凡特的明亮空氣中閃閃發光，彷彿卡爾帕喬在埃及海岸重繪出威尼斯，又彷彿英屬印度土地上建起了一座英國教堂。外鄉來的旅行者談及這種光線的把戲，西班牙旅行者塔富爾寫道：「當一個人來到威尼斯的任何領地，哪怕是在天涯海角，也會覺得他身在威尼斯。」當他在達爾馬提亞海岸的庫爾佐拉停留時，發現甚至當地人也跟隨著威尼斯的潮流：「男人們在公共場合的穿戴像極了威尼斯人，他們幾乎都會說義大利語。」君士坦丁堡、貝魯特、阿卡、泰爾和內格羅蓬特都一度擁有自己的聖馬可教堂。

這樣的特點讓旅行商人和殖民地官員們感到，他們占據著自己的世界；他們驅散思鄉之情，向他們的臣民——不管他們說希臘語、阿爾巴尼亞語，還是塞爾維亞─克羅埃西亞語——彰顯威尼斯的權勢。威尼斯慶典中的宗教儀式元素也加強了這種權勢，精心安排的正式慶典被詳細地複製在十五世紀的油畫上，也被輸出到各個殖民地。克里特島的每一位新公爵上任時都會在號角齊鳴中，在一頂紅絲綢傘下，從他的槳帆船上踏步而出，於城市的海門與前任公爵會面，接著在前呼後擁之下，嚴肅地走在通往大教堂的主幹道上，在教堂接受聖水和焚香的任職禮。這種儀式是高度標準化的，嚴格按照程序辦事，展現了威尼斯的榮光。莊嚴的遊行，聖馬可和諸位主保聖徒的旗幟，殖民地臣民向共和國發出的忠誠、恭順與效力的誓言，在基督教曆法中重大宗教節日時為頌揚公爵而吟唱的讚美詩——這些儀式融合了世俗和宗教的力量，來誇耀威尼斯的顯赫，激起人們的敬畏。朝聖者彼得羅・卡索拉（Pietro Casola）教士見證了一四九四年克里特島政權交接的儀式，這場儀式「如此壯觀，我彷彿置身於威尼斯的盛大節日」。

圖27　帝國的紀念碑：萊蒂莫的鐘樓

✯

殖民地的行政機構等級森嚴，每一層級都有精心管理的薪酬、特權與責任——以及一連串冗長而差別細微的不同頭銜。最高層——也是殖民地系統中最有權力的職位——是克里特公爵；君士坦丁堡的威尼斯殖民地的市政官的薪俸與克里特公爵相同，是每年一千杜卡特，這是為了彰顯君士坦丁堡的重要地位。科孚島和內格羅蓬特也分別由一位市政官管轄；莫東和柯洛尼分別由一位「代理城主」管理，而阿爾戈斯和納夫普利翁則分別由一位市長管理。蒂諾斯島、米科諾斯島，以及克里特島的一些城鎮則由鎮長管理；在外國領土——如塔納和薩洛尼卡——上建立的定居點由領事負責管轄。這些殖民地行政長官是從威尼斯貴族階層非自願地選舉產生的，被選中者必須在相應職務上為國效力，若拒絕則會受到懲罰。在這些帶有頭銜的大官下面，是一級級的公務員：顧問和財務主管、殖民地兵工廠的將軍、公證人、書記員和法官，所有人都宣誓為威尼斯的榮耀與利益工作，他們各自有特定的權利和職責，並受到一定限制。

這些國家官員雖然威風凜凜，但他們的行動自由卻受到仔細的限制。每個人都能感受到來自威尼斯的向心力；即便是在距離威尼斯三個月航程的塔納，領事都被重重的規定束縛著。威尼斯是一個中央集權的帝國；每件事都被潟湖（威尼斯）統治、支配和管理著，並且用無盡的細緻法令條款精確地把持著。愛國主義情懷深深地刻印在每個威尼斯人的靈魂中；所有殖民者都來自潟湖的那幾平方英里的範圍；他們都被期待著以毫不動搖的愛國主義為共和國效勞。共和國執著於其公民的種族純正。它害怕自己的公民被殖民地土著同化，尤其是在一三六三年克里特島的叛亂之後。共和國的法令中滿是規定種族純淨的條款。公民身分幾乎從不授與外邦人，而種族的界限是被嚴格控管的。異族通婚和皈依希臘東正教是受人鄙夷的事情，而在克里特，則將受到法律的嚴厲制裁。高級的殖民官員兩年一輪替，以免他們被當地的環境汙染，中央也盡全力去維持文化的差異。在莫東，威尼斯人被禁止蓄鬚；威尼斯公民被要求將鬍鬚剃乾淨，和鬍鬚蓬亂的希臘人區別開來。

官員任職的條件受到明確界定。總督職務的方方面面都有嚴格規定，他們的隨從中行政官員的人數、他們用來維持威望和日常使用所需的僕人和馬匹數量（國家精確的規範一位總督能夠擁有馬匹的數量，既不能少也不能多）、他們享有的金錢津貼和他們權力的界限。總督們被禁止參與任何商業活動，不得攜家帶眷赴任，並受到嚴格誓言的約束。共和國對個人影響力的增長保持警惕——這個最為鐵面無情的國家非常討厭個人的野心——對腐敗則是零容忍。一三九六年，喬萬尼・博恩（Giovanni Bon）被派往甘地亞管理財政，他不僅要發出慣常的捍衛威尼斯榮譽的誓言，還有責任以最高價格出租國家的貨物，一年一度向公爵及其顧問事無巨細地彙報，他在前一年處理的和注意到的所有事務；並且不得接受任何服務和禮物；他和他的雇員被禁止從事任何商業活動，還被禁止在甘地亞或以甘地亞為圓心，半徑三威尼斯里範圍內宴請任何人，不管是希臘人還是拉丁人。

在威尼斯體制中，連執政官本人都被嚴禁從外國人手裡收受任何貴重禮物。上述的這些禁令都是習以為常的，威尼斯體制的宗旨就是持續的監管和集體負責制，任何官員都不得單獨行動。要打開甘地亞財務室的房門，需要三把鑰匙，分別由三個不同的財務官保管。克里特島公爵需要三名顧問的書面同意，才能批准一項決議。所有的事務都是建立在書面檔案的基礎之上，在執政官宮殿深處，大群文書人員辛勤工作，抄寫並發送元老院的各項法令到海洋帝國各個角落去。各個地方政府也有這樣的文書團隊，做著類似的工作。每一個威尼斯殖民地都有自己的公證人、抄寫員和儲存檔案的地方。所有的決定、交易、貿易契約、遺囑、法令和判詞都被記載下來，形成數百萬條目，就像商人無窮無盡的分類帳本一樣，這些共同組成了國家的歷史記憶。每個人都負有責任，有案可查。每件事都被記錄在案。到威尼斯共和國滅亡時，它存放文件的卷宗架長達四十五英里。

這些檔案見證了帝國體制詳盡的中央管理。那是一段不停地與腐敗、裙帶關係、賄賂和偶爾發生的叛國行為做鬥爭的歷史。「國家的榮譽需要所有行政官員的出色表現」是它的箴言。官員們頻繁地被告誡不得從事貿易活動，說明違反此項禁令的人很多，情形也五花八門，政府對此種行為也頑強地追蹤制裁。殖民地的各級官員都有很多機會去體驗威尼斯審計的嚴謹和無情。司法正義是耐心、鐵面無私而冷酷無情的，沒有人能夠躲開審查。對公爵的審查就像對鐵匠的調查一樣客觀公正，審查的手段無所不用其極。國家監察官們會定期展開調查，當這些身穿黑袍的官員走過船隻的跳板、踏上內格羅蓬特或甘地亞土地並開始問問題或查帳時，最趾高氣揚的殖民地權貴也會心急如焚。監察官的權力幾乎不受任何限制，在一三六九年五月的檔案紀錄中，我們可以看到，監察官的職責除了審查低階官員之外：

> ……他們在黎凡特的任務還包括調查總督們有損國家利益的不端行為；若遭到指控，總

督不得以任何藉口拒絕回答問訊，即便這牽涉到他們的工作。監察官有權前往他們認為有必要去的任何地方；他們的行動自由不受任何約束。但是（這是一個典型的威尼斯式的限制條件），監察官應當盡可能節約差旅費。若有官員罪行特別嚴重，監察官認為他不會自願回到威尼斯接受審判，那麼監察官可以在與當地總督商議之後，直接逮捕有罪官員，並強行將其押回威尼斯。

帳目將得到細查，檢舉將得到傾聽，犯罪嫌疑人的通信被沒收和研讀。監察官回到威尼斯後將有一年的時間去公布自己的調查結果，傳喚更多證人和彈劾罪人。令人眼花撩亂的是，監察官自己也受到監督審查，他們一般三人一同行動，被禁止從事貿易、接受禮物，甚至不可以單獨居住。海洋帝國是個多疑的國家。

從威尼斯城到克里特島要一個月，到內格羅蓬特需要六個星期，到塔納需要三個月，但每個人都能感覺到威尼斯國家伸長的手臂，有時它真的能觸及極遠的距離。一四四七年春天，元老院收到密報，稱克里特公爵——安德烈亞．多納托（Andrea Donato）正與米蘭雇傭兵統領法蘭切斯科．斯福爾扎（Francesco

圖28 海洋帝國的監察官

Sforza）⑥祕密勾結，並收受賄賂。逮捕多納托的命令簡短而殘酷：

致槳帆船船長貝內代托・達・萊傑（Benedetto da Legge），任務是逮捕公爵：

一、應以最快速度前往甘地亞，中途禁止停靠。

二、抵達甘地亞後，停在海灣內，不得登陸。不得允許任何人上岸，也不准任何人上船。

三、派遣一位值得信賴的人去見安德烈亞・多納托，請他到船上協商。

四、約見多納托的藉口是獲取關於黎凡特局勢的資訊，船長假裝自己即將去土耳其覲見蘇丹。

五、多納托上船後，貝內代托應立即扣押他，告知他必須去威尼斯一趟，但不用告訴他原因。

六、離開甘地亞之前，貝內代托應將託付給他的信送給克里特海軍統領和顧問們。

七、若多納托拒絕或不能上船，萊傑船長應將另一封預先備好的信送給克里特海軍統領和顧問們，這樣公爵肯定得來。

八、多納托上船後，槳帆船立刻前往威尼斯……（船長）會將其帶到拷問室。

九、在航行中，禁止任何人與犯人交談；如果中途必須靠岸的話，多納托不得以任何理由上岸。

⑥ 法蘭切斯科一世・斯福爾扎（一四〇一至一四六六年）是一位義大利雇傭兵首領、米蘭公爵，也是斯福爾扎家族在米蘭統治的開創者。法蘭切斯科的宮廷是文藝復興的中心之一。法蘭切斯科是歐洲第一個以權力平衡為基礎確立外交政策的統治者，也是第一個將外交擴展至義大利半島之外的義大利統治者。

達．萊傑奉命帶給顧問的密令是：「若安德烈亞．多納托拒絕登船，那麼船長和顧問們必須動用武力；他們應逮捕公爵，將他押送到船上，立刻前往威尼斯。」達．萊傑以破紀錄的速度抵達克里特島，將公爵劫走，迅速將他送回威尼斯，進行拷問。來去只用了四十五天，創下一項新紀錄。這個故事傳達的訊息非常明確。

威尼斯政府堅持不懈地與其官員的瀆職行為做鬥爭；檔案中到處是振聾發聵的譴責、問訊、罰款、彈劾，以及拷問犯人的命令。許多條目的開頭都是「嚴令禁止⋯⋯」，接下來緊跟著不厭其煩的禁令——不得雇傭親屬、變賣公共財產、從事貿易活動等。「太多的市政官、總督和領事得到了好處、金錢賄賂和形形色色的豁免。這是不可容忍的，這些行為是嚴厲禁止的。」一位克里特公爵因糧食詐欺罪行而遭到傳訊；莫東—柯洛尼的一位官員犯下敲詐罪；一位官員因未赴任而被罰款；另一位官員因為一筆款項的丟失而被召回；莫東的代理城主法蘭切斯科．達．普留利（Francesco da Priuli）遭到逮捕並被免職——投票決定是否用刑時，十三票贊成、五票反對、五票棄權。當然，對共和國的忠誠也會得到認可和獎賞。

威尼斯將它堅定不移的法律制度貫徹到海洋帝國的每個角落。總督們被告誡，對所有人秉公執法，無論對威尼斯殖民者還是土著臣民皆如此。當地人、猶太人和其他常住外國人，都受到相同的管理。就當時的標準來看，威尼斯共和國有著強烈的正義感，它的司法相當客觀公正。

威尼斯人是徹頭徹尾的律師，以極強的邏輯運作著他們的體制。謀殺分為多個等級，殺人分為一般（過失殺人）和故意殺人，又細分為八個子類別，從正當防衛到意外、故意、伏擊、背叛和暗殺；法官被要求盡可能透徹地確認作案動機（國家的祕密行動當然不受到這種司法限制：一四一五年七月的檔案記載著買凶暗殺匈牙利國王的提議。暗殺者「希望隱姓埋名。如果發現布魯奈佐・德拉・斯卡拉〔Brunezzo della Scala〕在國王隨行隊伍裡，就將他一同殺掉。此提議被接受了」）。共和國確實採用了恐怖的懲罰手段；他們利用刑求來獲取真相——或至少迫使犯人招供——用刑的嚴厲程度取決於國家利益。一三六八年一月，一位名叫蓋斯圖斯・德・博埃米亞（Gestus de Boemia）的人被帶到甘地亞公爵法庭，原因是偷竊國庫錢財。法庭對其嚴懲，以儆效尤：斬去他的右手，令其當眾坦白罪行，最後在他偷盜的金庫前將他絞死。第二年，克里特人艾瑪努埃爾・西奧羅吉特（Emanuel Theologite）因為放走一名叛軍俘虜，被砍掉了一隻手，戳瞎了雙眼。托馬・比安科（Toma Bianco）因為說了大逆不道、有損威尼斯榮譽的話，被割掉舌頭，接著是入獄和無限期流放。

威尼斯的司法也具有極高的道德性：一四一九年一月，一個叫「內格羅蓬特的斯塔馬蒂（Stamati）」的屠夫及其共犯「甘地亞的安東尼奧」因為強暴一名男童而被處死；四個月之後，尼可拉・佐爾齊（Nicolo Zorzi）因為相同的罪行被活活燒死。死刑是以執政官的名義執行的，目的是教化民眾。甘地亞的刑場在兩根石柱之間，這是模仿威尼斯城聖馬可廣場的雙柱。威尼斯的刑罰制度雖然嚴酷，但做出裁決時也可能有細微的考慮。即使是在暗殺類的案件中，未滿十四歲的未成年人和智力有缺陷者就可以免除死刑。精神病人被監禁起來，並打上烙印，以示眾人。每個人都有權利向威尼斯上訴；證人可以被召回母城；案件封存幾年後可以重審；即使是在威尼斯國家裡受到邊緣化的猶太人，在法律面前也會得到應有的尊重。司法工作運轉緩慢，但極其重視正當程序。一三八〇年，當威尼斯艦隊停靠在莫東時，一個名叫喬萬尼諾・薩林貝內（Giovannino

Salimbene）的人被指控殺害了莫里托・羅梭（Moreto Rosso）。對薩林貝內的審判被認為是「嚴重失當，因為事件本身的情況複雜，而且最重要的是缺少證人」。四年之後，這起案件被重審，高層下令「重新審訊城市夜間員警隊的軍官」。

在威尼斯司法體制中，案件可以撤銷，可以考慮情有可原的情況而從輕發落，也可以根據上訴團體的投票來推翻之前的判決。一四一五年三月，「內格羅蓬特的猶太人」莫迪凱・德雷梅德戈（Mordechai Delemedego）被判處罰款，但隨後判決被撤銷了，因為「評審團無權處置猶太人」。同一年，納夫普利翁的馬泰奧在擔任公職期間出租國家財產，被判處罰金，判決後來也被撤銷了，因為「現已查明，馬泰奧在進行此項交易時已經辭去公職」。潘塔萊奧內・巴爾博（Pantaleone Barbo）受到的判決──十年內不得擔任公職──被認為「過於嚴酷，畢竟他一輩子為共和國效勞，忠心不二」；克里特島人賈科莫・阿帕諾梅里蒂（Giacomo Apanomeriti）強姦了一名女子並拒絕娶她，被判罰款或入獄兩年，後來得到從輕發落。「上訴法官們重新審查了此案，鑑於男孩的年輕與貧窮，如果他願意立即娶這個女孩，便會免除所有處罰。」

因為在共和國境內天主教徒、猶太人和東正教徒混居，所以共和國非常重視保持社會的平衡。威尼斯海洋帝國本質上是一個世俗社會。它沒有讓其他民族皈依的計畫，也沒有傳播天主教信仰的政策──除了偶爾為了得到教宗的支持、獲得某種利益而傳教之外。威尼斯鎮壓克里特島上的東正教會，是因為害怕泛希臘的、民族主義的反抗，而不是出於宗教狂熱；在其他地方，威尼斯的宗教政策是較為寬容的。在恭順服從的科孚島，威尼斯規定，希臘人「享有信仰自由，只要他們不公開表示反對共和國或拉丁信仰」。另方面，跟隨著威尼斯的擴張而前進的天主教僧侶修會的過度狂熱卻令威尼斯警覺，有時甚至是震驚。一四二〇年八月從甘地亞傳來報告：「夜巡隊不得不逮捕四名方濟各會修士，他們拿著十字架，全身一絲不掛，後面跟著一大群人。這種行為令人生厭。」方濟各會修士們威脅到威尼斯海外領地在文化和宗教上的平衡。任何形式的民眾騷動都令政府緊張。兩年後，執政官直接寫信給克里特島行政機關：

> 有時我收到一些關於拉丁教會某些教士不端行為的醜聞報告；此種行為在克里特島尤為危險；我剛得知，某些教士的宣講……對共和國大為不利；醜聞影響到了島上的威尼斯人；當局應立刻採取嚴厲的手段來制裁這群教士，恢復克里特島的和平安定。

威尼斯內心深處希望維持臣民間的平衡：和平和安寧，榮耀和利益——這些理想總是兩兩相伴。

只要在安全穩定的允許範圍內，共和國可以做到寬容仁慈，但經濟的壓力無處不在。各殖民地是經濟剝削的對象，苛捐雜稅不停，最沉重的負擔壓在猶太人身上。在金錢方面，無人能夠逃避宗主國的壓榨。中央政府無窮無盡地徵稅。他們幾乎完全不關心這些稅錢在地方上是怎麼徵收來的，而各地方的人民也無權決定這些稅金被花在什麼用途。國家像精明的商人般掌控著錢財，錢掙得愈多愈好，開銷愈少愈好。資源掠奪是一個核心問題。

威尼斯從它的海洋帝國各地搜羅食物、人力和原材料——達爾馬提亞沿海地區的水手、克里特島的小麥和硬乳酪（水手的主食之一）、葡萄酒、蠟、木材和蜂蜜。對潟湖一帶飢餓的城市居民來說，這些資源是至關重要的。克里特島在基奧賈戰爭中是重要的補給來源。在嚴格的條件下，所有物資被直接運回潟湖——即使是各殖民地之間的貿易也要透過威尼斯城周轉——而且貨物只能用威尼斯船隻裝運。貨物受到一絲不苟的檢查，違者被處以大筆罰金；每一次有船隻登陸，在海關都有一筆稅金要進入國庫。關鍵貨物——鹽和小麥——的價格標準是由國家強制規定的，克里特地主們對此很不滿，因為如果在自由市場上交易的話，他們能賺得更多。國家檔案詳細地描述這個壓迫性的制度如何運作。宗主國決定何時、何地、何種貨物能以何種價格被運過愛琴海和亞得里亞海。威尼斯堅持要求各地使用他們規定的度量衡，並迫使殖民地臣民使用威尼斯貨幣。杜卡特金幣像武裝槳帆船一樣，成為威尼斯實力的強大象徵。

中央的這些控制手段的效果十分顯明。希臘沿海地區的經濟發展陷入停滯，工業發展遲緩（除了克里特的造船業），當地企業家階級的發展空間受到壓制。威尼斯集中力量在其主要領地開發農業。但它的國土並不優質：海洋帝國的大部分地區是多山、貧瘠、缺水以及被乾燥熱風影響的土地，但在克里特、科孚島和內格羅蓬特的肥沃山谷裡，威尼斯政府努力發展水利、保持土壤肥力。在前一個世紀因為叛亂而被放棄的拉西錫高原重啟開墾耕種事業。當法蘭切斯科·巴西利卡塔（Francesco Basilicata）在一六三〇年訪問那裡時，這樣描述道：「那是一塊美麗的、平坦的地區，幾乎是大自然的鬼斧神工。」

海洋帝國的農業發展總是受到人力短缺的阻礙。人們從田間消失。瘟疫、饑荒和惡劣生存環境下的高死亡率造成很大的影響；被壓迫的農民不斷試圖擺脫威尼斯的剝削統治；奴隸逃跑；海盜拐賣整片地區的人口。人口的不斷流失是一個長期難以解決的問題。一三四八年，共和國政府哀嘆道：「克里特島爆發淒慘的疫病，死者甚眾，十室九空，必須採取措施來增加人口。尤其需要讓逃跑的債務人恢復信心，這樣他們才能回到自己的土地上工作。地主們缺少勞動力。」到十四世紀末，黑海的奴隸被販賣到克里特，在類似種植園的體制下耕種土地。一直以來，希臘本土的農民就過著艱苦的生活；在威尼斯人的殖民統治下，他們的日子也不輕鬆。威尼斯統治者對農村的勞動力缺乏關照；這些勞動力在他們眼裡就和木材或鋼鐵一般，僅僅是資源而已，無需大驚小怪。後來，一些更具同情心的觀察者來到克里特島，被他們眼前的一切震驚了。威尼斯四百年的統治沒有為它的臣民帶來多少進步。「克里特人民的赤貧令人難以想像」，十七世紀的一位觀察者這樣描述道，「世界上一定極少有人像他們一樣處於此等水深火熱之中。」而威尼斯為克里特人提供的，僅僅是一些基本的防備海盜襲擾的安全措施。

殖民地的行政工作就是持續不斷的監督管理，中央政府從遙遠的潟湖對其進行遙控。國家檔案的詳盡細節足以證明威尼斯對整個海洋帝國的高度重視。檔案中數以百萬計的條目呈現出政府高度關注和執著的目標。其中包括對槳帆船艦隊的精確指示——何時啟航？靠岸多久？可以販賣哪些東西？還有為鼓勵運輸克里特小麥而給出的優惠價格、貿易許可、用來維修城牆的稅費、對腐敗和街頭鬥毆的記述，以及關於土耳其海盜和海難的記載。人們惋惜損失，也釐清責任、追查到底。人們無窮無盡、不屈不撓地要求得到賠償。在政府望遠鏡般的觀察下，事無巨細，統統由書記員們（他們在執政官宮殿深處沒有窗戶的房間裡案牘勞形）記錄在案：在君士坦丁堡發生了一樁謀殺案；在基克拉澤斯群島發現了一艘熱那亞私掠船；一百名弩手奉命前往克里特島；必須為槳帆船準備四千七百袋航海餅乾；內格羅蓬特的財務官工作過於忙碌；一位勇敢的槳帆船船長在一次戰鬥中失去一隻胳膊；克里特公爵的遺孀偷竊屬於國家的兩只金杯子和一條地毯。

「利益與榮耀」是貫穿龐大而詳盡的威尼斯殖民事業的兩條亙古不變的主線。如果說利益是最終的驅動力的話，那麼共和國的榮耀則是為每個殖民地命名，像商人清點自己寶箱裡的金杜卡特一樣，驕傲地點數著殖民地。威尼斯授與這些殖民地一些高貴浮誇的稱號，來強調它們在帝國結構中的重要性——「我們城市的右手」、「共和國的眼睛」——彷彿它們是威尼斯身體的一部分。對威尼斯人而言，威尼斯絕不僅僅是有限的幾平方英里的狹窄潟湖，而是生動地想像出的一個極其龐大的空間，延伸到「凡水流經之地」，就好像在聖馬可教堂的鐘樓上就能清楚地看到科孚島、柯洛尼、克里特島、內格羅蓬特、愛奧尼亞群島和基克拉澤斯群島一般，這些城市就像是點綴在絲綢般海洋上的一顆顆鑽石。對於威尼斯人來說，海洋帝國受到了傷害，就好像他們自己受了傷；領地喪失就像被截肢一般。

海洋帝國是威尼斯獨一無二的創造物。如果說它沿用了拜占庭的稅收制度，那麼在其他所有方面，它的管理無不映照著威尼斯自身的形象。這個帝國代表著歐洲第一次充分發展的殖民擴張實驗。它用海上霸權維繫各個殖民地，對臣民的福祉大體上漠不關心，高度中央集權，對殖民地進行經濟剝削。這預示了歐洲將來的殖民活動。威尼斯為這個殖民帝國的付出也許多於它從稅收、糧食和葡萄酒直接獲取的利益，但最終這都是值得的。除了糧食作物和稅收之外，殖民地為威尼斯提供跨越地中海東部的一塊塊墊腳石、用來保護艦隊的海軍基地、槳帆船的停靠點、儲存貨物的倉庫貨棧，以及在艱難時期可供遮風擋雨的落腳處。這第二輪殖民擴張使得威尼斯可以做一件新的事情：它一度主宰了世界的貿易。

第十五章　「如同泉中水」

一四二五至一五〇〇年

十五世紀，開往亞歷山大港的商用槳帆船在看得到陸地很久之前，遠遠便能感覺到海岸。尼羅河溢出的淤泥使得離岸很遠的海面也變得混濁；離岸二十五到三十英里時，船上的瞭望員就能看到破敗傾頹的法羅斯燈塔（Pharos of Alexandria）①，那是古典世界留存的最後奇觀，然後可以看見花崗岩的龐培石柱（Pompey's Pillar）②從海平線上聳立；最後，這座城市從晨霧中顫抖著顯現出來，大理石在陽光下閃閃發光，邊緣點綴著棕櫚樹，猶如一幅東方的圖景。在靠近海岸的地方，當然也取決於接近角度，航船可能會駛過一群被衝到海裡的河馬身側，或迎上一股燥熱的沙

① 即亞歷山大港燈塔，位於亞歷山大港對面的法羅斯島上，因此也叫「法羅斯燈塔」，是古典世界七大奇跡之一。大約在西元前二八三年由小亞細亞建築師索斯特拉特（Sostratus）設計，在托勒密王朝時期建造。由於歷史記載很模糊，估計高度在一百一十五至一百四十公尺之間。

② 龐培石柱是位於埃及亞歷山大港的古羅馬勝利紀念柱，被錯誤地認為是著名政治家和軍事家龐培建立的，實際上該石柱是西元二九七年為紀念戴克里先（Diocletian）皇帝成功鎮壓亞歷山大港一次叛亂而建造的，柱高二十六點八五公尺。

漠風。

這艘船很快就會被陸地上的人發現。港口塔樓上的信號旗會通知港口官員乘小船前來調查接近的船隻，詢問它從哪裡來？裝載了什麼貨物？有多少乘客和船員？在小船的甲板上，官員們會攜帶一個鳥籠。當得到必要資訊後，官員便會放飛兩隻信鴿——一隻飛往亞歷山大港的埃米爾（emir）身邊，另一隻帶有馬穆魯克蘇丹本人的徽標，將信送往南方一百一十英里外的開羅，送交蘇丹本人。隨後，船隻獲准進入港口，但舵和帆要交給港口當局代管，乘客們則被海關官員徹底地搜身，「一直搜到我們的赤膊」，看看有沒有私藏杜卡特或寶石，商品也要卸載查看之後存放到保稅倉庫。停靠費和稅費繳清之後，船上的人才可以下船，穿過擁擠的街道來到為基督徒訪客準備的安全住宿地。亞歷山大港是開啟新世界的大門。

對威尼斯人來說，已有數百年登上亞歷山大港土地經驗。據說，在西元八二八年，兩個雄心勃勃的威尼斯商人從這裡偷走了聖馬可的遺骸；在中世紀，來到這座城市的朝聖者會去參觀聖馬可被亂石打死的那條寬闊街道，以及在他殉教和在他埋骨處所建起的教堂。亞歷山大港和埃及緊緊地吸引著威尼斯人無盡的想像；埃及的主題元素出現在聖馬可教堂的鑲嵌畫上——棕櫚樹和駱駝、沙漠和貝都因人（Bedouin）的帳篷、約瑟被賣到埃及，以及用碧綠和金黃、寶石紅與湛藍來詮釋的法羅斯燈塔。亞歷山大港不僅在宗教上很重要——《聖經》在這裡被譯為希臘語——也是像君士坦丁堡一樣的貿易中心。幾個世紀以來，威尼斯商人的船隊從甘地亞向東航行，去冒險，去盈利。但這旅程常常因為十字軍東征、教宗禁令以及更東方貿易路線的改變而中斷。威尼斯與埃及的法蒂瑪（Fatimid）王朝③和馬穆魯克王朝的關係總是很緊張，但潛在的利潤是極其豐厚的。

一三九六年，當安德烈亞．朱斯蒂尼安凝望著黑海北岸淒涼的塔納城廢墟時，來自遠東的貿易大潮正在改變方向。一百年來，蒙古人治下橫跨亞洲的大道和波斯的市場將貨物流引向北方。但到十四世紀末，蒙古帝國已經支離破碎；在中國，蒙古人的統治被明朝取代，明朝閉關鎖國，不再對外部世界開放。香料貿易恢復了原來的南方路線，印度的單桅三角帆船將貨物轉運到阿拉伯海岸的吉達（Jeddah），從那裡透過小型沿海船隻運過紅海，在西奈（Sinai）半島登陸後換為駱駝運輸。西班牙人佩羅．塔富爾自稱曾走過這條路線，據他說：「駱駝太多，我根本就數不出有多少，牠們馱著從印度來的香料、珍珠、寶石、黃金、香水、亞麻、鸚鵡和貓。」

這些財富中的一部分向北流入敘利亞城市大馬士革（Damascus）和貝魯特。但大部分貨物的終點是開羅，商品在那裡會被裝上平底船，順著尼羅河駛向亞歷山大港，那裡是與異教徒世界聯繫的橋頭堡。基奧賈戰爭結束後，威尼斯人將其商業活動集中於亞歷山大港，並擊敗它的對手們，但不是透過武力，而是透過耐心、精明的商業頭腦和過人的組織能力。在一三八一年與熱那亞締結和約之後的一個世紀裡，共和國微調它商業體制中所有獨特的機制，取得了東方貿易的主導地位。威尼斯獨特的集體進取精神、航海業的突飛猛進，以及商業和金融技術上的繁榮——這些因素強而有力地結合在一起，推動了威尼斯的興盛。

③　法蒂瑪王朝於西元九〇九年至一一七一年統治埃及，中國史籍稱之為「綠衣大食」，得名自先知穆罕默德的女兒法蒂瑪。後被大臣和將領薩拉丁以政變推翻，被阿尤布王朝取代。阿尤布王朝則被本文中的馬穆魯克王朝推翻。

貿易對於威尼斯人來說是深入骨髓的；威尼斯的英雄便是商人，威尼斯為自己構建的神話也著重強調這種價值觀。威尼斯的史學家們描摹出一個往昔的貿易黃金時代，「在那時候，所有威尼斯人，無論是窮是富，他們的財富都在增加……海上沒有盜賊，威尼斯人將貨物運到威尼斯，而世界上其他所有國家的商人都雲集威尼斯，購買所有種類的貨物，運回他們自己的國家」。威尼斯的標誌性時刻是用商業的眼光去衡量的。編年史家馬蒂諾・達・卡納爾描寫了一二〇四年丹多洛在君士坦丁堡城牆下最後鼓舞士氣的講話，將宗教和利潤合二為一，視為水乳交融的價值：「勇敢地去吧！在耶穌基督和我主聖馬可的幫助下，憑藉你們自身的力量，明天你們就會擁有這座城市，你們都會發大財！」威尼斯人的創設神話就是，他們生來就有權利去追逐報酬。

到中世紀，義大利的各個商業共和國已經擺脫神學的桎梏，不再視做生意為可恥之事。基督不再是將兌換銀錢之人逐出聖殿的先知④，而是被視做一位商人；在威尼斯人的世界觀裡，海盜行為才是商業犯罪，高利貸不算罪過，利潤是一種美德。一三四六年，一位來自封建制的、重視地產的佛羅倫斯訪客驚訝地說：「威尼斯人人都是生意人。」執政官們做生意，工匠、婦女、僕人、教士——只要是手上有點錢的人，都可以拿錢來投資；船上的槳手和水手在他們的長凳下私藏小額貨物，運到外國港口售賣。只有殖民地官員在任期內被禁止從事商業活動。威尼斯城裡沒有商業行會，這座城市自身就是一個商業行會，政治和經濟已經高度地無縫融合了。兩千名威尼斯貴族——他們組成的元老院實際掌管著國家——就是威尼斯的富商巨賈。這座城市表現出的具有現代性的人類行為發展模式，令外邦人驚愕不已，甚至是警覺。這座城市的純粹是非常突出和醒目的，似乎它展現著一種全新的現象，「看起來好像……人類的全部貿易力量都集中在那裡。」

彼得羅．卡索拉記載道。日記家吉羅拉莫．普留利則直言不諱地寫道：「共和國的核心組成部分……就是錢。」

威尼斯是一個合資企業，一切都是為了經濟利益。它的立法毫不動搖地維護其人民的經濟利益，而這個立法體制也與時俱進，不斷調整完善。從十四世紀開始，威尼斯發展出一種海外貿易的模式，貿易由集體組織，並由國家嚴格控制，目標始終是贏得經濟戰爭：「要改善和提高我們城市的條件，最好的途徑是盡一切努力、把握一切機會，將我們城市的商品運到這裡，在這裡採購，而不是在其他地方，因為國家和個人都能從中受益無窮。」透過運用制海權，威尼斯建立了自己的壟斷市場。一個世紀的航海革命——從航海圖和羅盤的發展，到新的操舵系統和船舶設計——帶來了新的機遇。從十四世紀初開始，船隻無論在夏天還是冬天，都可以行駛於波濤洶湧、距離不長的地中海。一種更大的商用槳帆船被製造出來，主要靠風帆航行，進出港口和逆流航行時用槳，可以承載更多貨物，還縮短了航行時間。一二九〇年代，一艘槳帆船可以在甲板下運載一百五十噸的貨物；而到了一三五〇年代，載貨量達到兩百五十噸。這種「重型槳帆船」對

④ 即《新約聖經》中耶穌潔淨聖殿的典故，見《馬太福音》（*Gospel of Matthew*），第二十一章，第十二節，「耶穌進了神的殿，趕出殿裡一切作買賣的人，推倒兌換銀錢之人的桌子，和賣鴿子之人的凳子。」當時聖殿的祭司允許商人在聖殿的外邦人院子做買賣；又因聖殿不收希臘和羅馬的錢幣，猶太人繳納殿稅或奉獻，須用指定的希伯來錢幣，故有兌換銀錢的人，為那些外來朝聖者提供方便。因買賣是在聖殿的範圍內進行，神聖之地因而被玷汙；占用外邦人的院子，剝奪了外邦人敬拜神的權利；祭司和商人勾結串通，祭司給與商人各種方便，而商人高價剝削，然後平分暴利。耶穌大力譴責這些利欲薰心的商業行為。

人力的需求很大。一艘這樣的船一般需要兩百多名船員，包括一百八十名有戰鬥力的槳手和二十名專業弩手，以抵禦海盜。但這種船相對來說速度很快、高度靈活，非常適合安全地運送貴重貨物。除槳帆船之外，還有柯克船和克拉克帆船（carrack）⑤，它們是高側舷的帆船，只需要少量船員即可航行，主要被用來運送大宗物資，如小麥、木材、棉花和鹽。帆船為威尼斯提供賴以生存的主要物資；而創造利潤主要靠槳帆船。

商用槳帆船在兵工廠製造，是國家財產，每年透過拍賣承包給私人。這是為了讓國家和人民都從商業活動中獲益，防止出現那種摧殘了熱那亞的兩敗俱傷的內部競爭。這個體制裡的每個細節都被嚴密監控著。競標獲勝的財團組織者必須是兩千名貴族中的一員，他的家庭必須是被記錄在「黃金之書」中的，也就是記錄在案的門閥貴族，但

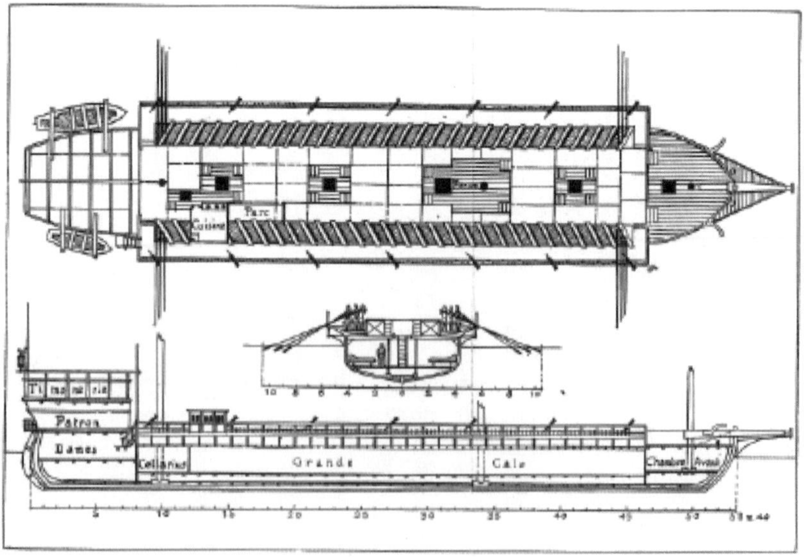

圖29　商用槳帆船，其中部艙室被改為客房，供前往聖地的朝聖者遊客使用

真正從事航行的船長則是國家雇員，負責航船的安全返航。船員的數目和薪水等級、船隻攜帶的武器裝備、運價、即將運送的商品、停靠的口岸、航行時間，目的地以及停靠時間都要遵循嚴格規定。海事立法非常複雜而精確，觸犯後的刑罰也很重。槳帆船按照固定的航線行進，就像有時刻表的服務一樣，在十四世紀初規定的詳細路線時間表整整使用了兩個世紀。在十四世紀末，有四條航線：分別通往亞歷山大港、貝魯特、君士坦丁堡和黑海，以及前往倫敦和布魯日的艱苦的大西洋長途航線（一趟來回需要五個月之久）。一個世紀後，四條航線變成了七條，停靠地中海所有重要港口。一四一八年之後，威尼斯還壟斷了運送朝聖者的市場。每年有兩艘槳帆船前往雅法（Jaffa），送滿船的虔誠遊客去瞻仰聖地景觀，這門生意利潤可觀。在十五世紀，威尼斯槳帆船載著貴重商品縱橫四海，柯克船則負責運輸大宗商品。

威尼斯的天才之處在於，它緊抓幾個世紀以來商業活動的供需規律，並以無可匹敵的效率去遵守這種規律。祕訣在於規律性。威尼斯商人對於時間是非常敏感的。聖馬可廣場和里亞爾托的大鐘固定了工作日的模式。從更大範圍來看，每年的航行模式由季節規律控制著，而這種季節規律在歐洲之外遙遠的地方發生作用。印度大陸規律性極強的季風推動著一系列有規律的、循環的貿易活動，好比一台巨型機器裡互相咬合的齒輪一般，這些貿易將貨物和黃金從中國一路運送到北海。每年九月，在季風平息之後，航船從印度出發，乘著秋風西進，將東方的香料和貨物運往

---

⑤ 克拉克帆船是十五世紀盛行於地中海的一種三桅或四桅帆船。它的特徵是巨大的弧形船尾，以及船首的巨大斜桅。克拉克帆船體型較大、穩定性好，是歐洲史上第一種可用做遠洋航行的船隻。

阿拉伯半島。這些貨物隨後得到轉運，於十月抵達亞歷山大港和敘利亞的市場。威尼斯商船隊會於八月末或九月初出發前往亞歷山大港，其具體時間由元老院嚴格控制，一個月後抵達，正好趕上東方的貨物運抵亞歷山大港。前往貝魯特的威尼斯商船隊也遵循同樣的規律。停靠時間也都是嚴格設定好的——在貝魯特通常停留二十八天，亞歷山大港是二十天——並且很嚴格地執行。商船隊在十二月中旬返航，也會有一個月以內的變動範圍，避開冬季航程可能的危險。在大雪漫天的時節，重型槳帆船會駛回威尼斯，以便與另一個規律性貿易活動對接。日耳曼商人穿著皮衣和長靴，從烏姆（Ulm）和紐倫堡（Nuremberg）出發，趕著馱獸，跨過布倫納山口（Brenner Pass），前往威尼斯的冬季集市。前往法蘭德斯的遠途航行的啟程和抵達，也會與這些集市、鯡魚捕撈季節，以及塔納絲綢商隊的活動時間對接。

威尼斯人理解，可靠的交貨時間是非常有必要的，這樣外國商人就有信心，知道威尼斯會有值得購買的商品，值得他們在嚴冬穿越布倫納山口過來購買。威尼斯將自己發展成各國商人的最佳選擇。個人從每一次貿易中獲利，國家則對所有貨物的進出口抽稅獲利。「我們的槳帆船絕不能耽誤時間」就是威尼斯人的公理。

但這個系統從來都不是完美的。兵工廠裝配船隻可能會有延誤，風向可能不利，海盜的威脅始終存在，槳帆船前往的任何一個國家都可能產生政治動亂。往返行程大致可以合理預測：貝魯特往返一趟需要三個月，布魯日往返一趟需要五個月。如果遇上意外，時間就難以控制了。塔納航線來回行程最短是一百三十一天，最長是兩百八十四天；一四二九年，前往法蘭德斯的槳帆船在三月八日啟航，後來在國外越冬，直到第二年二月二十五日才回到威尼斯潟湖。在歸途延誤的情況下，貨物幾乎總是會被封存，這樣當商人來威尼斯參加正常時間的商貿集會時，就能確定有很大一批庫存的商品可供購買。顧客的滿意度是關鍵。

每條航路都遵照自己一定的規律，威尼斯將這些週期性的航運活動稱為「穆達」（muda），這個詞有著豐富的涵義。「穆達」既指香料採購和交易的季節，也指運送香料的商船隊。形形色色的「穆達」在威尼斯城市生活中扮演著激動人心的角色。在「穆達」啟航之前，整座城市做著緊鑼密鼓的準備工作。在炎熱的夏季，兵工廠加班加點，為前往黎凡特的航行做準備；當出發時間將近時，水邊總是喧鬧非凡。四處開始準備招募船員；商品、糧食、木槳和航海用具都包裝好，運到停靠在岸邊的槳帆船上。聖馬可教堂或利多上的聖尼古拉教堂（水手們鍾愛這座教堂）將為航行祈福。啟航時，將會有大量群眾歡送，對於其中一些人而言，這場航行承載著他們的財富。一四九八年，日耳曼朝聖者菲利克斯・法布里乘坐一艘朝聖槳帆船啟航時，船上裝點著五顏六色的旗幟，一派節日氣氛：

> 槳帆船裝飾好後，船員們準備出發了，因為我們順風，旗幟被高高吹起。起錨時，水手們喧譁著將它拉到甲板上，升起帆桁，展開主帆，然後從海中吊起槳帆船的小艇；所有的工作都異常辛苦，大家都大聲地喊著號子，直到槳帆船脫離錨地，船帆展開，被風吹得鼓起，我們歡呼雀躍地離開陸地：號角手吹著號角，好像我們要去參加一場戰鬥，船上的奴隸大聲喊叫著，所有朝聖者一起唱道：「我們以上帝的名義出發。」……因為順風且風力很強，船開得很快，三個小時之後，我們……就只能看到藍天和大海了。

對威尼斯人而言，航船出發的儀式和跨過潟湖的門檻、進入大海是公眾生活中的關鍵時刻，對外來者也是一樣。大家既激動，也滿懷恐懼和擔憂。有人寫下遺囑。船上的有些人可能永遠回不來了。

商用槳帆船經常會帶著一些年輕的貴族，他們做為弩手被招募上船，也做為學徒，學習貿易技能和熟悉航海生活。對許多這些「艉樓貴族」來說，這是他們的第一次出海體驗。十五世紀末，當安德烈亞・薩努多（Andrea Sanudo）準備他第一次前往亞歷山大港的旅行時，他的哥哥貝內代托給了他許多忠告，例如行為舉止的注意事項、應當有哪些期望，應當避免什麼東西。這些內容涉及範圍極廣，從船上的生活——尊敬船長，只和神父玩雙陸棋，怎樣應對暈船——到港口生活的危險——不要碰甘地亞的妓女：「她們染有法蘭西病。」——還有在亞歷山大港不要吃鵪鶉。

關於外國，無論是文化上，還是商業上，都有很多要學的東西。安德烈亞被建議跟隨在當地的威尼斯代理人：「一直跟著他們，學會去識別所有種類的香料和藥品，這對你會非常有用。」對於商人而言，資訊和現金一樣重要，尤其是在異地用不熟悉的度量衡和貨幣、透過翻譯來進行交易時。有人撰寫了實用指南，提供旅行商人關心的各種貿易資訊，這種指南傳播極廣。其中涉及當地的貨幣兌換、度量衡、香料的品質、如何防止被騙等。其中的一本《卡納爾瑣記》（*Zibaldone da Canal*）描述了在外國做生意時的困難重重。例如，它對在突尼斯做生意提供如下的有益資訊：

……這裡的貨幣種類很多。有兩種金幣，一種叫多普拉（dopla），值五個拜占特（bezant）⑥，而一個拜占特值十個米亞雷希（miaresi），所以一個多普拉值五十個米亞雷希。另一種金幣叫做馬薩穆提納（masamutina），值半個多普拉，所以兩個馬薩穆提納值一個多普拉，一個馬薩穆提納值二點五個拜占特。所以一個馬薩穆提納值二十五個米亞雷希。

當地的度量衡也一樣繁瑣，特別是和狡詐的小亞美尼亞的基督徒商人打交道時：

……小麥和大麥的銷售是按照一種叫「瑪澤帕尼」（marzapane）的單位計重的。由於亞美尼亞人作祟，沒有人能準確說出這種計量單位到下個月會發生什麼變化，因為沒有任何一種計量單位能與其換算，而且「瑪澤帕尼」會根據亞美尼亞商人的心情隨意增減，所以他們能牟取暴利。

在交易中需要大量的實用資訊：一桶或一捆狐狸皮毛、魚、席子、木塊、長槍和核桃的具體單品數量，來自英格蘭城市史丹佛（Stamford）的布料是按照什麼樣的方式稱重的，亞歷山大港的橄欖油以及內格羅蓬特的紫色染料的計重法與威尼斯度量衡的換算方式，往突尼斯走私金子的好處，如何避免受騙，如何鑑別香料。乳香粉可能摻了大理石粉；肉豆蔻應該是「又大又硬

⑥ 拜占庭帝國的一種貨幣。

的……用針刺穿它的外殼，如果往外溢水就是好的；否則一文不值……桂皮片……搖晃的時候不會發出聲音」。商人必須反應機敏，需要過目不忘的記憶力和優秀的計算能力（有培訓這方面技能的商業課程）。長途航海跋涉之後，他透過跳板上岸時可能因為暈船而東倒西歪，但即便在這種情況下仍然要保持敏銳的頭腦。

✯

對所有威尼斯人來說——不管是初學者還是老手——最終的目的地，無論是貝魯特或塔納，亞歷山大港或布魯日，都不是他們控制的土地。他們是在反覆無常的外國勢力的容忍之下做生意的。仇外、敲詐、欺騙、政治動盪和經濟競爭都使得威尼斯商人的生活極不安全，即便是在基督徒的土地上也是如此。威尼斯在倫敦的聚居區可能遭到洗劫，十五世紀就發生過這樣的事情，但威尼斯商人冒險家們受到的最嚴峻挑戰發生在穆斯林的黎凡特。雙方的交易跨越了宗教信仰的鴻溝，由於互相猜忌和十字軍東征的歷史問題，造成許多摩擦衝突。安德烈亞·薩努多從海上第一次遙遙望見亞歷山大港時，一定覺得它很美麗，但實際上這是一座日益衰落的城市。菲利克斯·法布里在一四九八年記載道：「每天都會有房子倒塌，宏偉城牆之內有著淒涼的廢墟。」如此破敗的原因是一三六五年基督徒對這座城市的洗劫⑦——當年威尼斯強烈反對這次遠征，但開羅的馬穆魯克王朝蘇丹也因此事怪罪威尼斯。貿易過程十分緊張，雙方互相猜疑，但誰也離不開這種貿易。在中世紀黎凡特的海岸上，威尼斯發展出第一種有效的世界貿易活動。

在亞歷山大港、阿勒坡、大馬士革或貝魯特的歐洲商人生活在層層戒備之中。除了他們的領事和一小群長住居民之外，他們一般被禁止在其聚居區——為了他們的安全而提供的一個廣大且有圍牆的住宅區——之外生活。每個國家都有自己的聚居區，其中包括宿舍、倉庫、廚房、麵包房、澡堂、一座小教堂，往往還有一個相當大的花園，可以畜養有異國情調的動物。在一四八〇年代，亞歷山大港的亞拉岡人在自己的花園裡養鴕鳥和豹子（用鐵鍊拴起來）。開羅的蘇丹為外國商人提供這些聚居區，做為一項服務。他這麼做是為了保護這些能夠給他帶來豐厚利潤的客戶，以免他們遭到群眾的襲擊，且同時也是為了控制這些外國商人。聚居區通往外界的大門鑰匙由一名穆斯林保管；在夜間和星期五的祈禱期間，外國商人被鎖在他們的聚居區內。在聚居區裡面，他們可以過著類似外交使團的生活；他們可以喝酒（有時到訪的穆斯林客人也會偷偷和他們一起喝酒），甚至還有更糟的事情。當法布里參觀威尼斯人聚居區時，他驚訝地發現，有一頭豬在院子裡哼哼唧唧。威尼斯人出於蔑視養了這頭豬，但為此他們給了蘇丹一大筆錢，「否則撒拉森人不會允許這頭豬出現在這裡，甚至更糟的是，會因為這頭豬把整個房子給拆了」。互相的挑釁行為時有所聞。

基督徒商人們從聚居區出發，在一名翻譯的陪同下走上亞歷山大港的街道，去購買和出售貨物。協商總是很艱難，時不時夾雜著謾罵。交易開始時，他們要歡迎海關官員；結束時要送別他們。這些官員動輒剋扣金錢，收雙倍稅費或者沒收貨物。對鮮紅色布料和克里特乳酪，海關盯得

---

⑦ 即所謂「亞歷山大港的十字軍東征」，一三六五年十月，賽普勒斯國王彼得一世與醫院騎士團攻克並洗劫了亞歷山大港，大肆屠殺、破壞和擄掠，但因為無法守住城市，很快撤退了。威尼斯事實上為彼得一世提供了船隻和其他支援。

尤其嚴。香料交易是一個令人焦慮的過程。香料的品質鑑定可能會非常棘手，據一位商人描述，威尼斯人一般大宗購買香料，「無法分揀和挑選……貨物從印度來時是什麼樣，就只能這麼樣買下。在我們購買之前，他們也不准我們提前看貨」。雙方都需要交易，但這是一場邊緣政策⑧的博弈。埃及商人知道威尼斯「穆達」的時間表是固定的——威尼斯元老院在這方面的法令是強制性的——所以可以等到威尼斯商船啟航前的最後一天才把價格定下來，這樣買家就沒有時間討價還價，不然就要空手而歸了。交易可能要一直到最後一刻才能敲定。法布里目睹了一次香料交易的最後轉運。巨大的麻袋躺在岸邊，大約有五英尺寬、十五英尺長，被擁擠和急切的人群注視著。香料已經被檢查、稱重過，而且已經通關。槳帆船就在海岸邊停泊。水手們划著長艇，將貨物運到船上。但在最後關頭，卻發生了一件突如其來的事情：

在聚居區，在撒拉森官員的面前，儘管所有的麻袋剛剛被裝滿和稱重過，並且在大門處檢查過了，但當它們正要被送上船去時，撒拉森人卻下令將麻袋裡的所有貨物倒在地上，讓他們看清，被運走的是什麼東西。周圍擠滿了人，當麻袋……被倒空時，許多人在這裡到處亂竄，一大群窮人一擁而上，有婦女和男孩，阿拉伯人和非洲人，哄搶著他們能抓到的一切東西，還在沙子裡搜尋散落的薑、丁香、肉桂和肉豆蔻。

另一方面，威尼斯人是堅忍不拔的對手，而且深諳貿易心理學。當法布里和他同行的朝聖者帶著一位生病的男孩，與威尼斯船長協商返回威尼斯的路費時，發現船長們「比撒拉森人或阿拉伯人索取的價格更嚴苛，更不通情理。有些船長收每一位朝聖者五十杜卡特，當我們就這個價格僵持不下時，另一位傲慢的船長說，少於一百杜卡特他不接受」。男孩死在了港口。商人可能狡猾奸詐，擅長在海關官員眼皮底下走私寶石和黃金，往往貪汙、逃稅和在談好價格後出爾反爾，如果沒有嚴厲的威尼斯律法對其加以約束，情況還會更糟糕。

然而，在外國的土地上，競爭往往是不平等的。儘管存在貿易協定，蘇丹仍可能武斷地定價。一四一九年，亞歷山大港的胡椒價格被強行定在每單位一百五十至一百六十第納爾（dinar），而市場價僅為一百第納爾。開羅有時會對來往的商人實行強買強賣。在敘利亞，威尼斯人的遭遇往往更慘。他們在貝魯特登陸，前往大馬士革購買貨物。返回時，他們可能遭到襲擊，或者趕駱駝和驢子的人可能偷走他們的部分貨物。面對盜竊、謾罵和貪婪敲詐的壓力，威尼斯人的耐心經常超出極限。一四〇七年，在一次鬥毆之後，所有在大馬士革的歐洲人都被監禁；一四一〇年，他們遭到棍棒毆打的刑罰。威尼斯領事常常前往大馬士革，一再懇求釋放威尼斯公民，或要求對方履行商定的交易條款。大馬士革的官員可能會對他表示理解，也可能根本不以為意。當一位領事威脅將從亞歷山大港撤出所有威尼斯商人時，蘇丹回應說：「你們威尼斯人，以及其他所有基督徒的力量，我認為……也抵不上一雙舊鞋子。」這句話包含虛張聲勢的成分——馬穆魯克王朝需要歐洲黃金的流入——但謾罵仍在持續。有時威尼斯領事本人也會遭到毆打和監禁。

---

⑧ 所謂邊緣政策（brinkmanship），是指（一般在國際政治中）將危險的政策推到極限（如戰爭的邊緣）也不肯讓步，從而獲利的政策。

遭受種種困擾之後，一些貿易國決定報復。熱那亞人劫掠了敘利亞海岸；一四二六年，一支加泰隆尼亞艦隊攻擊了亞歷山大港。威尼斯人與這些武裝侵略劃清界線，但威尼斯人跟他們畢竟同是基督徒，所以會被穆斯林盯上，為之付出代價。一四三四年，所有威尼斯人被逐出敘利亞和埃及，損失高達二十三萬五千杜卡特。威尼斯人的策略是耐心和無盡的外交。當他們的商人被囚禁時，威尼斯人會將長期遭受折磨的領事派往開羅交涉；當貨物被盜時，他們會索取賠償；當香料中摻雜的垃圾太多時，他們會使用篩子；當局勢太過緊張時，他們會準備撤離整個社區。短時間內，他們會完全暫停槳帆船的航運業務。一四三〇年代，威尼斯人與貪婪的拜巴爾（Baybars）蘇丹進行長期而緊張的博弈，拜巴爾蘇丹在所有香料的出口上實行一攬子定價的壟斷政策，還企圖強行規定必須使用他本國的黃金貨幣進行交易。威尼斯人挫敗了蘇丹的企圖。在純度和可靠性上，威尼斯杜卡特都優於它的競爭者。在雙方鬥爭的表象之下，有一個暗藏的真相：不得民心的馬穆魯克統治者需要豐厚的稅金來支撐自己的統治，其對貿易的需求絲毫不亞於威尼斯。威尼斯人也從來沒有動用過武力，當熱那亞派出武裝槳帆船時，威尼斯則一次又一次地派出外交官。

在與黎凡特權貴們無休止的交涉過程中，共和國運用了從拜占庭人那裡學會的高超的外交技能。在它與穆斯林世界漫長而複雜的關係中，這種外交技能對威尼斯助益極大。他們預先備好給蘇丹的賄金，用奢侈的禮物和莊嚴而令人印象深刻的排場來討好他。一五〇八年，威尼斯大使在大馬士革得到當地統治者的接見。這個場景被再現在油畫中，極其生動地捕捉了這種外交活動中富含異國情調的儀式。威尼斯領事身穿紅色托加袍（toga），以彰顯最尊貴共和國的全副威儀，他向端坐在高台上的馬穆魯克總督呈上文書，周圍是一大群戴著圓錐形紅頭巾、穿著五顏六色絲綢長袍的穆斯林顯貴。背景中有清真寺、超現實的天空和生動的樹木，以及黑奴和動物——猴子、駱駝和鹿——代表著那些令威尼斯人心醉神迷的東方景象。這是一個給人的感官留下深刻印象的世界：有香蕉的美味（「精美得無法形容」），有長頸鹿，有美麗的馬穆魯克花園。當這位領事彼得羅・澤恩（Pietro Zen）後來因與波斯人密謀而被囚禁時，一個更加華麗的威尼斯代表團被派去拜見開羅的蘇丹。

這段紀錄讀起來就像是《一千零一夜》（*Arabian Nights*）裡的故事。威尼斯人隨行帶著八名號角手，他們身穿鮮紅衣服，吹著響亮的號角，宣告大使的到來，但是他們的隆重排場與覲見蘇丹時的場景相比就相形見絀了。

> 我們爬上樓梯，走進一間最為華麗的房間——比我們威名赫赫的威尼斯政府的接見廳還要美麗。地上是斑岩、蛇紋石、大理石和其他價值連城的石頭構成的鑲嵌畫，鑲嵌畫上還鋪著地毯。高台和鑲板上面滿是雕刻和鍍金；窗花是青銅而不是鐵的。蘇丹坐在這個房間裡，旁邊是種有橘子樹的小花園。

新任大使——多梅尼科・特雷維桑（Domenico Trevisan）用一大批珍貴的禮物換來了澤恩的釋放，這些都是精挑細選、適合馬穆魯克人口味的禮物：五十件色彩鮮豔的長袍，材質為真絲、綢緞和金線織物；七十五件黑貂毛皮；四百件貂皮；五十塊「每塊重八十磅」的乳酪。

禮物固然非常豐厚，但其內在的外交原則卻是耐心和不屈不撓：威尼斯人堅持要求嚴格遵守協議；永不放棄索賠，無論索賠的金額多麼小；絕不坐視自己的公民被囚禁而不管；與其他國家的不端行為保持距離——加泰隆尼亞人的海盜行徑、熱那亞人的咄咄逼人、聖約翰騎士團的聖戰；以嚴格的紀律管束自己的公民。商人被嚴格禁止在埃及除亞歷山大港以外的地方購買商品，不得賒帳，不得與穆斯林建立交易夥伴關係。任何威尼斯人欠債跑路，都會極大地影響整個貿易社區的安全和聲譽。不同於奉行個人主義的熱那亞人，威尼斯商人都來自相同的狹小的廣場和教區，因此集體意識很強，非常團結。他們把錢存入一個共同保險基金，馬穆魯克官員對整個威尼斯社區的敲詐或財政處罰而產生的費用，將由基金成員共同承擔。就像佛羅倫斯布道者挖苦地形容的，他們「像豬一樣」聚集在一起。在當時的情況下，這是一種美德。

在黎凡特做生意讓人筋疲力盡，並且風險巨大——蘇丹一次專斷的心血來潮，商人就可能傾家蕩產。貿易過程需要持續的監督和無盡的元老院內部辯論，讓人如履薄冰。這常讓人灰心沮喪，而且始終很不穩定。當彼得羅．迪耶多（Pietro Diedo）於一四八九年出使外邦時，他的報告裡體現出極端的悲傷。「有這麼多的障礙擋在客商面前，他們可憐極了……我覺得，在這個國家，裝腔作勢多，善始善終少……除非他們找到辦法來補救在亞歷山大港的錯誤和敲詐，不然我們應當放棄這個國家。」迪耶多和他的許多同胞一樣，再也沒有回國，他在開羅去世。

但外交手段是有用的。威尼斯人的自律、誠信和訴諸理智而非武力，贏得了開羅宮廷勉強的尊敬，但也使得威尼斯被大多數基督教國家視為馬穆魯克王朝的朋友，而遭受鄙視。十五世紀，日復一日，年復一年，威尼斯人慢慢拉開了與對手的差距。他們週期性極強的槳帆船航線推動了商業的運轉。「穆達」在亞歷山大港受到埃及人的歡迎，返航時受到日耳曼人的歡迎。到一四一七年，威尼斯已成為地中海東部最重要的貿易國；而在同一世紀末，他們已經徹底打敗競爭對手。在一四八七年，亞歷山大港只剩下三個外國人聚居區，兩個是威尼斯的，一個是熱那亞的；其他國家已經從這場競爭中撤出。威尼斯擊敗了熱那亞，主要的決勝地不是基奧賈，而是在黎凡特曠日持久、看似波瀾不驚的貿易戰中。利潤非常豐厚：在里亞爾托轉售棉花與香料給外國商人時，前者的利潤可達百分之八十，後者則達到百分之六十。

從黎凡特運回香料的冬季船隊快要抵達威尼斯城時，會有快速小艇先回來報告。人們在聖馬可廣場的鐘樓上可以最先看到船隊，教堂歡迎的鐘聲便會如雷鳴般隆隆響起。不同的「穆達」船隊的回歸——從貝魯特返航的運輸棉花的柯克船，從朗格多克、布魯日、亞歷山大港或黑海來的商用槳帆船——被安排在宗教遊行、宗教節日和重大歷史事件紀念日之間，也是一年中的重大事件。從亞歷山大港回來的「穆達」船隊會在十二月十五日到二月十五日之間抵達，它的到來將激發一連串繁忙的商業活動。成群小船前去迎接槳帆船的歸來；所有貨物必須在海關大樓（dogana da mar）處登陸，也就是伸入聖馬可灣的那個海岬上。「dogana」這個詞是一個具有異域風情的阿拉伯舶來品，就像海關內的貨物一樣。所有的貨包在沒有繳納進口稅並加蓋海關印章之前都不能上岸（稅率為百分之三至百分之五），其中舞弊現象很多。

縱觀幾百年的港口生活，聖馬可灣是一個相當混亂又豐富多彩的海事活動舞台。威尼斯人把它當做一台工業機器，外界則嘆為觀止。圓材和桅杆、索具和船槳、一桶桶一包包的貨物堆放在碼頭上，船隻和商品的喧囂被藝術家重現在威尼斯的全景圖中，十五世紀的木刻畫細節豐富，十八世紀迦納萊托的海景畫則鮮明豔麗。威尼斯是航船的世界。喜愛精確數字的教士卡索拉試圖清點船隻的數量，從貢朵拉開始，但還是放棄了，儘管他已經排除了「那些長途航行的槳帆船和遠洋船，因為它們數不勝數……沒有一座城市能在船隻的數量和港口的宏偉程度上和威尼斯相提並論」。

交稅和通關之後，貨物被裝上駁船，經由大運河運往里亞爾托，或通過富商宅邸的水門，卸到宅邸底層把守嚴密的倉庫裡。里亞爾托位於大運河寬闊的S形拐彎的中點，是整個商業系統的中心。在十五世紀，里亞爾托的木橋是大運河上唯一的渡口。這裡是威尼斯的第二海關大樓，所有透過義大利內河運輸的貨物，或者用馬匹運過阿爾卑斯山的貨物，都要經過這裡。這個彙集點成了世界貿易的軸心和轉盤。用日記家馬里諾·薩努多的話說，這裡是「世界上最富有的地方」。

這裡豐富的商品令人眼花撩亂。世界上

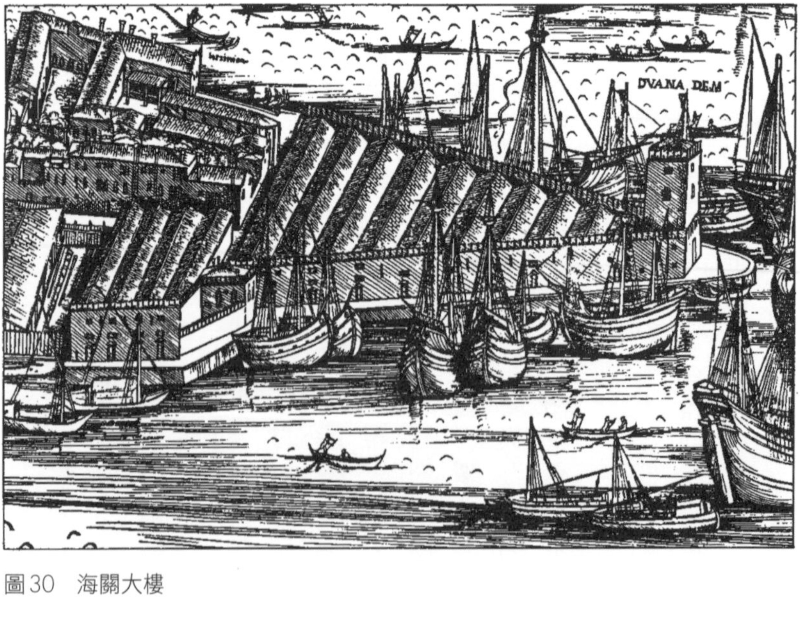

圖30　海關大樓

的一切東西似乎都在這裡卸下、買賣，或重新包裝、裝船並銷往別處。里亞爾托好比阿勒坡、大馬士革或中世紀巴格達的投影，是世界的露天市場。有專門卸載大宗商品——油、煤、鐵、酒——的碼頭；存放麵粉和木材的倉庫；不計其數的貨捆、桶和麻袋裝著五花八門的商品——地毯、絲綢、生薑、乳香、皮草、水果、棉花、胡椒、玻璃、魚、花卉；熙熙攘攘的人群讓這裡顯得生氣勃勃；水面擠滿駁船和貢朵拉，碼頭到處是船夫、商人、香料檢查員、搬運工、海關官員、外國商人、盜賊、扒手、妓女和朝聖者；碼頭上，人們嘈雜地裝卸貨物，喊叫，抬起重物，小偷在其中偷雞摸狗，總是一副熱鬧喧騰的景象。

這裡是歐洲的集市，是威尼斯創立神話的歷史所在。據傳說，威尼斯城於西元四二一年三月二十五日（星期五）正午時分創立，最初奠基地在里亞爾托聖雅各教堂的位置上，這座商人的教堂據說也在同年於此修建。教堂牆壁上的銘文告誡人們永守正直、公平交易：「在此聖殿周圍，讓商人們秉承公正法律，計量準確，嚴守承諾。」教堂旁的廣場是國際貿易的中心，「這座城市的所有貿易——或者說是全世界的貿易——都在這裡開展」。國家的宣告在這裡公布。在這裡，銀行家們坐在長桌旁，在他們的帳目上存款和支付，透過匯票從一個客戶到另一個客戶進行數量相當大的資金轉移，無需動用現金；在這裡，公債被發布，每日香料的價格被編纂起來，整理成表格，分發到許多商人手中，無論是本地還是外國商人。不像零售市場的喧譁吵鬧，這裡的一切都靜悄悄地完成，而這也體現了威尼斯的榮耀：「沒有喧譁，沒有噪音……沒有討論……沒有辱罵……沒有爭議。」在涼廊的對面，掛有一張世界地圖，似乎在確認，可以在此縱橫捭闔地經營貿易；還有一座鐘「顯示所有在里亞爾托的著名廣場做生意的不同國家的時間」。里亞爾托是國際貿易的中心：如果在這裡被除名，等於結束了自己的貿易生涯。

從這個中心，輻射出所有讓威尼斯成為世界集市的貿易、活動和交換。里亞爾托的大橋上張貼著「穆達」航線的消息和槳帆船拍賣的資訊。拍賣由一名拍賣師主持，他站在長凳上，並燃燒蠟燭計時。在運河對岸，共和國將日耳曼商人安置在他們自己的聚居區內，並對其進行小心仔細的管理，差不多像馬穆魯克王朝管理威尼斯人一樣；周圍的街道則進行一些專業活動——海運保險、金匠服務、珠寶買賣。物質財富上絕對的繁榮、顯而易見的豐饒富庶讓來訪者，如朝聖者彼得羅．卡索拉，應接不暇。卡索拉覺得里亞爾托大橋周邊地區「難以估量……似乎全世界的人都聚集於此」。他從一個地方跑到另一個地方，希望能盡覽全景。商品的數量、色澤、尺寸、品種都讓他目瞪口呆。他用令人眼花撩亂、程度愈來愈高的形容詞記錄自己的所見所聞：

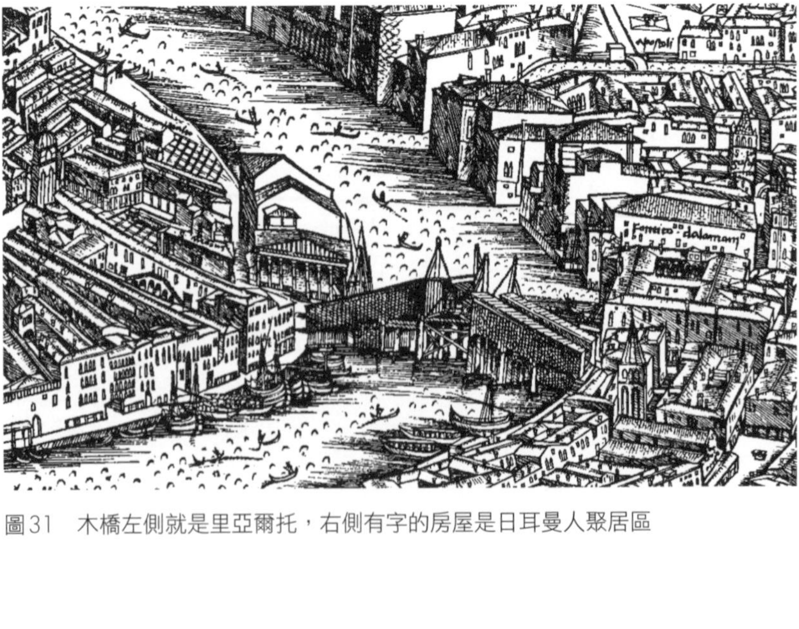

圖31　木橋左側就是里亞爾托，右側有字的房屋是日耳曼人聚居區

別處按磅和盎司售賣的（貨物），在這裡都是按桶和麻袋賣（一麻袋容積為一莫焦⑨）……五花八門、種類繁多的布——掛毯、錦緞和不同設計的掛飾，形形色色的地毯，各種顏色和質地的毛絲混紡織物，各式各樣的絲綢；到處都是裝滿香料、雜貨和藥品的倉庫，還有這麼多美麗的白蠟！這些東西讓看過的人目瞪口呆，完全無法準確地向沒有看過的人描述出來。

里亞爾托在感官上的豐富體驗，給與外來者巨大的衝擊。

從這裡，威尼斯控制著從萊因河谷到黎凡特的貿易軸心，影響從瑞典到中國的貿易，運輸著整個世界的貨物：印度胡椒被運往英格蘭和法蘭德斯；科茨沃爾德的羊毛織物和俄羅斯皮毛被賣給開羅的馬穆魯克王朝；敘利亞棉花被運到日耳曼市民手中；中國絲綢被穿到麥地奇（Medici）家族銀行家的情婦身上，賽普勒斯的糖成為他們餐桌上的調味料；穆拉諾島的玻璃⑩被做成阿勒坡清真寺的燈；斯洛伐克的銅；紙張、錫和魚乾。在威尼斯，任何東西都可以成為商品，甚至連從帝王谷（Valley of the Kings）出土的磨成粉的木乃伊，也可以做為藥材銷售。一切都以里亞爾托為軸心，再由「穆達」運送到另一個港口，或橫跨潟湖、透過中歐的內河和道路運輸。而對於

⑨　一莫焦（moggio）相當於一蒲式耳（bushel），　合三十六點四公升。
⑩　穆拉諾在威尼斯以北約一點六公里處，名義上是島，其實是群島，島與島之間由橋梁連接，形同一島。穆拉諾的玻璃製造業稱霸歐洲幾個世紀。由於穆拉諾玻璃大受歡迎，穆拉諾的玻璃工匠很快成為穆拉諾島上的顯赫公民。在十四世紀以前，玻璃工匠被允許佩劍，並享有豁免權，他們的女兒可以嫁入威尼斯豪門。穆拉諾的玻璃師傅對威尼斯如此重要，以至於被禁止離開威尼斯共和國，但仍然有人冒險遷往英國和荷蘭等國落戶。

每一項進口和出口，共和國都要徵稅。「這裡的財富如同泉中水一樣流淌。」卡索拉寫道。事實上，威尼斯唯一缺的就是合適的飲用水。「雖然嘴邊就是水，但人們經常受到乾渴的折磨。」

在一三六〇年代，佩脫拉克曾驚嘆，威尼斯人的貿易橫跨廣袤的世界。「我們的葡萄酒閃耀在不列顛人的杯子裡，」他寫道，「我們的蜂蜜取悅著俄羅斯人的味蕾。雖然難以置信，但我們森林裡的木材被運送給埃及人和希臘人。從這裡出發，油、亞麻和番紅花被我們的船運到敘利亞、亞美尼亞、阿拉伯和波斯，並將各種商品帶回來。」這位偉人已經掌握了威尼斯人貿易的天才所在，不過他詩意地藝術化了一些細節（例如蜂蜜實際上是從俄羅斯進口的）。一個世紀後，這一進程已修成正果。到處都是威尼斯商人，他們採購、銷售、議價、談判，對利潤貪得無厭，一心一意又冷酷無情，抓住一切機會賺取黃金。他們甚至壟斷了神聖骸骨的市場，他們盜竊聖徒的遺骨——可疑的泛黃頭骨、手骨、整具屍體或切開的部分（前臂、腳、手指、頭髮）——還有一些跟基督生平有關的物件，都用來提高城市本身的地位，並增加在有利可圖的朝聖者旅遊貿易中的潛力。西元八二八年聖馬可遺骸被偷運到威尼斯之後，又有一連串聖徒骸骨被偷運到威尼斯，其中許多是在第四次十字軍東征期間擄得的，這讓威尼斯成為虔誠基督徒鍾愛的一個停留點。威尼斯收藏的所謂聖徒骸骨極其豐富，以至於他們自己都搞不清楚自己擁有什麼東西了：一九七一年，美國學者肯尼斯・塞頓（Kenneth Setton）從聖喬治・馬焦雷（San Giorgio Maggiore）教堂的一個壁櫥裡發現了聖喬治的頭骨。

在視覺上，威尼斯城已然成為奇觀。沿著大運河順水往下，途經大富商的豪華宅邸——例如覆蓋著金葉子、在陽光裡熠熠生輝的黃金宮——猶如觀看了一齣令人驚豔的紛忙，滿是色彩與光線的戲劇。「我看到，四百噸級船舶從運河旁房屋前通過，我覺得那是世界上最美麗的街道了，」法蘭西人菲利普・德・科米納（Philippe de Commynes）⑪寫道。人們在聖馬可教堂參加彌撒，或者見證威尼斯一年中諸多盛大典禮之一，如耶穌升天節慶祝活動、執政官的就職典禮、海軍總司令的任命儀式，喇叭齊鳴，紅、金兩色的旗幟隨風飛舞，戰俘被遊街，戰利品得到公開展示；各行會、神職人員和威尼斯共和國的所有官方機構在聖馬可廣場周圍莊嚴肅穆地遊行——如此戲劇化的表演似乎在印證，這是一個蒙受獨特神恩的國家。「我還從未見過一座城市如此高奏凱歌。」德・科米納寫道。一切都建立在財富的基礎之上。

✯

吉奧索法特・巴爾巴羅的旅行最有力地證明了佩脫拉克對威尼斯物質主義的觀察。巴爾巴羅是一名商人和外交官，他帶著一百二十名工人從塔納出發，去探索草原上的一座斯基泰人墳堆，尋找財寶。一四四七年，他在冰凍的河上乘雪橇前行，但「發現地面非常堅硬，我們不得不放棄計畫」。第二年，他捲土重來。他的工人在墳堆裡挖了一個深深的開口。他們失望地發現，這裡只有一些黍殼、鯉魚鱗片和一些手工藝品的殘片：「用磚做成的、柳丁那麼大的珠子，表面用玻璃覆蓋……還有一個銀質大口水罐的半個把手，水罐頂端有一個蝰蛇的頭。」他們再次被天氣打

⑪ 菲利普・德・科米納（一四四七至一五五一年），勃艮第和法蘭西政治家、外交官和作家。他的回憶錄是十五世紀歐洲歷史的主要資料來源之一。

敗。巴爾巴羅的人這次挖到一堆垃圾上邊。但在離他們的發掘點只有幾百碼的地方，是一位斯基泰公主的墓室，那裡埋藏著豐富的珠寶，足以點燃威尼斯人對東方黃金的最狂野夢想。這個墓室直到一九八八年才被發現。

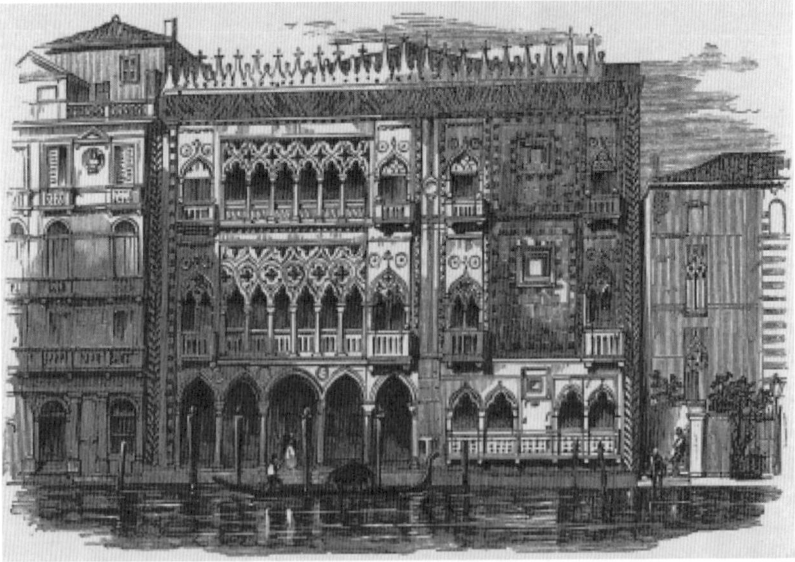

圖32　黃金宮

第十六章　尼普頓之城

一五〇〇年時的景象

一五〇〇年，也就是奧西奧羅執政官開始自己的征服之旅的整整五百年之後，威尼斯藝術家雅各．德．巴爾巴里（Jacopo de Barbari）出版了一幅巨大而令人驚嘆的地圖，長近三公尺。地圖的視角有所傾斜，用俯瞰威尼斯城的方式呈現。在飛機發明以前，人類還無法鳥瞰威尼斯全景。巴爾巴里從一千英尺高俯視的視角，從容地以詳盡的、自然主義的細節還原出這座城市。這幅木刻全景圖基於自城市多個鐘樓所做的細緻勘察。它展示了城市的一切：教堂、廣場、水道、執政官宮殿、聖馬可廣場和里亞爾托、海關大樓和日耳曼人聚居區、慵懶的大運河S形曲線，以及位於運河中心位置的木橋。

儘管地圖很詳細，但卻不太真實。德．巴爾巴里扭曲了一些透視構圖，以著重強調這個地方的海洋景觀，以至於它像極一隻張大嘴的海豚，其形狀鮮明的尾巴落在最東端。就像這座城市的視覺宣傳物——它的建築和旗幟、精細的典禮、宗教節日和節慶活動——一樣，這幅地圖是一個大有深意的發明。德．巴爾巴里筆下的威尼斯是一個船舶之城，是海事繁榮的慶典。在吉祥的週年慶典中，它歌頌著威尼斯從泥濘沼澤崛起成為世界上最富裕城市的偉大歷程。這座城市似乎是永生不死的，似乎不會受到光陰流逝的影響。圖中幾乎看不見什麼人，也沒有塵囂和繁忙的貿易，它展示著不需要人為努力的財富。

潟湖十分平靜，只有微風輕輕拂過。這風是天使的呼吸，推動船隊走向繁榮。像水壺一樣圓滾滾的帆船停在錨地，粗纜緊繃，時刻準備出發：有些帆船的索具和風帆已經裝配完畢，有些拆掉了桅杆，其他的停放在乾船塢，或是傾斜著擺放著；後傾的流線型槳帆船停靠在帆船旁邊；在象徵著威尼斯與海洋姻緣的金船上，正義之神手持長劍，屹立在船首；一艘商船在大運河上被拖走。在這些遠洋船隻周圍，一群小船在木刻畫上激起了陣陣漣漪。威尼斯人划船的各種風格一一在列：一場四人快艇的划船比賽；兩人划槳的平底潟湖小艇；單人撐杆的貢朵拉；還有小型帆船，就像帶有鳥嘴的腓尼基商船，載有潟湖蔬菜園的產品。大陸被置於邊緣，彷彿並不重要。

地圖上有吉祥的神祇守衛。在地圖的最上方，威尼斯的守護神墨丘利（Mercury），即貿易之神，大手一揮，宣告著：「我，墨丘利，最為垂青此地，佑護它的商業繁榮。」下方標示著意義重大的年份：一五〇〇年。但地圖中心的海神尼普頓才是最引人注目的神。肌肉強健的尼普頓騎著有鱗片和拱鼻的海豚；他的三叉戟高舉朝天，宣示著：「我，尼普頓，居於此，守護著這片海洋和這個海港。」這是海權大國的勝利宣言。在德．巴爾巴里的圖畫中，這座城市處在鼎盛時期。

船隻繪製得相當仔細，朝聖者彼得羅．卡索拉無法清點船隻的總數。這些船隻是威尼斯的生命線。這座城市買賣、建造、消耗，或製造所需要的一切，都是用船運而來的——魚、鹽、大理石、武器、橡木柵欄、擄掠來的聖物，以及古老的黃金；德．巴爾巴里用的木版，貝里尼①的繪畫顏料；用來冶煉並打造成船錨和釘子的礦石、為大運河畔宮殿準備的伊斯特里亞石材、水果、小麥、肉類，用來做船槳的木材和製繩用的麻；到訪的商人、朝聖者、皇帝、教宗和瘟疫。世界上沒有第二個國家如此癡迷於經營航海事業。男性中有一大部分人以此為生；所有等級和階層的人都參與其中，從貴族船主到最低賤的槳手。一四二三年，執政官托馬索・莫切尼戈（Tommaso Mocenigo）在臨終前發表演說，歷數了共和國的航海資源，儘管有些地方可能有些誇大：「在這座城市裡有三千艘載重較小的船隻，配備一萬七千名

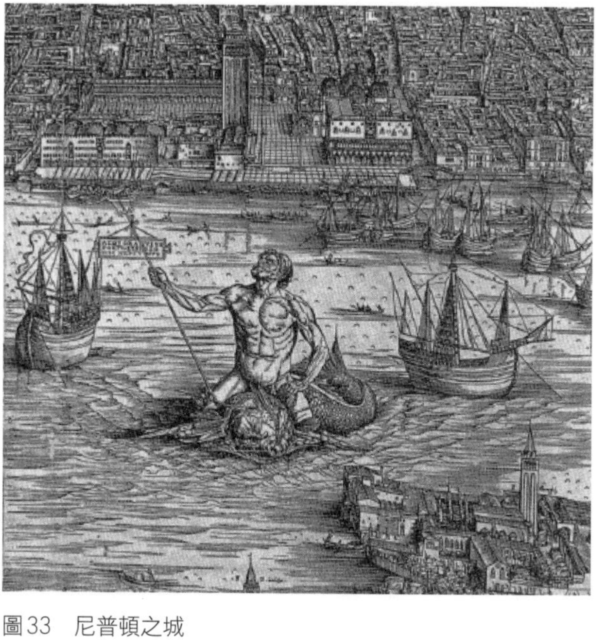

圖33　尼普頓之城

① 此處指的是喬萬尼・貝里尼（Giovanni Bellini，一四三〇至一五一六年），文藝復興時期威尼斯藝術家。他的父親雅各・貝里尼（Jacopo Bellini）和兄弟真蒂萊・貝里尼都是著名畫家。他的姐夫安德烈亞・曼泰尼亞（Andrea Mantegna）也是大畫家，所以他的早期作品受到曼泰尼亞作品的影響。新穎的筆法和帶有神韻的氣質，是他後期畫作的特色。貝里尼家族出了很多藝術家，喬萬尼可能是其中最有名的一位。

水手；三百艘大船，配備八千名水手；常備四十五艘槳帆船，以保護商業，雇傭了一萬一千名水手、三千名木匠和三千名斂縫工人。」

✯

在德．巴爾巴里的地圖上，最醒目的建築便是有圍牆環繞的巨大國家兵工廠，位於「海豚」的尾部。三百多年來，為了滿足共和國的航海需求，兵工廠不斷地擴建。在一五〇〇年，兵工廠占地六十英畝，環繞著五十英尺高的全封閉磚牆，牆頂端砌有城垛，這是世界上最大的工業基地。它能夠以其他任何競爭對手都無法匹敵的速度和品質建造、武裝並交付八十艘槳帆船。這座「戰爭工廠」（Forge of War）負責製造威尼斯國家所有的航海裝備。它擁有乾船塢和濕船塢、用於建造和儲存槳帆船的工棚、木匠工坊、製造繩索和船帆的工廠、熔爐、火藥廠、木材倉庫和用於存放造船過程中所有組件和相關裝備的倉庫。

透過不斷改良，威尼斯人已經很接近流水線生產。這在中世紀國家組織動員資源的局限下，已經是最高水準。這其中的關鍵在於專業化和品質控制。技能分工至關重要，從在遙遠森林裡種植樹木和選擇木材的林業人員，到專業的造船工匠、鋸木工人、木匠、斂縫工人、鐵匠、織繩工和製帆工人，再到跑腿搬運的普通工人。每個團隊的工作都受到嚴格檢查。威尼斯人深知，大海是個鐵面無情的法官，無時無刻不在腐蝕著鐵和錨索，考驗著接縫，撕碎帆布和索具。嚴格的規定保證了材料的品質。每個紡線機的捲線軸都做好標記，如此每個單一的工作都能被確認識別；每一位麻繩製造工人的線軸都有標識，以識別它出自何人之手；每根繩子出廠時，便被附上一個彩色的標籤，說明它的正確用途。共和國對每一個生產環節的嚴格監管和高度關注，反映了它對航海生活的深刻理解。若是造船時偷工減料，船隻、船員和船上價值數千杜卡特的商品都可能毀於一旦。儘管常常使用神話般的言辭，但威尼斯實際上是極其實事求是的。這是一個木材、鐵、繩子、風帆、舵和槳組成的共和國。它宣稱：「製繩業是船舶安全的保證，同樣也是水手和資本的安全保障。」國家提出無條件的要求；斂縫工人需要為斷裂的連接處負責，木工則要為崩斷的桅杆負責。如果工作不達標，就可能被解雇。

兵工廠是威尼斯物質上也是心理上的核心。聖馬可廣場鐘樓每天敲響「木匠鐘」，宣告工作日的開始和結束，全城人聽到這鐘聲，就知道「工廠」在運作。兵工廠的工人在勞動人民中算得上是貴族階層。他們享有特權，和權力中心有著直接的聯繫。他們受到一組選舉產生的貴族的監督，享有把新執政官扛在自己肩上走過廣場的權力；他們在國

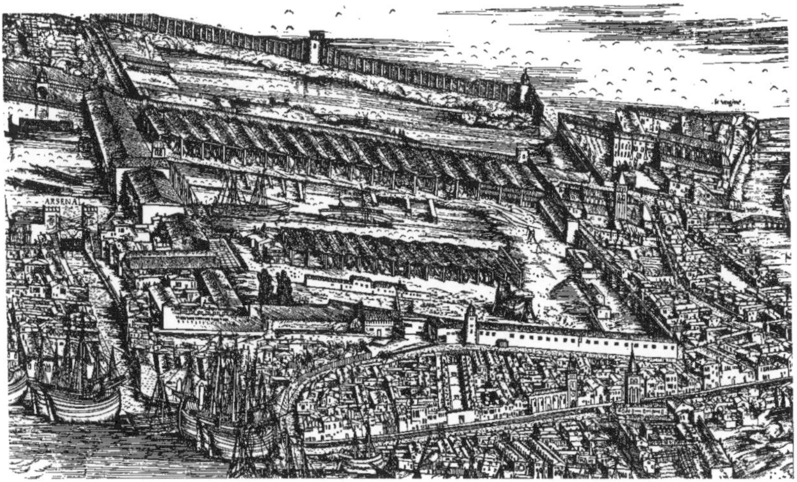

圖34　兵工廠

家慶典遊行隊伍中有自己的位置；兵工廠的司令去世後，他的遺體會由工頭們抬進聖馬可教堂，並在空中舉起兩次，一次是表示他承擔這份責任，又一次則是表明他履行了他的責任。造船匠的技能和祕密知識往往一代一代流傳下去，他們是威尼斯一直小心守護的瑰寶。

兵工廠讓這座城市的形象多了幾分鋼鐵意志和軍事上的強悍。兵工廠的城堞將世界隔絕在外，夜間有警衛巡邏，每隔一小時互相呼喚提醒；在兵工廠威嚴的大門上方，聖馬可雄獅爪中握著的福音書並未打開以宣示和平，而是緊緊閉合著——兵工廠的雄獅時刻準備著戰鬥。這個地方的工業令參觀者嘆為觀止。一四九四年，彼得羅．卡索拉到訪時在軍械倉庫裡看到「蓋起來的和沒蓋起來的胸甲、劍、弩，大小不一的箭、頭盔、火繩槍和其他火器」；每一個用於儲備槳帆船的棚屋都有二十個隔間：

……每個隔間內只有一艘槳帆船，但體積很大；在兵工廠的一個區域裡，有一大群高級工匠和普通工人，他們專門建造槳帆船或其他各種船隻……也有一些高級工匠專門製造弩、弓和大小各異的箭……在一個室內工坊，有十二名高級工匠，每個都帶著自己的工人，負責自己的熔爐；他們的工作是不斷製造船錨和各種鐵器……還有一個大而寬敞的房間，有很多婦女專門製作風帆……還有一台漂亮的機械，可以將任何重型槳帆船或者其他船輕易抬出水面。

他還看到了稱為「塔納」的製繩廠，這是一座狹窄的大廳，有一千英尺長，「太長了，以至於我從一端幾乎看不到另一端」。

兵工廠的工作原則是即時生產，在有需要時迅速提供成品；槳帆船的所有部件以模組的形式儲藏在乾燥倉庫裡，戰時可以迅速將其組裝起來。井然有序的安排是至關重要的。為了保證能在短時間內迅速組建一支槳帆船艦隊，兵工廠可能隨時儲備著五千個划槳長凳和腳撐、五千支槳、三百具帆、一百套桅杆和船舵、索具、瀝青、錨，以及武器、火藥和艦隊快速部署所需的器物。一四三六年夏天，西班牙旅行家佩羅．塔富爾親眼目睹威尼斯兵工廠快速建造一隊槳帆船的過程：船體一個接一個地下水，陣列木工安裝船舵和桅杆。然後塔富爾觀察著每一艘槳帆船通過裝配線的情景：

……航道兩邊的兵工廠房屋的窗戶都打開著，一艘小艇拖著一艘槳帆船出來，人們從窗戶把東西送出來，有繩索、麵包、武器、弩砲、臼砲，槳帆船需要的所有東西都這樣從兩邊的窗戶裡送出來，當槳帆船抵達航道盡頭時，所有需要的人都上船了，連同全套船槳，它從一頭到另一頭都已裝配完畢。以這種方式，在三點到九點之間，十艘全副武裝的槳帆船就準備就緒了。

兵工廠不僅製造戰船，也生產國有的走定期「穆達」航線的商用槳帆船。在威尼斯，航運是二元的，威尼斯人深諳兩者擇一之精髓。有槳帆船和帆船；軍用槳帆船和商用槳帆船；私人船隻和國有船隻；武裝船和非武裝船——戰船和商船之間並不一定是絕對的對立關係，因為商船也可以用於作戰，所有船隻都攜帶一定數量的武器。更準確地說，武裝船指的是在出發時攜帶全套人員、重甲、火繩槍和訓練有素的弩手的船隻，非武裝船則沒有這樣的全套配備。國家對這些船隻有著嚴密的管理。航海法於一二五五年首次頒布，並不斷完善。關於裝卸貨、船員人數、攜帶的武器數量、船長和其他船上官員的責任和義務、需要支付的稅費和紛爭的處理，都有相應的法律條款。

每艘船都有明確規定的載重量，在十五世紀，這是用數學公式計算出來的，載重線標在船側，這是載重吃水線的前身。出發前，船隻會接受檢查，以確保它的載重是合法的，以及載有適合其規模的船員和必備數量的武器。這樣的規定可以根據情況隨時進行微調；一三一〇年的法律規定船隻必須攜帶更多武器，於是允許它們可以多吃水一英寸；從一二九一年開始，船員必須以帽子取代原先的兜帽，做為頭部的防具；當大型帆船開始用機械手段（如螺絲和槓桿）壓縮體積大、重量輕的貨物（如棉花）時，就出現了專門的立法，以防止該手段造成貨物和船體的損害。根據航海法，區分出手工裝

圖35　聖馬可灣內的圓船和槳帆船

船和工具裝船，會依據船齡規範機械裝船的載重量上限。

海上貿易和海洋帝國一樣，透過管理、持續的監督和法律手段，在經營上有一貫的政策指導原則。威尼斯體制上這些標誌——外國人頗為仰慕它的良好秩序和公正性——滲透進威尼斯人在海事管理上的方方面面。威尼斯海上貿易的經營管理模式很類似於國家的典型運作機制，由執政官和執政官議事小心、密切地關注著。一系列由選舉產生的官員對國有和私營部門進行監督、檢查、組織和處罰：他們檢查船員，核查貨物，收取稅款和貨運手續費，劃定額定負載，並且處理托運人、船主及船員之間的法律糾紛。

國營航線由國家最高層官員——大議事會（威尼斯的中央管理機關）選舉產生的官員來組織。這些官員被稱為「賢者」，他們根據持續不斷的情報（內容主要是戰爭威脅、目的地的政治穩定性、市場情況、糧食儲備和海盜猖獗程度）來籌劃下一年的「穆達」航線。他們的許可權很廣；他們可以規定艦隊規模、路線、停靠碼頭、停靠時間、所運貨物和運費率。運輸高價值貨物——布料、現金、金銀塊或香料——時，以及運送國家要員、大使和外國顯貴時的條件極其嚴格。任何承攬海運業務的財團都不得拒絕商戶運輸合法貨物的要求。即使船隻已經出租，但一旦發生戰爭，國家仍可以強制性徵用船隻和船員。國家任命自己的官員為艦長，即船隊的航海和軍事領導人，負責保護共和國的財產和公民的生命安全。每一位船員，哪怕是最低階的槳手，都要宣誓遵守合約。

✯

在兵工廠的物資生產過程中的監管、安全措施和品控，以及針對人性弱點、詐欺、剝削和貪婪的立法，都是長期航海積累出的經驗。在海上，只消一次風向變化，利潤就能變成急轉直下的虧損，安全就能變成極度的危險。戲劇性的失敗最能讓威尼斯體制為之戰慄。一五一六年春天，一艘船齡較老，名為「馬尼亞」號（Magna）的商用槳帆船，被安排去跑亞歷山大港的航線。從三月到七月，它一直在兵工廠接受船體檢查。檢查人員一致認為，這艘船很危險；它需要維修，但轉租此船的財團不願花維修的錢，而且他們不想錯過香料集市的時間。兵工廠當局最終准許它出航，並開出空頭支票：這艘船會在亞得里亞海上的普拉港進行維修。但「馬尼亞」號雖經過了普拉，卻沒有維修。它載著一系列貨物，包括一批銅條，是否超重不得而知，船上大約有兩百名船員。

十二月二十二日，在距賽普勒斯兩百五十英里的海上，「馬尼亞」號遭遇一場風暴，船身開始進水。它在波濤洶湧的大海上跌跌撞撞，銅條衝開了固定物，散落在船艙內；次日黎明時，船斷成了三截。人們奮力搶奪救生艇，小艇一下子就超載了。一些幸運的船員爬上小艇，而其他人則被已上小艇的人拔劍強行制止，慢來的人就這樣跌回海裡溺亡。在這死亡之筏上擠著八十三人。他們用麻袋、桅杆和槳做成舵和粗糙的帆，試圖航行到賽普勒斯。在接下來的一個星期內，他們不分晝夜地在驚濤駭浪的海上劇烈顛簸，「浪頭高得像聖馬可教堂」。他們沒有食物，也沒有淡水。他們開始一個接著一個地死於飢餓、乾渴和寒冷。他們喝自己的尿，吃身上的襯衫；他們開始產生幻覺：他們看到聖徒手持明亮的蠟燭，劃過天空。文明在這一刻崩潰了。一封從賽普勒斯發出的信含糊地解釋道：「有可能，一些人減緩了別人的飢餓。他們已經決意殺死船上的一名文書，因為他年輕、肥胖而且肉嫩多汁，然後喝他的血。」在第八天，他們發現陸地，但他們身體過於虛弱，沒辦法選擇一個安全的登陸點。有人在海浪裡淹死；有人跪伏著爬到岸上。原先的八十三人中，只有五十人存活。「一個姓索蘭佐（Soranzo）的青年活了下來」，報告稱，「但他命懸一線、生命垂危。還有船主，高貴的維琴佐．馬尼奧（Vicenzo Magno）也活了下來，但也是病入膏肓，命不久矣……其他的倖存者中有人將逃生的小艇奉獻給真十字架，有人會赤腳步行去一處朝聖，其他人則去另一處。他們全都發了各式各樣的誓言。」這封信的作者得出冷靜的結論：

……這是件極其悲慘的事情。航海造成太多巨大的危險，全都跟人們對金錢的貪得無厭息息相關。我將如何回家，我現在也說不準。今天早上，我又一次向聖靈和聖母祈禱，因為在看過這艘駛往亞歷山大港的槳帆船的殘骸後，我非常害怕乘坐舊槳帆船航行……。

儘管德．巴爾巴里讚頌著尼普頓，但威尼斯人對大海總是有一種矛盾的心理；大海是他們存在的基石，也是他們的命定之處。他們認為自己擁有從威尼斯一直到克里特島和君士坦丁堡的大海，但它也是極度危險、無邊無際和難以安撫的。十六世紀經驗豐富的船長克里斯托福羅．達．卡納爾（Cristoforo da Canal）寫道，大海是「一個看起來無邊無際，又令人膽寒的區域」。如果耶穌升天節儀式是威尼斯人占有大海的宣示，那它的潛台詞就是恐懼。風暴、海難、海盜和戰爭依舊是根本的事實。多少個世紀以來，槳帆船上的生活特別困難，也日漸不受歡迎。大家同心同德的觀念日益分裂。隨著船員專業化程度愈來愈高，以及貴族階層的財富和權力日見增長，槳手（不管天氣多麼糟糕，他們都必須坐在狹窄的長凳上划槳）的地位逐漸下降。他們食用葡萄酒、乳酪、粗麵包、航海餅乾和蔬菜湯來維持生命。隨著航海技術的革命，冬季航行愈來愈常見，槳手的生存狀況更加惡化。例如，皮薩尼的水手們由於凍傷和營養不良，死於嚴寒。他們的工資少得可憐；不過每個槳手都可以攜帶一個袋子或箱子上船，所以他們可以自己做點生意來掙錢。

在軍用槳帆船上，備受尊重的船長——例如韋托爾．皮薩尼和一個世紀後，特立獨行的貝內代托．佩薩羅（Benedetto Pesaro）——知道槳手需要什麼才能生存。說得過去的飲食、不至於在環境最惡劣的冬季受凍、有獲取戰利品的機會，這些會贏得槳手們持久的忠誠。如果指揮官願意與槳手們分享自己的食物和戰鬥的風險，和他們同甘共苦、同生共死，槳手們會為指揮官赴湯蹈火、在所不辭。正是槳帆船的水手們猛錘議事會的大門，要求釋放皮薩尼，後來又索要他的棺木；面對那些冷淡倨傲的貴族，水手們偶爾也會罷工。他們希望獲得同志友誼、身分認同和共同的命運。他們對聖馬可懷著無限的忠誠；當一四九九年威尼斯海權面臨終極挑戰時，辜負國家的絕不是那些坐在長凳上的普通水手。

到十五世紀末，槳手成了名副其實的社會底層。商用槳帆船上的許多槳手是屬於船長的債務奴隸，儘管他們很少被鎖起來。由於黑死病使得威尼斯人口減少，愈來愈多的水手來自殖民地。達爾馬提亞和希臘的沿海地區是人力資源的重要來源地。一四九四年，日耳曼朝聖者菲利克斯．法布里仔細觀察了前往聖地的槳帆船上槳手的生存狀況：

他們人數很多，都是大個子；但他們要承擔的體力勞動只適合驢來做，他們經常被咆哮、拳腳相向和咒罵去幹活。我從來沒有見過如此殘酷的事情，他們做牛做馬，被毆打得比牲口還要厲害。他們經常被迫脫下自己的外套和襯衫，光著上身工作，好讓工頭的鞭子能直接打到他們身上、胳膊上、肩膀上。這些槳帆船奴隸大部分是船長買下的奴隸，或者是地位低下的人、囚犯，以及出逃的人。如果害怕他們逃跑，就用鐵鍊將他們鎖在長凳上。他們已經習慣自己的悲慘生活，他們有氣無力地工作，沒有目的，除非有人站在他們頭上呵斥他們。他們吃著最劣質的食物，始終睡在他們划槳的長凳上。無論白天和黑夜，他們總是露天工作，當有暴風雨來臨時，他們便處在海浪正中間。當他們不工作時，就坐著玩紙牌和骰子，賭真金白銀，嘴裡不時冒出一些髒話和對神靈的褻瀆……。

這位善良的修士對槳手們的髒話賭咒最為煩惱。一艘商用槳帆船的船長對他的朝聖者乘客應盡的合約義務之一，便是保護他們免遭水手的傷害。

不安全感是深植於航海生活的；任何與不明身分船隻的相遇都可能引發驚慌失措。在不確定的情況下，槳帆船會倒退著進入一個外國港口，弩手們蓄勢待發，槳手們做好準備，只聽哨子聲響，便立即駕船撤離。隨著拜占庭帝國的衰落，在地中海始終是個嚴重問題的海盜行徑氾濫成災，對航海造成巨大影響。一三〇〇年之後，四處劫掠的加泰隆尼亞海盜、被驅逐的熱那亞派系、希臘人、西西里人、安茹人（Angevins）——以及愈來愈多以小亞細亞海岸為基地的土耳其人——將地中海變成了海盜的樂園。一三〇一年，威尼斯的所有船隻都被下令增加武裝防禦；一三一〇年，國營槳帆船不得不將自己船員中弩手的比率提高到百分之二十。所有船員都應當能夠戰鬥，並且也會向他們發放武器；法律規定，船隻必須配備若干數量的板甲。在「穆達」系統中，商用槳帆船在戰艦的護衛下航行，可以確保它們在一定程度上互相保護。「穆達」槳帆船的船員人數較多，約兩百人，對所有海盜（除了一整隊熱那亞軍用槳帆船之外）都能起到震懾作用。單獨航行的私人帆船更可能在經過一個小海灣時成為潛伏在附近的海盜的目標。對威尼斯而言，海盜行徑是最可惡的罪行，是對貿易和法治的公然侮辱。共和國希望自己的海上暴力活動都由國家來組織，私人不要摻和。政府檔案中記載了數千起搶劫案，或是以嫌疑為藉口沒收貨物，以及因此導致的對其他國家的賠償要求（這些國家的公民犯下海盜罪行，威尼斯要求這些國家對此負責，扣押其船隻等），但在海上常常是適者生存。

海軍艦隊和商用槳帆船共同承擔清剿海盜的責任。對抗是血腥的，處罰也是嚴酷的。被抓獲的海盜將在他們自己的甲板上被砍成肉泥，或吊死在他們自己的桅杆上，然後他們的船會被燒毀。威尼斯海外領地的基督徒海盜面臨著尤其殘忍的懲罰，但在一五〇一年，一位令人憎惡的土耳其海盜的命運讓最鐵石心腸的威尼斯人都為之膽寒。海軍總司令貝內代托・佩薩羅寫信描述這位海盜的命運：

> 土耳其海盜艾里奇（Erichi）在從巴巴里返回的途中偶然在米洛斯島登陸。他的船在一次風暴期間在島上擱淺。船上有一百三十二名土耳其人。他和另外三十二人被生擒。其餘的人被淹死，或者被島上的人殺死了，但我們還是設法抓住了他。十二月九日，我們將艾里奇

綁在一支長槳上，活活烤熟他。他在極大的痛苦中掙扎了三個小時，最終以這種方式結束自己的生命。我們還將海盜領航員、大副和一名來自科孚島，背叛自己信仰的槳手插死在尖木樁上。我們用箭射傷另一個，然後將他溺死……海盜艾里奇在和平時期為我們的航運帶來相當大的損失。

佩薩羅進一步解釋說，之所以對艾里奇下這樣的狠手，是為了替一位遭受類似痛苦的威尼斯貴族復仇。

對意氣風發的威尼斯槳帆船指揮官來說，捕捉海盜幾乎可以被稱得上是一種活動了。一五一九年二月，祖安・安東尼奧・塔亞皮拉（Zuan Antonio Taiapiera）寫信給弟弟，講述自己最近的戰功：

那是在聖保羅的宗教節日，也就是上個月二十五日。在黎明時，我看見了「發羅拉（Valona）②的摩爾人」的弗斯特船（一種小型槳帆船）。在離杜拉佐不到一里的地方，我衝了上去。那船逃回了杜拉佐的背風處。它逃跑時，我朝它開了兩砲，不過都沒打中。當我看到它已經到達城牆邊，就調轉船頭，按照自己的路線前往科孚島。但他們（海盜）想為在塞斯塔角（Cape Cesta）被摧毀的另一艘船報仇，就往船上裝了他們覺得足夠多的勇士，開始

② 發羅拉是阿爾巴尼亞的重要海港城市，曾是阿爾巴尼亞的首都，是有著兩千六百年歷史的古城。

追趕我的船。我看到他們追來，便讓我的船做好準備，向外海方向撤退五里。在那裡，雙方互相攻擊，戰鬥非常激烈，持續了七、八個小時，我把他們全部殺光了。死者中有「摩爾人」和弗斯特船的四位其他指揮官……我的槳帆船上有七人死亡，九十三人受傷，但只有三人是致命傷，其中包括我的主砲手，我（出於憐憫）了結了他的性命。其他人的傷也很重。他們會失去眼睛或者變成瘸腿，但我們希望他們能活下去。我只在大腿上有一個長矛刺出的傷口，雖然那是結實的一次重擊，但我只受了點輕傷。而我很滿意的是，在最後一次進攻中，他們跳上我的船頭，我親手宰了兩個人——就在那時他們用長矛刺中了我。我繳獲了海盜的響板、戰鼓和旗幟，還得到「摩爾人」的首級，我按照自己理應享有的權利，把它高高掛在我的船頭。

做為比腐爛的頭顱更長久的紀念品，塔亞皮拉特意囑咐弟弟「為我製作一幅底色為黃色和藍色的旗幟，三等分，點綴著土耳其頭巾，把它做得大大的，並在第一時間送到科孚島，這樣我就能在五月一日的遊行中使用這面旗幟」。他當然要大肆宣揚自己這次的勝利。

✯

乘船旅行是許多威尼斯人每天司空見慣的事情，太熟悉以至於不需要做任何詳細說明。對中世紀末期威尼斯航海生活做了最生動記錄的，往往是外國人，特別是那些不諳水性、初次乘船前往聖地的朝聖者們，例如日耳曼僧人菲利克斯·法布里和佛羅倫斯人彼得羅·卡索拉。法布里好奇心非常強，經歷過兩次這樣的旅行，記錄了所有遇到的危險和船上的情緒波動。

威尼斯有前往聖地的定期航運服務，用的是改裝過的商用槳帆船。威尼斯當局想維持好的名聲，也知道貴族船長們寡廉鮮恥的天性，所以非常重視對聖地航線的監管。它提供一種航線套餐服務，包含沿路的飲食和雅法與耶路撒冷之間的交通。此種服務要簽合法的契約。即便如此，由於單程要花五、六個星期，所以依然是一種煉獄——有時則是向地獄的一瞥。朝聖者們被安置在主甲板下方缺乏照明的長艙室裡，每個人睡在一個十八英寸寬的空間裡，艙底往上散發出陣陣惡臭，頭頂上的廚房滲下的油煙更是令人窒息。在夜裡，甲板之下惡臭難當，再加上同行乘客的哭喊和呻吟、船隻搖晃的陌生晃動、打翻的夜壺傳出的嘔吐物臭味和尿騷味、爭吵、鬥毆、臭蟲和跳蚤，一位英格蘭朝聖者稱其為「簡直是邪惡的，炙烤般炎熱，惡臭刺鼻」。

風暴到來的時候，是非常突然且驚天動地的。一四九四年六月，卡索拉乘坐的槳帆船在達爾馬提亞海岸遭遇狂暴的海浪，被往西沖出七十英里，到了義大利的邊緣。在漆黑一片的隔艙裡，朝聖者們被從一邊甩向另一邊；他們能感覺到船被「暴怒的海洋扭曲著」，船板嘎吱作響、呻吟陣陣，「彷彿隨時可能斷裂」。海水湧過艙口灌進來，可憐的朝聖者們全身都被浸濕。尖叫聲非常慘烈：「彷彿所有在地獄受折磨的靈魂就在這裡」，「死亡對我們窮追不捨」，卡索拉回憶起當時的情景：

> 大海是那麼的狂躁，所有人都放棄了生存的希望；我再說一遍，是所有人……夜間，巨浪拍打著船身，艉樓都被海浪淹沒了……整艘槳帆船都被水浸透……水從天空和海洋而來；

四面八方盡是水。每個人嘴裡都喊著「耶穌」和「憐憫我」，尤其是當巨大的海浪沖向槳帆船，帶著恐怖的力量，在那個時刻，所有人都似乎要葬身海底。

槳手們全身都濕透了，他們乞求到甲板下面去。留在甲板上以穩定船隻的人整個暴露在如山高的駭浪裡；三個舵手在艉樓甲板的水中掙扎，才能勉強使舵。

法布里熱中於見證萬事萬物，有時他在觀看狂暴大海時體驗到一種幾乎是審美的愉悅。「海水比其他地方的水來得更激烈、更喧囂、也更美妙。在風暴期間，我或坐或站在上層甲板，觀看接連不斷的驚人陣風和令人恐懼的巨浪，把這當做一種樂趣」。晚上的情況就大不一樣了。在科孚島以北不遠處，法布里的槳帆船遭遇了狂風。

> 天還黑著，看不見星星；我們轉到迎風面時，一陣極其恐怖的風暴降臨了，海洋和天空都被撼動。無比狂暴的風將我們高高拋起，閃電劈下，雷鳴震耳欲聾……船的兩邊都降下可怕的雷霆，海上的很多地方看起來就像燃起大火……猛烈的風持續撞擊著槳帆船，用海水淹沒它，從船的兩側不斷地衝擊著船身，猶如巨石從山上滾下，直接砸向木質船身。

暴風衝擊船的巨響「猶如磨盤被直接砸向船身……如此凶猛的風不停地折騰著槳帆船起起伏伏，讓它左右搖晃、四處飄移，人們根本沒辦法躺在自己的臥鋪上，更不用說坐著了，站著就更不可能了」。朝聖者的甲板陷入一片混亂。

我們不得不緊緊抱住船艙正中央的柱子，它們支撐著上層結構；或者整個人蹲伏起來，用雙臂和雙手緊緊抱住我們的箱子，讓我們保持相對靜止；有時候，又大又重的箱子會整個翻過來，緊緊抱住它的那個人也會隨之翻倒。

在黑暗中，物品從艙壁上飛落，重重地砸下來；海水灌進艙口，「整艘船上沒有不被打濕的東西；我們的床和所有的東西都被浸透了，我們的麵包和餅乾都被海水泡壞了」。木頭的嘎吱作響讓所有人呆若木雞。「在風暴中，沒有什麼聲音比船的嘎吱聲更讓我害怕了，聲音如此之大，以至於大家覺得，船一定是哪裡壞了」。此時就是對兵工廠品質控管程序的終極考驗。

甲板上的情況就更恐怖了。主帆被撕成了碎片，桁端「彎得像一張弓……我們的桅杆製造了許多可怕的噪音，帆桁也同樣如此；整艘船所有的連接處似乎都要裂成碎片了」。船隻的管理陷入一片混亂。

……槳帆船奴隸和其他水手東奔西跑，竭盡全力地大聲呼喊，彷彿他們馬上就要被劍刺死；一些人順著側支索爬上帆桁，試圖將帆降下來；下方甲板上的一些人四處亂跑，試圖抓住布面；一些人將繩索穿過滑輪，用捲帆索收攏船帆。

在這張皇失措、六神無主、電閃雷鳴之際，一個鬼影突然出現，令船員們呆若木雞。一束固定的光——幾乎可以肯定是「聖艾爾摩之火」（Saint Elmo）③——在船頭徘徊。「從那裡，它慢慢地移動，從船頭到船尾，然後在船尾消失。這光是一線火焰，大概有一腕尺（cubit）④寬。」風暴肆虐的過程中，人們大感震驚和敬畏，甲板上的所有人「停止自己手邊的活計，停止喧鬧和呼喊，雙膝跪下，高舉雙手向著天空，用低沉的聲音祈禱著『神靈！神靈！神靈！』」這被認為是上帝恩典的跡象。風暴仍在咆哮，「這之後，槳帆船奴隸們繼續他們慣常的工作……並且以歡快的號子配合著工作」。

從這場風暴倖存三天之後，法布里的船面臨著另一場災難。隨著夜幕降臨，達爾馬提亞海岸的風勢加強，船在「一座險峻的山腳下顛簸……當我們靠近山腳並試圖將船頭迎向風時，風浪如此劇烈，船失控了，船頭徑直衝向岸邊，狠狠地撞向陡峭的岩石」。一瞬間，船上的紀律就瓦解了；槳手們「開始到處亂跑，準備逃命」。下方隔艙內傳來呼喊：「各位大人，快到甲板上來！船已破損，正在下沉！」每個人都跑到船尾，混亂不堪；升降梯上一聲巨響，救生艇已經被放下了，「船長帶著他的弟弟、弟媳和他自己的追隨者，想要搶先逃跑」。法布里聽過許多關於海難的故事，知道「馬尼亞」號慘劇並非絕無僅有。「上了救生艇的人會拔出自己的劍和匕首，阻止其他人上船……落水者抓住救生艇的槳和側舷，手指和整隻手都被救生艇上的人砍斷了。但是，」法布里接著寫道，「這一次上帝又救了我們；混亂平息了下來，船在岩石旁停下，帆收了起來，並拋下船錨。」

當船被拖向海岸背風處時，船上所有人的性命都依賴纜繩和船錨的品質。船隻會攜帶許多錨，它們會受到極限的考驗。一五一六年，多梅尼科·特雷維桑乘坐一艘槳帆船去覲見馬穆魯克王朝的蘇丹。當他的船在伯羅奔尼撒外海時，「颳起了猛烈的西洛可風，儘管我們已經落錨，用堅固的纜繩將船隻固定在岸邊，而且還把錨的數量增加到十八隻，但我們仍然害怕船錨脫落、纜繩崩斷、槳帆船被拋向礁石」。

船隻配有極長的纜繩——卡索拉所在的船有一根五百二十五英尺長的纜繩——但什麼也無法對抗變幻莫測的大海。船錨未能抓住海底、而是在海底緩慢地拖動的令人頭皮發麻的聲音，以及在眼前聳立的海岸，都能讓心智最堅強的水手心驚膽寒；水手們將最重的錨稱為「希望之錨」，它是最後的依靠。法布里沮喪地看著他們最大的錨緩緩落下，卻沒能固定住船身；水手們費了很大力氣，緩緩收回船錨，更換另一處落錨點：

……船錨又是跟著槳帆船走，就像犁跟在拉著它的馬後面一樣。我們又把它拉上來，第三次下錨，這一次它抓在了一塊岩石上；但當槳帆船停下來，慢慢放出纜繩、左右搖擺著轉向時，錨爪從岩石上脫鉤了，又開始拖動，但突然之間，遇上了另一塊岩石，錨在那裡緊緊地固定住了。我們就這樣在那裡停靠了一整夜……船長、所有官員和槳帆船奴隸都徹夜無眠，無時無刻等待著自己和自己的死亡。

---

③ 聖艾爾摩之火是一種自古以來就被海員觀察到的自然現象，常發生於雷雨中，在桅杆頂端之類的尖狀物上，產生如火焰般的藍白色閃光。它其實是一種冷光現象，是由於雷雨中強大的電場造成場內空氣離子化所致。

④ 古代的一種長度計量單位，相當於從中指尖端到肘部的長度。

有時活下來真的取決於一時的僥倖。

幾乎同樣可怕的是完全無風的情況，船一動不動地在烈日下枯坐，大海平靜得「像一杯水」。「所有的風都停了，大海啞了，周遭無比平靜，」法布里記述道：

> 除了真正的海難，這比任何危險都更讓人痛苦……所有東西都腐爛、發黴、發臭；水開始發臭，酒變得無法飲用；肉，即使是已經乾燥和煙燻過的，也長滿蛆蟲；無數蒼蠅、蚊子、跳蚤、蝨子、蠕蟲、小鼠和大鼠突然就出現了。此外，船上所有人在高溫之下變得懶惰、困乏和邋遢，在憂鬱、惱怒和嫉妒的情緒下變得焦躁不安，並受到其他類似不良情緒的困擾。我很少看到船上有人因風暴而喪命，但我見過很多人在這樣無風的窘境中患病、死亡。

還擁有淨水的船員們把水賣得比酒還貴，「儘管這水微溫、發白，顏色也不對勁」。任何槳帆船都必須每隔一段時間就靠岸補充淡水，不可能連續長期航行，所以這種無風狀況造成了極大的痛苦。法布里已經口渴到產生幻覺，彷彿回到他的家鄉烏姆，「我會立刻到布勞博伊倫（Blaubeuren），在湖邊坐下，消解我的乾渴」。

暈船、酷熱、寒冷、汙穢的環境、糟糕的飲食、睡眠不足、船隻顛簸都會讓人付出慘重的代價。法布里的槳帆船變成「一所擠滿可憐病號的醫院」。死亡突然降臨，頻頻出現。不適應航海生活的朝聖者容易染病，死於高燒或痢疾；由於寒冷或海上事故，水手們死在自己的長凳上。法布里眼睜睜地看著一位貴族朝聖者「淒慘地死去」。

我們用床單裹住他的遺體，用石塊壓重，然後哭泣著將遺體投入海中。在這之後的第三天，另一個已經神志不清的騎士，恐怖地尖叫著、在無比痛苦中離世了。我們用小船把他的遺體運到岸邊掩埋。

不久之後，「當船上的指揮官們正在處理風帆和調整槳帆船時，突然間，一塊木頭從桅頂掉下來，砸中我們最好的指揮官，他當場斃命……槳帆船上的慟哭之聲不絕於耳……船上也根本沒人能取代他的位置」。當他們登陸時，法布里不止一次在長凳上發現溺死的划槳奴隸。海上的安葬儀式取決於死者的身分和地位。普通槳手連一塊裹屍布都沒有；在一陣簡短的禱告過後，他們「赤裸著身子被扔下船，任由海裡的動物吞食」；而威尼斯駐亞歷山大港的領事安德烈亞・卡布拉爾（Andrea Cabral）在返鄉途中逝世後，他的屍體被除去內臟、做了防腐處理，放在朝聖者甲板下的壓艙沙裡，成了這次可怕的歸鄉途中厄運的象徵。

在航行途中，朝聖者們看到了人世間所有的奇跡，經歷了最嚴重的危險。卡索拉看到水龍捲風「像一根巨柱」，從大海裡吸出大量的水；他還經歷甘地亞一次地震的餘波，許多船隻在港內互相碰撞，「好像它們全都會撞成碎片一樣」，並且將海水翻攪成一種奇怪的顏色；他經過聖托里尼，據說那裡的海灣深不見底，船長曾在那裡見證過一次火山噴發，目睹一座「漆黑如煤」的島嶼從海灣深處上升形成。法布里的船差一點就被科孚島附近的一處漩渦吸了下去，在羅得島海岸被當做土耳其海盜船，並且差點撞上一支前往義大利的土耳其入侵艦隊。在這一切之中，經歷了無風困境和風浪顛簸、暈船和對海盜的恐懼，他們可以間或地在威尼斯海洋帝國的各港口登陸，在漫長的勞頓之後放鬆一下，並得到食物和新鮮飲用水。

朝聖者有著充足的機會去觀察海上的生活是多麼地艱辛。他們看到槳手們高強度的體力勞動，他們依據口哨的號令工作，做每一件事都行色匆匆、大呼小叫，「因為他們工作的時候總是叫喊」。水手們起錨、降低和升起風帆、快速安置索具、在高處吊著搖晃、汗流浹背地划槳以操縱船隻逆風進入一個安全的港口時，旅客們要學會不擋著他們的路，否則就可能被撞到跌落海中。水手們發出「西班牙誓言」，可怕到讓虔誠的朝聖者目瞪口呆；水手忍受著寒冷酷熱、逆風造成的無數延誤，而只能得到片刻的放鬆——登陸或者享用一桶酒。所有海員都很迷信；他們不喜歡船上載著來自約旦河的聖水，也不喜歡偷來的聖人遺骸和埃及木乃伊；溺死的屍體是不吉利的；艙中裝著的屍體註定會帶來災難——航行中的所有不幸均可歸因於此。他們懇求一大批聖徒來保佑他們的航行，用義大利語說祈禱詞，而不是拉丁語。在冬季，希臘沿岸海域變得狂躁，水手們說那是大天使米迦勒在扇動他的翅膀；在十一月末和十二月初的惡劣天氣裡，他們向聖白芭蕾（Sanit Barbara）、聖則濟利亞（Sanit Cecilia）、聖克雷芑（Sanit Clement）、聖凱薩琳和聖安得烈禱告；十二月六日，他們向聖尼古拉祈禱，兩天後向聖母瑪利亞求援；他們很警覺美人魚，因為美人魚的歌聲是致命的，但是她們很容易被扔進海裡的空瓶子分散注意力，因為美人魚喜歡把玩這些瓶子。在每一個港口，他們從箱子和麻袋裡拿出少量商品，來試試運氣。

不管天氣好壞，法布里日日夜夜都坐在甲板上，密切關注著船上複雜的生活。他把海上生活比做修道院生活。在甘地亞，他觀看了在水下修理船舵的過程：

……船工脫到只剩下內褲，隨身帶著一把錘子、釘子和鉗子，跳進海中，下潛到船舵損壞的地方，然後開始在水下工作，拔出釘子，之後敲入新的釘子。過了很久，修理完畢後，他又從海中浮出，從船舷爬到船上我們站的地方。這是我們看到的；但是他如何在水下呼吸，並且在鹹水中待那麼久，我百思不得其解。

他向水手討教如何借助波特蘭海圖（portolan maps）⑤導航，並近距離觀察領航員如何透過「海水的顏色、海豚和飛魚聚集和移動的行為、燃燒形成的煙、艙底汙水的氣味、夜間纜繩的發光和船槳插進海中的閃光」來判斷天氣。在黑夜裡，他經常避開臭氣熏天的朝聖者宿舍，坐在船側的木頭上，雙腳懸空，朝向大海，手裡緊握著繩索。海上雖然有風暴和無風的危險，但也有喜悅和美麗的瞬間，大海像絲綢一樣漣漪起伏，水面上明月皎潔，領航員看著星辰和指南針：

……旁邊總有一盞燈在夜裡長明……領航員一直盯著指南針，吟唱著一首悅耳的曲子……船靜靜航行著，沒有猶豫……一切都那麼平靜，只有領航員盯著指南針，舵手還掌著舵，還有人在禱告感恩……持續地迎接微風，讚美上帝、聖母瑪利亞和其他聖徒，互相應

⑤ 波特蘭海圖是寫實地描繪港口和海岸線的航海圖。自十三世紀開始，義大利、西班牙、葡萄牙開始製作這種航海圖，並視其為本國的機密，描繪了大西洋與印度洋海岸線。這些資料對於航海事業起步較晚的英國和荷蘭而言是具有無上價值的珍寶。portolan 一字源自義大利語的形容詞 portolano，意思是「和港口或海灣相關」。

答，只要一直風平浪靜，就不會安靜下來。

✯

法布里和卡索拉在前往雅法途中停靠的幾乎全是威尼斯港口。他們沿著達爾馬提亞海岸南下，繞過柯洛尼和莫東，經過克里特和賽普勒斯。在他們駛進的所有港口，都有聖馬可的旗幟在鹹鹹的海風中飄揚。他們親眼目睹威尼斯海洋帝國宏偉的運作。他們觀察到威尼斯海軍艦隊悄無聲息潛行的威懾、國家盛典、殖民地高官、旗幟和喇叭聲。他們看到海洋產出的觸手可及的碩果在威尼斯的倉庫高高地堆起。對外邦人來說，德．巴爾巴里地圖上的威尼斯似乎就是繁榮的極致了。但這是最後一代能夠如此自由地航行的朝聖者。就在尼普頓的三叉戟耀武揚威地高高舉起的同時，威尼斯海洋帝國卻在悄悄地走向衰落。七十年來，陰影慢慢爬過這片陽光明媚的大海。這其中有社會因素——海上生活的艱苦就是其中之一——威尼斯雄獅的爪子現在牢牢地抓著乾燥的陸地；陸地上的生意開始愈來愈多地消耗共和國的資源。但最重要的是，鄂圖曼帝國正不可阻擋地步步緊逼，在威尼斯的海上霸權抵達頂峰之際，威脅著要解除威尼斯和海洋之間的婚姻。

第三部

月蝕：升起的月亮

Eclipse: The Rising Moon 1400-1503

第十七章　玻璃球

一四〇〇至一四五三年

一四一六年六月一日，威尼斯人第一次在海上與一支鄂圖曼艦隊交鋒。威尼斯海軍總司令彼得羅・洛雷丹（Pietro Loredan）奉命前往位於加里波利半島的鄂圖曼港口，討論不久前內格羅蓬特遭到襲掠的事情。他寫了一封信給執政官和共和國政府，敘述了接下來發生的事情。

那是黎明時分。當他靠近港口時，發出的談判信號卻被誤以為是惡意攻擊。領頭的船受到一陣箭雨的攻擊。沒過多久，遭遇戰升級成一場大規模戰役。

做為指揮官，我向敵人打頭陣的那艘槳帆船發動了猛烈的攻擊。敵船的抵抗非常頑強，船上有很多勇敢的土耳其人，打起仗來像惡龍。但感謝上帝，我最終戰勝了這艘敵船，並且殺掉很多土耳其人。這是一場艱難而激烈的戰鬥，因為敵軍其他槳帆船咬住我的左側船首，朝我射出非常多的箭。我當然能感受到這壓力。我的左臉頰眼睛下方中箭，刺穿了我的臉頰和鼻子。另一支射穿了我的左手……但我凶猛地戰鬥，逼退這些槳帆船，俘獲最前面那艘，在它上面插上我們的旗幟。之後快速調轉船頭……我用（我的槳帆船上的）衝角撞擊一艘輕型槳帆船，砍倒很多土耳其人，打敗這艘船，讓我的部下登船，升起我方的旗幟。

土耳其人的反抗異常頑強，到了令人難以置信的程度，因為他們船上的水手都是土耳其的精銳。但蒙上帝的恩澤和聖馬可的支援，我們打得敵人整支艦隊抱頭鼠竄。很多人跳入海中。戰鬥從拂曉開始，一直打到上午八點。我們俘獲六艘他們的槳帆船和所有船員，以及九艘輕型槳帆船。船上的土耳其人全部被殺死，包括他們的指揮官……他的所有侄子和其他許多重要的指揮官……。

此次戰鬥之後，我們駛過加里波利半島，用如雨的箭和飛彈攻擊岸上的人，挑釁他們出來應戰……但沒人有這樣的勇氣。看到這情況……我們行駛到加里波利半島外海一英里處，好讓我們的傷患得到醫療和休整。

此役的後續事件同樣凶殘。洛雷丹順著海岸南下五十英里，抵達特內多斯島，將自己俘虜的鄂圖曼船隻上的所有非土耳其人全部處決，以儆效尤。「在俘虜當中」，洛雷丹寫道，「有一個叫喬治．卡萊爾吉斯①的背叛威尼斯共和國的叛賊，傷勢嚴重。我很榮幸地有機會手刃逆賊，在我的艉樓甲板上將他斬殺。這個懲罰就是對其他壞基督徒的警告，讓他們不敢為異教徒效力。」還有許多俘虜被釘死在尖木樁上。「那是一幅可怕的景象」，拜占庭歷史學家杜卡斯寫道，「整個海岸沿線，一根根不祥的木樁上掛滿了死人，像一串串葡萄。」那些為鄂圖曼人所迫的人則被釋放了。

在威尼斯與鄂圖曼人的第一次交戰中，洛雷丹幾乎全殲鄂圖曼海軍，並且扼殺了鄂圖曼人迅速重建艦隊的工具。威尼斯人很清楚，鄂圖曼人的海軍力量來自何方。土耳其艦隊裡有很多名義上的土耳其人，但實際上是信基督教的海盜、水手和領航員——沒了這些航海專家，還處於萌芽階段的蘇丹海軍根本無法運轉。共和國的政策在這方面是堅定不移的：只要扼殺技術人才的供給，鄂圖曼海軍的實力就會萎縮。正是出於這個原因，他們才這般無情地屠殺敵方水手。洛雷丹寫道：「我們現在可以說，在這片海域，土耳其人的實力將在很長一段時間內委靡不振。」在隨後五十年內，沒有一支規模較大的鄂圖曼艦隊出海。

加里波利的這場意外爆發的戰役使得威尼斯人對自己的制海權頗為自負。在隨後的幾十年裡，威

① 與本書第十一章〈聖提多之旗〉中的喬治・卡萊爾吉斯不是同一個人。

圖36　一艘鄂圖曼槳帆船

尼斯槳帆船的指揮官認為，「他們（鄂圖曼人）需要四、五艘槳帆船才能與我們的一艘抗衡」。威尼斯人常被指責不是好的基督徒（因為他們與穆斯林做生意），於是他們用此次勝利向南歐的權貴們證明，他們是「基督徒抵抗異教徒的唯一支柱和希望」。

✯

在第四次十字軍東征之後的亂局中，鄂圖曼人快速而悄無聲息地橫穿小亞細亞西進，以至於他們的擴張在一段時間內幾乎沒有被歐洲人注意到。他們介入了拜占庭內戰以及威尼斯和熱那亞的貿易競爭。他們趁亂牟利，在一三五〇年代，加入了熱那亞的陣營。熱那亞的船隻載著鄂圖曼人穿越達達尼爾海峽，將他們送到加里波利半島，他們從此在那裡站穩了腳跟。鄂圖曼人加快速度，攻入保加利亞和色雷斯，包圍君士坦丁堡，將拜占庭皇帝變成自己的附庸。到一四一〇年，杜卡斯聲稱，在歐洲定居的土耳其人比在小亞細亞的還要多。彷彿君士坦丁堡賽馬場的柱子上長出了第四條蛇，它像巨蟒一般束縛著所有的競爭對手，要將它們慢慢扼殺。基督教歐洲受困於錯綜複雜的利益糾葛和宗教分裂等問題，沒有能夠及時做出反應。連續多位教宗逐漸意識到「土耳其人」的威脅，但由於天主教和東正教之間的敵意、威尼斯和熱那亞無休止的戰爭，只能扼腕嘆息，卻無計可施。沒有各航海共和國的海軍資源支持，十字軍東征的計畫在梵諦岡的接待廳就胎死腹中了。

威尼斯對這股蓬勃發展的力量保持著警惕。到一三四〇年代，他們就對「土耳其人日益增長的海軍力量」憂心忡忡。「土耳其人實際上已經消滅了羅馬帝國（愛琴海）的島嶼。由於幾乎沒有其他基督教國家與之抗衡，他們正在建立一支強大的艦隊，意圖攻擊克里特。」威尼斯在一二〇四年製造的權力真空現在正在被填充中。共和國的政策與熱那亞人相反，威尼斯永遠不會和鄂圖曼帝國締結軍事聯盟，但也不能對抗它。由於總是被其他戰爭和貿易利益所牽絆，而且擔心不穩定的十字軍聯盟可能會讓他們暴露於危險之中，威尼斯人選擇觀望、等待著。一三九六年，法蘭西和匈牙利聯合組成一支十字軍去討伐鄂圖曼人，威尼斯人在一旁懷疑地觀望，這次東征果然命途多舛；威尼斯人對此次東征的唯一貢獻是一定程度的海軍支援，十字軍在尼科波利斯戰役（Battle of Nicopolis）慘敗之後，威尼斯人從多瑙河沿岸營救了一小群倖存者。對於保衛基督教世界的呼籲，威尼斯人的回應總是千篇一律：他們沒有能力單獨行動。但每次教宗提出理想化的十字軍東征計畫時，威尼斯人也全都婉言謝絕了。

到一四〇〇年，鄂圖曼帝國已經擴張到威尼斯海洋帝國和貿易區域的邊緣。在巴爾幹安營紮寨的鄂圖曼人實際上是多民族、多文化的，但威尼斯和歐洲其他國家都將其稱為「土耳其人」，將鄂圖曼蘇丹稱為「大土耳其蘇丹」。在各自的獅子和新月大旗下，這兩個帝國是兩股完全相對的勢力：基督徒和穆斯林；注重貿易的航海商人，地位高低取決於地產多少的陸地武士；珍視自由、不帶個人好惡的共和國，被單單一個人的專制和心血來潮掌控的蘇丹國。威尼斯人很快就意識到，鄂圖曼人和不思進取的馬穆魯克王朝極不相同，前者咄咄逼人、不安分、熱中於領土擴張，他們的帝國建立在持續擴張的基礎上，其帝國霸業和宗教使命互相交織、被奉為天定，即不斷開疆拓土，擴大穆斯林國度和鄂圖曼領地。土耳其人孜孜不倦的堅持註定會將威尼斯逼到極限。「我們與土耳其人的關係依然非常不順利」，後來一位被派駐蘇丹宮廷的威尼斯大使根據自己的多年經驗評論道，「因為無論是在戰爭還是在和平時期，他們總是在消耗你的力量，搶劫你，總是希望事情按照他們的意願發展。」沒有哪個歐洲國家像威尼斯那樣，花費這麼多的時間、精力、金錢和資源去理解鄂圖曼人。威尼斯漸漸對鄂圖曼人的語言、心理、宗教、技術、儀式和習俗有非常深刻的把握；威尼斯人對每一位繼任蘇丹的個性進行實用性的分析，以趨利避害。除了威尼斯人，沒有人能如此完美地理解外交活動的細節，或者能夠用如此嫻熟的技巧進行大使之間的博弈。對於威尼斯來說，外交的價值永遠都比得上一整隊槳帆船，但成本卻少得多。

早在一三六〇年，共和國便派遣大使去恭賀蘇丹穆拉德一世（Murat I）在阿德里安堡定都。鄂圖曼人占據了阿德里安堡，等於是完成對君士坦丁堡的包圍。威尼斯人很快就明白，他們面對的是一個冷酷固執的對手。一三八七年，威尼斯大使們前往穆拉德一世的宮廷，去抗議鄂圖曼人對內格羅蓬特的洗劫，隨行攜帶著禮物：銀質的盆和水壺、長袍、一件配有珍珠鈕扣的毛皮大衣和兩隻分別叫帕薩拉誇（Passalaqua）和法爾孔（Falchon）的大狗。狗很受歡迎；穆拉德一世立即要求威尼斯人獻上相應的母狗來配種。但是，他沒有釋放威尼斯人請求他放掉的俘虜，並且威尼斯元老院隨後收到令人驚恐的來信，宣稱其大使已經承諾，共和國將自費派遣一支軍隊來支持鄂圖曼人，大使並沒有做這樣的承諾。

遊戲的規則很複雜，並且需要從頭學起。隨著鄂圖曼人把巴爾幹地區和希臘大陸變為自己的附庸，威尼斯需要小心謹慎，因為他們依賴於希臘的穀物。它既不能放棄其做為基督教世界捍衛者的身分，也不能被視為「土耳其人的幫凶」。威尼斯人務實、玩世不恭，性格中充滿矛盾——相對於冠冕堂皇的事業，他們更關注貿易——所以需要和雙方都保持良好的關係。和鄂圖曼帝國之間的外交手段是至關重要的。後來有人說：「與土耳其人談判就像玩玻璃球，當對方猛力將球拋過來時，你不能猛烈地把它扔回去，也不能讓它落到地上，因為這兩種方法都會讓它摔得粉碎。」

威尼斯人後來培養了自己的鄂圖曼語言學家，但在十五世紀，威尼斯人與鄂圖曼帝國談判時依賴翻譯，以希臘語為媒介。他們研究出應當向誰行賄，為什麼行賄，以及什麼時候行賄。他們知道杜卡特金幣的吸引力，於是預先準備好具體數額的賄金；他們專業地評估鄂圖曼使臣贈送的禮物，並贈送與之價值相當的回禮；他們根據每次外交使命的重要性匹配相應的排場。他們極其關注每一位蘇丹的逝世；因為說不準蘇丹的哪個兒子最終會贏得皇位，因此他們事先準備多份委託書和賀信，每封信上寫著不同的皇位候選人的名字——或者姓名留白，讓大使到時填寫。他們在威脅和承諾之間仔細思量，保持著平衡。在鄂圖曼內戰期間，他們遵循拜占庭人的做法，支持覬覦皇位者，以增加混亂。他們拉攏小亞細亞地區與鄂圖曼帝國競爭的其他土耳其王朝，與其結盟，試圖從東、西兩面擠壓鄂圖曼人。他們見風使舵，一邊以金錢誘惑，一邊以武力相逼。

但這從來都不是件容易事。隨著鄂圖曼帝國加強對希臘的控制，薩洛尼卡人在一四二三年主動歸順威尼斯；薩洛尼卡的港口是戰略和商業中心，非常有價值。元老院「收到此提議，倍感喜悅，承諾要保護、滋養和繁榮這座城市，將它變成第二個威尼斯」。然而蘇丹穆拉德二世（Murat II）堅持薩洛尼卡是屬於他的，要求威尼斯歸還。一連七年時間，威尼斯向薩洛尼卡投入了大量糧食和防禦資源，同時努力與蘇丹找到一個解決方案，但蘇丹拒絕協商。威尼斯人表示願意交納貢金，但被蘇丹拒絕。威尼斯人派遣大使，大使被蘇丹關進監獄。威尼斯派遣艦隊去封鎖達達尼爾海峽，蘇丹也只是聳聳肩。他們增加貢金的數額，但還是遭到拒絕。他們攻擊加里波利半島；同時繼續投資薩洛尼卡。他們與鄂圖曼帝國在小亞細亞的競爭對手卡拉曼（Karaman）王朝②結成同盟；穆拉德二世蘇丹派海盜去劫掠希臘的海岸。

年復一年，威尼斯在戰爭與和平之間來回切換，一直對鄂圖曼帝國旁敲側擊。但蘇丹的意志毫不動搖：

……這座城市（薩洛尼卡）是我的遺產，是我的祖父巴耶濟德一世（Bayezid I）親手從希臘人手中奪過來。所以，如果說希臘人是這座城市的主人，他們還可以理直氣壯地指責我不義。但你們這群來自義大利的拉丁人，和世界的這個部分有什麼關係？要不你們自己離開；如果不離開，我很快就來。

一四三〇年，他果然御駕親征薩洛尼卡。威尼斯人且戰且退，打回港口，之後就撤離了，讓希臘人自生自滅。一位編年史家稱，就算這座城市被地震和海嘯毀壞，也不會更糟了。鄂圖曼帝國又吞併希臘的另一部分。

次年，威尼斯主動求和，向穆拉德二世朝貢。鄂圖曼帝國正式保證不攻擊威尼斯海洋帝國本身，但仍然繼續西進，進逼希臘西海岸和阿爾巴尼亞南部，兵臨亞得里亞海的門戶。肇事者不明的海盜掠奪仍在持續。這是鄂圖曼帝國的慣用手段：先發動不領朝廷軍餉的非正規軍越過邊界襲掠外邦，為日後的征服打頭陣。在海上，儘管威尼斯的海洋霸權不受威脅，但土耳其人唆使的海盜依然是個麻煩。從薩洛尼卡沿海岸而下的下一個基地內格羅蓬特成了令人擔憂的焦點。這個島與希臘大陸只相隔一條狹窄的海峽，之間由一座橋連接。元老院禁止島民去大陸收割莊稼，並下令一個十八人的分遣隊日夜看守大橋。

元老院檔案記錄著這許多微小的破壞行為。年復一年，劫掠、軍隊調動、海盜肆虐和綁架的傳聞甚囂塵上。這是一四四九年關於內格羅蓬特的紀錄：「在過去的三年裡，這個島一直深受土耳其人的搶掠之苦，他們擄掠牲畜，然後聲稱他們是以蘇丹之子的名義與威尼斯共和國作戰，這都是土耳其非正規軍根深柢固的劫掠惡習。」儘管威尼斯與蘇丹在表面上是和平共處的。威尼斯人派了另一位大使去抗議。次年，這些島嶼遭受的苦難得到審視：「土耳其人和加泰隆尼亞人在襲掠那些島嶼；在蒂諾斯島，三十人被綁架和販賣為奴，漁船被搶走，牛、驢和騾子被宰殺或擄走——沒有船隻和牲口，蒂諾斯人無法勞動，他們無奈只能吃掉他們剩下的牲畜。」很多這樣的攻擊是由對威尼斯帝國心懷不滿的臣民主導實行的。早在一四〇〇年，就有記載指出：「許多克里特島民……逃向土耳其人的土地，自願在土耳其船隻上服務；他們很熟悉港口和威尼斯領土的情況。他們為土耳其人帶路，幫助他們燒殺搶掠。」像喬治．卡萊爾吉斯那樣的人，一旦被威尼斯槳帆船長抓住，就會被釘死在尖木樁上，或者在自己的甲板上被砍成肉醬。

② 卡拉曼王朝是十四世紀末至十五世紀末由土庫曼人（Turkmen）統治的一個國家，位於安納托利亞中南部，範圍大致相當於今天土耳其共和國的卡拉曼省。該國的統治者稱號為「卡拉曼貝伊」，一度具有獨立地位，一四六八年被鄂圖曼帝國吞併。此時在位的卡拉曼貝伊是易卜拉欣二世（Ibrahim II，一四二四至一四六四年在位）。

一四四〇年代，鄂圖曼帝國緩慢卻無情的擴張引發了新一次十字軍東征的號召。對威尼斯來說，這需要針對風險和回報做一番細緻的評估。教宗、塞爾維亞人和匈牙利人利用鄂圖曼帝國皇位繼承爭端造成的混亂，決定做出新的努力，好將鄂圖曼人趕出歐洲。威尼斯人對此次東征抱著極端現實的態度。他們表示願意幫助十字軍封鎖達達尼爾海峽，以阻止鄂圖曼軍隊從亞洲趕往歐洲，條件是十字軍必須為船隻提供現金報酬，並且一旦得勝，必須將薩洛尼卡和加里波利半島交給威尼斯。關於戰略上的先決條件，威尼斯人看得很清楚：「如果我們太晚收到資金，就不可能及時派遣槳帆船抵達海峽，那樣土耳其人就可以從亞洲進入歐洲，基督徒就註定失敗。」為了這件事情，共和國和教宗之間又爆發一場激烈的爭吵，雙方長久以來的互相猜忌和不信任又再次浮出水面。教宗指責威尼斯的表現不符合基督徒的身分；威尼斯人回以暴跳如雷的答覆：「威尼斯共和國為了捍衛基督教世界的利益，不惜一切代價……教廷的這些指責極不公正，令人悲嘆……威尼斯的榮譽受到誹謗。」最終，威尼斯不情願地準備了船隻，但錢並未入帳。「讓教宗付帳是一個榮譽問題……他的行為是純粹的忘恩負義！」威尼斯人咆哮道。教宗與威尼斯的關係從此開始愈發惡化：「尤金四世（Eugenius IV）假稱，威尼斯欠了羅馬教廷的債。這顯然不是事實：恰恰相反，教宗欠了共和國的債。」商人心態與虔誠而不諳世事的紅衣主教們之間的鴻溝依然不可跨越。威尼斯人沒有忘記教廷未償清的債務。十年後，在更悲劇的情形下，這個問題再次浮出水面。

事實證明，威尼斯的顧慮很有道理。此次十字軍東征搞得一塌糊塗，威尼斯未能及時封鎖海峽，鄂圖曼軍隊乘坐熱那亞商人提供的船隻，渡過博斯普魯斯海峽。據傳言，威尼斯的一些私人船主也參與運送鄂圖曼軍隊的行動。在黑海附近的瓦爾納（Varna），十字軍慘遭全殲。這一次再也沒有威尼斯艦隊去營救倖存者了。土耳其人留下一個由頭骨堆成的金字塔。這是西方世界將土耳其人趕出歐洲的最後一次嘗試。

絞索在君士坦丁堡的脖子上愈勒愈緊。一四五一年，穆拉德二世駕崩，威尼斯仍舊十分謹慎地審時度勢。七月八日，元老院派遣一名大使向新任蘇丹——穆罕默德二世（Mehmet II）示好並弔唁他的亡父；第二天，大使又奉命出發，去君士坦丁堡覲見內外交困的拜占庭皇帝君士坦丁十一世（Constantine XI），也就是穆罕默德二世的新對手。一天之後，元老院又指示另一位大使與穆罕默德二世在小亞細亞的敵人——卡拉曼君主取得聯繫。威尼斯派遣槳帆船出動，以確保達達尼爾海峽的暢通。威尼斯人可以說是四面下注、左右逢源。

登基後的第二天，穆罕默德二世就命人將他年幼的同父異母弟弟殺死在浴室中。威尼斯人對時局極其敏感，迅速地嗅到了風向的改變。穆拉德二世在執政末期已經變得不那麼咄咄逼人了。二十一歲的新蘇丹既雄心勃勃又聰明過人。他渴望征戰，心裡只有一個目標。到一四五二年二月，威尼斯潟湖從君士坦丁十一世皇帝的大使那裡得到警示：「蘇丹穆罕默德二世在陸地和海洋都做了大量的準備工作，毫無疑問意圖攻打君士坦丁堡。這一次如果無人前來援救希臘人，這座城市就必將淪陷。威尼斯英勇無畏的幫助將是彌足珍貴的。」到了秋天，大使再次回來，更加絕望地求援。他們懇求威尼斯人拯救君士坦丁堡。元老們躊躇不決，騎牆觀望，對大使再三搪塞。威尼斯人藉口自己在義大利本土的戰爭十分緊迫，要拜占庭人去找教宗和佛羅倫斯人，但做為讓步，威尼斯人准許向拜占庭出口胸甲和火藥。威尼斯人不停地遊說各方，希望多國聯合行動、對抗鄂圖曼帝國，「教廷和其他基督教國家務必精誠團結」。

一四五二年夏天，穆罕默德二世忙著在博斯普魯斯海峽建造一座城堡，目的是封閉通往黑海的水道。鄂圖曼人將這座新建築命名為「割喉堡」（Throat Cutter）。威尼斯對這情況瞭若指掌。間諜向威尼斯發去詳細的建築布局草圖；布局圖前景中非常顯眼的位置上，是一排展開的大型射石砲，任何不肯停下來的船都將被擊沉。在割喉堡竣工的前一天，元老院報告稱：「君士坦丁堡現已完全被穆罕默德二世的部隊和船隻包圍。」威尼斯人相應地加強了他們的海軍部署，但仍沒有明確表態。元老院中有人提議放棄君士坦丁堡、任其自生自滅。此提議沒有通過，但也足以證明威尼斯人的猶豫不決。

威尼斯很快對穆罕默德二世的封鎖造成的影響有了切膚之痛。十一月二十六日，一艘從黑海向君士坦丁堡運送給養的威尼斯商用槳帆船被割喉堡的大砲擊沉。船員設法登陸，但被俘虜，並押解到阿德里安堡的蘇丹面前。威尼斯大使抵達鄂圖曼宮廷為這些水手求情的時候，他們被斬首後的屍體已經在城牆外地面上腐爛了。船長安東尼奧．里佐（Antonio Rizzo）被穿刺在尖木樁上。

在一四五三年最初的幾個月，歐洲外交管道的交流仍舊尖銳、自我辯護而毫無建樹。威尼斯人告知教宗、匈牙利國王和亞拉岡國王，「威尼斯正在積極準備，並請求他們立即與共和國聯手；否則，君士坦丁堡將會淪陷。」梵諦岡打算派遣五艘槳帆船去援救君士坦丁堡，期待威尼斯能有所表示。但威尼斯沒有忘記瓦爾納戰役時教廷欠下的債務，不肯賒帳。在四月十日，元老院這樣回應道：「對於他們的意向，我們非常欣喜，但我們不會忘記，教宗尤金四世在一四四四年不斷延遲支付船隻費用的令人不快的行為。」基督教世界的所有內部問題盡數浮現。五月初，威尼斯出於自身考慮開始準備槳帆船，但卻下達自相矛盾而謹慎的命令：前往君士坦丁堡，「前提是，航線不至於過度危險……不得在海峽內交戰……但應參加君士坦丁堡的防禦」。同時，在穆罕默德二世宮廷的威尼斯大使奉命強調「威尼斯的和平傾向；共和國雖然派遣了幾艘槳帆船到君士坦丁堡，但這純粹是為了護送黑海的槳帆船和保護威尼斯的利益；大使必須盡力引導蘇丹和君士坦丁十一世達成和平協議」。

但這一切都為時過晚。四月六日，穆罕默德二世率領龐大的軍隊和令人膽寒的火砲，在君士坦丁堡城外安營紮寨；四月十二日下午一時，一支規模相當大的艦隊從加里波利穿過海峽而來。這是四十年來鄂圖曼人首次對威尼斯的海軍力量發出有組織的挑戰。在君士坦丁堡的威尼斯人看到這支艦隊帶著「迫切的呼喊、響板和手鼓的喧囂」快速駛來，不禁目瞪口呆。穆罕默德二世是後勤和作戰協調的大師。他很快就意識到，如果不從海上封鎖君士坦丁堡，就永遠攻不下這座城市。在加里波利半島，蘇丹已經著手建設一支相當強大的海軍，這令威尼斯人震驚惶恐，挑戰了威尼斯的海上霸權。威尼斯人第一次明確地感受到土耳其人掌控範圍之廣、調動資源之多，他們的創新能力以及利用臣民的技術和軍事技能的能力之強。

如果說共和國的反應是遲緩且矛盾的，在君士坦丁堡的威尼斯居民則在他們的市政官吉羅拉莫．米諾托（Girolamo Minotto）領導下，和他們在金角灣的槳帆船水手們一起，為了保衛拜占庭帝國陷入困境的殘餘部分而英勇作戰。他們或許沒有意識到這種局面的諷刺意味；兩百五十年前，威尼斯前來掠奪這座城市，而如今，威尼斯的公民卻和希臘人肩並肩守衛城牆、保護橫跨金角灣的鐵鍊，擊退前來圍攻、旨在征服的侵略軍——而威尼斯人參與的一二〇四年十字軍東征恰恰幫助了鄂圖曼人的西進。正如愛國的日記家尼可拉．巴爾巴羅（Nicolo Barbaro）所說的，他們「懷著為世界榮耀而戰的心情」挖掘戰壕；他們沿著城牆舉著聖馬可旗幟遊行，鼓舞守軍的士氣，「為了對上帝和共和國的愛」，他們把自己的船隻停在鐵鍊附近，擊退敵人的艦隊，從陸地和海上發動攻擊，防守布雷契耐宮，無比英勇地戰鬥。在威尼斯的歷史傳說中，威尼斯人與這座城市的關係源遠流長而又充滿矛盾，威尼斯人對它的感情深厚而真摯。在一四五三年，他們為了丹多洛遺骨的記憶和共和國的利益與榮譽而戰。正是威尼斯水手假扮成土耳其人，乘著一艘輕型帆船溜出包圍圈，去觀察是否有救援艦隊的跡象。經過三個星期對達達尼爾海峽的搜尋，他們意識到，不會有任何援軍到來了。此刻的形勢很明朗：返回君士坦丁堡，就是拿生命冒險。按照典型的威尼斯的習慣，船員進行民主投票。多數人的決定是「必須返回君士坦丁堡，不管它在土耳其人還是基督徒的手中，不管我們此行是生是死」。君士坦丁十一世對他們的歸來很是感激，但聽聞並無援軍趕來的消息，不禁失聲痛哭。

威尼斯人與熱那亞人的摩擦一直持續到最後關頭。有些熱那亞人與威尼斯人並肩作戰，但雙方關係總是處於緊張的狀態；而在金角灣對岸的加拉塔，熱那亞殖民地保持著惴惴不安的中立，暗中同時幫助雙方，也遭到雙方的斥責。在四月中旬，威尼斯人與熱那亞人的關係來到了最低點。鄂圖曼艦隊雖然自吹自擂，但表現並不理想。它未能截獲教宗派來的四艘熱那亞補給運輸船；也無法打破由威尼斯艦隊守衛的封鎖金角灣的鐵鍊。沮喪之下，穆罕默德二世在一夜之間將七十艘船經由陸地運送到了金角灣岸邊。當鄂圖曼戰船在四月二十一日上午水花四濺地進入金角灣時，守軍目瞪口呆。威尼斯對自己海軍實力的自信遭受進一步的打擊；巴爾巴羅記述道：「我們被迫在海上晝夜守備，對土耳其人萬分畏懼。」威尼斯人計畫對這支停泊在金角灣的敵人艦隊發動夜襲，但不料走漏風聲，幾乎可以肯定是熱那亞人發出信號向鄂圖曼人通風報信；打頭陣的槳帆船被砲火擊沉，倖存者游向岸邊，被敵人俘虜。第二天，穆罕默德二世將四十名威尼斯水手釘死在尖木樁上，並展示給君士坦丁堡全城人看。受刑者的戰友們驚恐萬分地看著他們最後的痛苦掙扎，指著他們老對手（熱那亞人）說：「是（加拉塔的）可惡的熱那亞人背叛了我們，他們是背棄基督教信仰的逆賊，是為了向土耳其蘇丹討好！」

居住在君士坦丁堡的威尼斯人一直支持拜占庭到最後。聖馬可的雄獅旗和拜占庭的雙頭鷹旗在布雷契耐宮並排飛揚。在鄂圖曼人總攻的前一天，「所有自稱是威尼斯人的人都前往陸牆，為了我們對上帝的愛，為了基督教信仰的榮譽。希望大家全都堅守崗位，視死如歸」。他們的確這樣做了。一四五三年五月二十九日，在激烈戰鬥之後，城牆終於被突破，君士坦丁堡淪陷了。巴爾巴羅記述道：「當他們的旗幟升起，而我們的旗幟被砍倒的時候，我們知道，這座城市已經被攻破了，並且再沒有重新奪回來的希望。」少數人僥倖逃回他們的槳帆船，啟航逃走，經過漂浮在海上的屍體，那些屍體「如同運河中漂浮的西瓜」。威尼斯的倖存者們自豪地列出死者的名單，「他們中有些人被淹死，有些人在敵人砲擊中犧牲，或者在戰鬥中捐軀」。米諾托被俘獲並斬首；六十二名貴族和他一起被處死；一些船由於人手不足，幾乎無法升起船帆，僅僅由於穆罕默德二世的新海軍紀律渙散、擅離職守、上岸參加搶劫，這些威尼斯倖存者才得以逃脫。

一四五三年六月二十九日晚間，一艘快速單桅帆船把消息送到威尼斯。據目擊者稱，它在滿懷期望人群的注視下進入大運河，來到里亞爾托大橋：

所有人都在他們的窗前和陽台邊等著，在希望和恐懼之間掙扎，想知道這艘船究竟帶來什麼消息，君士坦丁堡城和愛琴海地區的槳帆船到底命運如何，他們的父親、兒子和兄弟是死是活。帆船駛來時，有人喊，君士坦丁堡已經淪陷了，六歲以上的人全部慘遭屠戮。頃刻間，到處傳來大聲而絕望的慟哭，哭泣和呻吟，所有人捶胸頓足、捶打手掌，為了死去的父親、兒子或兄弟，或者為了他們的財產，撕扯著自己的頭髮和臉頰。

元老院聽到這個消息時，顯得無比震驚而鴉雀無聲。儘管威尼斯已經對其餘歐洲國家發出了警示，但威尼斯人似乎和其他人一樣不敢相信，這座已經屹立一千一百年的基督教城市就這樣不復存在了。在巴爾巴羅看來，正是由於威尼斯人的盲目，土耳其人才奪下君士坦丁堡。「我們的元老們不相信，土耳其人有能力組織一支艦隊前來攻打君士坦丁堡。」這是對未來的一大警示。

✯

驚魂甫定，這座商人之城表現得像以往一樣務實，派遣使者去拜見穆罕默德二世，向他的勝利表示祝賀，並以合理的條件簽訂新的貿易特權條約。

第十八章　基督教世界之盾

一四五三至一四六四年

君士坦丁堡陷落幾年之後，一個叫做賈科莫・德・蘭古斯琪（Giacomo de Languschi）的威尼斯人拜訪了這座城市，對年輕蘇丹（共和國不得不與他打交道）的外貌、性格和野心做了分析。德・蘭古斯琪的描述令人戰慄且十分敏銳：

> 統治者蘇丹穆罕默德貝伊①是個二十六歲的青年……身材強健，體格魁梧，精通武藝，相貌令人恐懼而不引發尊崇，很少有笑意，極其小心謹慎，非常慷慨大方，執行自己的計畫時無比執拗，在所有事業中都大膽無畏，像馬其頓的亞歷山大一樣渴望榮耀。每天他都讓一個叫做「安科納的齊里亞科」②（Ciriaco of Ancona）的人和其他義大利人朗讀羅馬和其他國

① 貝伊（bey）是土耳其貴族的古老稱謂。
② 也叫齊里亞科・德・皮齊科利（Ciriaco de Pizzicolli，一三九一至一四五二／一四五五年），義大利人文主義學者和考古

家的歷史著作給他聽……他會說三種語言：土耳其語、希臘語和斯拉夫語。他努力學習義大利的地理……學習教宗和神聖羅馬皇帝的住地在何方，以及歐洲有多少王國。他擁有一副歐洲地圖，上面標註了各個國家和省份。他最熱中和喜愛學習的就是世界地理和軍事。他渴望統領天下；他審時度勢非常精明。我們基督徒要對付的就是這樣一個人。他說，三十年河東，三十年河西；他宣布，他將從東方進軍西方，就像西方人曾經向東方進軍一樣。他說，世界上應當只有一個帝國、一種信仰和一位君主。

德．蘭古斯琪生動鮮明的描述被證實很有先見之明。它精準地捕捉到這位新蘇丹的個性：聰明、冷漠、愚狹、城府極深、雄心勃勃，並且讓人感到深深的畏懼。穆罕默德二世是自然力量的化身，冷酷無情、百折不饒、喜怒無常，有時暴怒起來殺人如麻，有時卻慈悲為懷。他將亞歷山大大帝（Alexander the Great）視做偶像，力圖逆轉世界征服的大潮。他對地圖和軍事技術（主要由義大利籍顧問提供）的興趣純粹是出於戰略考量。對穆罕默德二世來說，知識必須是實用性的。一切必須有利於他的征伐大業。他的目標是加冕成為羅馬的凱撒。

在他三十年的統治時期內，穆罕默德二世窮兵黷武，幾乎持續不斷地南征北戰，他親自領導了十九次戰役。直到他疲憊的士兵們拒絕繼續戰鬥，他才暫停。他揮金如土，導致貨幣貶值、國庫空虛。他過著沒有節制的個人生活——沉迷於饕餮、酒精、女色和戰爭，到了後期，痛風甚至讓他腫脹毀容。在他統治下，大約八十萬人死於非命。在他晚年，有第二位威尼斯人描繪了他的形象，這個人就是畫家真蒂萊．貝里尼。在這兩位威尼斯人記錄相隔的這段時間裡，穆罕默德二世對威尼斯共和國的軍事和外交能力做了毫不留情、瀕臨極限的嚴酷考驗。

✯

儘管威尼斯獲得和平貿易的機會，但它並沒有盲目樂觀。現在的共和國身處前線。威尼斯海洋帝國在希臘海岸和愛琴海群島周圍延伸數千英里，與拜占庭帝國的殘餘部分直接接壤，而這部分疆域也一直是穆罕默德二世所覬覦的。威尼斯人此前對鄂圖曼帝國的手段已有所了解，知道戰爭的邊界總是模糊不清的。鄂圖曼帝國總是先驅使「身分不明」的騎兵不斷蠶食邊疆地帶，拖垮敵人的力量，然後公開發動戰爭；我行我素的海盜則洗劫各島嶼。威尼斯元老院一直這樣申明：「我們與鄂圖曼帝國總是處於交戰狀態，所以和平始終無法得到保障。」威尼斯隨即開始重新鞏固它的殖民地和島嶼。

君士坦丁堡淪陷的餘震波及整個歐洲。威尼斯海洋帝國的內部立即感受到此事件的影響。一波波希臘移民準備在鄂圖曼帝國入侵之前逃跑。據記載，「希臘教士和地主源源不絕地來到科孚島」。這一現象在克里特島表現得尤為突出。難民的到來引發新的暴動，希臘人希望在遠離土耳其人勢力範圍的地方建立一個拜占庭核心基地。威尼斯當局對希臘人的民族主義情緒非常警覺，採取慣用的殘暴手段應對：嚴刑拷打、判處死刑、流放他鄉和利用告密者，很快撲滅了暴動的火

學家，被稱為「現代考古學之父」。他在南歐和近東（尤其是鄂圖曼帝國境內）遊歷極廣，研究各地的古代遺跡，後來整理成書。一四二二年鄂圖曼帝國攻打君士坦丁堡期間，他曾為鄂圖曼人效力。

焰。但在共和國的每個角落都處於高度戒備的狀態。海洋帝國的管理覆蓋面廣、一刻不停息，令當局焦慮不已。當時的檔案顯示，該地區麻煩不斷：抓獲一個向蘇丹發送密文信件的人，他在信中請求蘇丹派槳帆船到克里特島；在叛亂被先發制人地鎮壓下去之後，一名雙面諜請求威尼斯當局的保護；新移民被逐出克里特島；克里特島的財務官在海難中失蹤；來自萊蒂莫的猶太人約瑟夫・德・邁爾（Joseph de Mayr）被指控對威尼斯的榮譽大不敬；「事情還沒搞清楚，要給他上刑」。克里特島未有片刻安寧，麻煩重重。島上素來無法無天，土耳其人更是加大了不安定的因素。一四五四年四月的一份檔案指出：「許多由於謀殺或其他罪名被流放的克里特島人住在山區。這些人是不安定的因素之一，也是將來在軍隊裡很有用的人。如果收到此法令的時候，還未與蘇丹穆罕默德二世達成和平協議，當局必須宣布大赦。」克里特生活的背景始終無法改變：貧困、糧食歉收、瘟疫、苛政、強徵到令人憎惡的槳帆船上服役。拉西錫高原和斯法基亞被強制荒漠化一百年之久，一四六三年，共和國終於重新允許人民在這些地區開墾耕作。

當局也必須對瘟疫提高警覺，詳查最新瘟疫病例的消息，並尋找瘟疫的源頭。一四五八年九月，他們發出警告，一艘來自內格羅蓬特的船即將抵港靠岸，「瘟疫已經導致船上的書記和四分之一水手死亡」。一四六一年六月有報導稱：「一名日耳曼商人在三天內死去，其他人也得了重病。被傳染的風險很大。所有從希臘、阿爾巴尼亞或波士尼亞過來的乘客都被禁止上岸。其他方面，最好切斷與安科納的所有聯繫。瘟疫威脅到了威尼斯。」但一四五三年之後威尼斯海洋帝國的檔案中，最多的還是連續不斷關於鄂圖曼帝國的嚴重警報。穆罕默德二世的侵略步伐不斷向前推進。他征服了塞爾維亞，並向伯羅奔尼撒半島挺進，那裡是拜占庭最後的軍事要塞。到一四六

○年，幾乎整個伯羅奔尼撒半島都被穆罕默德二世收入囊中。只剩下有著戰略地位的威尼斯港口，包括莫東、柯洛尼和內格羅蓬特等重要殖民地，還沒有被鄂圖曼帝國吞併。

「奸詐的土耳其人要求我們每個人都做好戰鬥準備」成了威尼斯人的口號。國家忙於向各個戰略樞紐分發砲彈、火藥和船槳，忙於建造槳帆船和招兵買馬；忙於補給航海所需的餅乾，忙於緊急徵發石匠和用於修復防禦工事的建築材料，還忙著指示海軍司令跟蹤鄂圖曼艦隊，「但只能在遠處謹慎地進行」。共和國的所有珍貴領地似乎一瞬間都變得弱不禁風。據記載，「很有必要防衛克里特島，最近的報告顯示，那裡缺乏武器。槳帆船的船主們必須趕在一四六二年三月末之前，往那裡運送五百副鐵胸甲」。莫東港也安裝了射石砲。

沒有哪個地方比內格羅蓬特更讓元老院擔心的了。一四五三年之後，希臘東海岸外的這個長帶形島嶼成了共和國的前沿陣地。內格羅蓬特具有關鍵的戰略意義，不僅是軍事、行政中心，還是槳帆船基地和商業樞紐。君士坦丁堡陷落六週內，內格羅蓬特居民便要求為他們派遣一位軍事工程師和若干石匠。到了這年底，形勢變得很明朗，「君士坦丁堡的失陷已經把內格羅蓬特擺在了最前線，土耳其人想拿下它……也正是因為它的至關重要，我們必須採取重大措施來鞏固這座城市」。在內格羅蓬特城牆外，鄂圖曼土匪繼續搶奪糧食。一四五八年八月，元老院給內格羅蓬特送來「四門射石砲、六百支火槍、一百五十桶供射石砲使用的火藥、一百桶供火槍使用的火藥，以及長矛和弩」。土耳其人開始到處加倍地蹂躪希臘鄉村。一四六一年一月傳來這樣的報告：

來自海灣統領和莫東—柯洛尼當局的資訊很清楚地表明：蘇丹企圖占領整個伯羅奔尼撒

半島，他是威尼斯的死敵。土耳其人就在威尼斯領土的邊界，相當自由地越界襲掠，造成破壞、搶奪奴隸；他們剛攻克一座離莫東很近的城堡。

在一四五〇年代後期和一四六〇年代初期，共和國高度緊張、神經緊繃，時刻觀望著蘇丹下一步會怎麼做。一四六二年十月的報告寫道：「雖然土耳其艦隊解除了武裝，但是沒人能對穆罕默德二世的意圖掉以輕心。」無論他走到哪兒，都留下許多關於他殘酷暴行的故事。據說男人被鋸成兩半，婦女和兒童被屠殺。有時，甚至協商投降的安全保障也會毫無價值。但有時，穆罕默德二世又有可能出乎意料地開恩。一四六一年，他打到柯洛尼和莫東城牆外；一些居民舉著停戰的旗幟出城，他不予理會，殺了他們。一四五八年九月

圖37　內格羅蓬特（左）與希臘大陸之間由一座吊橋相連，橋的中間有一座堡壘

初，他和平占領了雅典，出於對古老希臘文化的尊重，出人意料地寬恕了這座城市的居民。此後，他率領一千騎兵，「友好地」造訪內格羅蓬特。當地人魂飛魄散，以為自己大限將至。他們帶著豐盛禮物出城迎接蘇丹。他騎馬跨過連接這個島嶼和希臘大陸的橋梁，查看這個地方。這是一個警告，這種訪問都是有目的的。一四五二年，穆罕默德二世曾在君士坦丁堡城牆外坐了三天，親自評估它的防禦工事。威尼斯繼續儲備火藥、加深壕溝和加固城牆。

✯

穆罕默德二世毫不停歇地鯨吞東、西方的土地——一四六一年占領黑海南岸，一四六二年攻克瓦拉幾亞（Wallachia，穿刺公弗拉德的領地）③，一四六三年吞併波士尼亞——而威尼斯共和國繼續玩弄著外交手段。玩玻璃球的遊戲變得愈來愈危險，就像和一隻吃人巨怪玩耍。君士坦丁堡的威尼斯人聚居區的市政官是威尼斯政府整個系統中最重要、待遇最豐厚卻最不值得羨慕的職位。市政官同時是領事、商業代理和派駐鄂圖曼宮廷的大使，其最重要的任務是確保在帝國境內，威尼斯人能夠盡可能平穩地進行商業活動。正是因為威尼斯人擔心丟掉在穆罕默德二世領地內利潤豐厚的生意，才如此謹小慎微。市政官的職位要求他們必須耐心而且判斷準確。蘇丹的臣民向威尼斯領地展開非官方的掠奪、盜竊和侵犯，市政官為了這些事情需要不厭其煩地向蘇丹抗

③ 即瓦拉幾亞大公弗拉德三世·采佩什（Vlad al III-lea Țepeș，一四三一至一四七六年），即後世傳說中「吸血鬼德古拉伯爵」的原型。

議和進言。元老院不斷就上述事件要求市政官向蘇丹抗議。在蘇丹位於博斯普魯斯海峽沿岸的裝飾一新的宮殿中拜見他，就如同馬穆魯克王朝的儀式一樣隆重，但更讓人心驚膽寒。每一位市政官都不會忘記吉羅拉莫·米諾托的命運，他在一四五三年君士坦丁堡淪陷後被斬首。所以說，如果市政官見風使舵，淨揀穆罕默德二世喜歡聽的話說，也不足為奇。但元老院對市政官的要求也很嚴苛。一四五六年，市政官巴爾托洛梅奧·瑪律切洛（Bartolomeo Marcello）被拖到元老院訊問，罪名是「為了一些被合法監禁於內格羅蓬特的土耳其人與蘇丹談判，損害了共和國的榮譽」。他遭受的懲罰是：一年監禁，巨額罰款，褫奪所有榮譽，永遠不得擔任公職。

在這場遊戲中，雙方都缺乏誠意。穆罕默德二世一直對威尼斯虎視眈眈。他的宮廷有一些佛羅倫斯和熱那亞人，他們都很樂意向蘇丹報告關於他們的競爭對手威尼斯的情況。他們助長了穆罕默德貪婪的戰略胃口。據說，「穆罕默德二世希望準確地知道，威尼斯的位置在哪裡、離陸地到底有多遠、怎樣才能夠透過水路和陸路攻進威尼斯」。蘇丹得到的建議已經相當詳細，以至於可以得出這樣的結論：「可以輕易架設一座橋梁，連接馬格拉（Marghera，在大陸上）和威尼斯，以便軍隊通過。」對於一個在一四五三年曾將七十艘槳帆船在陸上拖行三英里的人來說，沒有什麼是辦不到的。在他的想像中，世界在他手中，就像握著一顆熟透的蘋果。穆罕默德二世已經自詡為兩海之王——黑海和地中海，這樣的傲慢令威尼斯人尤其感到不快。

在雙方表面上客氣的外交詞彙之下，進行著一場陰影下的戰爭，這也是幾個世紀裡威尼斯和鄂圖曼帝國關係的一大特徵：密信、間諜和賄賂，收集情報和擴散假情報，酷刑、暗殺及破壞——這些手段在國家政策中都發揮了作用。鄂圖曼人在威尼斯境內雇用許多間諜，建立了有效的情報網絡，而威尼斯也有類似的部署。對每個商人來說，為自己的國家刺探情報是義不容辭的愛國責任。威尼斯政府一擲千金地賄賂具有戰略意義的顯要人物。猶太人做為沒有利益糾葛的中間商，由於沒有特定的國籍或愛國主義的約束，被認為是特別有前途的間諜，但也相應地被認定為潛在的叛徒。元老院尋求透過非正式的途徑與解決方案來影響蘇丹。一四五六年，君士坦丁堡的威尼斯市政官接到指示，若能就因布洛斯（Imbros）島和利姆諾斯（Lemnos）島與穆罕默德二世達成令人滿意的談判結果，應以一千杜卡特的巨款酬謝蘇丹的猶太御醫「賈科莫大夫」。

同年，威尼斯人還開始密謀暗殺穆罕默德二世。他們接受了猶太人「N」提出的刺殺穆罕默德二世的建議，「表示滿意……因為他的死不僅對共和國，對整個基督教世界都大為有利……一切必須暗中行事。必須萬分謹慎，必須沒有目擊者，沒有書面證據留存」。此次刺殺並未成功，但共和國每隔一段時間就會重新動這個念頭。一四六三年，多明我會教士「N」提出一個類似的提議，被認為是「一個值得讚許的計畫」，一旦成功，值得給此人一萬金杜卡特的酬金，以及每年一千杜卡特的津貼。一四五六到一四七九年間，威尼斯十人議事會授權了十四次毒殺穆罕默德二世的行動，具體執行人員千奇百怪，包括一名達爾馬提亞水手、一名佛羅倫斯貴族、一名阿爾巴尼亞理髮師，以及一個來自克拉科夫（Cracow）的波蘭人。這其中最有可能得手的是穆罕默德二世的御醫，就是之前提到的賈科莫，他可能是一個雙面諜，也有可能就是猶太人「N」。這些暗殺的計畫顯然沒有獲得成功（儘管穆罕默德二世的實際死因仍然籠罩在迷霧中），但共和國對此孜孜不倦。用一個小藥瓶幹掉穆罕默德二世仍然是一個很有吸引力的想法。

整個南歐因為穆罕默德二世的持續推進而大受震撼。鄂圖曼人步步緊逼，一會兒踏破波士尼亞，一會兒又在距離義大利僅六十英里的阿爾巴尼亞海岸建立基地。恐怖的前景嚇壞了教宗。教宗借助豐富的想像力，彷彿看到戴頭巾的騎兵從阿庇烏斯大道（Appian Way）④殺向羅馬。穆罕默德二世，「撒旦、地獄和死亡之子」，離得愈來愈近。未來的教宗庇護二世恐懼得喘不過氣來，這樣寫道：「現在穆罕默德二世統治著我們。現在土耳其人俯瞰我們的腦袋，黑海已經對我們封閉，我們再也無法進入頓河流域。現在瓦拉幾亞人必須臣服於土耳其人。接下來，蘇丹的敕令將傳到匈牙利，然後傳到日耳曼。與此同時，我們內部卻是兄弟鬩牆，互相爭鬥和仇視。」

一四五三年以後，鄂圖曼人的嚴重威脅一直充斥在連續多位教宗的腦海裡，而威尼斯始終在向義大利其他地方宣傳這種危險局勢。君士坦丁堡陷落之後，威尼斯人當即發出一份直率的報告：「我們極其擔心威尼斯人在愛琴海地區的財產……如果這些地區淪陷，那麼就沒人可以阻擋鄂圖曼人登陸阿普利亞……我們邀請教宗向基督教君主們宣揚團結，敦促他們聯合起來對抗鄂圖曼人。」教宗高聲疾呼，呼籲發動新的十字軍東征，但庇護二世本人也承認，基督教國家間的爭鬥和仇恨始終是無法逾越的障礙。威尼斯發出這些呼籲的同時，還正與米蘭和佛羅倫斯連番惡戰，而且威尼斯與伊斯蘭世界也有著歷史悠久而可疑的關係。義大利四分五裂，由許多在商業和領土上互相競爭的對手組成。威尼斯努力將自己展現為前線國家——基督教世界的盾牌，其他國家卻認為他們太過傲慢、富裕、自私自利，是異教徒的朋友。

義大利的外交氣氛很惡劣；各方都極度虛偽。威尼斯只關心進一步擴大自己的貿易利益，並且更穩固地控制伯羅奔尼撒半島；它大肆宣揚自己基督教捍衛者的身分，但只是利用它為自己的利益服務。威尼斯的對手們也同樣難辭其咎。義大利幾乎所有國家都曾在某段時期準備和蘇丹做交易。佛羅倫斯人希望取代威尼斯，成為鄂圖曼帝國境內擁有貿易優先權的商人；安科納人向君士坦丁堡輸送戰略物資；後來，那不勒斯國王表示願意為穆罕默德二世開放港口。威尼斯的對手們做夢都希望威尼斯的巨額財富在孤身苦戰中消耗殆盡。

教宗庇護二世本人是一個十字軍東征的狂熱者，他抱著不合時宜的想法，認為基督徒會像古時候一樣，響應教宗慷慨陳詞的號召，加入十字軍，為了奪回君士坦丁堡的神聖使命，自發捐獻錢財、資源和人力。在異想天開之中，他甚至起草信件，勸誡穆罕默德二世皈依基督教。教宗相對於他的時代落後了數百年。在一二〇一年已經很困難辦到的事情，在一四六〇年代更是完全不可能了。歐洲民族主義太盛、太分裂，過於功利而且太世俗化。一四六一年，威尼斯人攔截了畫家馬泰奧·德·帕斯蒂（Matteo de Pasti）乘坐的船，他從里米尼（Rimini）出發，前往伊斯坦堡為蘇丹畫肖像。他們在他的行李中發現一部《軍事論》（*De Re Militari*）——關於軍事策略和作戰器械的現代專著，和一張詳細的亞得里亞海地圖。他此行是遵從了里米尼領主西吉斯蒙多·馬拉泰斯塔（Sigismondo Malatesta）的命令，而馬拉泰斯塔人稱「里米尼惡狼」，是義大利最狡詐、最令人生畏的雇傭兵領袖（義大利政治瞬息萬變，惡狼將在三年後為威尼斯效力）。

威尼斯下定決心，只有在其他所有國家都參加十字軍東征的情況下，它才會加入。只要基督

---

④ 阿庇烏斯大道是古羅馬時期一條把羅馬及義大利東南部阿普利亞的港口布林迪西（Brindisi）連接起來的古道，得名自開始興建此工程的羅馬監察官和演說家「盲人」阿庇烏斯·克勞狄·凱庫斯（Appius Claudius Caecus，西元前三四〇至西元前二七三年）。

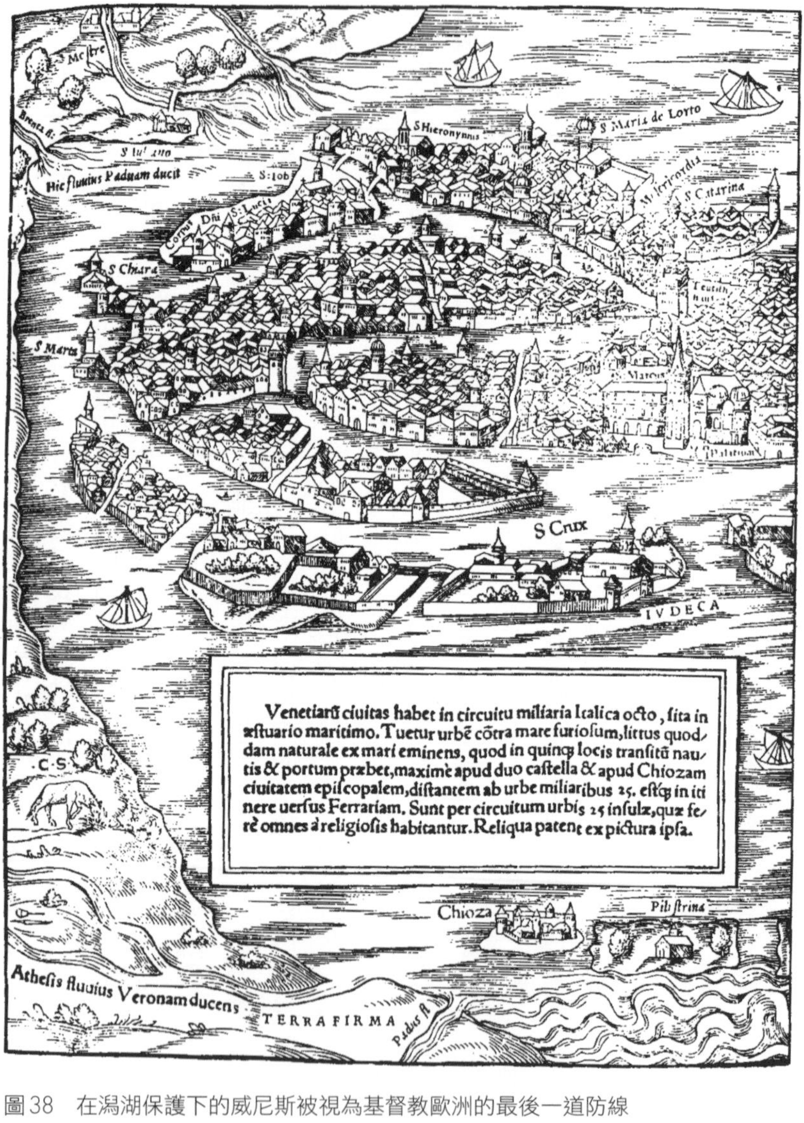

圖38　在潟湖保護下的威尼斯被視為基督教歐洲的最後一道防線

教國家的團結還不能最終確定，元老院就禁止在威尼斯境內宣揚十字軍東征。畢竟有太多奸細隨時準備向君士坦丁堡報告：威尼斯人破壞了「和平」協約。一四六三年六月，波士尼亞淪陷之時，威尼斯執政官就警告可恨的佛羅倫斯人：如果沒有頑強的抵抗，穆罕默德二世將「直接推進到義大利的大門口」。但佛羅倫斯人充耳不聞。此刻的共和國已經忍無可忍，面臨著嚴峻的選擇：要嘛孤軍奮戰，要嘛眼睜睜看著自己的海洋帝國被片片蠶食。七月，投票表決以微弱多數決定，威尼斯將投入戰鬥。威尼斯人立刻對庇護二世的倡議重新表示興趣。在接下來的一個月裡，他們在聖馬可廣場積極宣揚十字軍東征，這是威尼斯歷史的重演。元老院熟知威尼斯的歷史，決定讓年邁的執政官克里斯托福羅．莫羅（Cristoforo Moro）效仿當年丹多洛的壯舉，在自己的尖角帽上佩戴十字架。然而，除了同樣年邁，莫羅和他這位知名的前輩沒有什麼相似之處，所以禮貌地拒絕了。元老院直言不諱地表示：「對我們來說，我們土地的榮譽和福祉比你的個人安危更重要。」執政官和其他人一樣，都可能受到如此粗暴的對待。

在其他地方，十字軍東征的建議仍然不受歡迎。在波隆納，教宗強徵的什一稅被稱為「純粹的搶劫」；此次冒險被廣泛認為不過是威尼斯人的帝國主義計畫。佛羅倫斯大使拚命反對它：

> 聖父⑤，您到底是怎麼想的？您向土耳其人發動戰爭，是為了強迫整個義大利臣服於威尼斯人嗎？一旦把土耳其人趕走，我們在希臘贏得的一切都將屬於威尼斯人，而在此之後，

⑤ 指教宗。

他們肯定會把爪子伸向義大利其他地方。

威尼斯針對這樣的說法做了猛烈的反駁，詳細列舉自己五十年來對土耳其人侵略的歷次抵抗（儘管其中有些是虛構捏造的）：

某些人在羅馬發出的指控令我們無法忍受：共和國始終盡職盡責。（大使）應強調，在一四一六年，我們在加里波利取得勝利；土耳其艦隊幾乎被全殲；但其他基督教國家只是在一旁喝采，沒有對威尼斯的號召做出任何回應；一四二三年，我們占領了薩洛尼卡……付出難以置信的巨大努力，承受極大費用，保護它長達七年，卻沒有得到任何人的幫助；一四四四至一四四五年，威尼斯武裝了自己的槳帆船，並在整個冬天保持戰備狀態，但教宗並沒有兌現承諾、支付艦隊的開支。教宗不應該聽信這些誹謗者的惡意中傷，而應該考慮到，鄂圖曼帝國正在壓榨威尼斯的所有財產：威尼斯的情況和其他基督教國家截然不同……事實上，沒有哪個國家付出的努力能和威尼斯相提並論。

庇護二世明白，威尼斯在自私自利地尋求保護自己的帝國霸業，但是和一二〇一年的英諾森三世一樣，他需要威尼斯人支援他的十字軍東征計畫，於是採取了務實的態度。「我們承認，威尼斯人和其他肉體凡胎一樣，是貪得無厭的……（但是）如果威尼斯得勝，基督也會得勝，這對我們已經足夠了。」但在私下裡，他對威尼斯人的評價極低。在他的著作《評述集》（*Commentaries*）

裡有這樣一段，但在印刷版本裡被刪掉了：

> 生意人對宗教毫不在乎，一個守財奴的民族也不會花錢為宗教事業復仇。只要他們的錢財安全無虞，那麼他們就不認為受辱有什麼不好。正是對權力的貪婪和難填的欲壑，才讓威尼斯人捨得這樣裝備部隊，並承受這樣的代價……他們支出是為了賺更多的錢。他們跟隨著自己的天性，他們的目標就是貿易和交換。

兩百五十年前的英諾森三世完全可能寫下這樣的話。但在戰略上，威尼斯是正確的：如果共和國的海外領地被削弱，穆罕默德二世將會進攻義大利。威尼斯比其他任何人都更了解鄂圖曼人。然而他們扮演的角色可能有些矛盾，因為他們是基督教世界唯一的海上防線。十六年後，義大利半島在危急中將會想起這個事實。

✯

此次十字軍東征計畫始終未能真正落實。庇護二世是個糟糕的組織者，擅長慷慨陳詞，卻不懂得戰爭的實際籌劃。一四六四年夏天，只有一群烏合之眾出現在安科納的十字軍集結點。打算親自參加十字軍東征的庇護二世看到這景象，愈發絕望。八月十二日，二十四艘威尼斯槳帆船帶著他們滿心不情願的執政官來到安科納，此時的庇護二世已經是個垂死之人。他不得不讓人抬到主教宮殿的窗台，才看得到聖馬可的雄獅旗向著明亮的海灣飄揚。三天後，他便與世長辭。這次冒險極不光采地失敗了。他垂死的那些日子象徵著十字軍東征夢想的死亡。克里斯托福羅・莫羅乘船回家了，無疑慶幸自己躲過一劫，但威尼斯註定要在很長一段時間內單打獨鬥。佛羅倫斯人、米蘭人和那不勒斯國王隔岸觀火，在他們認為安全的距離冷漠地觀戰著。

第十九章　「如果內格羅蓬特淪陷」

一四六四至一四八九年

戰爭的開端頗為振奮人心。威尼斯人成功地攻入伯羅奔尼撒半島，但戰爭很快變得難以為繼。「里米尼惡狼」指揮的雇傭軍部隊很不可靠。當然，鑑於威尼斯沒有及時支付給他們酬勞，他們表現出不可靠也就一點都不讓人意外了。威尼斯槳帆船控制著海洋，但它在陸戰中沒有多少用武之地，而鄂圖曼艦隊對一四一六年的大敗仍心有餘悸，拒絕出戰。打仗是件燒錢的事，到一四六五年，戰爭開支高達每年七十萬杜卡特。十年後，這個數字翻了將近一倍。

鄂圖曼帝國境內的威尼斯人處境淒慘。市政官死在君士坦丁堡獄中；被俘的士兵和定居的商人被當眾處死，他們的屍體被扔在路上，任其腐爛。威尼斯人在鄂圖曼帝國的貿易活動幾乎絕跡，商業公司紛紛倒閉。威尼斯人在伯羅奔尼撒的進攻被阻擋住，隨後被打退。驍勇善戰的海軍司令韋托爾・卡佩洛（Vettor Capello）也無法阻止敵人奪回西海岸的派特雷。派特雷失守對他打擊很大，卡佩洛是主戰派的領袖，在派特雷失陷以後，他就再沒有笑過。一四六七年三月，他在內格羅蓬特死於心臟病後，威尼斯人的鬥志已大不如前。在這一年七月，穆罕默德二世離阿爾巴尼亞海岸的威尼斯港口杜拉佐已經僅有五英里。此刻，只有六十英里寬的亞得里亞海將鄂圖曼軍隊與義大利海岸的布林迪西分隔開來。一船一船的貧困難民開始抵達布林迪西。在那不勒斯，人盡皆知，穆罕默德二世「恨極了威尼斯共和國，如果他能在阿爾巴尼亞那個地區找到一個合適的港口，勢必將戰火燒到威尼斯領土」。到一四六九年，鄂圖曼劫掠者已經打到相當靠近威尼斯的伊斯特里亞半島。穆罕默德二世在潟湖上架橋的計畫看來完全可能實現。

共和國時而頑強抵抗，時而努力和談，時而與穆罕默德二世在小亞細亞的伊斯蘭競爭對手進行外交溝通，試圖找到一個解決方案來結束這場漫長的戰爭。戰爭有時暫停，有時再度開始，這取決於穆罕默德的戰略考量和他的健康狀況。當他跨過博斯普魯斯海峽、逐鹿亞洲或黑海時，威尼斯就能暫時鬆一口氣。而他的歸來總是不祥的。間歇性發作的病態肥胖會影響這位蘇丹的健康，他不能騎馬，在托普卡匹宮（Topkapi Palace）①閉門謝客，於是征戰就會暫停。

穆罕默德二世在外交遊戲中表現得技藝嫻熟。他宮廷內的佛羅倫斯和熱那亞顧問以及間諜為他提供了大量情報，所以他對義大利政治瞭若指掌。他玩弄威尼斯人的希望於股掌之間，鼓勵他們的大使，然後撒手不管，收了禮物之後重新板起一副沉默的面孔，週期性地爭取時間重組軍隊，或者提出明知對方會拒絕的和平條件。不時有來歷不明的使者來到威尼斯的前哨陣地，釋放一些「和談不是不可能」的訊息。之後，這些使者又銷聲匿跡。穆罕默德二世試探威尼斯人的決心，考驗他們的厭戰情緒，並散布假情報，讓元老院費勁地甄別一條又一條的訊息。在戰略上，他諱莫如深，讓間諜們揣摩他每個新的作戰季節的目標。每個人都知道，他很有戒心、極有城府。據說，曾經有人詢問穆罕默德二世關於未來一場戰役的情況，他答道：「請君謹記，假如我的一根鬍鬚知道了我的祕密，我就會把它拔下來，丟進火裡。」里亞爾托變成了謠言的戰場。

威尼斯人很快掌握到蘇丹的處事方法。一四七〇年元老院考慮一個新的和平提議時，做了這樣的決定：

> 我們很清楚，這是土耳其蘇丹慣用的狡猾伎倆。考慮到目前的情況，我們堅信，對他不應當報以任何信任……但是，我們覺得，最好的辦法是和他一樣裝模作樣，迎合他玩這場遊戲。

威尼斯的勢力如日中天，與馬穆魯克王朝的貿易也持續繁榮。但戰爭造成極大的破壞。由於拜占庭和黑海地區的貿易被徹底扼殺，讓戰爭的惡果更形嚴重。「目前的情況」始終是，與疆域更廣、資源更雄厚的鄂圖曼帝國相比時，共和國總是屈居下風。

到了一四六〇年代末，在外交圈裡，警報聲此起彼落，日漸緊迫。希臘人、塞爾維亞人和匈牙利人——所有生活在被鄂圖曼帝國不斷侵蝕邊疆的人——承受著死亡和苦難。威尼斯向教宗申請物質援助、聖戰什一稅和支持，「因為一旦蘇丹占領了阿爾巴尼亞海岸——上帝保佑，不要發生這樣的災難——只要他願意，隨時可以長驅直入攻打義大利，義大利隨時會覆滅」。

---

① 托普卡匹宮是位於伊斯坦堡的一座皇宮，一四六五至一八五三年間一直是鄂圖曼帝國蘇丹在首都的官邸及主要居所，也是昔日舉行國家儀式及皇室娛樂的場所，現今則是主要的觀光勝地。「托普卡匹」的字面意思是「大砲之門」，昔日城堡內曾放置大砲，由此得名。征服君士坦丁堡的蘇丹穆罕默德二世在一四五九年下令動工興建托普卡匹宮。

一四六七年，韋托爾・卡佩洛在內格羅蓬特去世後，威尼斯任命了一位新的海軍司令——雅各・洛雷丹（Jacopo Loredan）。從君士坦丁堡得到的情報顯示，穆罕默德二世遲早要進攻內格羅蓬特——「我們東方領地的屏障和堡壘」。當務之急是不惜一切代價保住這座島嶼。共和國為內格羅蓬特任命了一位新的總督，對他發出這樣的指令。他是尼可拉・達・卡納爾（Nicolo da Canal）博士，此前曾任駐梵諦岡大使。做為保障措施，共和國給達・卡納爾發出了另外一套命令：

上帝保佑，若海軍總司令突然病倒或感到不適，以至於不能堅持執行使命，又或者他不幸死去，我們命令你……立刻接管槳帆船艦隊指揮權……履行其職責……直到總司令恢復健康。

這是一個事關重大的決定。達・卡納爾是個學識淵博的律師，是曾經被委任為威尼斯艦隊指揮官中教育程度最高的人。然而，他不是皮薩尼或卡洛・澤諾。很不幸地，當穆罕默德二世果真發起攻擊時，正是達・卡納爾在指揮威尼斯艦隊。

一四六九年二月，希俄斯島上的一名威尼斯商人——皮耶羅・多爾芬（Piero Dolfin）向共和國提供了重大情報。他的情報非常具體：

十二月初，我們從加拉塔得知，土耳其人已經開始籌備一支艦隊，並召集陸軍。蘇丹已經不顧瘟疫的危險，親自駕臨君士坦丁堡，安排相關事宜……他準備建一座橋，把軍隊從大陸調遣至內格羅蓬特島。

他繼續列舉相應的戰備情況：鄂圖曼人為了製作航海餅乾，調集大量麵粉，導致民間麵粉短缺，街頭甚至發生騷亂；為了製造火藥，準備了大量木炭；六十名船隻斂縫工人已被派往加里波利的兵工廠；成千上萬的人被動員起來；火砲被運往薩洛尼卡。他重申每個人都已經知道的關於內格羅蓬特的情況：「整個國家的安危繫於此城。如果內格羅蓬特淪陷，黎凡特的其他地區都將陷入危險。」

一四六九年三月八日，律師兼海軍將領尼可拉・達・卡納爾被委任為海軍總司令：

……我們透過信件和其他途徑得知，土耳其人——基督之名最殘忍的敵人，正在籌建強大的艦隊和陸軍，意圖攻打我們的城市內格羅蓬特……由於事態緊急，我們命令你以最快的速度航行……趕到莫東和內格羅蓬特，憑藉你慣常的審慎、勇猛和上帝的仁慈，迎戰很可能已經在那裡等待我們的危機。

一四六九和一四七〇年，駭人聽聞的消息甚囂塵上。據誇張的估計，蘇丹麾下擁有十萬大軍和三百五十艘艦船，這是一股如潮水般宏大的軍事力量。威尼斯已經因為七年的戰爭而元氣大傷，拚命做著絕望的準備。「我們不僅從各個源頭擠出資金，甚至從我們的血管裡擠出血液來援助內格羅蓬特，以免（在內格羅蓬特的）所有基督徒遭到屠戮和災難」。共和國一次又一次強調，丟失內格羅蓬特對義大利沿海地區意味著什麼，以及聯合行動的必要性——但一切都無濟於事。一四七〇年春，威尼斯處於最高警戒狀態。兵工廠的兩名高官奉命住進工廠，日夜趕工，第三名高官則被派去採購艦隊的給養。兩千人乘坐十艘圓船，運載著火藥和五百名雇傭步兵，前去增援內格羅蓬特。六月三日，一支鄂圖曼艦隊從加里波利啟航。

一隊威尼斯槳帆船在愛琴海北部發現了鄂圖曼艦隊。槳帆船指揮官傑羅尼莫・隆哥（Geronimo Longo）被眼前所見情景深深震懾了：

我已經看到土耳其艦隊，如果上帝不憐憫我們，它就註定要毀滅基督教世界……我們長久以來辛苦得到的一切，將在幾天之內喪失殆盡……起初我判斷敵軍有三百艘船，現在則覺得有接近四百艘……大海就像一座森林；這可能令人難以置信，但這景況真的很壯觀。雖然和我們有差距，但他們的槳划得也算是又快又好。不過，帆和其他的一切都比我們的好。我認為他們的人數也比我們多。

「我們現在需要的是行動，而不是空談。」他十萬火急地繼續說道，並評估了敵人的大砲和其他裝備：

我可以發誓，保守估計，整支艦隊從頭到尾超過六英里長。我估計，要在海上對付這麼龐大的艦隊，我們至少需要一百艘上好的槳帆船。即使是有了這麼多槳帆船，我也不知道究竟會鹿死誰手。要確保勝利，必須還要有七十艘輕型槳帆船、十五艘重型槳帆船、十艘一千桶②的帆船，這些船都必須裝備精良……我們現在要做的就是展現自己的力量……以最快的

> 速度投入艦船、士兵、糧食和金錢；否則，內格羅蓬特將岌岌可危，我們在黎凡特的帝國，一直到伊斯特里亞，都將淪陷。

隆哥在預測整個海洋帝國的土崩瓦解。亞得里亞海本身將會陷入可怕的危險之中：伊斯特里亞就在威尼斯的門口，相距只有一夜航程。

在威尼斯，政府要求大家來做公共祈禱。當天晚些時候，義大利大陸的人們終於覺察到危險。現在每個人都明白，戰敗會是什麼後果。紅衣主教貝薩里翁（Bessarion）寫道：「土耳其海軍很快將兵臨布林迪西，然後是那不勒斯，然後是羅馬。威尼斯人被打敗之後，土耳其人將會統治大海，就像他們已經主宰了陸地一樣。」教宗保祿二世（Paul II）倡議全義大利都做禱告。七月八日，一支紅衣主教的懺悔隊伍赤著腳從梵諦岡步行到聖彼得大教堂；一位土耳其人受了洗禮，為大家打起勁；每個人都被告誡去禱告；參加戰鬥或者為戰爭捐資的人得到免罪符。儘管對方艦隊陣勢龐大，而且隆哥的話傳達出事態危急，但加里波利半島海戰的記憶令威尼斯人十分自信。它的海上霸主地位從來沒有在戰鬥中受到過挑戰。

✯

內格羅蓬特，意思是「黑橋」，是威尼斯人給希臘的尤比亞島及島上主要城鎮取的名字。在

---

② 古時船隻常用能夠容納木桶的數量來衡量船的尺寸，類似於今天說某船能夠搭載多少的貨物。一千桶約合六百噸。

地中海的地質史上，這座島算是個畸形的特例。它緊靠希臘東海岸，以至於根本不能稱為一座島，而是一塊長條形的土地，與大陸交互錯落。一條被海水淹沒的山谷，即尤里普斯（Euripus）海峽，將內格羅蓬特與大陸分隔開。尤里普斯海峽也算海洋世界中的一個微型奇觀。狹窄的海峽像水錘泵一樣，海水如潮湧般地沖過，一天十四次，來回各七次。在海峽最狹窄的地方，島與大陸之間的海面僅有五十碼寬，海流湍急，如同磨坊水車驅動的水流。威尼斯人的城鎮就建在此處，在古希臘人定居點哈爾基斯（Chalkis）的遺址之上。它像一個迷你版的義大利城邦，防禦非常鞏固，令人印象深刻，擁有一個港口和一座連接大陸的橋。橋中間有設防的塔樓和雙吊橋，可以將入侵者拒之門外。

君士坦丁堡淪陷之後，這座島嶼的戰略重要性不可估量。它的人口不多，或許連三千人都不到，但它是威尼斯在愛琴海北部的中心。根據當時一份讚揚內格羅蓬特的文獻記載：「這個地方聚集著富豪和大商人……所以非常繁榮昌盛。」

六月八日前後，鄂圖曼艦隊抵達內格羅蓬特，在城市的下游停泊，把人員和火砲送上岸。和幾個月前的情報預測的一樣，土耳其人立即開始建造自己的橫跨海峽的舟橋，位置在黑橋以南。此時黑橋上的吊橋已經被升起，停止使用了。但守軍不知情的是，這支鄂圖曼海軍不過是鉗形攻勢的一翼而已。六月十五日，又一支大軍出現在對岸大陸的地平線上，由穆罕默德二世親自指揮。頓時威尼斯人的言語挑釁和咒罵戛然而止。蘇丹的出現為整個軍事行動增加了份量，沒有十足把握，他是不會御駕親征的。他在山脊上勒馬駐留，花了兩個小時俯瞰下方的全景：狹窄的海峽；中間建有堡壘的堤道；然後是遠處有護城河環繞的城市，外牆上刻著聖馬可的雄獅，塔樓上飛揚著雄獅旗；他自己的艦隊停泊著。精細完美的協同合作是穆罕默德二世的作戰風格。他的目標是在威尼斯艦隊做出反應之前，發動閃電戰，將內格羅蓬特一舉打垮。

蘇丹大約兩萬人的軍隊走下山坡，來到尤里普斯海峽岸邊，身後跟著長長的駱駝和騾子隊，搬運著攻城軍隊需要的全部輜重。他穿過浮橋，架起了營帳，開始調兵遣將，緊緊包圍這座城市。按照慣例，勸降的喊聲飛過城牆：如果主動投降，所有居民都不會受到傷害；他們十年內不需要上繳任何賦稅；「任何擁有一棟別墅的貴族，將獲得兩棟別墅。如果尊貴的市政官和指揮官想留在這裡，他們將被任命為領主；如果不想留在這裡，蘇丹也會在君士坦丁堡給與他們莫大的榮耀。」穆罕默德二世非常明白，沒有哪個威尼斯總督在乖乖投降之後還能活著回到家鄉。

守軍的反應十分激烈。市政官保羅・埃里

圖39　內格羅蓬特與希臘大陸之間由尤普里斯海峽隔開。鄂圖曼人在黑橋右側建造自己的橋梁。達・卡納爾的艦隊從北方駛來，也就是橋的左側。

佐（Paolo Erizzo）明白，達．卡納爾的艦隊正在馳援的路上。他宣布，內格羅蓬特是威尼斯的領土，不會改變。他承諾在兩週之內燒光蘇丹的艦隊，將他的營帳連根拔起，之後他又邀請蘇丹「去吃豬肉，並且和我們在壕溝相會」。這樣的侮辱被翻譯出去之後，穆罕默德二世瞇起眼睛，決心不讓島上任何人活著離開。

隨後發生的是君士坦丁堡攻防戰的一場微型再現，非常殘忍而血腥。穆罕默德二世帶來的二十一門重型射石砲，日夜不間斷地轟擊這座城鎮高聳的中世紀城牆，令城內的人魂飛魄散，漸漸將他們的堡壘化為廢墟。威尼斯的大砲也贏得一些勝利，摧毀敵人的一些火砲，打死敵人砲兵。但是，鄂圖曼軍隊的強大火力排山倒海。燃燒彈和臼砲襲擊城市的中心地帶，迫使心驚膽寒的居民躲避在外牆的背風處，「因為砲彈大多擊中的是城市中心」。「火砲數量極多，而且由於砲火持續不斷，」這次圍城戰的一名倖存者喬萬－瑪利亞．安焦萊洛（Giovan-Maria Angiolello）寫道，「砲火從正面和兩翼猛轟城市，我們的很多人死於非命，所以我們沒有辦法系統性的修理工事。」土耳其人緩慢移動他們的雲梯，不停向前挖掘戰壕，突入外牆的瓦礫堆。六月二十九日，伴隨著震耳欲聾的巨響──高亢的喇叭聲和極有節奏感的低沉鼓聲，穆罕默德二世下令發起總攻。守軍打退了這次進攻，但傷亡慘重。

很快地，市政官不得不同時對付城外連續的攻擊，以及城內的「第五縱隊」。守軍的一支關鍵力量是五百名雇傭步兵，大部分是從達爾馬提亞海岸招募來的，指揮官是托馬索．斯基亞沃（Tommaso Schiavo）。有人發現，斯基亞沃曾派特使前往鄂圖曼軍營。共和國政府祕密偵破了這個陰謀，逮捕並拷打他的同夥，揪出了一個間諜和陰謀網絡，這一網絡已運作多年，而且一直滲透進威尼斯城。穆罕默德二世在威尼斯國家機關安插了潛伏很深的間諜。在嚴刑逼供下，斯基亞沃的弟弟吐露一項計畫，即在土耳其人發動下一次進攻的時候，裡應外合，放他們進城。他被祕密處死了。

現在，市政官必須對付斯基亞沃本人。與斯基亞沃的較量必須極度隱蔽，因為這個叛徒手握重兵。埃里佐召他前往城鎮的行政中心——涼廊，討論防禦的細節問題。斯基亞沃顯然已經起疑，帶著大批全副武裝的部下來到中心廣場。進入涼廊後，市政官熱烈而友好的態度讓他放下警覺。經過一段冗長的討論，斯基亞沃下令他此番帶來的隨從在原地解散，回到各自的崗位上去。斯基亞沃轉身時，十二名藏匿在一旁的人衝了上來，將他打倒。他的屍體隨後被倒掛在廣場上。

而此時，穆罕默德二世對這個變故仍然一無所知。他還在等待一個事先商量好的信號，即某座堡壘將不做抵抗、舉手投降。市政官設下了陷阱。信號旗照常升起；據一位編年史家稱，當鄂圖曼人衝向前時，他們「像豬一樣」慘遭屠戮。

事後，城內當局開始處死叛國案的其他主謀，但整起事件還是導致城內人心不穩、士氣低沉。街上一片譁然，市民和一些克里特人與達爾馬提亞僱傭兵相互攻擊。當局不得不處死愈來愈多的斯拉夫僱傭兵。隨著人力逐漸減少，街頭公告員在街上徘徊，命令十歲及以上的男孩前往兵工廠。五百名少年被選中，快速接受手槍射擊訓練，並被派去守護城牆。他們每殺一個土耳其人，就獎勵兩個阿斯普爾（asper）③。據一位目擊者描述：「市政官每晚會發給這些男孩共三百

③ 拜占庭帝國使用的一種金幣，單數稱「阿斯普隆」（aspron），複數稱「阿斯普爾」。

至五百個阿斯普爾。」土耳其人又一次宣告總攻失敗。

鄂圖曼人繼續轟擊城牆，每天都造成人員傷亡。但埃里佐知道，如果他能再堅持一點時間，達·卡納爾的援軍就會抵達。正是由於這個原因，穆罕默德二世變得愈來愈焦慮。為了鞏固自己的陣地，他把船隻拖上岸，在黑橋的另一側建造了第二座橋，用來抵擋威尼斯人從北方沿海峽而下的援兵。他加強對城內的轟炸，晝夜不間斷地狂轟城牆並組織進攻，以消耗守軍的力量。他還不時散布消息，承諾饒投降守軍不死。七月十一日上午，在連續三天的猛烈砲擊之後，穆罕默德二世打算發動致命的最後一擊，可是他卻突然被迫停下進攻的步伐。

鄂圖曼警戒哨突然發現，威尼斯艦隊從尤里普斯海峽的北端呼嘯而來。威尼斯人有七十一艘船，雖然沒有隆哥建議的一百艘那麼多，但仍是一支相當強大的力量。它包括五十二艘強悍的武裝槳帆船和一艘令土耳其人非常忌憚的重型槳帆船。威尼斯海軍順風順水，氣勢洶洶地穿過海峽。穆罕默德二世的陣地一下子變得極其脆弱。威尼斯艦隊只消摧毀浮橋，就能切斷鄂圖曼人撤退的路線，並且把他們的孤軍困在島上。據說，穆罕默德二世意識到他的計畫即將破滅之後，留下了無力而傷心的眼淚；他騎上馬，準備逃離這座島。城堡護牆上的守軍鬥志高漲。援兵到來看上去是板上釘釘的事情。再過一個小時，鄂圖曼人的橋梁將被摧毀。

但這時，發生了令人匪夷所思的事情：威尼斯艦隊停了下來，在上游拋錨，靜觀局勢。

威尼斯海軍總司令尼可拉·達·卡納爾是一名學者兼律師，而不能算是一名航海家。他更習慣於仔細權衡各種法律抉擇，而不善於果斷行動。在那一刻，律師的本能發揮作用。他擔心自己的船隻抵擋不住砲火，也應付不了湍急未知的水流。他下令艦隊停下來。他手下的船長們敦促他前進，卻遭到回絕。兩名克里特人請求借著勁風和潮湧的力量，駕駛重型槳帆船攻擊第一座浮橋。有些水手的親眷就在城內，對於他們來說，這是生死存亡之戰。最終，達．卡納爾不情願地同意這個建議。槳帆船開始行進，但在途中，達．卡納爾又改變主意。他用信號砲下令槳帆船回撤。

在城牆上，守軍目睹這一切——起初帶著得救的歡愉，接下來變成不敢置信，最後再變成恐懼。他們向靜止不動的救援艦隊發出愈來愈絕望的信號——火炬被點燃又被熄滅，聖馬可的旗幟被升高又降下。最後，據安焦萊洛所說，「一個真人大小的耶穌受難像被樹立了起來，高高舉起，面向我們的艦隊，就是希望艦隊的指揮官可憐可憐我們，以他們能夠想像的方式救救我們」。但這一切無濟於事。達．卡納爾把他的艦隊開到上游，並在那裡停泊。安焦萊洛回憶道：「我們的精神崩潰了，幾乎沒有任何得救的希望。」一些人詛咒道：「願上帝寬恕那些不能履行職責的人！」

穆罕默德二世第一時間做出反應。由於戰局突然逆轉，他立即宣布，第二天一早全軍盡數出動，發動總攻。他親自騎馬巡視營地，承諾士兵們，所有在城內搶奪的財物都歸他們所有。之後他派遣大量槍兵去保護上游的橋梁，以防達．卡納爾艦隊突襲。在黎明前黑暗的幾個小時裡，在慣常的戰鼓和喇叭的喧囂中，他下令他最不可靠的部隊（「烏合之眾」）率先前進，去損耗對方的防禦力量。當他們倒下時，正規軍便踐踏著屍體，猛衝上去。城內所有人，不管男人、婦女還是兒童，都參加了最後的抵抗，在狹窄的巷道內設置路障。當敵軍一步一步、一條街道一條街道地逼近時，他們向敵人潑灑滾水、生石灰和沸騰的瀝青。約莫上午九點、十點的時候，敵人已經攻到了中央廣場。在橋上的堡壘處，守軍升起一面黑旗，做為最後一回絕望中的求援。達・卡納爾回應得太少，也太遲了。他只是三心二意地對浮橋發動進攻。當水手們看到鄂圖曼旗幟在城牆上飄揚的時候，海軍司令居然解開船錨撤退了，留下絕望的民眾獨自面對可怕的命運。城防司令阿爾維斯・卡爾博（Alvise Calbo）被殺死在聖馬可教堂，財務官安德烈亞・紮內（Andrea Zane）則死在聖巴斯蒂亞諾（Saint Bastiano）教堂。街道上死屍成堆。穆罕默德二世想起此前關於豬肉的侮辱。他下達嚴厲的命令：不抓俘虜，全部處死。投降者被當場屠殺。其他人則被刻意帶到使徒教堂處決。死者的首級被堆在主教宅邸門外。穆罕默德二世仍然怒不可遏。他下令，任何為了私利藏匿俘虜的士兵將和俘虜一起被斬首。相應地，他下令全面搜查槳帆船。

試圖跨過大橋逃跑的人太多了，以至於橋體轟然倒塌，反將他們投入大海。處在橋梁中間位置的要塞因難以接近，還在堅持抵抗。最終，守軍同意投降，鄂圖曼人承諾饒他們不死。當穆罕默德二世聽到這個消息時，他憤怒地訓斥做出此承諾的帕夏（pasha）④：「如果你說了（饒恕他們生命）這樣的話，那麼你肯定忘記了我的誓言。」最終，所有人都被處決。在一些文獻裡，據稱市政官在橋上的人群裡，而穆罕默德二世已經同意不砍他的人頭。他果然兌現了自己的諾言：市政官沒有被砍頭，而是被夾在兩塊木板之間，然後被鋸成了兩截。更有可能的情況是，市政官在城牆上就已經陣亡了。蘇丹展開了可怕的報復。蘇丹對曾經非常有效地射殺其麾下士兵的男孩們特別惱火，他下令將所有十歲以上的男性倖存者，共計約八百人，帶到面前。他們的手都被綁在背後，被迫跪成一個大圈，之後被一一斬首，死屍也成了一個大圈。屍體被扔進大海，倖存的婦女和兒童淪為奴隸。

儘管穆罕默德二世發出了屠城誓言，但仍有少數人倖存下來。其中就有喬萬－瑪利亞・安焦萊洛，他被擄走並賣為奴隸。還有一個叫雅各・達拉・卡斯泰拉納（Jacopo dalla Castellana）的僧人可能成功地偽裝了自己。他的簡短敘述中以自傳的形式結尾：「我，雅各・達拉・卡斯泰拉納兄弟⑤，目睹了這所有事件，有幸逃出小島，因為我會講土耳其語和希臘語。」

威尼斯艦隊毫無成效地追蹤敵人的船隊回到加里波利半島，然後帶著恥辱回國了。

✯

從內格羅蓬特傳來的噩耗比十七年前從君士坦丁堡傳來的消息更令人心碎。一開始都只是謠言。七月三十一日，一名失事船隻上的水手帶著勒班陀總督的濕漉漉的信件出現了：敵人的海岸線上出現了火光，這是敵人已經取勝的不祥徵兆。消息很快得到證實。元老院目瞪口呆。

> 共和國議事會的成員們回家途中經過聖馬可廣場，被很多想知道事態究竟如何的人攔住。他們拒絕回答，默默走開，彷彿被嚇壞了一般低垂著頭。整座城市因此充滿了驚慌和沮喪，不知道發生什麼不得了的事情。有人開始傳言，說內格羅蓬特淪陷了。消息在全城不脛而走。威尼斯人的嘆息和哀痛無法用言語表達。

---

④「帕夏」是鄂圖曼帝國行政系統裡的高級官員，通常是總督、將軍及高官。

⑤「兄弟」是修道會和教會屬下的騎士團成員互相之間的稱呼，因為他們情同手足。

鐘聲響徹整座城市；懺悔的遊行在廣場進行；布道者們哀嘆著基督徒的罪孽。米蘭大使寫道：「整座城市魂飛魄散，居民都傷心欲絕」。內格羅蓬特的淪陷是帝國衰落的第一個徵兆；讓人感覺像是末日的開端。編年史家多梅尼科．馬利皮耶羅（Domenico Malipiero）寫道：「現在，偉大的威尼斯受挫了，我們自豪感被摧毀殆盡」。在那一刻，有遠見的人們預測到，海洋帝國將日漸衰落。借助新問世的威尼斯印刷機，內格羅蓬特淪陷的驚人消息傳遍義大利。

元老院試圖保持鎮定。它傳達給義大利各邦的訊息是堅決果斷的：

……我們既沒有被這樣的失敗擊垮，也沒有在精神上瓦解，相反地，我們變得更加鬥志昂揚，決心迎接這巨大的危機，增強海軍實力，派遣新的駐軍，以便加強和維護我們在東方的其他領地，這也是為了援助其他生命受到無情敵人威脅的基督徒。

但元老院很快就開始更加絕望地請求援助、團結、金錢和人力。執政官給米蘭公爵寫信稱：「整個義大利和所有基督教國家同在一條船上。任何一條海岸線、任何一個行省、義大利的任何一個部分，無論它的地理位置多偏遠、多隱蔽，都不比其他地方安全。」教宗又再次鼓吹十字軍東征，但這次還是沒有收到任何回應。每一個國家都會毫不猶豫地與穆罕默德二世訂立協約。達．卡納爾也逃過了死刑判決。元老院承認，大錯一早就已經鑄下——他們本不該任命達．卡納爾為海軍總司令。他被永久放逐到距離威尼斯三十英里外的一座塵土飛揚的城鎮——波爾托格魯阿羅（Portogruaro）。對於這個「生來就該讀書，而不該做一名水手」的精英律師來說，這個地方簡直和黑海一樣遙遠。但是錯誤地任命他的教訓並沒有被世人牢記，一代人以後，這樣的錯誤又再次被重蹈。

✯

威尼斯孤軍作戰，漸漸喪失很多領土。在戰爭初期獲得的大多數堡壘一去不復返；柯洛尼、莫東和勒班陀堅持下來，因為它們能從海路獲得源源不絕的補給。和談來了又去，與義大利各邦、匈牙利和波蘭的聯盟都毫無建樹。一四七三年，穆罕默德二世戰勝烏尊哈桑（Uzun Hassan）⑥——威尼斯在波斯邊疆的盟友，隨後便將全部注意力轉向威尼斯在阿爾巴尼亞的領地。一四七五年，蘇丹終於消滅了黑海地區的熱那亞和威尼斯殖民地。到一四七七年，形勢已經變得十分嚴峻。

在威尼斯不斷走下坡的過程中，也有一些小小的勝利。一四七二年初，新任海軍總司令彼得羅・莫切尼戈（Pietro Mocenigo）遇到一個名叫安東內洛（Antonello）的西西里人。安東內洛向莫切尼戈提出一個建議。這位年輕人在內格羅蓬特淪陷之後成為鄂圖曼人的奴隸。他志願去破壞位於加里波利半島的兵工廠。莫切尼戈同意了他的提議，並且提供他一條小船、六名志願者、數桶火藥、硫磺、松節油和大量柳丁。他們將其他材料藏在水果下面，在達達尼爾海峽航行，並於二月二十日晚間抵達加里波利半島。安東內洛深知，兵工廠防衛鬆懈。他們爬上岸，每個人肩扛

⑥ 烏尊哈桑（一四二三至一四七八年），土庫曼的蘇丹。他統治著今天的伊朗西部，以及伊拉克、土耳其、亞塞拜然和亞美尼亞的部分地區。

一袋火藥，用鉗子打開鎖，潛入到彈藥庫中。他們把火藥放置在帆、武器和索具當中，在地上播撒出一線火藥，然後從外面點火引爆。但什麼都沒有發生，因為火藥在隨船運輸過程中已經受潮了。但最終，他們成功地點燃大量瀝青和油脂。夜色中，火光衝天。土耳其人趕來之際，安東內洛又開始焚燒敵人的槳帆船，然後乘小船逃走。

在撤退途中，破壞者們遭遇了一場災難。一包火藥點燃了他們的小船。他們設法划回岸邊，鑿沉了小船，但卻被抓住並被帶到憤怒的穆罕默德二世面前。安東內洛直到最後都無所畏懼。他沒有遭到酷刑就坦然承認所做的事情，勇敢地直面「世界的災星」，並宣稱：

> ……有了偉大的精神力量，任何人都會這麼做，因為（蘇丹的）存在是全世界的災禍，他劫掠了所有鄰國君主，對所有人背信棄義，甚至企圖消滅基督之名。這也是他（安東內洛）做這一切的動機。

穆罕默德二世對這必死之人表現出的勇敢的反應很典型。「蘇丹耐心並讚賞地聽完他的話，然後下令將他斬首」。大火在加里波利半島燃燒了十天。火勢幾乎摧毀了兵工廠，造成數十萬杜卡特的損失。

在其他地方，威尼斯堅持戰鬥，遏制鄂圖曼帝國的強勁勢頭。安東尼奧．洛雷丹（Antonio Loredan），一位老派的威尼斯指揮官，在敵強我弱的情況下，在阿爾巴尼亞的斯庫塔里（Scutari）要塞打了一場充滿英雄氣概的防禦戰。一四七八年，穆罕默德二世親自督戰，攻打令他煩惱而具有戰略意義的斯庫塔里，威尼斯人再一次慷慨英勇地抵抗。但是，戰爭的代價也不斷攀升。截至一四七〇年代中期，每年的軍事開支上升到一百二十五萬杜卡特。威尼斯被戰爭拖垮，士氣低落；和平的前景讓人們一次次心生希望，卻又一次次夢碎。不斷有傳言說穆罕默德二世已經死了，但謠言總是被蘇丹新的侵略行動所粉碎。年復一年，蘇丹集結了一批又一批的軍隊，其目標無法預測。而威尼斯人的精神趨近崩潰。他們在海上仍然享有戰略優勢，卻始終無法抓住鄂圖曼人進行正面對壘。也許，到了現在，失敗的後果不堪設想，所以沒有一位指揮官敢冒險出戰。像莫切尼戈一樣，他們寧願選擇偷襲破壞，也不願意進行海戰。

鄂圖曼人不斷逼近。一四七七年，鄂圖曼非正規軍騎兵進入弗留利（Friuli）平原⑦，大肆掠奪和殺戮，燒毀房屋、森林、農作物和農場。俘虜被帶回，獻給了蘇丹。這些襲擊令威尼斯城居民大為恐慌。在聖馬可廣場鐘樓的頂部，威尼斯人可以看到潟湖三十英里外的一條行進中的火線。穆罕默德二世對戰爭的欲望似乎無法滿足。第二年，威尼斯人同意和他達成和平協議，他卻突然改變了主意，下令再次對弗留利發動攻擊，並且親自率軍圍攻斯庫塔里。那不勒斯國王向穆罕默德二世提供港口，好讓他最終擊垮威尼斯共和國。在君士坦丁堡，蘇丹正派人模仿威尼斯無懈可擊的貨幣，以鑄造金杜卡特。這些金幣帶有「蘇丹穆罕默德，穆拉德汗之子，他的勝利光芒萬丈！」的銘文，金幣背面的字樣則宣示凌駕四海的皇權：「黃金的鑄造者、陸地和海洋之上權力與勝利的王者。」

⑦ 在義大利東北部。

威尼斯的堅持已經達了極限。它苦戰到令人絕望的境地。悲觀情緒和瘟疫在城市的每一條死水河中蔓延。弗留利燎原的景象嚇壞了民眾。此前，威尼斯人過於自豪，不願屈尊以任何不合理的條件進行談判。而現在，威尼斯人幾乎願意全盤接受對方提出的條件。為了和平，他們願意放棄大國尊嚴。元老院派出他們最精明強幹的政治家，克里特島人喬萬尼．達里奧（Giovanni Dario），全權負責談判，他的許可權幾乎不受任何限制。元老院對他的唯一要求是，盡可能地維護威尼斯的商業利益，而其他的一切差不多都可以讓步。穆罕默德二世開出的條件極為苛刻。威尼斯人曾英勇保衛的斯庫塔里被放棄了，內格羅蓬特一去不復返，共和國在戰爭中奪得的所有領土又回到土耳其人手中。一四七九年後，共和國在伯羅奔尼撒半島只控制著二十六座堡壘，而鄂圖曼帝國擁有五十座。此外，他們一次性向蘇丹賠款十萬金杜卡特，並且每年還需支付一萬金杜卡特，以獲取在鄂圖曼帝國境內的貿易權。威尼斯市政官又重新前往君士坦丁堡，與他同行的是畫家真蒂萊．貝里尼。做為和約的一部分，貝里尼將會裝點穆罕默德二世的宮殿，並為這位征服者繪製肖像。

威尼斯總算鬆了口氣，且也已經疲憊不堪。這場戰爭持續了十六年。威尼斯人把這看做他們歷史中的一個特殊事件，將它稱為「漫長戰爭」。但他們搞錯了，這場戰爭只不過是個序曲，一場初期的小衝突。

☆

威尼斯人孤軍奮戰，沒有從基督教歐洲獲得任何援助或貸款。第二年，穆罕默德做出威尼斯人已經預測到的舉動：他派遣一支侵略軍進入義大利。威尼斯艦隊受命跟蹤鄂圖曼艦隊，但不進行任何干涉；威尼斯外交官們奉命對自己觀察到的鄂圖曼帝國的準備工作緘口不語。這支鄂圖曼艦隊攻擊並洗劫了奧特朗托（Otranto）城，屠殺該城市民，並在祭壇前殺死當地的主教。這次直插基督教心臟的進攻，距離羅馬只有三百英里，令人驚愕不已。恐怖氣氛觸手可及，指責之聲四起。曾不時扮演基督教世界之盾角色的威尼斯，如今卻因為坐視鄂圖曼帝國胡作非為而遭到口誅筆伐。之後，有人宣稱，「此事從威尼斯共和國而起」。威尼斯人被其他基督徒連聲痛斥，指責他們毫不做為，甚至串通敵人。法蘭西人怒吼道：「（威尼斯人是）將人血視為貨物的奸商，基督教信仰的叛徒。」但是威尼斯人獨自奮戰了十六年，自然不會聽進任何人的訓斥，更再也不會考慮基督教聯盟的事情。他們為了與鄂圖曼帝國議和，已經付出大量金錢和鮮血的代價。實際上，八分之三個羅馬帝國的領主已經被更強大的力量擠到了中立的位置。一四八一年五月十九日，一名使節抵達威尼斯，宣布了穆罕默德二世的死訊，頓時整座城市陷入一片狂喜中。沒有人比威尼斯人更歡樂。「雄鷹死了！」的喊聲響徹整座城市。教堂的鐘聲鏗鏘作響；人們舉行得到救贖的禮拜儀式，大街上燈火通明以示慶祝。奧特朗托的灘頭陣地被拋在腦後，反覆無常的十字軍東征念頭也不再被人們提起。

✯

與此同時，雖然困難重重，但威尼斯與馬穆魯克王朝的貿易正處在顛峰。威尼斯人非常勤勉地蒐集關於貿易條件和政治動盪（可能擾亂香料貿易）的商業情報，但是，世界貿易中還是有一些事情逃過了他們的火眼金睛。在一四八七年的「穆達」時節，威尼斯香料交易商在亞歷山大港購買薑和胡椒，在城市的另外一個地方，兩名摩洛哥商人因為高燒而奄奄一息。城市的總督認定他們時日無多，因而行使相關權力，沒收了這兩個人的財產。然而這兩人竟然奇跡般地痊癒，要求歸還他們的財物，並啟程前往開羅。

事實上，他們既不是摩洛哥人也不是商人。他們的名字分別是佩羅·達·科維良（Pero da Covilha）和阿方索·德·派瓦（Afonso de Paiva），而他們的真實身分是葡萄牙間諜。因為操著一口流利的阿拉伯語，他們被里斯本派去探索通往印度的香料路線。在過去七十年裡，葡萄牙航海家們已經漸漸熟悉非洲西海岸，他們在海角上留下石製十字架，來標記他們航海所到之處，同時也鼓勵後來者繼續前行。第二年，巴爾托洛梅烏·迪亞士（Bartolomeu Dias）繞過非洲的最南端——他將其命名為好望角（Cape of Good Hope）——但是沒有能夠繼續前進。他的船員拒絕前行，因為擔心可能會從世界的邊緣跌落。兩名間諜則盡己所能，尋找跨越印度洋和非洲東海岸通往印度的航線。他們的任務要祕密進行，不僅要避開阿拉伯人的眼線——因為一旦被發現就意味著死亡，也要避免讓克里斯多福·哥倫布和西班牙國王知道，因為他們與葡萄牙人存在利益競爭。葡萄牙人想贏得這場競爭，不再求助於阿拉伯和威尼斯中間商，直接從原產地印度購買大宗香料。

在兩年時間裡，科維良偽裝成一名阿拉伯商人，縱橫印度洋，在印度各港口和非洲海岸之間穿梭往返，了解季風、洋流、港口和香料集市的分布格局，並把他的發現記錄在一個祕密圖表上。他回到開羅的時候，派瓦已經死了，死因不明。一四九〇年，科維良把他的圖表和報告交給到開羅來找他的猶太間諜。科維良這個間諜高手再也沒有回國。他沉迷於旅行，偽裝成一名穆斯林朝聖者去了麥加，然後又到了衣索比亞的基督教王國。但在那裡，國王卻不允許他離開。三十年後，一個葡萄牙使團發現科維良還活著，而且像一個衣索比亞人一樣生活著。但他蒐集的情報回到了里斯本，填補了葡萄牙航海家地圖上至關重要的空白。

第二十章　火的金字塔

一四九八至一四九九年

一四九八年十月三十一日，安德烈亞．格里蒂（Andrea Gritti）從君士坦丁堡寫信給威尼斯的扎卡里亞．迪．弗雷斯基（Zacharia di Freschi）：「生意和投資的情況，我之前已經告訴過你，現在沒有新的資訊；如果價格下跌，我會通知你。」四十一歲的格里蒂是一位威尼斯糧食貿易商，在君士坦丁堡根基牢固。他同時也是一個間諜，以加密或隱藏消息的方式將情報發回給元老院，收件人則是虛構的業務合作夥伴。威尼斯方面輕鬆地解讀這一條訊息：「蘇丹正在繼續集結艦隊。」

在穆罕默德二世去世之後的近二十年內，威尼斯與鄂圖曼人維持著和平。在一四八一年繼承皇位的巴耶濟德二世（Bayezid II）最初承諾為基督教歐洲創造一個更平靜的時代。巴耶濟德二世被稱為「蘇非」（Sufi）；他對宗教很是虔誠，甚至表現得很神祕，對詩歌和冥想的生活有著濃厚的興趣，很長一段時間內他與基督徒鄰居的關係都很融洽。他甚至免除了威尼斯每年需要繳納的一萬杜卡特貢金。在此期間，共和國於一四八九年得到賽普勒斯，覺得這大大彌補了內格羅蓬特的損失。①

但巴耶濟德二世的按兵不動，有著完全世俗的理由。由於他的父親對戰爭的強烈欲望，造成他即位時國庫空虛，軍隊也筋疲力竭——而且他害怕有人以他流亡的弟弟傑姆（Cem）的名義發動一場戰爭、奪走他的皇位。傑姆被扣留在歐洲宮廷，對西方人來說是一個有用的人質。在這些限制之下，新蘇丹知道，在愛琴海還有未竟的事業：只要威尼斯在希臘仍有立足之處，鄂圖曼邊境就不完整。一四九五年傑姆去世，巴耶濟德二世在敵視威尼斯的佛羅倫斯人和米蘭人鼓動下，認為是時候將威尼斯共和國從希臘趕出去了。如果沒有一支強大的艦隊，這個目標是不可能完成的。

而準備工作是不可能隱瞞得住的。對安德烈亞．格里蒂來說，毫不誇張地講，

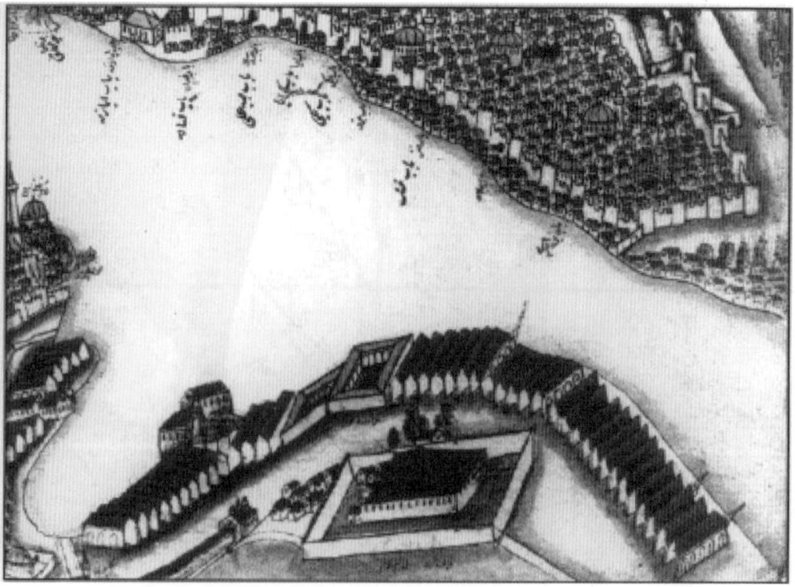

圖40 君士坦丁堡的鄂圖曼兵工廠

證據都在他眼前。君士坦丁堡被占領之後，所有歐洲人被禁止在那裡居住。他們改為居住在老熱那亞定居點加拉塔的山上，與君士坦丁堡之間隔著金角灣，即城市的深水港。格里蒂可以俯瞰還沒有完全被高牆環繞起來的新兵工廠，可以看到準備工作在進行：人員和材料的抵達，錘子和鋸子發出的聲音，瀝青的沸騰聲和持續不斷的牛車的聲響。

格里蒂從一四九四年開始為威尼斯元老院提供源源不絕的詳細情報。進入一四九九年之後，情報變得愈來愈精確——他估算土耳其人的進攻時間表和目標——情報的傳遞也變得更加危險。一四九八年十一月九日，他寫道：「海盜俘虜了一艘載貨量兩百桶的船」，意思是「蘇丹正在準備兩百艘船」；在十一月二十日這天，他表示自己說不準鄂圖曼人的目的。一四九九年二月十六日，他用暗語寫道：「它將在六月出發……水陸並進的強大力量，人數還不清楚，去向也不明。」三月二十八日，他用暗語說，他因為債務在獄中服刑，但是希望在六月被釋放，意思是「敵人艦隊將於六月出發」。透過陸路寄信是很危險的。格里蒂的方法是讓信使沿著古羅馬道路前往杜拉佐港，然後渡海前往科孚島。這些信使一旦被抓獲，必死無疑。一四九八年十月，科孚島市政官報告了兩名給格里蒂送回信的信使的下場。有人發現，第一名信使被埋在沿途一個村莊的糞堆裡；第二名信使則是到了君士坦丁堡之後立刻被逮捕。他現在正派遣第三個信使。一月，格里蒂回信說：「因為風險太大，將不再透過陸地送信。」

① 賽普勒斯呂西尼昂王朝的末代君主詹姆斯二世（James II）於一四七三年駕崩，此後威尼斯便控制了賽普勒斯，以詹姆斯二世的遺孀凱薩琳（Catherine）為傀儡。一四八九年，威尼斯強迫凱薩琳退位，正式吞併賽普勒斯。

雙方都在準備戰爭的同時宣揚和平。在君士坦丁堡，官方散布消息，稱正在準備一支艦隊，以清剿海盜。威尼斯人沒有上當；如果單純是為了維持治安，這支艦隊的實力也太過強大了。格里蒂指出：「他們花錢如流水。錢款還沒有申請，就已經支付完畢。這是明顯的信號。」然而，沒有人能確定鄂圖曼人的目標。五花八門的理論、間諜報告和跡象從大海彼岸的情報站大量湧入威尼斯，這是些模糊而不祥的雜音。謊言數不勝數。四月，最新的威尼斯大使抵達君士坦丁堡的時候，日記家吉羅拉莫・普留利記載道：「蘇丹史無前例地熱情款待了這位威尼斯大使，之前從未有任何一位大使受到過這樣的禮遇。蘇丹還承諾，永遠不會背棄與威尼斯的和平條約……但威尼斯人對此深思熟慮後，決意絕不相信這樣的承諾。」但正在準備中的行動是不是針對威尼斯的呢？羅得島和黑海都可能有危險。甚至有傳言說，打擊的目標可能是穆斯林的馬穆魯克王朝：五月，大馬士革和亞歷山大港發來信件稱，大量土耳其騎兵出現在敘利亞邊境。這些情報最終證明是無用的，這只不過是護送蘇丹的母親去麥加的衛隊罷了。但顯而易見的是，龐大的陸軍正在集結。有人擔心扎拉；也有人猜測，目標是科孚島；弗留利居民也做好了抵抗襲擊的準備。

☆

一四九九年註定是威尼斯歷史上充滿災難的一年。這從兩位威尼斯元老逐月記錄的日記中可見一斑：銀行家和商人吉羅拉莫・普留利，他高度關注共和國的財政狀況；馬里諾・薩努多，他長達四十年的日記生動地描繪了威尼斯的生活；第三位記錄者則是槳帆船指揮官多梅尼科・馬利皮耶羅，他是唯一一位在前線記載時事的人。

他們記錄了一連串的壞事。這一年開年不利，然後開始走下坡。威尼斯深陷大陸事務的泥沼中，國庫吃緊。二月初，加爾佐尼（Garzoni）家族和里佐兄弟的銀行破產了。五月，里波馬諾（Lipomano）銀行倒閉；第二天，當阿爾維斯·皮薩尼（Alvise Pisani）銀行開門營業時，「伴隨著巨大的吼聲，一大群人跑到銀行去取款」。里亞爾托處於動盪之中。普留利覺得這個現象造成極大的破壞：

> ……因為全世界都知道，威尼斯現在像大出血一樣損失大筆金錢，現在那裡沒有錢了。因為第一家宣布破產的銀行是所有銀行裡最著名的，有著最高的可信度，所以整座城市裡，信心幾乎蕩然無存。

在這氣氛中，鄂圖曼威脅的流言甚囂塵上，甚至腳踏實地的威尼斯人也開始受到迷信的影響。在普利亞，人們觀察到一場禿鷲和烏鴉之間的空戰；據馬利皮耶羅說：「人們撿到了十四隻死鳥，但禿鷲比烏鴉多。上帝保佑，但願這……不是預兆著，基督徒和土耳其人之間要發生什麼邪惡的事情！」更多的惡兆接踵而來。有消息稱鄂圖曼艦隊日漸壯大。威尼斯在三月選出了一位新的海軍總司令。在聖馬可教堂舉行的為戰旗賜福的儀式上，新任總司令安東尼奧·格里馬尼（Antonio Grimani）把總司令的權杖拿反了。老人們回憶著其他這樣的例子和它們導致的災難。

格里馬尼是一位富翁，是名利場的老手，而且政治野心很重。他在敘利亞和埃及的香料市場上發了大財。他的精明簡直是個傳奇。據普留利說：「泥土和汙垢經他觸摸後，就變成了黃金。」

據說，在里亞爾托，人們試圖搞清楚他在做什麼買賣，然後跟著學，就像模仿一位成功的股票交易商一樣。格里馬尼已經證明自己在戰鬥中足夠勇敢，但他不是一位經驗豐富的海軍指揮官，也不知道如何調遣大艦隊。在一四九九年初幾個月的銀行業危機中，他精明地提出自費武裝十艘槳帆船，並向國家貸款一萬六千杜卡特（以國家食鹽貿易的收入為抵押），以此獲得了海軍總司令的職位。毫無疑問，他把這個位置當成登上執政官寶座的踏腳石。他在執政官宮殿前方的碼頭（稱為「莫羅」）擺開招募士兵的長凳，拉開花稍的表演排場，用普留利的話說，是「極盡浮華」。他身著鮮紅色華服，站在五堆閃閃發光的金幣（共三萬杜卡特）前，彷彿在宣傳他點石成金的本領，邀請群眾參軍入伍。不管採用了什麼方法，格里馬尼在組織艦隊上非常成功。儘管存在人員和金錢短缺、水手間爆發瘟疫和梅毒等一系列問題，到七月他仍在莫東集結了威尼斯史上最龐大的海軍力量。格里馬尼被吹噓為「又一個凱撒和亞歷山大」。

然而在這些安排裡還是能找到裂紋。共和國有權徵用國營商用槳帆船，為戰爭服務。六月，所有這些已經被拍賣給各財團、用於前往亞歷山大港和黎凡特的「穆達」航線的槳帆船被強行徵用，他們的投標人被授與船長的頭銜和薪水。投標人們對這一做法十分不爽。這表明，國家大事和自私自利的貴族寡頭的商業利益之間已經出現衝突，對聖馬可旗幟的愛國精神受到很大的挑戰。不服從國家命令的下場是非常嚴厲的懲罰：不願意為國效力的投標人將被驅逐出威尼斯五年，罰款五百杜卡特。但仍然有不服從的人。普留利相信（或許他是在事後回憶的，所以知道後來發生的事情），威尼斯當時正被引向一場災難。「我雖然懷疑，但覺得在這座光榮而尊貴的城市裡，我們的貴族歪曲正義，我們的城市將會因為罪孽而遭受一些傷害和損失，威尼斯將被帶到懸崖的邊緣。」整個夏天，所有商業活動暫停，黎凡特的貨物——薑、棉花、胡椒——的價格開始飆升。海軍防禦的需求使得城市的商業系統壓力陡增。

從君士坦丁堡傳來的消息愈發令人沮喪。普留利寫道：「土耳其人的力量強大而令人恐懼，在陸地和海洋上振聾發聵。」六月，君士坦丁堡城內所有威尼斯商人被逮捕，他們的貨物也被沒收。按照慣例，威尼斯潟湖的各教區舉行了懺悔的宗教儀式。與此同時，格里蒂的好運已經用完。一名走陸路的信使攜帶著未加密的信件，遭到攔截，並處以絞刑；另一名信使在前往勒班陀的途中被處以刺刑。消息傳到城內，格里蒂遭到逮捕，他很快被關進博斯普魯斯海峽邊的一個黑暗地牢中，性命堪憂。

據報告，土耳其艦隊於六月二十五日通過達達尼爾海峽，同時一支龐大的陸軍正向希臘推進。毫無疑問，土耳其人企圖發動某種鉗形攻勢。當鄂圖曼艦隊繞過伯羅奔尼撒半島時，許多被強徵來的希臘水手逃跑了。很快地，格里馬尼了解到，敵軍行動的目標要嘛是科孚島，要嘛是科林斯灣入口處具有戰略意義的小港勒班陀。八月初，鄂圖曼陸軍出現在勒班陀城外，於是敵人的目標和戰術就一下子明朗了。勒班陀的城牆固若金湯，從希臘山區運送大砲是行不通的。鄂圖曼艦隊的任務是運送大砲，而威尼斯艦隊的目標則是阻止他們。同一天，元老院得知，格里蒂還活著。

六月間駛出達達尼爾海峽的鄂圖曼艦隊在準備之時，正是海軍戰術發生變革的時期。傳統意義上的海戰是槳帆船之間的較量，但到了十五世紀晚期，人們開始實驗，將「圓船」——即使用風帆動力、高船舷的帆船，稱為克拉克大帆船，傳統上用於商業——投入作戰。鄂圖曼人建造了兩艘這種類型的巨型帆船。像鄂圖曼造船廠中大多數的創新一樣，這些船很有可能是仿照威尼斯的藍本改造而來的，而且出自一名叛逃的造船匠之手，叫做詹尼（Gianni），「他在威尼斯看過造船的過程，在那裡學到這方面的技藝」。這些帆船擁有高聳的艏樓和艉樓，以及尖塔狀的桅杆瞭望台，按照當時的標準來說是非常巨大的。據鄂圖曼編年史家哈吉・哈利法（Haji Khalifeh）②記載：「每艘船長七十腕尺，寬三十腕尺。桅杆是好幾棵樹疊加在一起的高度……主桅樓能夠承載四十名穿盔甲的士兵，他們可以居高臨下地用弓箭和火槍射擊。」這些船是不同類型船隻混血的產物，是船舶進化過程中的一個縮影：除了風帆之外，它們還有二十四支巨大的船槳，九個人划一支槳。它們體積巨大——估計排水量為一千八百噸——可以裝載一千名士兵，並且第一次可以攜帶大量火砲，從側舷的砲門射擊。鄂圖曼人相信，他們的兩艘有護身符作用的巨艦遇到威尼斯槳帆船，一定所向披靡。

巴耶濟德二世在海軍發展上做得很是細緻全面，他所做的不僅僅是建造船隻。他網羅航海的專業人才，從愛琴海招募穆斯林海盜到他的海軍司令部，這些私掠海盜以聖戰的名義四處劫掠基督教船隻，無論是實務船隻操作還是開放海戰都非常精通。正在緩緩繞過希臘南部海岸的龐大艦隊中有兩位經驗豐富的海盜船長——凱末爾雷斯（Kemal Reis）和布拉克雷斯（Burak Reis）③，他們因為經常襲擊威尼斯船隻而臭名遠揚。專業人士的加入增加了蘇丹的信心，他調動艦隊向西進入愛奧尼亞海——威尼斯本土水域的門檻。

鄂圖曼艦隊雖然規模宏大，但質量參差不齊。一共有大約兩百六十艘船，包括六十艘輕型槳帆船、兩艘碩大無朋的圓船、十八艘較小的圓船、三艘重型槳帆船、三十艘弗斯特戰船（小型槳帆船）和一大群小船。重型槳帆船和圓船除了載著水手和槳手，還裝載著大量近衛軍——蘇丹自己的精銳部隊。巨大的圓船每艘裝載一千名士兵。這支大艦隊一共約有三萬五千人。

格里馬尼的艦隊就小得多，一共有九十五艘船，由槳帆船和圓船混合編成，包括兩艘他們自己的千噸級克拉克帆船，船上載著火砲和士兵。威尼斯人前不久曾運用成隊的克拉克帆船來追捕海盜，但他們從未召集過規模如此之大的槳帆船和帆船的混合艦隊。格里馬尼大約有兩萬五千人。儘管雙方在艦隊規模上有差距，但他還是志在必得。他從希臘水手那裡得知，他手下的重型船隻——克拉克帆船和重型槳帆船——比敵人多，有能力粉碎對手的戰線。因此他寫信給元老院說：「諸位大人明鑑，蒙上帝洪恩，我們的艦隊將贏得一場光榮的勝利。」

七月末，在希臘的西南角，格里馬尼在莫東和柯洛尼之間發現鄂圖曼艦隊的蹤跡，並且開始跟蹤它的航路，伺機攻擊。世界上最大的兩支海軍——共計三百五十艘船和六萬名士兵——沿著海岸並列前行。局勢很快就明朗：土耳其人對海戰沒什麼興趣；他們的任務就是把大砲送到勒班陀，他們採取了相應的行動，緊貼著海岸線航行，以至於一些船隻擱淺，希臘船員棄船逃走。七月二十四日，鄂圖曼艦隊司令將他的艦隊駛進薩皮恩扎島上的隆哥港躲避。那是威尼斯歷史上的

② 哈吉·哈利法（一六〇九至一六五七年），即卡迪布·切列比（Katip Chelebi）。「哈吉」是對曾經去過麥加聖地的朝覲者的尊稱。他是鄂圖曼帝國的學者、歷史學家和地理學家。他的名著《真理的平衡》（*The Balance of Truth*）包含對伊斯蘭教法、倫理和神學的研究，哈利法的思想較為開明和寬容，常常批評伊斯蘭宗教當局的狹隘。該書對研究十六和十七世紀鄂圖曼社會的發展很有幫助，且內含關於咖啡和菸草等進入鄂圖曼帝國的描述。

③「雷斯」（Reis）原意是「船長」，後來變為對海軍高級將領的尊稱。

一個傷心地。正是在這裡，尼可拉．皮薩尼——韋托爾．皮薩尼的父親，在一百五十年前被熱那亞人擊潰。

在威尼斯，人們焦急地等待著。普留利感覺到，這個世界處在不祥的騷動之中：「目前在世界各地發生著劇變和戰爭的動盪，許多大國也在行動中：威尼斯人對陣土耳其人，法蘭西國王和威尼斯對陣米蘭，神聖羅馬皇帝對陣瑞士，奧爾西尼（Orsini）家族④在羅馬對陣科隆內西（Colonesi）家族，（馬穆魯克）蘇丹對抗自己的人民。」八月八日，他從另一個來源獲知一個令人不安的傳言，就像世界遠端的地震傳來的沉悶震動。從開羅寄出、在亞歷山大港中轉的信件稱道：「來自印度的人聲稱，屬於葡萄牙國王的三艘卡拉維爾（caravel）帆船⑤已經抵達亞丁和印度的卡利卡特（Calicut），它們是被派去尋找香料群島的，指揮官是哥倫布。」其中兩艘船已經遇難，而第三艘船因為逆流一直無法返回，船上人員被迫改走陸路，取道開羅。「這消息如果是真的，將對我影響很大；但我並不相信。」

與此同時，格里馬尼一直在等待鄂圖曼艦隊從薩皮恩扎繼續推進。當鄂圖曼艦隊出動時，他駕船出海，繼續一個又一個海岬地跟蹤它們，像貓捉老鼠的遊戲一般。在炎熱的夏日，希臘海岸邊中午就不再起風；海軍總司令不得不等待一股持續的向岸風（onshore wind）來襲擊他的獵物。一四九九年八月十二日上午，機會似乎來了，鄂圖曼人離開威尼斯人所謂的宗奇奧海灣，撞上了一股強勁的向岸風。

格里馬尼的目標已經到他視線之內；列成長長一排的敵軍艦隊在他面前的開闊水域分散開，而且處於下風處。在指揮艦隊時，他遇到一些特殊的困難——編組風帆動力的大帆船、重型商用槳帆船和輕而快的軍用槳帆船讓人頭疼——但他還是按照慣例排兵布陣：重型戰船——帆船和重型槳帆船——做為先鋒來撕裂敵人的陣線，較輕的快速槳帆船緊隨其後，等到敵人被打散時出擊。他給指揮官們下達了明確的書面指示，前進時「要保持足夠的間距，避免擠在一起或折斷船槳，儘量保持良好秩序」。他明確表示，在戰鬥中誰要是膽敢爭搶戰利品，將被處以絞刑；任何怯戰避敵的指揮官也會被絞死。在開戰前，這是標準的命令，但格里馬尼也許聽到了一些風聲：被徵用商船的老闆們對他有怨言。他的命令是否清晰明確，之後引起了很大的爭論。多梅尼科・馬利皮耶羅認為他的命令「充滿漏洞」；阿爾維斯・瑪律切洛（Alvise Marcello）是所有圓船的指揮官，心裡有鬼，因此宣稱這些命令在最後一刻被混亂地改變了。不管真相如何，格里馬尼剛剛升起十字架，吹響進攻的號角，同時也發生意外事件，打破他的鎮靜：一隊小船在其指揮官安德烈亞・洛雷丹——一位實戰經驗豐富的航海家，很受水手們歡迎——帶領下，不請自來。

洛雷丹這麼做實際上違反了軍紀。他擅離科孚島的崗位，想去分享戰場的榮耀。格里馬尼對攻勢被擾亂很是惱火；而且也因為被搶了鋒頭而惱羞成怒。他責備洛雷丹不聽命令，但還是決定讓他指揮名為「潘朵拉」號（Pandora）的圓船，與另一艘圓船（指揮官為奧爾本・德・阿默

---

④ 奧爾西尼家族是義大利的一個貴族家族，在中古時期的義大利以及文藝復興時期的羅馬皆有強大的影響力。家族成員包括切萊斯廷三世（Celestine III）、尼古拉三世（Nicholas III）、本篤十三世（Benedict XIII）三位教宗，三十四位紅衣主教，為數甚多的雇傭軍首領以及其他重要政治人物及宗教人士。

⑤ 卡拉維爾帆船是十五世紀盛行的一種三桅帆船，當時的葡萄牙和西班牙航海家普遍用它來進行海上探險。

〔Alban de Armer〕）一同衝鋒。這兩艘是艦隊裡最大的船，每艘排水量約一千兩百噸。洛雷丹此行也有個人恩怨要了結。他花了很多時間抓捕海盜凱末爾雷斯；如今他相信自己的獵物就在眼前，而且指揮著詹尼製造的最大的那艘帆船；但事實上這艘船的船長是另一名海盜首領——布拉克雷斯。威尼斯水手們看著自己的大帆船逼近敵人那艘一千八百噸的無敵浮動堡壘時，「洛雷丹！洛雷丹！」的吶喊響徹整支艦隊。

隨後發生的是海戰演化過程中的一個歷史性時刻，是特拉法爾加海戰（Battle of Trafalgar）⑥的預演。隨著三艘龐然大物接近，雙方都打開舷側的砲口，用猛烈的轟擊展現火砲的強大威力：近距離下大砲發出的震天怒吼，濃煙和閃爍的火光讓在其他船上觀看的人魂飛魄散。在盾牌的保護下，數百名士兵聚集在甲板上，發射出暴雪般的子彈和箭矢；在四十英尺高的桅杆瞭望台上，在聖馬可的雄獅旗和鄂圖曼新月旗下，雙方士兵在半空中互相攻擊，或向下方的甲板投擲木桶、標槍和石塊；一大群鄂圖曼輕型槳帆船圍攻基督教圓船高聳而堅固的木質船身。人們奮力攀上船沿，卻跌回海裡。絕望的落水者在船隻殘骸中露出頭來。

相比之下，威尼斯其他的一線指揮官卻幾乎沒有前進。基督教艦隊的先鋒似乎被他們眼前的駭人景象嚇倒了，躊躇不前。圓船的指揮官阿爾維斯．瑪律切洛俘虜一艘鄂圖曼輕型船之後就撤退了，不過瑪律切洛後來自吹自擂，把自己的表現大大渲染了一番。只有一艘重型槳帆船在英勇的船長維琴佐．波拉尼（Vicenzo Polani）率領下加入激戰。這艘船遭到一大群鄂圖曼槳帆船的襲擊，鏖戰了兩個小時。在濃煙和混亂中，「每個人都認為它輸定了；一面土耳其旗幟已經在船上升起，但這艘船仍頑強抵抗，消滅了很多土耳其人……上帝開恩，送來一陣風；它順勢揚起帆，從土耳其艦隊的手掌心逃了出來……被燒傷，而且殘破不堪；」馬利皮耶羅繼續寫道，「而且如果其他重型槳帆船和圓船跟著它衝上去，我們早已經把鄂圖曼艦隊擊潰了。」

其他槳帆船和克拉克帆船幾乎沒有一艘衝上去與敵人交鋒。沒有人理會格里馬尼瘋狂的喇叭召喚。指揮體系崩毀了。命令發出之後無人執行甚至遭到牴觸，格里馬尼沒有身先士卒，而許多更有經驗的船長被堵在後方。後面的槳帆船上的槳手大喊著「攻擊！攻擊！」敦促重型船艦前進。但這沒能激起任何反應，於是「絞死他們！」的喊聲響徹水面。只有八艘船參加戰鬥，且大多數是從科孚島過來的輕型船，很容易被砲火擊傷。有一艘船很快就沉沒了，這進一步壓制了戰鬥的熱情。當波拉尼的船出現時，船被燒焦、嚴重受損，但奇跡般地沒有沉沒，其他重型槳帆船隨後跟著它開到了上風處。

與此同時，「潘朵拉號」和奧爾本的船繼續和布拉克雷斯的克拉克帆船纏鬥。三艘船撞在一起，船上的人們開始了船和船、人與人之間的近身肉搏。戰鬥持續了四個小時，威尼斯人似乎開始占上風；他們用鎖鏈鉤住敵人，準備登船。接下來具體發生了什麼，並不清楚；三艘船糾纏在

⑥特拉法爾加海戰是一八〇五年拿破崙統治的法國與英國的一場海戰。拿破崙計劃進軍英國本土，為牽制住強大的英國海軍，拿破崙派海軍中將維爾納夫（Villeneuve）率領的法國和西班牙聯合艦隊與英國海軍周旋。一八〇五年十月二十一日，雙方艦隊在西班牙特拉法爾加角外海相遇，戰鬥持續五小時。由於英軍指揮、戰術及訓練皆勝一籌，法、西聯合艦隊遭受決定性打擊，主帥維爾納夫以及二十一艘戰艦被俘，但英軍主帥霍雷肖・納爾遜（Horatio Nelson）海軍中將也在戰鬥中陣亡。此役之後，法國海軍精銳盡喪，從此一蹶不振，拿破崙被迫放棄進攻英國本土的計畫。而英國海上霸主的地位得以鞏固。

一起，難解難分，這時鄂圖曼戰船上燃起了大火。要嘛是偶然，要嘛是刻意自毀——因為布拉克雷斯受到極大壓力，已經接近絕望——鄂圖曼戰船上的火藥庫爆炸了。火焰爬上索具，燒著收攏的船帆，把前桅樓上的士兵活生生地烤熟了。燻黑殘破的桅杆折斷了，墜落到甲板上。下面的人要嘛立刻在他們站立的地方被火焰吞沒，要嘛趕緊跳海逃生。其他船上的人們注視著這活生生的火的金字塔，呆若木雞、心驚膽寒。這是一個新層級的海上災難。

但土耳其人表現得很鎮定。當他們載有一千精兵、堅不可摧的戰艦就在他們面前熊熊燃燒時，土耳其人的輕型槳帆船和快速帆船迅速地東奔西走，從殘骸中營救自己的士兵，殺死落水的敵軍。基督教一方則只是目瞪口呆地看著。洛雷丹和布拉克雷斯消失在火海中。據傳說，洛雷丹臨死時還舉著聖馬可的旗幟。更令人痛心的是，沒有人為解救倖存者付出過一絲努力。另一艘克拉克帆船的船長——德．阿默，逃離他燃燒著的船，乘坐小船離開，但被抓住並殺死。馬利皮耶羅悲傷地寫道：「土耳其人用長船和雙桅帆船營救他們自己的人，屠殺我們的士兵，因為我們這一方沒有表現出這樣的憐憫之心……所以對我們的共和國和基督教造成了巨大的恥辱和傷害。」

事實就是如此。宗奇奧之戰中，威尼斯人並沒有被敵人打敗，而是被自己打敗了。威尼斯錯過了阻止鄂圖曼帝國擴張的機會。在心理上，八月十二日是一場徹頭徹尾的災難。懦弱、優柔寡斷、混亂、不願為聖馬可旗幟捐軀：宗奇奧的慘敗為威尼斯人的航海靈魂留下深深的不可磨滅的傷痕。內格羅蓬特的災難可以歸因於一次糟糕的任命，或者單個指揮官的能力不足；但在宗奇奧的崩潰則是系統性的。它顯示出威尼斯整個體制的裂痕。元老院大體上為了金錢利益，重蹈覆轍，任命了一個毫無經驗的人。但是責任不全在格里馬尼身上。在這一天結束的時候，主要指揮官們手裡還拿著火藥的時候，已經感受到可怕的恥辱感。他們開始起草報告。

所有這些報告都包含著條件句，例如「如果其他人做了（或沒有做）某事，我們早已贏得一場光榮的勝利」。格里馬尼的報告是透過他的神父發來的。他指責道，失敗的原因是商用槳帆船的貴族船長們的不做為態度和集體的膽怯：「除了維琴佐・波拉尼以外的所有商用槳帆船聞風而退，不肯參戰……整支艦隊高聲疾呼『絞死他們！絞死他們！』……上帝知道，他們活該被絞死，但若那樣的話就必須處死我們艦隊中五分之四的人。」他對商船的貴族老闆們的譴責尤其激烈：「我不會隱藏真相……貴族們自始至終爭執不休，毀了我們國家的就是這些人。」

阿爾維斯・瑪律切洛寫了一份自吹

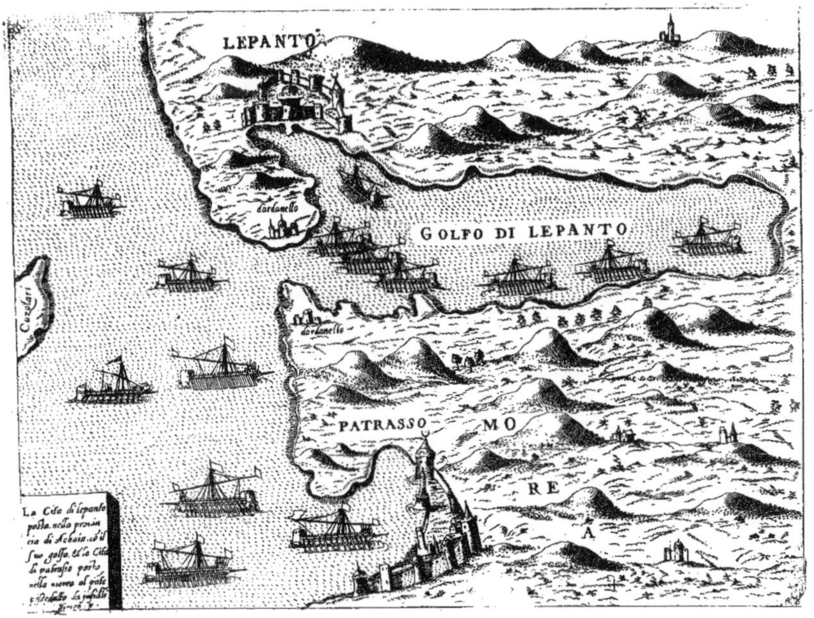

圖41　勒班陀

自播的報告，指責混亂的命令，並戲劇性地加工自己扮演的角色：他獨自衝入混戰，被敵人包圍。「在槍林彈雨中，我擊沉一艘敵船，船上人員全部喪生；另一艘船來到了我的側舷；我的一些士兵跳上敵船甲板，斬殺了很多土耳其人。最後我放火燒毀那條船」。最後，巨大的石彈擊碎他的船艙，砸傷他的腿，他的同伴不斷在他身旁倒下，於是他不得不撤退。但其他人則對他的所謂壯舉嚴加指責。「他剛進去就又出來了，自稱俘虜一艘船」，神父這樣嘀咕著。多梅尼科·馬利皮耶羅是此役中少數聲譽沒有受損的人之一，他認為戰敗原因主要在於格里馬尼的指揮混亂。普通水手們相信，格里馬尼完全是出於嫉妒，把洛雷丹推向了絕路。

這一天結束的時候，威尼斯艦隊撤退到外海；遍體鱗傷的鄂圖曼艦隊沿著海岸緩慢地向勒班陀港前進，陸軍部隊在岸上跟隨著它，為其提供保護。戰役還在持續，但威尼斯已經士氣全無，這次失敗的代價被證明是極其昂貴的。他們還發動幾次無效的進攻，希望把敵人引誘到開闊水域；火船闖進敵方艦隊，幾艘槳帆船被擊沉，但鄂圖曼艦隊大體上完好無損。在科林斯灣的入口處，鄂圖曼艦隊不得不冒險進入開闊海域，駛入勒班陀。這是威尼斯人的最後一次機會；這一次，有一支法蘭西的小型艦隊伴隨他們。只有少數幾艘勇敢的戰船向土耳其人發起進攻，擊沉八艘槳帆船，但其餘的船顯然還對宗奇奧之戰的熊熊烈火心有餘悸，不敢闖入重砲轟擊的火網。法蘭西人看到如此混亂的形勢，同樣拒絕參戰。他們極具羞辱性地評價威尼斯人的準備工作：「（法蘭西人）看到我們的艦隊毫無紀律可言，說我們的艦隊很壯麗，但他們不指望我們的艦隊能做任何有用的事情。」機會稍縱即逝。馬利皮耶羅再次扼腕嘆息道：「如果我們所有其他的槳帆船都參與襲擊，我們一定會打敗鄂圖曼艦隊。這就像上帝是上帝一樣肯定。」結果，大部分的鄂圖曼戰船繞過最後一個海岬，進入了勒班陀港。在海上，威尼斯人等待著不可避免的結果。馬利皮耶羅回憶道：「艦隊裡的很多好人都忍不住流下眼淚，他們說總司令就是一個叛徒，沒有精神去盡力履行他的職責。」

在城裡，四面楚歌的守軍已經打退鄂圖曼軍隊的幾次進攻，並期盼西邊海平線上出現風帆。當他們看到威尼斯艦隊駛近時，歡呼著敲響了教堂的鐘。但隨著船影愈來愈近，令他們魂飛魄散的是，船上的旗幟不是獅子，而是新月。當他們得知這些船隻攜帶著攻城砲的時候，勒班陀隨即投降了。

格里馬尼沒有絞死任何人，也沒有斥責任何貴族指揮官。

第二十一章　掐住威尼斯的咽喉

一五〇〇至一五〇三年

在威尼斯，勒班陀的淪陷可謂是驚天醜聞。後續調查和審訊一片混亂，各方互相指責。人們都把矛頭指向安東尼奧．格里馬尼和他的家族。格里馬尼大宅遭到大群暴民包圍；屋內財產都被匆匆轉移到附近一座修道院中保管；一名忠心耿耿的阿拉伯奴隸遭到攻擊，橫屍街頭；格里馬尼的宅邸和商店都被塗鴉。街頭頑童高喊：「安東尼奧．格里馬尼，毀掉基督教世界的人……威尼斯的叛徒，但願你和你的兒子被狗吃掉。」家族的其他成員因為太害怕而不敢在元老院露面。

格里馬尼回到威尼斯已經是四個月之後的事情。他被強硬地告知，如果他乘著自己的旗艦駛入聖馬可灣，他將被當場處死。他只得乘上小船，和所有一敗塗地的海軍指揮官一樣，身披枷鎖，狼狽而歸，場面之戲劇性，不亞於當年皮薩尼兵敗的慘狀。而這天恰好是十一月二日，萬靈節①。

① 天主教用做紀念親人的瞻禮日。

和皮薩尼不同，當格里馬尼在夜幕中跌跌撞撞地走下甲板時，沒有同情他的祝福者出現在道路兩旁。沒有人像他一樣，在公眾心目中隕落得如此迅速、如此徹底。普留利曾說這位海軍將領「就如同偉大的亞歷山大、著名的漢尼拔或者是了不起的尤利烏斯・凱撒」，而如今人們都說，他一看到敵人就立馬變成了廢物。這正是世事無常之所在，人們見證「這位將軍從炙手可熱到一蹶不振……須臾之間，時過境遷」。他身披枷鎖，在兒子的攙扶下走到執政官宮殿，一路叮噹作響，不得不由四名僕人抬他前往會議室。儘管天色已晚，當他被宣布關進潮濕的地牢時，還是有兩千人在一片死寂中見證了這一刻。

接下來的訴訟很是苦澀漫長。滿腔怒火的控方要求將他處以極刑，稱他是「國家的災難、共和國的叛徒、國家的敵人、導致勒班陀淪陷的瀆職指揮官、腰纏萬貫卻滿腹虛榮的傢伙」。他們用格里馬尼曾經擔任過的諸多光榮公職——「槳帆船指揮官、亞歷山大港護航隊指揮官、食鹽管理官、陸地上的賢者、拉文納（Ravenna）總督、十人議事會的領導人、公社的律師、海軍總司令」——來對比他此刻的醜態：身陷囹圄，因飢寒而患病。公訴辭以鼓點般的激烈言辭作結：「他的墓碑上將會這樣寫道：這裡埋葬著一個在聖馬可廣場被處決的人。」對富有的譴責在威尼斯人的公共生活中有了新的定義。富裕一直被認為是一種美德；而現在它卻成了道德上的一個汙點。擺放在徵兵長凳前大肆炫耀的大堆黃金如今也變成了麻煩。而在這一切背後，是統治階級核心內部的矛盾和派系鬥爭。有人要把格里馬尼家族趕出商業競逐圈。

格里馬尼辯稱，他的命令沒有得到遵守；貴族船主們消極避戰，指揮官們因為懦弱和不服從而臨陣脫逃。其他人也都有自己的一套說法。阿爾維斯・瑪律切洛儘管極力為自己辯解，但終究還是難逃其咎；馬利皮耶羅認為，格里馬尼的錯不是懦弱而是缺乏經驗：他組織艦隊不力，而且他升起十字架不符合常規，升起他在聖馬可廣場得到的戰旗才是船長們習慣的進攻信號。可以確定的是，格里馬尼沒有訓斥作戰不力的貴族指揮官們，這也許是因為他不想得罪那些能夠在未來支持他政治前途的人。最後人們達成共識：責任是集體的，而不是個人的。格里馬尼最終沒有被判處死刑。他被逐出威尼斯，並支付高賠償金給在戰爭中有成員犧牲的貴族家庭。

✯

戰局差不多還是像以前一樣糟糕。新指揮官走馬上任，卻無力扭轉大局。占領了勒班陀之後，鄂圖曼帝國在愛奧尼亞海邊緣就有一個用於海軍作戰的安全前沿基地。在這段緊張的時期，李奧納多．達文西（Leonardo da Vinci）來到威尼斯，做為軍事工程師，為威尼斯效力。他的腦子裡裝滿了奇思妙想的城市防衛計畫，例如以竹子做為呼吸管的豬皮潛水服，以及潛艇的草圖。不過，他的創意發明最終沒有能夠實現（兩年後，他為蘇丹巴耶濟德二世擬定建造橫跨金角灣單拱橋的建議書）。

威尼斯元老院更關注當前的局勢。在一五〇〇年的頭幾個月，人們愈來愈為柯洛尼和莫東的安全擔心。當年七月，一位新的指揮官，吉羅拉莫．孔塔里尼（Girolamo Contarini）在同一片海域，帶著槳帆船、圓船和商船的混合艦隊重演了宗奇奧之戰。當他們全線進攻時，風停了，圓船無法繼續戰鬥，四艘重型槳帆船撤退，兩艘船被敵方俘虜。孔塔里尼的船被打得傷痕累累，逐漸下沉，被迫選擇撤退。指責聲再次不絕於耳。

接著巴耶濟德二世親自帶領人馬，來到莫東城牆腳下。他帶來大量火砲和從孔塔里尼手中繳獲的戰船旗幟，來打擊守軍的士氣。從城鎮裡，總督發出簡短而絕望的消息，來描述他們所處的困境：「城牆之外的鄉間漫山遍野盡是帳篷……日夜不停的砲擊……三分之一的人或死或傷……其他人也都坐以待斃……火藥所剩無幾。」在外海，貴族船主們害怕鄂圖曼艦隊，又一次拒絕戰鬥。只有一名叫做祖阿姆・馬利皮耶羅（Zuam Malipiero）的船長帶著四艘槳帆船穿過封鎖線，願意「為國家犧牲生命」。這樣超群的勇敢得到了回應，「頃刻間，槳帆船水手們高喊著，他們自願和他一起犧牲，願駕船衝鋒」。普留利在安全距離之外苦澀地記錄道：「其他人缺乏精神和勇氣，都留在了艦隊中。」馬利皮耶羅的幾艘槳帆船英勇地衝出鄂圖曼艦隊的封鎖，進入莫東的小型環港。筋疲力竭的守軍看見救援來到，丟棄了他們的崗位，開始跑向船隻，這造成災難性的後果。

八月二十九日晚上八點，消息像往常一樣傳到威尼斯：一艘輕型快速帆船借助風勢，駛入聖馬可灣。這一天正好是聖約翰被斬首的那一天，是基督教日曆中象徵厄運的一天。當莫東淪陷的消息傳到十人議事會金碧輝煌的大廳時，這些平日威風凜凜地領導最尊貴的威尼斯共和國的政要們大哭了起來。莫東甚至比內格羅蓬特更重要。它的重要性既是情感上的，也是商業上的。威尼斯損失的不僅僅是六千人、一百五十門大砲和十二艘槳帆船。莫東是第四次十字軍東征的遺產，是威尼斯最早的殖民霸業的一部分，它能算做是威尼斯海洋帝國最寶貴的財富之一。普留利說：「他們彷彿眼睜睜看著自己喪失了航海能力，因為莫東是所有船隻、所有航路的中轉港口和交通樞紐。」當蘇丹出現在距莫東二十英里的柯洛尼城下時，威尼斯人覺得大勢已去，柯洛尼不戰而降。共和國的雙目已經被戳瞎了。對於商人普留利來說，這是預測到厄運的一瞬間：「如果威尼斯人不能從事航海活動，他們將逐漸喪失維生的手段，在很短的時間內化為烏有。」

在這個噩耗傳來的前夜，共和國又選出一位新的海軍總司令。沒有人自願出任這個職位；所有被提名的人都用年老、疾病等理由回絕。如今，這個職位實在聲名狼藉，而人們對土耳其艦隊的恐懼竟如此巨大。最終，人們推選貝內代托．佩薩羅（民間稱他為「倫敦的佩薩羅」），他也願意接受這個職位。佩薩羅是一位很有經驗的指揮官，他苛刻、堅定，對貴族階級的政治毫無興趣，而且非常冷酷無情。他七十歲了，卻依然包養著好幾個情婦。普留利譴責他「這麼大年紀了，真是為老不尊」。其實，佩薩羅很像皮薩尼和澤諾那個更強硬年代的人。他是水手中的水手，既能得到水手的尊重和愛戴，也能讓船長們心生畏懼。鑑於先前的失敗，他被賦與極大的權力：「不需要徵求威尼斯的同意，可以處死任何不服從指揮的人，不管他們是高官、船長還是槳帆船指揮官。」這樣的話語早已經變得形同虛設，人們也不再相信這些話，但佩薩羅偏偏很認真。和皮薩尼一樣，這個年邁的風流浪子理解普通水手的心態：他允許水手擄掠財物，這極大地提升了士氣，自己也同樣大發橫財。他屢建戰功；他掃蕩希臘海岸，摧毀鄂圖曼人的造船成果，恢復威尼斯對一些愛奧尼亞島嶼的控制，阻止敵人進一步鞏固其海權地位。他無所畏懼、不偏不倚。兩位貴族下屬，其中一位是執政官的親戚，不戰而降，將堡壘拱手讓人，他直接處死這兩個人。他捕獲土耳其海盜艾里奇，把他活活烤死。他保障亞得里亞海的安全，有效地控制住愛奧尼亞海，以至於到一五〇〇年底，大型槳帆船前往亞歷山大港和貝魯特的航線得以恢復。但是，他最終仍無法扭轉鄂圖曼征服的大潮。

一五〇三年，威尼斯接受了不可避免的事實，和巴耶濟德二世簽署屈辱的和平條約，巴耶濟德二世牢牢掌控他贏得的一切。很快地，威尼斯人在海上遇到鄂圖曼船隻時，會降下旗幟，默默承認自己是鄂圖曼帝國的附庸，儘管驕傲的威尼斯人在公開場合不肯這樣承認。從現在開始，與他們強大的穆斯林鄰居合作將成為威尼斯外交政策的一個不變真理，這座城市將逐漸打造一個陸地帝國。

✯

一五〇〇年五月九日，和過去五百年裡的每一個耶穌升天節一樣，慶典活動在威尼斯如期舉辦，精心設計的慶典傳達這座城市與海洋的神祕聯姻。像往常一樣，執政官穿戴他的全副華服寶器，乘著金船啟航，將一枚金戒指扔到大海深處，來象徵這聯姻。同一年，德．巴爾巴里刻畫的勝利的航海之城的圖畫在威尼斯的印刷機上大量刊印。這些故事聽起來很美，但隨著十六世紀的到來，實情有些不同。海洋不再平靜，威尼斯與海洋的婚姻也不再一帆風順。在早些時候，君士坦丁堡已經很好地概括了這一真相。當一位威尼斯大使來到巴耶濟德二世的宮廷，希望促成一項和平協議時，他被告知待在這裡沒有任何意義。維齊爾（vizier）②直截了當地說：「到目前為止，是你們和大海結婚，從現在開始則輪到我們了，我們的海比你們更多。」

威尼斯與鄂圖曼帝國的和約標誌著海軍力量上的重大轉變。從今以後，沒有一個基督教國家可以單獨與鄂圖曼人一較高下。鄂圖曼人只花了五十年時間，就戰勝了地中海經驗最豐富的海軍，並打破幾個世紀以來基督教勢力對地中海東半部的統治。然而，在這期間，他們並沒有建立真正的海上優勢，他們打的海戰數量有限，而且沒有一場決定性的海戰勝利。但穆罕默德二世和巴耶濟德二世都把握住在封閉海域作戰的一個基本原則：沒有必要主宰大海，陸地才是最重要的。依靠強大的陸軍和艦隊開展兩棲登陸作戰，他們掃蕩槳帆船所依賴的諸多戰略基地（因為槳帆船需要頻繁靠岸補充給養和淡水）。現在鄂圖曼人在亞得里亞海的邊緣站穩腳跟，為進一步向西進犯威尼斯的其他重要島嶼做好準備。五十年來，威尼斯曾警示並懇求過教宗、其他義大利城邦、法蘭西國王和任何有可能傾聽的人，希望他們認識到這種潛在的危險：「上帝保佑，一旦蘇丹占領阿爾巴尼亞海岸，就沒有別的東西可以阻擋他了。只要他願意，隨時都可以進入義大利，消滅基督教世界。」巴耶濟德二世除了蘇丹的一般頭銜之外，還得到一個新頭銜：「所有海洋王國的領主，包括羅馬人的國度、小亞細亞和愛琴海。」從今以後，歐洲商船未經許可幾乎不能在地中海東部航行。只有少數幾個大島——科孚島、克里特島、賽普勒斯和羅得島——還在基督徒手中。

✯

宗奇奧海戰中火球的景象仍然燒灼在威尼斯人的想像中。一幅非常精采的木刻畫定格在火苗剛剛開始升騰的那個瞬間。在這個時刻，威尼斯海軍的自信降到了冰點。威尼斯人已經被火藥的

---

② 「維齊爾」最初是阿拉伯帝國阿拔斯王朝哈里發的首席大臣或代表，後來指各穆斯林國家的高級行政官員。維齊爾代表哈里發，後來代表蘇丹，處理一切政務。鄂圖曼帝國把維齊爾的稱號同時授給幾個人。

爆炸威力和對手的強大嚇破了膽，而他們自己的指揮體系也逐漸從內部瓦解。說到底，與其說是兵力不如敵人，還不如說是意志的失敗、不肯為國捐軀。槳帆船指揮官多梅尼科·馬利皮耶羅毫不留情地分析道：「如果當時我們的艦隊更大，混亂就會更大。這發生的一切都源於我們缺少對基督教和我們的國家的愛、缺少勇氣、缺少紀律、缺少自豪感。」普留利在總結一五〇一年夏天戰事時說：「這次與土耳其人的交戰意義極其重大；這不僅僅在於一座城市或者堡壘的得失，而是一些更重要的東西。」他指的是威尼斯的海洋帝國本身，以及流經它的水道的那些財富。

宗奇奧之戰還留下另一方面更大的影響。巨型帆船毀滅的慘烈景象讓雙方都不敢繼續往這個方向做實驗。從此以後，地中海的戰爭變得循規蹈矩；規模愈來愈大的槳帆船艦隊猛衝向對方，等到靠近的時候用輕型火砲射擊，然後嘗試透過白刃戰打敗對方。在直布羅陀海峽之外，首先是葡萄牙，然後是西班牙、英格蘭和荷蘭，開始運用風力驅動、配備重型火砲的蓋倫（galleon）帆船③。它們將創建龐大無比的世界帝國，而這在被陸地包圍的地中海是無法想像的。

最初的跡象發生在宗奇奧海戰不久之後。普留利搞錯了名字，但記對了事蹟：不是哥倫布，而是瓦斯科·達伽馬（Vasco da Gama），於一四九九年九月從印度繞行好望角回到歐洲。（編按：可參見頁四一八）威尼斯共和國派遣一名大使到里斯本宮廷調查；直到一五〇一年七月，他的報告才送回威尼斯。事實像晴天霹靂一般震撼了潟湖。可怕的預感籠罩這座城市。對於特別熱中自然地理的威尼斯人來說，這個發現的意義是顯而易見的。普留利在他的日記中寫下了大段的悲觀預測。這是一個奇跡，是當時最不可思議的、最重大的消息：

……以我的智慧，無法理解這一切。收到此消息的時候，整座城市的人……都目瞪口呆，最聰明的人都認為，這是他們聽過最壞的消息。他們明白，威尼斯取得如今的名聲與財富，靠的就是海上貿易，靠的是買進大量的香料，再倒賣給來自各地的外國人。從這些外國人那裡，從貿易中，威尼斯獲得巨大的利益。而現在，印度的香料可以透過新航路直接輸送到里斯本，匈牙利人、日耳曼人、法蘭德斯人和法蘭西人都能去那裡購買，而且價格更便宜。因為發往威尼斯的香料要經過敘利亞和蘇丹的領土，要面對層層關卡與高額課稅，當香料抵達威尼斯時，價格已經上漲了很多，原來只值一杜卡特的貨物價格漲到了一點七或甚至兩杜卡特。而這條海上航線並沒有這些障礙，所以葡萄牙人能給出更低的價格。

少掉了成百上千的小中間商，拋棄了貪婪而善變的馬穆魯克人，批量採購，直接運輸：在威尼斯商人看來，葡萄牙人的優勢是不言而喻的。

但也有一些相反的聲音，一些人指出這條航線的缺點：

③蓋倫帆船是至少有兩層甲板的大型帆船，在十六至十八世紀期間被歐洲多國採用。它可以說是卡拉維爾帆船及克拉克帆船的改良版本，船身堅固，可用做遠洋航行。最重要的是，它的生產成本比克拉克帆船便宜，生產三艘克拉克帆船的成本可以生產五艘蓋倫帆船。蓋倫帆船被製造出來的年代，正好是西歐各國爭相建立海上強權的大航海時代。所以，蓋倫帆船的面世對歐洲局勢的發展亦有一定的影響。

……葡萄牙國王不會繼續使用前往卡利卡特的新航路，因為他派出的十三艘卡拉維爾帆船只有六艘安全返回；損失大於收益；願意冒著生命危險踏上這一漫長而危險航程的水手少之又少。

但普留利很確定：「這個消息傳出之後，在威尼斯，各種香料的價格都會銳減，因為知道了這個消息的老買家會選擇不買。」在結尾處，他就自己的行文冗長向未來的讀者道了歉。「這些新事實對於我們的城市來說是如此重要，以至於我煩躁不安、沒法控制住自己。」

普留利和其他很多威尼斯人，富有遠見地預測到了一個系統的終結，一個模式的轉變：不僅僅是威尼斯，整個長途貿易的網絡都註定要沒落。所有自古興盛的古老商路和蓬勃發展的沿線城市突然成了一灘死水——開羅、黑海、大馬士革、貝魯特、巴格達、士麥拿、紅海諸港口、黎凡特的各大都市，甚至君士坦丁堡本身——全都面臨著被蓋倫帆船逐出世界貿易圈的威脅。地中海會被繞過；亞得里亞海將不再是通向任何地方的重要通道；像賽普勒斯和克里特島這樣的重要集散地也將陷入衰退。

葡萄牙人幸災樂禍，給威尼斯人傷口上撒鹽。葡萄牙國王邀請威尼斯商人到里斯本購買他們的香料；他們再也不需要和反覆無常的異教徒做生意。一些人的確被吸引到了，但是共和國已經深陷黎凡特的投資泥沼，不能輕易脫身，如果他們從別的地方進貨，他們在黎凡特的商人就會成為蘇丹出氣的靶子。而從地中海東岸派自己的船前往印度又不現實。威尼斯的整個商業模式一下子顯得過時了。

新模式的效果幾乎立竿見影。一五〇二年，前往貝魯特的槳帆船僅僅運回來四大包胡椒；在威尼斯，物價已達到高峰；日耳曼人的訂單縮水；許多人前往里斯本。一五〇二年，共和國派遣一個祕密使團前往開羅，指出當前的危機。打破葡萄牙人的海上威脅勢在必行。威尼斯使節表示願意提供財政支持，提議挖通一條從地中海到紅海的運河。但喪失民心的馬穆魯克王朝也處於衰退之中。它已經無法阻擋入侵者了。一五〇〇年，馬穆魯克王朝的編年史家伊本・伊亞斯（Ibn Iyas）記錄了一個非凡的事件。開羅城外的香脂花園，從遠古時期就開始存在，出產一種功效神奇的油，深受威尼斯人推崇。這門貿易象徵著幾個世紀以來存在於伊斯蘭世界與西方國家之間的古老商業關係。然而這一年，香脂樹集體枯萎，就此絕種。十七年之後，鄂圖曼人在開羅城門前吊死了馬穆魯克王朝的末代統治者。

一個名叫托梅・皮萊茲（Tome Pires）④的葡萄牙探險家興高采烈地講述了這些對威尼斯產生的影響。一五一一年，葡萄牙人征服了馬來半島上的麻六甲，即香料群島的市場。他這樣寫道：「誰是麻六甲海峽的主人，誰就掐住了威尼斯的咽喉。」它帶來的壓力看似緩慢而不均，但葡萄

④ 托梅・皮萊茲（約一四六五至一五二四／一五四〇年），葡萄牙藥劑師、作家、航海家。他是首批到達東南亞的歐洲人之一，也是中國明朝以來，葡萄牙乃至整個西方世界首位進入中國的使者，時為明代正德年間。一五一七年，他與假麻六甲使者、翻譯「火者亞三」隨船來到廣州近海，向明朝政府要求建立關係。一五一八年，他獲准在廣州登陸，不久抵達南京，經賄賂寵臣江彬後獲得正在南巡的明武宗的接見，然後隨武宗來到北京。一五二一年，武宗駕崩，中、葡爆發屯門海戰，皮萊茲被明世宗下令押解到廣州聽候處置。嘉靖三年（一五二四年）五月，皮萊茲因病死於廣州監獄，也有些記載說他在江蘇住到一五四〇年並死於江蘇。

牙人和他們的後繼者將最終消滅威尼斯與東方的貿易。普留利的擔憂在日後會顯得很有道理，而鄂圖曼帝國同時也將有條不紊地蠶食威尼斯的海洋帝國。

德．巴爾巴里的地圖帶有對古典世界的指涉，已經包含了懷舊的印記。它們暗示著一種懷舊的情緒，將曾經強勢而雄健的海洋帝國變成外強中乾的花瓶。它們也許反映了威尼斯社會的內在結構變化。週期性爆發的瘟疫意味著這座城市的人口無法實現自我增長，只能依賴移民，而來到威尼斯的許多義大利人對航海生活一竅不通。這一問題在基奧賈戰爭中已經表現得很明顯，志願參軍的公民需要先接受划船訓練。一二〇一年第四次十字軍東征時，威尼斯的男性大多數是海員；而到一五〇〇年，他們大多數都不是海員。在耶穌升天節儀式中表現出的那份對大海的感情依賴將會持續到共和國滅亡，但是到了一五〇〇年，威尼斯開始把注意力轉向陸地；不到四年後，一場災難性的戰爭在義大利爆發，敵人再次逼近潟湖邊緣。⑤造船業面臨危機，國家更加注重工業。曾經標誌著威尼斯命運的愛國團結精神已經出現裂痕：相當一部分統治精英表現出，儘管他們仍然渴望彌補海上貿易失去的利潤，但他們不準備為了海上貿易所依賴的基地和航道而浴血奮戰。那些在十五世紀發跡的人們，不再送他們的兒子去海上當見習水手和弓弩手。愈來愈多的富人更願意投資陸地上的房產，擁有一座門上有著紋章的鄉間別墅。這些是貴族階層受尊重的標誌，是所有白手起家的人都會嚮往的東西。

又是敏銳而深感悔恨的普留利察覺到這一潮流，並且意識到，它所暗示的是榮耀的衰退。他在一五〇五年寫道：「如今，威尼斯人更傾向擁抱陸地，而不是大海——他們所有榮耀、財富和榮譽的古老根源，因為陸地比大海更具吸引力，更令人愉悅。」

✯

彼得羅．卡索拉在一四九四年寫道：「我不認為有任何城市可以和在海上建立的威尼斯比肩。」十五世紀末，外界人曾試圖解讀這個地方的意義所在，卻發現這裡不能和他們已知的世界相提並論，因而處處遇到悖論。威尼斯物產貧瘠，卻顯得很富庶；這裡財富橫流，飲用水卻很缺乏；無比強大卻又很脆弱；沒有封建制度，但卻監管嚴格。它的公民節制、務實、經常玩世不恭，但他們卻打造出了一座夢幻城市。哥德式的拱門、伊斯蘭式的圓頂和拜占庭式的鑲嵌畫，讓人感覺像是同時造訪布魯日、開羅和君士坦丁堡。威尼斯自成一派。它是唯一一座在古羅馬時代結束之後才興起的義大利城市，它的居民透過盜竊和借鑑，創造他們自己的「古典」文化；他們創造了自己的創立神話，並且借鑑希臘世界的神祇。

在某種意義上說，它是第一座虛擬城市：一個沒有實體經濟支撐的離岸保稅倉庫——現代化程度令人震驚。正如普留利所說，這座城市停留在抽象的基礎之上。這是一個現金的帝國。名為杜卡特的小小金幣就相當於今天的美元，杜卡特金幣上的圖案是歷任執政官在聖馬可面前跪拜。它在前往印度的一路上都能得到尊重。印度人把杜卡特金幣上模糊的圖案解釋為一位印度教神明

⑤ 即所謂「義大利戰爭」，又稱哈布斯堡—瓦盧瓦戰爭，是一四九四年至一五五九年間一系列戰爭的總稱，參戰國包括多數義大利城邦、教宗國、西歐各主要國家（法蘭西、西班牙、神聖羅馬帝國、英格蘭與蘇格蘭）以及鄂圖曼帝國。戰爭起源於米蘭公國與那不勒斯王國間的糾紛，隨後迅速轉變為各參戰國間爭奪權力與領土的軍事衝突。

和祂的配偶。共和國對財政管理的高度關注領先同時代幾百年，它是當時世界上唯一一個政府政策完全配合經濟目標的國家，它的商人階層和政治階層之間沒有隔閡，是一個由企業家運行，並且服務於企業家的共和國，並據此進行管理。權力的三大中心——執政官宮殿、里亞爾托和兵工廠，分別是政府、貿易和軍事的所在地，由同一個統治集團管理。威尼斯比任何人都更早了解到一系列基本的商務邏輯：供給和需求的原則；對消費者選擇、穩定貨幣、準時交貨、理性的法律和稅收的需求；長期有效、控制得力的政策。它用一種新形態的英雄——商人，取代了中世紀的騎士。在聖馬可的徽章裡，所有這些特質都得到了體現。外界無法充分解釋威尼斯的崛起，於是，他們對這座城市自我編織和宣傳的神話深信不疑：這份偉大純屬命中註定。像所有的長期繁榮景象一樣，他們堅信此番盛世必將永存。

圖42　杜卡特金幣

正是海上冒險使這一切成為可能。而在這個過程中，威尼斯改變了世界。它不是單獨作用，而是做為原動力，做為推動全球貿易增長的引擎。靠著無與倫比的效率，共和國刺激了對物質的需求，並促進商品的遠途交易，以滿足這種需求。威尼斯做為中央核心，使得歐洲與東方兩個經濟系統聯繫在一起，在東、西半球之間輸送商品，促進嶄新品味的產生和選擇概念的形成。威尼斯是不同世界的中間人和詮釋者。菲利克斯·法布里在描述他的航行時寫道：「我透過一面雙面鏡看到世界。」威尼斯是第一個與伊斯蘭世界不斷積極互動的歐洲國家。它把東方的味道、思想和影響，以及某種浪漫的東方主義，帶到了歐洲世界。視覺理念、材料、食品、母題和詞語，透過威尼斯的海關關卡得到傳播。

這樣的交流有著有決定性的影響。潟湖的商人也加快了中東伊斯蘭世界經濟力量的下滑和西方世界的崛起。幾個世紀以來，那些曾使黎凡特富庶一時的產業——肥皂、玻璃、絲綢、紙和糖製造業——要嘛是被共和國篡奪，要嘛被其海運體系所瓦解。威尼斯商人從購買敘利亞玻璃轉為進口其關鍵原材料——敘利亞沙漠的蘇打灰——直到穆拉諾島優質的玻璃被出口到馬穆魯克王朝的宮殿。肥皂和造紙業也遵循著同樣的趨勢。糖的生產則從敘利亞轉移到了賽普勒斯，在那裡，威尼斯企業家運用更高效率的生產流程，滿足西方市場的需求。商用槳帆船幫助歐洲產業利用新技術，例如水力和自動紡輪，來削弱黎凡特的競爭對手，促使他們陷入持續衰弱。每艘從威尼斯出發向東航行的貨船都逐漸改變著力量的平衡。對東方商品的支付手段從銀條變成以物易物——這是對西方人來說愈來愈有利的付款方式。

威尼斯海洋帝國的功能既是維護海上貿易通暢，也是以自己的力量創造財富。這是歐洲第一次全面的殖民冒險。除了少數例外——例如達爾馬提亞人受到的待遇肯定比希臘人好一些——這個殖民系統是剝削成性、冷漠無情的。它為後繼者——特別是荷蘭和英格蘭提供一個榜樣，那就是小國也可以透過航海來稱霸全球。但它也是留給世人的一個教訓，即透過海權維繫的遙遠殖民地是很脆弱的。威尼斯的商業模式突然變得過時，其供應鏈顯得脆弱不堪。最終，威尼斯很難保衛自己的海洋帝國，就像英國無法保住自己的北美殖民地一樣。航海帝國的沒落和它的崛起一樣極富戲劇性，到一五〇五年，普留利已經在為威尼斯起草墓銘了。

尾聲　歸程

在伊拉克利翁以西幾英里的沿海大道上，可以望見一座從海面上突出的岩石。如果你跨過公路，沿著岩石底部周圍的小路前進，會經過一座拱門和拱形隧道，來到一個開放的平台，此處可以縱覽愛琴海的廣闊景色。克里特人把這個地方叫做帕雷歐卡斯特洛（Paleokastro），意思是「舊堡壘」。它最初由熱那亞人在一二〇六年建造，後來威尼斯人接續發展，用於守衛從海上接近甘地亞的通道。這是個人跡罕至的地方。在它的周圍邊緣，石堡向著山崖底部的方向急轉直下；微風夾雜著百里香的芬芳；濤聲陣陣；拱形彈藥庫的遺跡；一座地下教堂。在遠方，現代的伊拉克利翁城就像從一片藍色海灣中蔓延而生。

一六六九年夏天，經歷了世界歷史上最漫長的圍城戰之後，威尼斯海軍總司令法蘭切斯科・莫羅西尼（Francesco Morosini）同意投降，放棄威尼斯對克里特的統治。二十一年來，威尼斯一直為了帝國的中心奮力與鄂圖曼人抗爭，但結果正如普留利所言。它的殖民地終將一個接一個地慘遭吞併。賽普勒斯在被威尼斯統治了不足半個世紀以後，於一五七〇年落入鄂圖曼帝國之手；

威尼斯在愛琴海最北端的島嶼——蒂諾斯島支撐到了一七一五年；截至此時，其餘的殖民地均已淪陷，貿易也不復存在。到一五二〇年代，「穆達」航線開始衰敗。不久後，最後一批槳帆船在泰晤士河下錨。海盜開始縱橫四海。

唯有威尼斯本土領海得以保全。世紀輪迴，鄂圖曼帝國屢屢進軍科孚島，但是亞得里亞海的門戶仍固若金湯。而拿破崙（Napoleon）最終入侵聖馬可廣場，燒毀執政官的金船，用大車把青銅駿馬運回巴黎，一股悲傷的情緒沿著達爾馬提亞海岸蔓延開來。在派拉斯特（Perasto）①，總督用威尼斯方言發表了滿懷深情的演講，將聖馬可旗幟埋葬在祭壇之下；人們紛紛潸然淚下。

威尼斯海洋帝國的遺跡四處散落在大海之上；數以百計的哨塔與堡壘搖搖欲

圖43　一六四八至一六六九的甘地亞攻防戰

墜；令人肅然起敬的甘地亞和法馬古斯塔防禦工事、布局精巧的堡壘和深壕最終沒有敵過鄂圖曼帝國的大砲；在勒班陀、凱里尼亞（Kyrenia）和甘尼亞，整潔的港口緊緊環繞著美麗的海灣。教堂、鐘樓、軍火庫和碼頭；數不清的威尼斯雄獅或纖瘦頎長，或敦實矮胖，或有翼或無翼，或粗暴或凶狠，或憤怒或驚詫，守衛著海港的城牆，屹立在大門之上，從優雅的噴泉口中噴出水來。在遙遠的頓河河口，考古學家還能從俄羅斯土地中發掘出胸甲、弩箭和穆拉諾玻璃，但總的來說，威尼斯帝國霸業留下的痕跡實在少得可憐，令人驚異。海洋帝國總是飄忽不定，和威尼斯本身相仿，註定變幻無常。港口得到了又失去，它在海外領地終究扎根不深。克里特島上，不止一處倒塌的房屋門楣上刻著一條拉丁文箴言：「塵世皆雲煙。」就好像他們在內心深處都已參透，軍號、艦船和槍砲的喧囂終究只是一場海市蜃樓。

幾個世紀裡，成千上萬的威尼斯人走上這個舞台，有商人、水手、殖民者、士兵和官員。這主要是男性的世界，但也不乏家庭生活。和丹多洛一樣，許多人再也沒能回到威尼斯；他們或死於戰爭和瘟疫，或葬身大海，或客死異國他鄉。但威尼斯是個中央集權的國家，對他的臣民有著磁石般的吸引力。困守亞歷山大港的聚居區的商人，觀察著蒙古草原的領事，划著槳的槳手——對於所有人來說，這座城市都顯得如此突出。他們歸心似箭。船終於再次駛經利多，感受著大海不同的悸動，看那熟悉的天際線上，一抹蒼白飄渺的光明冉冉升起。

在碼頭上，人們或隨意或專注地望著迫近的船隻。在船首的水手離岸足夠近、可以呼喊之

---

① 今屬蒙特內哥羅。

前，岸上的人們焦急地豎起耳朵，心急如焚、惴惴不安地等待喜訊或是噩耗——是某人的丈夫或兒子葬身大海，還是某筆買賣大獲成功；是哀慟，還是喜悅。登陸的一刻交織了一切悲歡離合；人們帶回的既有黃金和香料，也有瘟疫和悲傷。敗軍之將身披枷鎖而來，迎接凱旋之師的則是號角與禮砲，繳獲的敵國軍旗被拖在水中，聖馬可的旗幟隨風飄揚。奧德拉弗・法列羅（Ordelafo Faliero）②走下甲板時帶來了聖司提反（Saint Stephen）③的遺骨。皮薩尼的遺體被保存在食鹽之中帶回國。安東尼奧・格里馬尼背負著宗奇奧之戰的羞辱活了下來，最終成為一位執政官；間諜格里蒂後來也登上執政官寶座。馬可・孛羅瞪圓了雙眼推開自家大門，就像尤利西斯（Ulysses）回家一樣，沒人能認出他來。菲利克斯・法布里在一四八〇年跟隨著一艘香料商船回來了，因為嚴寒，途中必須用槳敲碎運河中的堅冰。他在耶誕節之後的夜裡抵達威尼斯。那天夜空晴朗明亮，從甲板上眺望，白雪皚皚的多洛米蒂（Dolomites）山脈的峰巒在巨大的月亮下忽隱忽現。那夜無人入睡。黎明到來時，乘客可以看到陽光下閃閃發光的鐘樓金頂，在屋頂的加百列天使像正在歡迎他們回家。威尼斯的所有大鐘都為船隊的回歸敲響。船隻被橫幅和旗幟裝點著；槳手們開始唱歌，並按照習俗，把身上被鹽和風暴腐蝕的舊衣服扔到船舷外。「然後我們支付了旅費和小費」，法布里寫道：

> 打賞照顧過我們的僕役，向槳帆船上的每個人，無論是貴族和僕人，都說了再見，我們把所有行李搬進一艘小船，自己也爬了上去……雖然我們很高興終於從這令人不安的監獄裡解放出來，但因為我們和槳手以及其他人在長久航行中培養的情誼，我們的歡樂中夾雜著些

許悲傷。

②奥德拉弗·法列羅（卒於一一一七年），威尼斯第三十四任執政官。他執政時從匈牙利手中奪回了扎拉和希貝尼克，還遠征敘利亞，擄掠大量聖物。他建立了後世兵工廠的核心部分。最後他在扎拉與匈牙利人交戰時陣亡。

③聖司提反是基督教會首位殉道者。

誌謝

感謝Julian Loose及Faber出版社團隊對本書的大力支持，尤其是為本書傾力付出、確保結果盡善盡美的Kate Ward及我的經紀人Andrew Lownie。感謝Ron Morton及Jim Green的仔細審讀和意見，他們的幫助價值極大。Stephen Scoffham更是提醒了我，麻六甲曾一度掐住威尼斯的咽喉。謝謝Ron和Rita Morton在我遊歷威尼斯海洋帝國時幫助我安頓在雅典，還有我的妻子珍更是對我這本書的完成付出了許多。

我願借此向以下作者及出版社表達我由衷的謝意，感謝他們允許我使用他們作品中的材料：Dr Pierre A. MacKay發表在www.angiolello.net的*The Memoir of Giovan-Maria Angiolello*。Alfred J. Andrea的*Contemporary Sources for the Fourth Crusade*（二〇〇八年出版）中Brill的文章節選。

古今地名對照表

本書中使用的一些地名遵照該歷史時期中威尼斯人和其他民族對其的稱呼。以下是這些地方在現代的名稱。

古地名	今地名	所在國家或區域
阿卡（Acre）	阿卡（Akko）	以色列
阿德里安堡（Adrianople）	埃迪爾內（Edirne）	土耳其
布拉扎（Brazza）島	布拉奇（Brac）島	克羅埃西亞
布特林托（Butrinto）	布特林特（Butrint）	阿爾巴尼亞
卡法（Caffa）	費奧多西亞（Feodosiya）	烏克蘭，克里米亞半島
甘地亞（Candia）	伊拉克利翁（Heraklion）	克里特島，威尼斯人也將整個克里特島稱為甘地亞
甘尼亞（Canea）	甘尼亞（Chania）	克里特島
卡塔羅（Cattaro）	科托爾（Kotor）	蒙特內哥羅
切里戈（Cerigo）島	基西拉（Kythira）島	希臘

切里戈托（Cerigotto）島	安迪基西拉（Antikythira）島	希臘
柯洛尼（Coron）	柯洛尼（Koroni）	希臘
庫爾佐拉（Curzola）島	科爾丘拉（Kor ula）島	克羅埃西亞
杜拉佐（Durazzo）	都拉斯（Durrës）	阿爾巴尼亞
雅法（Jaffa）	雅法（Yafo）	如今是以色列的特拉維夫—雅法（Tel Aviv-Yafo）市的一部分
拉戈斯塔（Lagosta）島	拉斯托沃（Lastovo）島	克羅埃西亞
拉加佐（Lajazzo）	尤穆爾塔勒克（Yumurtalık）	土耳其，阿達納（Adana）附近
勒班陀（Lepanto）	納夫帕克托斯（Nafpaktos）	希臘
萊西納（Lesina）島	赫瓦爾（Hvar）島	克羅埃西亞
莫東（Modon）	邁索尼（Methoni）	希臘
納夫普利翁（Naplion）	納夫普利翁（Nafplio或Navplion）	希臘
納倫塔（Narenta）河	內雷特瓦（Neretva）河	克羅埃西亞
內格羅蓬特（Negroponte）	威尼斯人所說的「內格羅蓬特」既指整個尤比亞（Euboea）島（在希臘東海岸），也指島上的主要城鎮哈爾基斯	
尼科波利斯（Nicopolis）	尼科波利斯（Nikopol）	保加利亞
奧賽洛（Ossero）	奧賽爾（Osor）	克羅埃西亞，茨雷斯（Cres）島上
帕倫佐（Parenzo）	波雷奇（Pore ）	克羅埃西亞
普拉（Pola）	普拉（Pula）	克羅埃西亞
隆哥（Longo）港	薩皮恩扎（Sapienza）島上的港口	希臘
拉古薩（Ragusa）	杜布羅夫尼克（Dubrovnik）	克羅埃西亞

萊蒂莫（Retimo）	羅希姆諾（Rethimno）	克里特
羅維紐（Rovigno）	羅維尼（Rovinj）	克羅埃西亞
薩洛尼卡（Salonica）	塞薩洛尼基（Thessaloniki）	希臘
聖莫拉（Santa Maura）島	萊夫卡斯（Lefkas）島	希臘
薩萊（Saray）	金帳汗國都城，現已消失，原在俄羅斯伏爾加河上，可能在阿斯特拉罕（Astrakhan）附近的謝利特連諾耶（Selitrennoye）	
斯庫塔里（Scutari）	斯庫台（Shkodër）	阿爾巴尼亞
希貝尼克（Sebenico）	希貝尼克（Šibenik）	克羅埃西亞
西頓（Sidon）	賽達（Saïda）	黎巴嫩
士麥拿（Smyrna）	伊茲密爾（Izmir）	土耳其
蘇爾達亞（Soldaia）	蘇達克（Sudak）	烏克蘭，克里米亞半島
斯帕拉托（Spalato）	斯普利特（Split）	克羅埃西亞
塔納（Tana）	亞速（Azov）	俄羅斯，亞速海
特內多斯（Tenedos）島	博茲賈（Bozcaada）島	土耳其，達達尼爾海峽入口處
特勞（Trau）	特羅吉爾（Trogir）	克羅埃西亞
特拉比松（Trebizond）	特拉比松（Trabzon）	土耳其
的黎波里（Tripoli）	的黎波里（Trablous）	黎巴嫩
泰爾（Tyre）	蘇爾（Sour）	黎巴嫩
桑特（Zante）	扎金索斯（Zakynthos）島	希臘
扎拉（Zara）	扎達爾（Zadar）	克羅埃西亞
宗奇奧（Zonchio）	納瓦里諾（Navarino），皮洛斯（Pylos）灣	希臘

圖片來源

參考資料

Original Sources

Andrea, Alfred J., *Contemporary Sources for the Fourth Crusade*, Leiden, 2008

Angiolello, Giovan-Maria, Memoir, trans. Pierre A. Mackay, at http://angiolello.net, 2006

Barbara, Josafa and Contarini, Ambrogio, *Travels to Tana and Persia*, trans. William Thomas, London, 1873

Barbaro, Nicolo, *Giornale dell'assedio di Costantinopoli 1453*, ed. E. Cornet, Vienna, 1856; (in English) *Diary of the Siege of Constantinople 1453*, trans. J. R. Melville Jones, New York, 1969

Canal, Martino da, *Les Estoires de Venise*, Florence, 1972

Casati, Luigi, *La guerra di Chioggia e la pace di Torino, saggio storico con documenti inediti*, Florence, 1866

Casola, Pietro, *Canon Pietro Casola's Pilgrimage to Jerusalem in the Year 1494*, ed. and trans. M. Margaret Newett, Manchester, 1907

Cassiodorus, *Variaum libri xii*, Letter 24, at www.documentacatholicaomnia.eu, 2006

Chinazzi, Daniele, *Cronaca della guerra di Chioggia,* Milan, 1864

Choniates, Niketas, *Imperii Graeci Historia*, Geneva, 1593; (in English) *O City of Byzantium, Annals of Niketas Choniates*, trans. Harry J. Magoulias, Detroit, 1984

Clari, Robert de, *La Conquête de Constantinople*, trans. Pierre Charlot, Paris, 1939; (in English) *The Conquest of Constantinople*, trans. Edgar Holmes McNeal, New York, 1966

Commynes, Philippe de, *The Memoirs of Philippe de Commines*, trans Andrew Scoble, vol. 1, London, 1855

Comnena, Anna, *The Alexiad of Anna Comnena*, trans. E. R. A. Sewter, London, 1969

Dandolo, Andrea, *Chronica per Extensum Descripta, Rivista Storica Italiana*, vol. 12, part 1, Bologna, 1923

De Caresinis, Raphaynus, *Raphayni de Caresinis Chronica 1343-1388, Rerum Italicarum Scriptores*, vol. 12, part 2, Bologna, 1923

De Monacis, Laurentius (Lorenzo), *Chronicon de Rebus Venetis*, ed. F. Cornelius, Venice, 1758

De' Mussi, Gabriele, 'La peste dell' anno 1348', ed. and trans. A. G. Tononi, *Giornale Ligustico de Archeologia, Storia e Letteratura*, vol. 11, Genoa, 1884

Délibérations des assemblées Vénitiennes concernant la Romanie, 2 vols, ed. and trans. F. Thiriet, Paris, 1971

Die Register Innocenz'III, ed O. Hageneder and A. Haidacher, vol. 1, Graz, 1964

Dotson, John E., *Merchant Culture in Fourteenth Century Venice: the Zibaldone da Canal*, New York, 1994

Fabri, Felix, *The Book of the Wanderings of Brother Felix Fabri*, trans. A. Stewart, vol. 1, London, 1892

Gatari, Galeazzo e Bartolomeo, *Cronaca Carrarese: 1318-1407, Rerum Italicarum Scriptores*, vol. 17, part 1, Bologna, 1909

Gunther of Pairis, *The Capture of Constantinople: The Hystoria Constantinopolitana of Gunther of Paris*, by Alfred J. Andrea, Philadelphia, 1997

Ibn Battuta, *The Travels of Ibn Battuta, ad 1325-54*, trans H. A. R. Gibb, vol. 1, London, 1986

Katip Çelebi, *The History of the Maritime Wars of the Turks*, trans. J. Mitchell, London, 1831 Kinnamos, John, *Deeds of John and Manuel Comnenus*, trans. Charles M. Brand, New York, 1976

Locatelli, Antonio, *Memorie che possono servire alla vita di Vettor Pisani*, Venice, 1767

Machiavelli, Niccolò, *The Prince*, trans. W. K. Marriott, London, 1958

Malipiero, D., 'Annali veneti, 1457-1500', ed. T. Gar and A. Sagredo, *Archivio Storico Italiano*, vol. 7, Florence, 1843

Mehmed II the Conqueror and the Fall of the Franco-Byzantine Levant to the Ottoman Turks: some Western Views and Testimonies, ed. and trans. Marios Philippides, Tempe, 2007

Pagani, Zaccaria, 'La Relation de l'ambassade de Domenico Trevisanauprès du Soudan d'Égypte', in *Le Voyage d'Outre-mer (Égypte, Mont Sinay, Palestine) de Jean Thenaud: Suivi de la relation de l'ambassade de Domenico Trevisan auprès du Soudan d'Égypte*, Paris, 1884

Patrologia Latina, ed. J. P. Migne, vols. 214-215, Paris, 1849-55

Pegolotti, Francesco, *La practica della mercatura*, ed. Allan Evans, New York, 1970

Pertusi, Agostino, *La caduta di Costantinopoli*, 2 vols, Milan, 1976

Petrarca, Francesco, *Epistole di Francesco Petrarca*, ed. Ugo Dotti, Turin, 1978

——, *Lettere senile di Francesco Petrarca*, vol. 1, trans. Giuseppe Francassetti, Florence, 1869

Pokorny, R., ed., 'Zwei unedierte Briefe aus der Frühzeit des Lateinischen Kaiserreichs von Konstantinopel', *Byzantion*, vol. 55, 1985

Polo, Marco, *The Travels*, trans. Ronald Latham, London, 1958

Priuli, G., 'I diarii', ed. A. Segre, *Rerum Italicarum Scriptores*, vol. 24, part 3, 2 vols, Bologna, 1921

Raccolta degli storici italiani dal cinquecento al millecinquecento, in *Rerum Italicarum Scriptores*, new edition, 35 vols, ed. L. A. Muratori, Bologna, 1904-42

Régestes des délibérations du sénat de Venise concernant la Romanie, 3 vols, ed. and trans. F. Thiriet, Paris, 1961

Rizzardo, Giacomo, *La presa di Negroponte fatta dai Turchi ai Veneziani*, Venice, 1844

Sanudo (or Sanuto), Marino, *I diarii di Marino Sanuto*, 58 vols, Venice1879-1903

——, *Venice, Città Excelentissima: Selections from the Renaissance Diaries of*

Marin Sanudo, ed. and trans. Patricia H. Labalme, Laura Sanguineti White and Linda L. Carroll, Baltimore, 2008

Stella, Georgius et Iohannus, 'Annales Genuenses', *Rerum Italicarum Scriptores*, vol. 17, part 2, Bologna, 1975

Tafur, Pero, *Travels and Adventures, 1435-1439*, ed. and trans. Malcolm Letts,

London, 1926

Villehardouin, Geoffroi de, *La Conquête de Constantinople*, trans. Émile Bouchet, Paris, 1891; (in English) Geoffrey of Villehardouin, *Chronicles of the Crusades*, trans. Caroline Smith, London, 2008

William, Archbishop of Tyre, *A History of Deeds done beyond the Sea*, vol. 1, trans. Emily Atwater Babcock, New York, 1943

Modern Works

Angold, Michael, *The Fourth Crusade: Event and Context*, Harlow, 2003

Antoniadis, Sophia, 'Le récit du combat naval de Gallipoli chez Zancaruolo en comparison avec le texte d'Antoine Morosini et les historiens grecs du XVe siècle' in *Venezia e l'Oriente fra tardo Medioevo e Rinascimento*, ed . A. Pertusi, Rome, 1966

Arbel, B., 'Colonie d'oltremare', *Storia di Venezia*, vol. 5, Rome, 1996

Ascherson, Neal, *Black Sea*, London, 1995

Ashtor, Eliyahu, 'L'Apogée du commerce Vénitien au Levant: un nouvel essai d'explication', in *Venezia, centro di mediazione tra Oriente e Occidente (secoli XV-XVI): aspetti e problemi*, vol. 1

——, *Levant Trade in the Later Middle Ages*, Princeton, 1983

Babinger, Franz, *Mehmet the Conqueror and his Time*, Princeton, 1978

Balard, M., 'La lotta contro Genova', *Storia di Venezia*, vol. 3, Rome, 1997

Berindei, Mihnea and O'Riordan, Giustiniana Migliardi, 'Venise et la horde d'Or, fin XIIIe-début XIVe siècle', *Cahiers du Monde Russe*, vol. 29, 1988

Borsari, Silvano, 'I Veneziani delle colonie', *Storia di Venezia*, vol. 3, Rome, 1997

Brand, Charles, M., *Byzantium Confronts the West 1180-1204*, Cambridge, 1968

Bratianu, Georges I., *La Mer Noire: des origines à la conquête Ottomane*, Munich, 1969

Brown, Horatio F., 'The Venetians and the Venetian Quarter in Constantinople to the Close of the Twelfth Century', *Journal of Hellenic Studies*, vol. 40, 1920

Brown, Patricia Fortini, *Venetian Narrative Painting in the Age of Carpaccio*, New

Haven, 1988

Buonsanti, Michele and Galla, Alberta, *Candia Venezia: Venetian Itineraries Through Crete*, Heraklion, (undated)

Campbell, Caroline and Chong, Alan (eds), *Bellini and the East*, London, 2006

Cessi, R., *La repubblica di Venezia e il problema adriatico*, Naples, 1953

——, *Storia della repubblica di Venezia*, vols 1 and 2, Milan, 1968

Cessi, R. and Alberti, *A., Rialto: l'isola, il ponte, il mercato*, Bologna, 1934

Chareyron, *Nicole, Pilgrims to Jerusalem in the Middle Ages*, trans. W. Donald Wilson, New York, 2005

Ciggaar, Krijnie, *Western Travellers to Constantinople*, London, 1996

Clot, André, *Mehmed II, le conquérant de Byzance*, Paris, 1990

Coco, Carla, *Venezia levantina*, Venice, 1993

Constable, Olivia Remie, *Housing the Stranger in the Mediterranean World: Lodging, Trade, and Travel in Late Antiquity and the Middle Ages*, Cambridge, 2004

Crouzet-Pavan, Elisabeth, *Venice Triumphant: the Horizons of a Myth*, trans. Lydia G. Cochrane, Baltimore, 1999

Crowley, Roger, *Constantinople: The Last Great Siege*, London, 2005

Curatola, Giovanni, 'Venetian Merchants and Travellers', *Alexandria, Real and Imagined*, ed. Anthony Hirst and Michael Silk, Aldershot, 2004

Davis, James C., 'Shipping and Spying in the Early Career of a Venetian Doge, 1496-1502', *Studi veneziani*, vol. 16, 1974

Detorakis, Theocharis E., *History of Crete*, trans. John C. Davis, Heraklion, 1994

Dotson, John, 'Fleet Operations in the First Genoese-Venetian war, 1264-1266', *Viator: Medieval and Renaissance Studies*, vol. 30, 1999

——, 'Foundations of Venetian Naval Strategy from Pietro II Orseolo to the Battle of Zonchio', *Viator: Medieval and Renaissance Studies*, vol. 32, 2001

——, 'Venice, Genoa and Control of the Seas in the Thirteenth and Fourteenth Centuries', in *War at Sea in the Middle Ages and the Renaissance*, ed. John B. Hattendorf and Richard W. Unger, Woodbridge, 2003

Doumerc, B.,'An Exemplary Maritime Republic: Venice at the End of the Middle

Ages', in *War at Sea in the Middle Ages and the Renaissance*, ed. John B. Hattendorf and Richard W. Unger, Woodbridge, 2003

——, 'De l'Incompétence à la trahison: les commandants de galères Vénitiens face aux Turcs (1499-1500)', *Felonie, Trahison, Reniementsaux Moyen Age*, Montpellier, 1997

——, 'Il dominio del mare', *Storia di Venezia*, vol. 4, Rome, 1996

——, 'La difesa dell'impero', *Storia di Venezia*, vol. 3, Rome, 1997

Duby, Georges and Lobrichon, *Guy, History of Venice in Painting*, New York, 2007

Dursteler, Eric R., 'The Bailo in Constantinople; Crisis and Career in Venice's Early Modern Diplomatic Corps', *Mediterranean Historical Review*, vol. 16, no. 2, 2001

Epstein, Steven, A., *Genoa and the Genoese, 958-1528*, Chapel Hill, 1996

Fabris, Antonio, 'From Adrianople to Constantinople: Venetian-Ottoman Diplomatic Missions, 1360-1453', *Mediterranean Historical Review*, vol. 7, no. 2, 1992

Fenlon, Iain, *Piazza San Marco*, Boston, 2009

Forbes-Boyd, Eric, *Aegean Quest*, London, 1970

Freedman, Paul, *Out of the East: Spices and the Medieval Imagination*, New Haven, 2008

Freely, John, *The Bosphorus*, Istanbul, 1993

Freeman, Charles, *The Horses of St Mark's*, London, 2004

Geary, Patrick J., *Furta Sacra: Theft of Relics in the Central Middle Ages*, Princeton, 1978

Georgopoulou, Maria, *Venice's Mediterranean Colonies: Architecture and Urbanism*, Cambridge, 2001

Gertwagen, Ruthy, 'The Contribution of Venice's colonies to its Naval Warfare in the Eastern Mediterranean in the Fifteenth Century', at: www.storiamediterranea.it (undated)

Gill, Joseph, 'Franks, Venetians and Pope Innocent III 1201-1203', *Studi veneziani*, vol. 12, Florence, 1971

Goy, Richard, *Chioggia and the Villages of the Lagoon*, Cambridge, 1985

Gullino, G., 'Le frontiere navali', *Storia di Venezia*, vol. 4, Rome, 1996

Hale, J. R., ed., *Renaissance Venice*, London, 1973

Hall, Richard, *Empires of the Monsoon: a History of the Indian Ocean and its Invaders*, London, 1996

Harris, Jonathan, *Byzantium and the Crusades*, London, 2003

Hazlitt, William Carew, *The History of the Origin and Rise of the Republic of Venice*, 2 vols, London, 1858

Heyd, W., *Histoire du commerce du Levant au Moyen-Age*, 2 vols, Leipzig, 1936

Hodgkinson, Harry, *The Adriatic Sea*, London, 1955

Hodgson, F. C., T*he Early History of Venice: from the Foundation to the Conquest of Constantinople*, London, 1901

——, *Venice in the Thirteenth and Fourteenth centuries, 1204-1400*, London, 1910

Horrox, R., *The Black Death*, Manchester, 1994

Howard, Deborah, *The Architectural History of Venice*, New Haven, 2002

——, *Venice and the East*, London, 2000

——, 'Venice as a Dolphin: Further Investigation into Jacopo de' Barbari's View', *Artibus et Historiae*, vol. 35, 1997

Imber, Colin, *The Ottoman Empire 1300-1600: the Structure of Power*, Basingstoke, 2002

Karpov, Sergei P., 'Génois et Byzantins face à la crise de Tana 1343, d'après les documents d'archives inédits', *Byzantinische Forschungen*, vol. 22, 1996

——, *La navigazione veneziana nel Mar Nero XIII-XV secoli*, Ravenna, 2000

——, 'Venezia e Genova: rivalita e collaborazione a Trebisonda e Tana. Secoli XIII-XV', *Genova, Venezia, il Levante nei secoli XII-XIV*, ed. Gherardo Ortali and Dino Puncuk, Venice, 2001

Katele, Irene B., 'Piracy and the Venetian State: the Dilemma of Maritime Defense in the Fourteenth Century', *Speculum*, vol. 63, no. 4, 1988

Keay, John, *The Spice Trade*, London, 2006

Kedar, Benjamin, *Merchants in Crisis: Genoese and Venetian Men of Affairs and the Fourteenth-century Depression*, New Haven, 1976

King, Charles, *The Black Sea: A History*, Oxford, 2005

Krekic, B., 'Venezia e l'Adriatico', in *Storia di Venezia*, vol. 3, Rome, 1997

Lamma, P., 'Venezia nel giudizio delle fonti Bizantine dal X al XII secolo', *Rivista Storica Italiana*, vol. 74, 1960

Lane, Frederic C., *Andrea Barbarigo, Merchant of Venice 1418-1449*, Baltimore, 1944

——, 'Naval Actions and Fleet Organization, 1499-1502', *Renaissance Venice*, ed. J. R. Hale, London, 1973

——, *Venetian Ships and Shipbuilders of the Renaissance*, Baltimore, 1934

——, *Venice and History*, Baltimore, 1966

——, *Venice: A Maritime Republic*, Baltimore, 1973

Lazzarini, Vittorio, 'Aneddoti della vita di Vettor Pisani', *Archivio Veneto*, series 5, 1945

Lock, Peter, *The Franks in the Aegean: 1204-1500*, London, 1995

Lunde, Paul, 'The Coming of the Portuguese', *Saudi Aramco World*, vol. 56, no. 4

——, 'Monsoons, Mude and Gold', *Saudi Aramco World*, vol. 56, no. 4

Luzzatto, G., *Storia economica di Venezia dall'XI al XVI secolo*, Venice, 1961

MacKay, Pierre A., 'Notes on the sources. The Manuscript, Contemporary Sources, Maps and Views of Negroponte', at http://angiolello.net, 2006

Mackintosh-Smith, Tim, *Travels with a Tangerine*, London, 2002

Madden, T., *Enrico Dandolo and the Rise of Venice*, Baltimore, 2003

——, 'The Fires of the Fourth Crusade in Constantinople, 1203-1204: a Damage Assessment', *Byzantinische Zeitschrift* 84/85, 1992

——, 'Venice and Constantinople in 1171 and 1172: Enrico Dandolo's Attitude towards Byzantium', *Mediterranean Historical Review*, vol.8, 1993

Madden, T. and Queller, Donald E., 'Some Further Arguments in Defense of the Venetians on the Fourth Crusade', *Byzantion*, vol.62, 1992

Martin, Lillian Ray, *The Art and Archaeology of Venetian Ships and Boats*, London, 2001

Martin, Michael Edward, *The Venetians in the Black Sea 1204-1453*, PhD thesis, University of Birmingham, 1989

McKee, Sally, 'The Revolt of St Tito in Fourteenth-century Venetian Crete: a Reassessment', *Mediterranean Historical Review*, vol. 9, no. 2, Dec. 1994

——, *Uncommon Dominion: Venetian Crete and the Myth of Ethnic Purity*, Philadelphia, 2000

McNeill, William H., *Venice: the Hinge of Europe, 1081-1797*, Chicago, 1974

Meserve, Margaret, 'News from Negroponte: Politics, Popular Opinion, and Information Exchange in the First Decade of the Italian Press', *Renaissance Quarterly*, vol. 59, no. 2, Summer 2006

Miller, William, *Essays on the Latin Orient*, Cambridge, 1921

——, *Latins in the Levant: a History of Frankish Greece: 1204-1566*, Cambridge, 1908

Mollat, Michel, Braunstein, Philippe and Hocquet, Jean Claude, 'Reflexions sur l'expansion Vénitienne en Méditerranée', *Venezia e il Levante fino al secolo XV*, vol. 1, Florence, 1974

Morris, Jan, *The Venetian Empire: A Sea Voyage*, London, 1990

Muir, Edward, *Civic Ritual in Renaissance Venice*, Princeton, 1981

Nicol, Donald M., *Byzantium and Venice: A Study in Diplomatic and Cultural Relations*, Cambridge, 1992

Norwich, John Julius, *Byzantium*, vols 2 and 3, London, 1991 and 1995

——, *A History of Venice*, London, 1982

Nystazupoulou Pelekidis, Marie, 'Venise et la Mer Noire du XIe au XVe siècle', *Venezia e il Levante fino al secolo XV*, Florence, 1974

O'Connell, Monique, *Men of Empire: Power and Negotiation in Venice's Maritime State*, Baltimore, 2009

Papacostea, Șerban, 'Quod non iretur ad Tanam: un aspectfondamental de la politique génoise dans la Mer Noire au XIVesiècle', *Revue des études Sud-est Européennes*, vol. 17, no. 2, 1979

Phillips, Jonathan, *The Fourth Crusade and the Sack of Constantinople*, London, 2004

Prawer, Joshua, *The Latin Kingdom of Jerusalem: European Colonialism in the Middle Ages*, London, 1972

Prescott, H. F. M., *Jerusalem Journey: Pilgrimage to the Holy Land in the Fifteenth Century*, London, 1954

——, *Once to Sinai: the Further Pilgrimage of Friar Felix Fabri*, London, 1957

Quarta Crociata: Venezia, Bisanzio, Impero Latino, ed. Gherardo Ortalli, Giorgio Ravegnani and Peter Schreiner, Venice, 2004

Queller, Donald E., and Madden, Thomas F., *The Fourth Crusade: the Conquest of Constantinople*, Philadelphia, 1997

Romanin, S., *Storia documentata di Venezia*, 10 vols, Venice, 1912-21

Rose, Susan, 'Venetians, Genoese and Turks: the Mediterranean 1300-1500', at http://ottomanmilitary.devhub.com, 2010

Runciman, Steven, *A History of the Crusades*, 3 vols, London, 1990

Schlumberger, Gustave, *La Prise de Saint-Jean-D'Acre en l'an 1291 par l'armée du Soudan d'Égypte*, Paris, 1914

Setton, Kenneth M., *The Papacy and the Levant (1204-1571)*, vol. 2, Philadelphia, 1978

——, 'Saint George's Head,' *Speculum*, vol. 48, no. 1, 1973

Sorbelli, Albano, 'La lotta tra Genova e Venezia per il dominio del Mediterraneo 1350-1355', *Memorie delle Reale Accademia della Scienza dell'Instituto di Bologna*, series 1, vol. 5, Bologna, 1910-11

Spufford, Peter, *Power and Profit: the Merchant in Medieval Europe*, London, 2003

Stöckly, Doris, *La Système de l'incanto des galéés du marché à Venise*, Leiden, 1995

Storia di Venezia, 12 vols, Rome, 1991-7

Tadic, J., 'Venezia e la costa orientale dell'Adriatico fino al secolo XV', *Venezia e il Levante fino al secolo XV*, vol. 1

Tenenti, Alberto, 'Il senso del mare', *Storia di Venezia*, vol. 12, Rome, 1991

——, 'Le temporali calamità', in *Storia di Venezia*, vol. 3, Rome, 1997

——, 'The Sense of Space and Time in the Venetian World of the Fifteenth and Sixteenth Centuries', *Renaissance Venice*, ed. J. R. Hale, London, 1973

——, 'Venezia e la pirateria nel Levante: 1300-1460', *Venezia e il Levante fino al secolo XV*, vol. 1

Thiriet, F., *La Romanie vénitienne au moyen age*, Paris, 1959

——, 'Venise et l'occupation de Ténédos au XIVe siècle', *Mélanges d'archéologie et d'histoire*, vol. 65, no. 1, 1953

Thubron, Colin, *The Seafarers: Venetians*, London, 2004

Tucci, Ugo, 'La spedizione marittima', *Venezia, Bisanzio, Impero Latino*, ed. Gherardo

Ortalli, Giorgio Ravegnani and Peter Schreiner, Venice, 2006

——, 'Tra Venezia e mondo turco: i mercanti', *Venezia e i Turchi, Scontri e confronti di due civiltà*, ed. Anna Della Valle, Milan, 1985

Venezia, centro di mediazione tra Oriente e Occidente, secoli XV-XVI: aspetti e problemi, 2 vols, ed. Hans-Georg Beck, Manoussos Manoussacas and Agostino Pertusi, Florence, 1977

Venezia e il Levante fino al secolo XV, 2 vols, ed. Agostino Pertusi, Florence, 1973-4

Venezia e I Turchi: Scontri e Confronti di Due Civilita, ed. A. Tenenti, Milan, 1985

Venice and the Islam World, 828-1797, ed. Stefano Carboni, New York, 2007

Verlinden, Charles, 'Venezia e il commercio degli schiavi provenientidalle coste orientali del Mediterraneo', *Venezia e il Levante fino al secolo XV*, vol. 1

Wolff, Anne, 'Merchants, Pilgrims, Naturalists: Alexandria through European Eyes from the Fourteenth to the Sixteenth Century', *Alexandria, Real and Imagined*, ed. Anthony Hirst and Michael Silk, Aldershot, 2004

Zanon, Luigi Gigio, *La galea veneziana*, Venice, 2004

【Historia歷史學堂】MU0003Y

財富之城

City of Fortune: How Venice Ruled the Seas

作　　者❖羅傑・克勞利（Roger Crowley）
譯　　者❖陸大鵬、張騁
封面設計❖許晉維
總 編 輯❖郭寶秀
內頁排版❖張彩梅
責任編輯❖洪郁萱
行銷企劃❖力宏勳

事業群總經理❖謝至平
發 行 人❖何飛鵬
出　　版❖馬可孛羅文化
台北市南港區昆陽街16號4樓
電話：(886)-2-25000888
發　　行❖英屬蓋曼群島商家庭傳媒股份有限公司城邦分公司
台北市南港區昆陽街16號8樓
客服服務專線：(886) 2-25007718；25007719
24小時傳真專線：(886) 2-25001990；25001991
服務時間：週一至週五9:00～12:00；13:00～17:00
劃撥帳號：19863813　戶名：書虫股份有限公司
讀者服務信箱：service@readingclub.com.tw
香港發行所❖城邦（香港）出版集團有限公司
香港九龍九龍城土瓜灣道86號順聯工業大廈6樓A室
電話：(852) 25086231　傳真：(852) 25789337
E-mail：hkcite@biznetvigator.com
馬新發行所❖城邦（馬新）出版集團【Cite (M) Sdn. Bhd.(458372U)】
41, Jalan Radin Anum, Bandar Baru Seri Petaling,
57000 Kuala Lumpur, Malaysia
電話：(603) 90563833　傳真：(603) 90576622
E-mail：services@cite.my
輸出印刷❖中原造像股份有限公司
二版一刷❖2024年7月
定　　價❖580元
定　　價❖435元（電子書）
ISBN：978-626-7356-87-6
ISBN：9786267356906（EPUB）

城邦讀書花園
www.cite.com.tw

國家圖書館出版品預行編目資料

財富之城 / 羅傑.克勞利(Roger Crowley)作；陸大鵬譯. -- 二版. -- 臺北市：馬可孛羅文化出版：英屬蓋曼群島商家庭傳媒股份有限公司城邦分公司發行, 2024.07
面；　公分. -- (Historia 歷史學堂；MU0003X)
譯自：City of fortune : how Venice ruled the seas
ISBN 978-626-7356-87-6(平裝)
1.CST: 商業史 2.CST: 義大利威尼斯
490.945　　113008706